LAWRENCE H. VAN VLACK
PRINCÍPIOS DE CIÊNCIA DOS MATERIAIS

LAWRENCE H. VAN VLACK
Departamento de Engenharia Química e Metalúrgica
Universidade de Michigan

traduzido pelo
ENG. LUIZ PAULO CAMARGO FERRAO
Departamento de Engenharia Química
Escola Politécnica da Universidade de São Paulo

Elements of materials science
A edição em língua inglesa foi publicada pela
ADDISON-WESLEY PUBLISHING COMPANY, INC.
© 1964 by Addison-Wesley Publishing Company, Inc.

Princípios de ciência dos materiais
© 1970 Editora Edgard Blücher Ltda.
22ª reimpressão – 2017

Blucher

Rua Pedroso Alvarenga, 1245, 4º andar
04531-934 – São Paulo – SP – Brasil
Tel.: 55 11 3078-5366
contato@blucher.com.br
www.blucher.com.br

É proibida a reprodução total ou parcial
por quaisquer meios, sem autorização
escrita da Editora.

Todos os direitos reservados pela Editora
Edgard Blücher Ltda.

FICHA CATALOGRÁFICA

Van Vlack, Lawrence Hall
C378p   Princípios de ciência dos materiais /
Lawrence Hall Van Vlack; traduzido pelo
Eng. Luiz Paulo Camargo Ferrão – São Paulo:
Blucher, 1970.

Bibliografia.
ISBN 978-85-212-0121-2

1. Materiais I. Título.

73-505   CDD-620.112
                                                - 620.1

Índices para catálogo sistemático:
1. Ciência dos materiais: Engenharia   620.112

LAWRENCE H. VAN VLACK

PRINCÍPIOS DE CIÊNCIA DOS MATERIAIS

Blucher

Prefácio

Antes de ter sido publicada a primeira edição dêste texto, a matéria ensinada nos cursos de Materiais de Construção sofreu profundas alterações. As apresentações empíricas e as descrições dos materiais e de suas propriedades deram lugar à apresentação e análises mais sistemáticas. Uma ciência dos materiais, baseada na física e química das estruturas internas, estava se desenvolvendo. A primeira edição dêste livro de texto tentou apresentar aos estudantes de engenharia os princípios básicos desta nova ciência, de uma forma introdutória. Embora se possa dizer que êste objetivo tenha sido completamente atingido, seu uso nas salas de aula mostrou algumas modificações, adições e supressões desejáveis. Além disso, recentes avanços na ciência dos materiais não podem passar desapercebidos. Os fatôres acima levaram a uma revisão que constitui êste "Elements of Materials Science".

Antes de tentar uma revisão, o autor discutiu, com muitos outros engenheiros e professôres de engenharia, a melhor forma de ensinar a Ciência dos Materiais. Deveria haver um curso geral para todos os engenheiros ou um curso especial para cada currículo de engenharia? Estas discussões, reforçadas pela experiência do autor no ensino, levaram à conclusão de que um curso geral sôbre materiais é vantajoso em muitas escolas e departamentos. Como o curso é analítico, os mesmos argumentos usados a favor de cursos gerais para introdução de física e química podem ser usados a favor de um curso de introdução sôbre materiais. Ninguém sugere que engenheiros mecânicos eletricistas ou de outros tipos necessitam de cursos separados e distintos de química e física. A mesma conclusão, aplicada a um curso geral sôbre materiais, tem uma exceção lógica: se um certo currículo necessita de outras ciências básicas como físico-química ou física moderna, pode ser desejável ter-se um curso de materiais especialmente adequado, a fim de aproveitar esta base maior.

A segunda edição dêste texto, tal como a primeira, está dirigida especìficamente aos alunos de cursos de engenharia que tiveram química geral e que estejam tendo, concomitantemente, física geral. Embora não apresenta o rigor encontrado nos cursos de física do estado sólido, êste texto tenta ser sistemático.

O Cap. 1, aqui tal como na edição anterior, é uma introdução destinada a orientar o leitor no estudo dessa ciência de engenharia e a familiarizá-lo com a terminologia aplicável às propriedades dos materiais. Os capítulos que se seguem são concernentes à estrutura interna dos materiais e à dependência de suas propriedades com as várias estruturas. A seqüência dada vai das estruturas atômicas para as estruturas grosseiras, do simples para o mais complexo. Esta seqüência — de átomos para cristais, para fases, para microestruturas e finalmente para macroestruturas — é lógica tanto cientificamente como pedagògicamente, pois as estruturas e propriedades mais grosseiras dependem das caraterísticas estruturais mais finas.

Tem-se material nôvo na área anteriormente negligenciada das imperfeições estruturais e movimentos atômicos e dois importantes rearranjos no texto: (a) O comportamento elétrico é introduzido mais cedo nesta edição que na primeira, o que permite a consideração de propriedades elétricas simultâneamente com as mecânicas nos Caps. 6, 7, 8, nos quais são discutidos os metais, polímeros e materiais cerâmicos, respectivamente. (b) O comportamento em serviço, que ocupava os últimos cinco capítulos da primeira edição, foi consolidado com parte do material coberto em um capítulo sôbre a estabilidade dos materiais em serviço. A parte restante da discussão sôbre o comportamento em serviço foi incluída nas seções precedentes sôbre propriedades dos materiais metálicos, poliméricos e cerâmicos. Estas modificações permitem uma apresentação mais lógica e eficiente.

Os problemas que servem como exemplos e aquêles colocados no fim dos capítulos foram revistos e os menos pertinentes foram abandonados em favor de novos.

Todas estas alterações se originaram no resultado do desenvolvimento nas salas de aula pelo autor e seus associados.

Tendo em mente que um livro de texto como êste deve satisfazer às necessidades de escolas variadas, o autor tentou superar um problema majoritário com que freqüentemente se defronta o professor: uma limitação de tempo que torna necessário o abandono de certos tópicos. O autor indicou aquêles tópicos, exemplos e problemas que podem ou não ser considerados, a critério do instrutor. Os alunos que não estudarem o material opcional não terão dificuldades nas seções que se seguem. *Aquelas seções e subseções assinaladas por um ponto (.) contêm material que não é pré-requisito para as seções posteriores não assinaladas.* (Entretanto, êste material pode ser necessário para outras seções opcionais). Portanto, os instrutores têm elementos para ajustar o tempo de acôrdo com as necessidades. As seções assinaladas contêm (a) ilustrações de interêsse em engenharia (como as junções $p - n$), (b) certos tópicos novos ou mais avançados que não eram encontrados na primeira edição (por exemplo, a relação entre os coeficientes de difusão e a temperatura) e (c) tópicos incluídos na primeira edição, mas dispensáveis em um curso com tempo limitado (por exemplo, processos de grafitização).

Um livro como êste não pode ser projeto de um único homem. Embora seja impossível agradecer, individualmente, a ajuda dos colegas de Universidade e dos grande número de estudantes que contribuíram, a seu modo, para êste livro, o autor deseja agora expressar sua gratidão a todos êles, assim como àqueles colegas de outras instituições, os quais ofereceram seus comentários, sugestões e correções à primeira edição. Na revisão dêste texto, cada uma destas sugestões foi considerada. Devem ser dirigidos agradecimentos específicos ao Professor W. C. Bigelow (Universidade de Michigan) e ao Professor Morris Cohen ("Massachusetts Institute of Technology") que trabalharam em estreita colaboração com o autor. A ajuda de Miss Dolores Gillies em Ann Arbor e do pessoal da Addison-Wesley em Reading foi também inestimável.

Ann Arbor
Fevereiro de 1964   L. H. V. V.

Prefácio da Edição Brasileira

"O campo de ciência dos materiais vem se desenvolvendo ràpidamente devido ao reconhecimento de que princípios científicos idênticos se aplicam às propriedades dos metais, dos materiais inorgânicos não-metálicos e dos materiais orgânicos. No passado, tecnologias individuais foram desenvolvidas para materiais diferentes, porque êsses princípios amplos e sua aplicabilidade geral não havia sido reconhecida. Recentemente, desenvolvimentos em metalurgia, cerâmica, física e química tornaram possível estabelecer uma tentativa para os fundamentos gerais da ciência dos materiais, transcedendo os detalhes da tecnologia corrente nesses campos. Em particular, o notável sucesso que a metalurgia tem tido, correlacionando as propriedades dos metais e ligas com as respectivas propriedades estruturais, levou à adoção dessa metodologia para materiais cerâmicos, semicondutores, materiais plásticos e outros tipos de materiais polimerizados". (*Publicação do Departamento de Metalurgia e Ciência dos Materiais do "Massachusetts Institute of Technology"*, 1961).

Dada a natureza interdisciplinar do assunto e a origem norte-americana do livro, foram usadas, como base para a tradução para nossa língua, além da consulta a especialistas, as seguintes obras:

James L. Taylor — "English-Portuguese Metallurgical Dictionary", Institute of Hispanic American and Luso-Brazilian Studies, Stanford University, Califórnia, 1963.

Werner Gustav Krauledat — "Notação e Nomenclatura de Química Inorgânica", Campanha de Aperfeiçoamento e Difusão do Ensino Secundário, Ministério de Educação e Cultura, 1960.

Instituto Nacional de Pesos e Medidas — Quadro de Unidades Legais no Brasil — Decreto n.° 52.423 de 30 de agôsto de 1963, Rio de Janeiro, 1964.

Associação Brasileira de Normas Técnicas. — Terminologia de Material Refratário — TB-4. Glossário de Têrmos da Indústria de Refratários — TB-13.

É nossa intenção, ao apresentar a edição brasileira da obra de Van Vlack sôbre Ciência dos Materiais, já conhecida e utilizada entre nós há vários anos, tornar clara a necessidade da existência de livros, em língua portuguêsa, que forneçam aos estudantes das Universidades Brasileiras o conhecimento moderno para os estudos fundamentais de materiais. Visamos, assim, uma posterior aplicação na utilização prática de materiais de construção em engenharia civil, mecânica, metalúrgica, química, naval, aeronáutica, de minas, de eletricidade, eletrônica e outras a qual é fundamental ao desenvolvimento tecnológico brasileiro.

Persio de Souza Santos

Professor Titular, Dept.° de Eng. Química da EPUSP e Chefe da Seção de Cerâmica do Instituto de Pesquisas Tecnológicas do Estado de São Paulo

Índice

1 – *Características exigidas nos materiais usados em engenharia*
    1–1 Introdução 1
    1–2 Propriedades mecânicas 2
    1–3 Propriedades térmicas 7
    1–4 Propriedades elétricas 9
    1–5 Propriedades químicas 11
    1–6 Propriedades ópticas 11
    1–7 Custo 11
    1–8 Medida das propriedades de interêsse em engenharia ... 11

2 – *Ligação química*

A ESTRUTURA DOS ÁTOMOS

    2–1 Introdução 18
    2–2 Nêutrons, prótons e elétrons 18
    2–3 Massa atômica e número atômico 20
    2–4 ⊙ Números quânticos 20
    2–5 ⊙ Notação eletrônica 22

ATRAÇÕES INTERATÔMICAS

    2–6 Introdução 25
    2–7 Ligação iônica 25
    2–8 Ligação covalente 26
    2–9 Ligação metálica 30
       10 Combinação dos vários tipos de ligação 31
       11 Fôrças de Van der Waals 32

⊙ Tópicos opcionais.

COORDENAÇÃO ATÔMICA

2–12 Introdução 34
2–13 Distâncias interatômicas 34
2–14 Raio atômico e iônico 36
2–15 Número de coordenação 37

SUMÁRIO

2–16 Generalizações relativas às propriedades 41
2–17 Tipos de materiais 42

3 – Arranjos atômicos

ESTRUTURAS MOLECULARES

3–1 Introdução 45
3–2 Número de ligações 46
3–3 Comprimentos e energias de ligação 48
3–4 Ângulos entre ligações 48
3–5 Isômeros 48
3–6 Hidrocarbonetos saturados 49
3–7 Hidrocarbonetos insaturados 50
3–8 Moléculas poliméricas 50

ESTRUTURA CRISTALINA

3–9 Cristalinidade 51
3–10 Sistemas cristalinos 53
3–11 Cristais cúbicos 54
3–12 Cristais hexagonais 58
3–13 Outros retículos cristalinos 59
3–14 Direções no cristal 61
3–15 Planos cristalinos 62
3–16 ⊙ Análises por raios X 66
3–17 Seqüências de empilhamento 69
3–18 Polimorfismo (Alotropia) 69
3–19 Cristais moleculares 71

ESTRUTURAS NÃO CRISTALINAS (AMORFAS)

3–20 Introdução 71
3–21 Gases 72
3–22 Líquidos 72
3–23 Vidros 73

FASES

3–24 Fases cristalinas e amorfas 74

4 – Imperfeições estruturais e movimentos atômicos

4–1 Introdução 79

FASES IMPURAS

4–2	Soluções	79
4–3	Soluções sólidas em metais	80
4–4	Soluções sólidas em compostos iônicos	84
4–5	Co-polimerização	85

IMPERFEIÇÕES CRISTALINAS

4–6	Introdução	85
4–7	Defeitos pontuais	86
4–8	Defeitos de linha (Discordâncias)	88
4–9	Fronteiras	90

MOVIMENTOS ATÔMICOS

4–10	Introdução	92
4–11	Mecanismos de movimentos atômicos	94
4–12	⊙ Distribuição de energia térmica	95
4–13	Difusão atômica	97
4–14	Coeficientes de difusão	98

5 – Estruturas e processos eletrônicos

5–1	Introdução	105

CONDUTIVIDADE ELÉTRICA

5–2	Definições	105
5–3	Condutividade iônica	106
5–4	Condutividade eletrônica	107
5–5	Isolantes	109
5–6	Semicondutores	109
5–7	Resistividade eletrônica "Versus" temperatura	113

ENERGIAS ELETRÔNICAS

5–8	Introdução	113
5–9	Bandas de energia	114

COMPORTAMENTO MAGNÉTICO

5–10	Introdução	118
5–11	Ferromagnetismo	119
5–12	Campos magnéticos alternados	121
5–13	⊙ Supercondutividade	123

COMPORTAMENTO ÓPTICO

5–14	Opacidade e transparência	124
5–15	⊙ Luminescência	125

6 – *Fases metálicas e suas propriedades*

    6–1   Introdução 130

METAIS MONOFÁSICOS

    6–2   Ligas monofásicas 130
    6–3   Microestruturas 131

DEFORMAÇÃO DOS METAIS

    6–4   Deformação elástica dos metais......................... 135
    6–5   Deformação plástica de cristais metálicos 138
    6–6   Deformação plástica nos metais policristalinos 145
    6–7   Propriedades dos metais deformados plàsticamente 146
    6–8   Recristalização 147

RUPTURA DOS METAIS

    6–9   Introdução 152
    6–10 Fluência ("creep") 153
    6–11 Fratura 155
    6–12 Fadiga 157

7 – *Materiais orgânicos e suas propriedades*

    7–1   Introdução 164
    7–2   Massas moleculares 164

MECANISMOS DE POLIMERIZAÇÃO

    7–3   Introdução 167
    7–4   Polimerização por adição 168
    7–5   Polimerização por condensação 172
    7–6   Degradação ou despolimerização 174

ESTRUTURA DOS POLÍMEROS

    7–7   Introdução 175
    7–8   Forma das moléculas poliméricas 175
    7–9   Estéreo-isomeria 177
    7–10 Cristalização 179
    7–11 Ligações cruzadas 179
    7–12 Ramificação 181

DEFORMAÇÃO DOS POLÍMEROS

    7–13 Deformação elástica de polímeros...................... 182
    7–14 Deformação plástica de polímeros...................... 185

COMPORTAMENTO DOS POLÍMEROS

7–15 Comportamento térmico 185
7–16 Comportamento mecânico 186
7–17 Propriedades elétricas dos materiais orgânicos 189
7–18 Reações químicas de materiais orgânicos......................... 191

8 – Fases cerâmicas e suas propriedades

8–1 Introdução 199

FASES CERÂMICAS

8–2 Exemplos de materiais cerâmicos 199
8–3 Comparação entre as fases cerâmicas e não-cerâmicas............... 200

ESTRUTURA CRISTALINA DAS FASES CERÂMICAS

8–4 Introdução 201
8–5 Compostos de empacotamento fechado 201
8–6 ⊙ Estrutura dos silicatos 206

EFEITO DA ESTRUTURA NO COMPORTAMENTO DAS FASES CERÂMICAS

8–7 Introdução 215
8–8 Materiais cerâmicos dielétricos 216
8–9 ⊙ Semicondutores cerâmicos 219
8–10 Materiais cerâmicos magnéticos 220
8–11 Comportamento mecânico dos materiais cerâmicos 221

9 – Materiais polifásicos relações de equilíbrio

9–1 Introdução 229

RELAÇÕES QUALITATIVAS DE FASE

9–2 Soluções *versus* misturas heterogêneas 229
9–3 Solubilidade... 230
9–4 Diagrama de fases.. 232
9–5 Faixas de solidificação 234
9–6 Equilíbrio... 234

RELAÇÕES QUANTITATIVAS DE FASES

9–7 Composições de fase.. 235
9–8 Quantidades relativas de fases 237
9–9 Equilíbrio 239

LIGAS FERRO-CARBONO

9–10 Introdução 241
9–11 O diagrama de fases Fe-C 242
9–12 Perlita 245
9–13 Nomenclatura dos aços 250

DIAGRAMA DE FASES PARA SISTEMAS COM MAIS DE DOIS COMPONENTES

9-14 ⊙ Diagramas ternários 251
9-15 ⊙ Regra das fases 252

10 – Reações no estado sólido

10-1 Introdução 269

REAÇÕES NO ESTADO SÓLIDO

10-2 Transformações polimórficas 269
10-3 Reações eutetóides 270
10-4 Solubilização e precipitação em sólidos 271

VELOCIDADE DE REAÇÃO

10-5 Introdução 272
10-6 Efeito da temperatura na velocidade de reação 272
10-7 Transformação isoférmica 279
10-8 Contrôle das velocidades de reação 281

FASES METASTAVEIS

10-9 Introdução 282
10-10 Martensita. Uma fase de transição 282
10-11 Martensita revenida 286

11 – Modificações de propriedades através de alterações na microestrutura

11-1 Introdução 291
11-2 Microestruturas polifásicas 291

PROPRIEDADES "VERSUS" MICROESTRUTURAS

11-3 Propriedades aditivas 293
11-4 Propriedades interativas 296

CONTRÔLE DE MICROESTRUTURAS

11-5 Introdução 300
11-6 Tratamentos de recozimento 301
11-7 Tratamentos de precipitação (ou envelhecimento) 301
11-8 Processos de transformação isotérmica 307
11-9 Tratamento de têmpera e revenido 309
11-10 Endurecibilidade 311
11-11 ⊙ Processos de grafitização 317

12 – Estabilidade dos materiais nas condições de serviço

12-1 Estabilidade em serviço 325

CORROSÃO

12–2 Introdução 325
12–3 Corrosão por dissolução 325
12–4 Oxidação eletroquímica 326
12–5 Potencial de eletrodo 327
12–6 Células galvânicas 329
12–7 Tipos de células galvânicas 333
12–8 Sumário do mecanismo de corrosão galvânica 338
12–9 Prevenção da corrosão 339
12–10 Camadas protetoras 339
12–11 Meios de evitar a formação de pares galvânicos 342
12–12 Proteção galvânica 345

OXIDAÇÃO

12–13 Introdução 345
12–14 Envelhecimento da borracha 345
12–15 Oxidação de metais 346

ESTABILIDADE TÉRMICA

12–16 Introdução 348
12–17 Dilatação térmica e tensões internas 348
12–18 ⊙ Ruptura térmica 351

ALTERAÇÕES PELAS RADIAÇÕES ("RADIATION DAMAGE")

12–19 Introdução 353
12–20 Alteração estrutural 353
12–21 Alterações de propriedades 358

13 – Materiais compostos

13–1 Macroestruturas 364

MATERIAIS AGLOMERADOS

13–2 Introdução 364
13–3 Tamanho de partícula 367
13–4 Propriedades relacionadas com volume aparente 368
13–5 Concreto 370
13–6 Produtos sinterizados 372

MODIFICAÇÕES DA SUPERFÍCIE

13–7 Endurecimento superficial 376
13–8 Superfícies compressivas 378
13–9 ⊙ Revestimentos de proteção 378
13–10 Superfícies para fins elétricos 378

MATERIAIS REFORÇADOS

13-11 Materiais reforçados por dispersão 379
13-12 Reforçamento por fibras 380
13-13 Conclusão 380

Apêndice A. Constantes selecionados 384

Apêndice B. Glossário de têrmos aplicados a materiais 385

Apêndice C. Comparação entre as escalas de dureza 397

Apêndice D. Tabela de elementos 398

Apêndice E. Propriedades de alguns materiais usados em engenharia 404

Apêndice F. Estruturas orgânicas de interêsse em engenharia 407

Apêndice G. Lista de plásticos de interêsse em engenharia 413

CAPÍTULO 1

CARACTERÍSTICAS EXIGIDAS NOS MATERIAIS USADOS EM ENGENHARIA

1-1 INTRODUÇÃO. Todo engenheiro-mecânico, civil, eletricista ou de outra especialidade — está vitalmente interessado nos materiais que lhe são disponíveis. Quer seu produto seja uma ponte, um computador, um veículo espacial ou um automóvel, deve ter um profundo conhecimento das propriedades características e do comportamento dos materiais que vai usar. Considere-se, por exemplo, a variedade de materiais usados na manufatura de um automóvel: ferro, aço, vidro, plásticos, borracha, apenas para citar alguns. E, sòmente para o aço, há cêrca de 2000 tipos ou modificações. Com que critério é feita a escolha do material adequado para uma determinada peça?

Ao fazer a sua escolha, o engenheiro deve levar em conta propriedades tais como resistência mecânica, condutividade elétrica e/ou térmica, densidade e outras. Além disso, deve considerar o comportamento do material durante o processamento e o uso, onde plasticidade, usinabilidade, estabilidade elétrica, durabilidade química, comportamento irradiante são importantes, assim como, custo e disponibilidade. Por exemplo (Fig. 1-1), o aço para um pinhão motor deve ser fàcilmente usinado durante o processamento, mas, quando pronto, o pinhão deve ser suficientemente tenaz para resistir a severas condições de uso. Paralamas devem ser feitos com um metal que seja fàcilmente moldável, mas que deverá resistir à deformação por impacto. Condutores elétricos devem suportar temperaturas extremas e a característica "corrente/tensão" de um semicondutor deve permanecer constante por um longo período de tempo.

Muitos projetos avançados em engenharia dependem do desenvolvimento de materiais completamente novos. Por exemplo, o transistor nunca poderia ter sido construído com os materiais disponíveis há dez anos atrás; o desenvolvimento da bateria solar requereu um nôvo tipo de semicondutor; e, embora os projetos de turbinas a gás estejam muito avançados, ainda se necessita de um material barato e que resista a altas temperaturas, para as pás da turbina.

Fig. 1-1. Pinhão motor terminado. Esta engrenagem deve ser usinada durante a produção e antes de ser usada, suas propriedades devem ser alteradas a fim de torná-la tenaz. (Cortesia de Climax Molybdenum Co.).

Desde que, òbviamente, é impossível para o engenheiro ter um conhecimento detalhado dos muitos milhares de materiais agora disponíveis, assim como manter-se a par dos novos desenvolvimentos, êle deve ter um conhecimento adequado dos princípios gerais que governam as propriedades de *todos* os materiais. Começaremos nos familiarizando com alguns têrmos e medidas usados em engenharia e, em seguida, consideraremos (1) a estrutura dos materiais e, (2) como as propriedades dos materiais são afetadas quando em uso.

Nosso estudo da estrutura vai incluir desde as características possíveis de uma observação direta até aquelas submicroscópicas; desde as peças componentes até os grãos e cristais que compõem as mesmas e, até mesmo, as partículas subatômicas que determinam as propriedades do material. Nosso estudo das condições em serviço incluirá os efeitos da solicitação mecânica, temperatura, campos elétricos e magnéticos, características químicas do meio circundante e exposição a radiações.

1-2 PROPRIEDADES MECÂNICAS. Provàvelmente a primeira propriedade de um material que nos vem à mente, particularmente quando em conexão com estruturas tão grandes como pontes ou edifícios, é a *resistência mecânica*. Outras propriedades mecânicas são *elasticidade, ductilidade, fluência, dureza e tenacidade*. Cada uma delas está associada à habilidade do material resistir a fôrças mecânicas. Mas, o engenheiro nem sempre deseja que seus materiais resistam a tôdas as deformações; uma mola, por exemplo, deve elongar-se quando solicitada por um esfôrço, embora não deva persistir nenhuma deformação permanente após a retirada da carga. Por outro lado, o material usado para o paralama de um automóvel deve ficar permanentemente deformado durante a operação de moldagem.

A fim de se ter uma base comum para fazer comparações entre as propriedades estruturais e os efeitos das condições em serviço nas mesmas, vamos primeiramente definir alguns dos têrmos mais comuns em engenharia.

Tensão é definida como a fôrça por unidade de área e é expressa em libras por polegadas quadradas (psi)[1] ou em quilogramas fôrça por centímetro quadrado (kgf/cm^2) ou por milímetro quadrado (kgf/mm^2). A tensão é calculada simplesmente dividindo-se a fôrça pela área na qual atua.

Exemplo 1-1

Qual a peça solicitada por maior tensão: (a) uma barra de alumínio, de seção reta 0,97

[1] N. do T. psi = "pounds per square inch".

mm × 1,21 mm solicitada por uma carga de 16,75 kgf ou (b) uma barra de aço de seção circular de diâmetro 0,505 mm sob uma carga de 10,8 kgf?

Resposta: Unidades: $\dfrac{\text{kgf}}{(\text{mm})(\text{mm})} = \text{kgf/mm}^2$

Cálculos (a) $\dfrac{16.750}{(0,97)(1,21)} = 14,3 \text{ kgf/mm}^2$

(b) $\dfrac{10.800}{(\pi/4)(0,505)^2} = 54 \text{ kgf/mm}^2$

Como efeito da tensão, tem-se a *deformação*. O engenheiro comumente expressa deformação em uma de duas maneiras: (1) o número de centímetros de deformação por centímetro do comprimento, ou (2) o comprimento deformado como uma porcentagem do comprimento original. A deformação pode ser *elástica* ou *plástica*.

Exemplo 1-2

Em uma haste de cobre são marcados dois traços que distam entre si 50 mm. A haste é tensionada de forma que a distância entre os traços passa a ser de 56,7 mm. Calcular a deformação.

Resposta: Unidade: $\dfrac{(\text{mm}-\text{mm})}{\text{mm}} = \dfrac{\text{mm}}{\text{mm}} = \dfrac{\text{porcentagem}}{100} = \dfrac{\text{cm}}{\text{cm}}$

Cálculo $\dfrac{56,7 - 50,0}{50,0} = 0,135 \text{ cm/cm} = 13,5\%$

A deformação elástica é reversível; desaparece quando a tensão é removida. A deformação elástica é pràticamente proporcional à tensão aplicada (Fig. 1-2).

O *módulo de elasticidade* (módulo de Young) é o quociente entre a tensão aplicada e a deformação elástica resultante. Êle está relacionado com a *rigidez* do material. O módulo de elasticidade resultante de tração ou compressão é expresso em psi ou em kgf/mm². O valor dêste módulo é primordialmente determinado pela composição do material (Apêndice E) e é apenas indiretamente relacionado com as demais propriedades mecânicas.

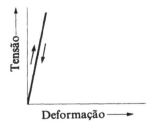

Fig. 1-2. Relação elástica tensão-deformação. A deformação elástica é diretamente proporcional à tensão.

Fig. 1-3. Relação plástica tensão-deformação. A deformação plástica que se segue à deformação elástica inicial não é reversível. A deformação elástica continua a aumentar durante a deformação plástica, mas é reversível. (Compare com a Fig. 1-2).

Exemplo 1-3

Se o módulo médio de elasticidade de um aço é 21.000 kgf/mm², quanto se elongará um fio de 0,25 cm de diâmetro e de 3 m de comprimento, quando solicitado por uma carga de 500 kgf?

Resposta: Módulo de elasticidade $= \dfrac{\text{tensão}}{\text{deformação}}$ (1-1)

Unidades: $\text{kgf/mm}^2 = \dfrac{\text{kg/mm}^2}{\text{cm/cm}}$

Cálculo: $21.000 = \dfrac{500/(\pi/4)(0,25)^2}{\text{deformação}}$

deformação = 0,0043 cm/cm

unidades: (cm/cm)(cm) = cm

Deformação total = 0,0043 × 300 = 1,29 cm

Deformação plástica é a deformação permanente provocada por tensões que ultrapassam o limite de elasticidade (Fig. 1-3). A deformação plástica é o resultado de um deslocamento permanente dos átomos que constituem o material e, portanto, difere da deformação elástica onde os átomos mantêm suas posições relativas.

Ductilidade é a deformação plástica total até o ponto de ruptura. Assim sendo, o seu valor pode ser expresso como *alongamento* e nas mesmas unidades de deformação. Um comprimento comum (embora não universal) para a medida da elongação é 50 mm. Como mostrado na Fig. 1-4, o comprimento considerado é importante pois a deformação plástica normalmente é localizada.

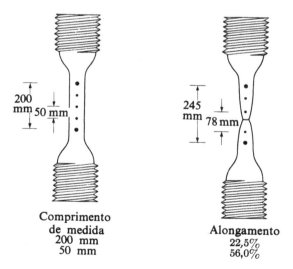

Fig. 1-4. Elongação *versus* comprimento de medida. Como a deformação final é localizada, o valor da elongação não tem significado, a menos que se indique o comprimento de medida.

Uma segunda medida da ductilidade é a *estricção* que é a redução na área da seção reta do corpo, imediatamente antes da ruptura. Os materiais altamente dúcteis sofrem grande redução na área da seção reta antes da ruptura. Êste índice é sempre expresso em porcentagem e é calculado como se segue:

$$\text{Estricção} = \frac{\text{área inicial} - \text{área final}}{\text{área inicial}} \qquad (1\text{-}2)$$

Relações tensão-deformação. Agora é possível ser mais específico sôbre o efeito da tensão na deformação. A Fig. 1-5 mostra, gràficamente, esta relação para diferentes tipos de materiais, sendo que, para todos, tem-se um intervalo de deformação elástica. O material correspondente à Fig. 5-1a não deforma plàsticamente antes da ruptura; é um material de comportamento *frágil*. Um material dúctil tem um *limite elástico* (ou *limite de proporcionalidade*) além do qual ocorre deformação permanente. A capacidade do material resistir à deformação plástica é medida pela *tensão de escoamento* que é determinada pela relação entre a fôrça que inicia a deformação permanente e a área da seção reta. Em materiais tais como os aços doces, o limite de escoamento é bem definido pois, para uma dada tensão, o material escoa, isto é, ocorre deformação plástica sem pràticamente aumento na tensão (Fig. 1-5b). Em outros materiais, não ocorre um escoamento pròpriamente dito; neste caso, define-se um *limite convencional de escoamento* que corresponde à tensão necessária para provocar uma deformação permanente de 0,2% (ou um outro valor especificado) (Fig. 1-5c).

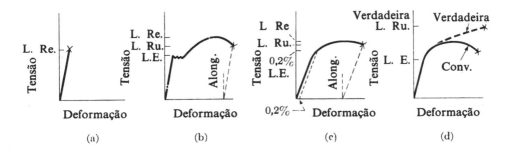

Fig. 1-5. Diagramas tensão-deformação. (a) Material não dútil sem deformação plástica (exemplo: Ferro fundido). (b) Material dútil com limite de escoamento (exemplo: aço de baixo carbono). (c) Material dútil sem limite de escoamento nítido (exemplo: alumínio). (d) Curva verdadeira tensão-deformação *versus* curva convencional L. Ru. = Limite de ruptura, L. Re. = Limite de resistência, L. E. = Limite de escoamento, Elong. = Elongação, X = ruptura.

O *limite de resistência à tração* de um material é calculado dividindo-se a carga máxima suportada pelo mesmo pela área da seção reta inicial. Êsse limite, tal como os demais, é expresso em unidades de tensão. Deve-se notar que o limite de resistência é calculado em relação à área inicial. Essa é uma observação importante, particularmente para os materiais dúcteis, pois os mesmos sofrem uma redução de área quando solicitados pela carga máxima. Embora a tensão *verdadeira* que solicita o material seja calculada considerando-se a área real (Fig. 1-5d), a tensão tal como definida anteriormente é mais importante para o engenheiro, pois os projetos devem ser feitos com base nas dimensões iniciais.

Em virtude da área da seção reta de um material dúctil poder se reduzir antes da ruptura, o *limite de ruptura* pode ser inferior ao *limite de resistência*. Por definição, ambos são calculados considerando-se a área inicial (Fig. 1-5c).

⊙ Exemplo 1-4

Um fio de cobre tem uma tensão de ruptura de 30 kgf/mm² e apresenta uma estricção de 77%. Calcular (a) a tensão verdadeira de ruptura e (b) a deformação verdadeira ε_v na ruptura (a deformação instantânea $d\varepsilon$ é igual a dl/l).

Resposta: (a) $\dfrac{F}{A_0} = 30$ kgf/mm², $F = 30\,A_0$

$$\frac{F}{A_{verd}} = \frac{F}{(1-0,77)A_0} = \frac{30}{0,23} = 131 \text{ kgf/mm}^2$$

(b) $d\varepsilon = \dfrac{dl}{l}$, $\varepsilon_{verd} = \displaystyle\int_{l_0}^{l_f} \frac{dl}{l} = \ln \frac{l_f}{l_0}$.

Mas: $A_0\,l_0 = A_f\,l_f$

$$\varepsilon_{verd} = \ln \frac{A_0}{A_f} = \ln \frac{A_0}{0,23\,A_0} = 1,47 \text{ ou } 147\%$$

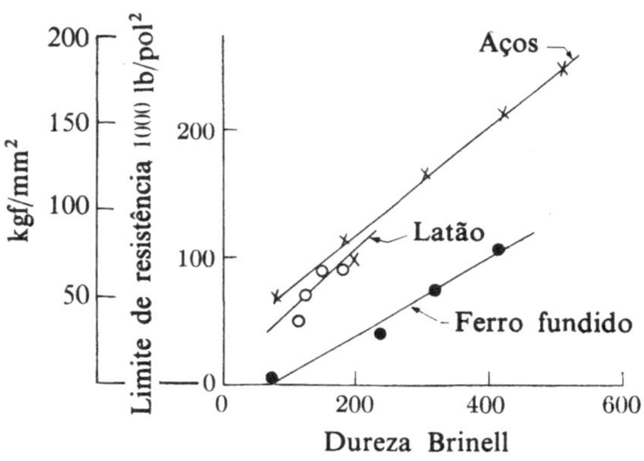

Fig. 1-6. Limite de resistência *versus* dureza Brinell. Exemplos: aços, latões e ferros fundidos.

A *dureza* é definida pela resistência da superfície do material à penetração. Como se pode esperar, a dureza e a resistência à tração estão intimamente relacionadas (Fig. 1-6). A *escala Brinell de dureza* (BNH)[2] é um índice de medida da dureza, calculado a partir da área de penetração de uma bilha no material. A penetração desta bilha, que é uma esfera de aço duro ou de carbeto de tungstênio, é feita mediante uma fôrça padronizada. A *escala Rocwell de dureza*, outra das mais comuns escalas de dureza usadas em engenharia, está relacionada ao BNH (Apêndice C), mas é medida pela profundidade de penetração de uma pequena bilha padronizada. Muitas escalas Rocwell foram estabelecidas para materiais com diferentes faixas de dureza; estas escalas diferem entre si nas dimensões da bilha e na carga de penetração.

⊙ Exemplos, precedidos por um ponto, podem ser designados como trabalho aos alunos a critério do professor (*ver* prefácio).
[2] N. do T. BNH = "Brinell hardness number".

Tenacidade é a medida da *energia* necessária para romper o material. Difere pois da *resistência à tração*, que é a medida da *tensão* necessária para romper o material. Energia, o produto de uma fôrça multiplicada por um deslocamento, é medida em lb.pé ou em kgf.cm; essa energia está intimamente relacionada à área sob a curva tensão *versus* deformação. Um material dúctil com a mesma resistência de um material frágil irá requerer maior energia para ser rompido e portanto é mais tenaz (Fig. 1-7). Ensaios padronizados *Charpy* ou *Izod* são usados para medir tenacidade. Êsses métodos diferem entre si apenas na forma do corpo de prova e no método de aplicação da energia.

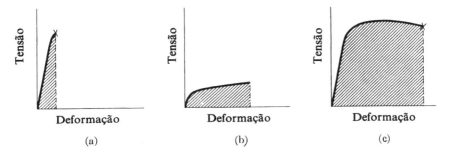

Fig. 1-7. Tenacidade é a medida da energia necessária para romper o material. Portanto, ela pode ser representada pela área sob a curva tensão-deformação. A parte (c) representa o comportamento mais tenaz dos três exemplos.

1-3 PROPRIEDADES TÉRMICAS.

É extremamente importante a distinção entre calor e temperatura. Temperatura é um nível de atividade térmica enquanto que calor é a energia térmica.

Em engenharia, são comumente utilizadas duas escalas para medir temperatura: *escala Fahrenheit* e a *Celsius (centígrada)*. Cálculos são mais fáceis com a escala Celsius e um número crescente de processos industriais estão passando a utilizá-la. Uma conversão direta pode ser feita de uma escala para outra, através das seguintes relações:

$$°F = 1,8 \ (°C) + 32 \tag{1-3}$$

$$°C = \frac{5}{9} [(°F) - 32] \tag{1-4}$$

Para qualquer componente químico de um material, o *ponto de fusão* e o *ponto de ebulição* são temperaturas importantes pois correspondem à transição entre diferentes arranjos estruturais dos átomos no material.

Calor é expresso em "Btu"[3], na escala inglêsa e em calorias no sistema métrico. Um Btu é a energia requerida para aumentar de 1°F a temperatura de uma libra de água, na temperatura de maior densidade da água (39°F). Portanto, as unidades para *capacidade térmica* são Btu/lb.°F no sistema inglês ou cal/g.°C no sistema métrico. O *calor específico* de um material é definido como sendo o quociente entre a capacidade térmica do material e a da água.

Vários calores de transformação são importantes no estudo de materiais. Os mais conhecidos dêles são o *calor latente de fusão* e o *calor latente de vaporização*, que são os calores requeridos, respectivamente, para a fusão e vaporização. Cada um dêstes processos envolve uma

---

[3]N. do T. Btu = "British termal unit".

mudança interna no material que passa de um arranjo atômico para outro. Veremos, mais tarde, que há várias outras mudanças estruturais possíveis para os sólidos e que estas mudanças também requerem uma alteração no conteúdo térmico do material.
A *dilatação térmica* é comumente expressa em pol/pol.°F ou em cm/cm.°C. Em geral, admitimos que o coeficiente de dilatação térmica é independente da temperatura. Por razões que serão apresentadas mais tarde, deve ser observado que o coeficiente de dilatação térmica depende da temperatura e, em geral, aumentando-se a temperatura o coeficiente também aumenta (Fig. 1-8). Descontinuidades na variação do volume com a temperatura ocorrem

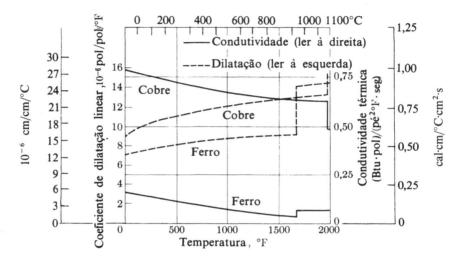

Fig. 1-8. Propriedades térmicas *versus* temperatura. A descontinuidade para o cobre a 1085°C (1985°F) é resultado da fusão. O ferro possui uma descontinuidade em virtude de um rearranjo dos átomos a 910°C (167·°F). Ver Cap. 3.

com mudanças de estado, porque há uma alteração no arranjo dos átomos e moléculas do material. Aqui, como no caso da deformação mecânica, temos dois tipos de mudanças estruturais: um tipo, onde as mudanças são aquelas em que os átomos vizinhos de um determinado átomo permanecem sendo os mesmos e outro, em que os átomos ou moléculas são rearranjados. Êsse contraste persistirá ao longo das discussões futuras.

A transferência de calor entre sólidos ocorre comumente por *condutividade térmica* que é medida em (Btu.pol) (°F.h.ft^2) ou (cal.cm)/(°C.s.cm^2). A condutividade térmica de um material também depende da temperatura. Entretanto, ao contrário do coeficiente de dilatação térmica, a condutividade diminui com o aumento da temperatura. (As razões para êsse comportamento serão discutidas mais tarde). As mudanças no empacotamento atômico que acompanham a fusão e outros rearranjos atômicos decorrentes de variações na temperatura produzem descontinuidades na curva condutividade térmica *versus* temperatura.

O engenheiro está comumente interessado em transferências térmicas quer em regime permanente quer em regime não permanente. No regime não permanente, a transferência térmica produz uma variação na temperatura e, portanto, diminui o gradiente térmico. Nestas condições, a *difusibilidade térmica h* é importante:

$$h = k/c_p\rho, \tag{1-5}$$

onde k é a condutividade térmica, c_p é a capacidade térmica e ρ é a densidade. Um material com calor específico por volume $c_p\rho$ tem uma difusibilidade baixa, simplesmente porque mais calorias devem ser cedidas ou removidas, a fim de alterar a temperatura do material. As unidades aplicáveis à difusibilidade térmica, indicadas abaixo, servirão de base para considerações posteriores da difusibilidade atômica.

$$\text{Difusibilidade térmica} = \frac{\text{Condutividade}}{(\text{capacidade térmica})(\text{densidade})}$$

$$= \frac{(\text{cal·cm})/(°\text{C·s·cm}^2)}{(\text{cal/g·}°\text{C})(\text{g/cm}^3)}$$

$$= \text{cm}^2/\text{s} \qquad (1\text{-}6)$$

1-4 PROPRIEDADES ELÉTRICAS. A mais conhecida propriedade elétrica de um material é a *resistividade*. É expressa em ohm·cm (ou ohm·pol) e está relacionada com as unidades comuns de resistência, como se segue:

$$\text{Resistência} = (\text{resistividade})\left(\frac{\text{comprimento}}{\text{área}}\right)$$

$$= (\text{ohm·cm})\left(\frac{\text{cm}}{\text{cm}^2}\right)$$

$$= (\text{ohm·pol})\left(\frac{\text{pol}}{\text{pol}^2}\right) \qquad (1\text{-}7)$$

Exemplo 1-5

O cobre tem uma resistividade de $1{,}7 \times 10^{-6}$ ohm·cm. Qual é a resistência de um fio com 0,1 cm de diâmetro e 30 m de comprimento?

Resposta: Cálculo: Resistência $= 1{,}7 \times 10^{-6} \dfrac{3000}{(0{,}1)^2} = 0{,}65$ ohm

A condutividade elétrica é o inverso da resistividade. É expressa em mho/cm (mho = = ohm^{-1}). A relação entre a condutividade e o número de transportadores de carga elétrica, a carga por transportador e a mobilidade será discutida em maior detalhe no Cap. 5, assim como a relação entre a condutividade elétrica e (1) a temperatura e (2) a deformação.

Em contraste com os condutores elétricos que transferem cargas elétricas, muitos materiais de importância em engenharia são usados como *dielétricos* ou não condutores. Se

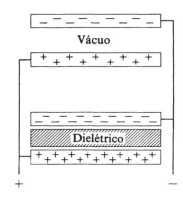

Fig. 1-9. A constante dielétrica relativa pode ser discutida em têrmos da quantidade de eletricidade que pode ser armazenada em um condensador. A constante dielétrica relativa é igual à quantidade de eletricidade armazenada usando um material isolante dividida pela quantidade armazenada usando vácuo.

um material dielétrico é usado sòmente como isolante elétrico, é necessário considerar-se a sua *rigidez dielétrica*. Esta propriedade é, geralmente, expressa em volts por *mil* (1000 mil = = 1 pol) ou em volts por cm; entretanto, deve-se notar que a capacidade isolante de um material nem sempre aumenta proporcionalmente à espessura. Muitos outros fatôres, tais como área específica, porosidade e defeitos, influem nas características de isolação do material.

Uma outra propriedade dielétrica importante é a *constante dielétrica* que é melhor explicada em têrmos de um condensador, que é um dispositivo para armazenar carga elétrica. Um condensador é composto de um eletrodo negativo e outro positivo, entre os quais é feito o vácuo ou é colocado um material isolante. O eletrodo negativo armazena carga e há a remoção de carga do eletrodo positivo (Fig. 1-9). A quantidade de carga que é armazenada depende, entre outras coisas, do material colocado entre as placas. Êsses dielétricos não transportam carga elétrica, mas não são isolantes inertes porque a aplicação de um campo elétrico externo pode deslocar cargas eletrônicas e iônicas de suas posições normais na estrutura interna do material. Êsse comportamento pode ser comparado à deformação mecânica elástica, visto que as cargas retornam à sua posição normal quando o campo elétrico é removido. (Ver Cap. 5 para maiores detalhes).

A carga Q (expressa em coulombs ou amp·s), que é contida no condensador, é proporcional à diferença de potencial V aplicada, sendo a constante de proporcionalidade C a capacidade do condensador que é expressa em farads (F):

$$Q = CV \qquad (1\text{-}8)$$

A capacidade é, além disso, dependente da constante dielétrica relativa K' e da geometria do condensador. Para um capacitor de placas paralelas:

$$C = \frac{K'A}{(11{,}32)\,(10^6)d} \qquad (1\text{-}9)$$

onde C está em microfarads, A é a área em cm^2 e d é a distância entre as placas. O fator de conversão, 11,32, é escolhido de forma que a constante dielétrica K' seja adimensional e igual a 1,0 quando é feito o vácuo entre as placas. A constante K' para os vários materiais que podem ser usados como dielétrico depende do deslocamento de carga que ocorre como resultado do campo elétrico aplicado. Uma combinação das Eqs. (1-8) e (1-9) mostra que a quantidade de carga armazenada em um capacitor é diretamente proporcional à constante dielétrica relativa (Fig. 1-9).

Exemplo 1-6

Um condensador projetado para usar papel encerado (constante dielétrica $K' = 1{,}75$) como dielétrico entre eletrodos de fôlha de alumínio, tem uma capacidade de 0,013 farad. Está se cogitando na substituição do papel por um filme plástico ($K' = 2{,}10$) de mesmas dimensões. Com todos os demais fatôres permanecendo constantes, qual seria a nova capacidade do condensador?

Resposta: $\dfrac{A}{(11{,}32)\,(10^6)d} = \left(\dfrac{C}{K'}\right)_{papel} = \left(\dfrac{C}{K'}\right)_{plast.}$

$$C_{plast.} = \frac{(0{,}013)\,(2{,}10)}{(1{,}75)} = 0{,}0156 \text{ farad}$$

Como a constante dielétrica é conseqüência de um deslocamento de carga no interior do material, seu valor depende tanto da temperatura como da freqüência e da estrutura do material. Êstes fatôres receberão atenção nos capítulos subseqüentes.

1-5 PROPRIEDADES QUÍMICAS. Quase todos os materiais usados pelos engenheiros são suscetíveis de corrosão por ataque químico. Para alguns materiais, a *solubilização* é importante. Em outros casos, o efeito da *oxidação* direta de um metal ou de um material orgânico como a borracha é o mais importante. Além disso, a resistência do material à *corrosão* química, devido ao meio ambiente, é da maior importância. A atenção que damos aos nossos automóveis é um exemplo óbvio da nossa preocupação com a corrosão. Desde que freqüentemente, o ataque pela corrosão é irregular, é muito difícil medi-la. A unidade mais comum para a corrosão é polegadas de superfície perdida por ano.

1-6 PROPRIEDADES ÓPTICAS. Embora entre as propriedades ópticas importantes para a engenharia se incluam o índice de refração, a absorção e a emissividade, apenas a primeira delas será discutida aqui, porque as outras duas já são mais especializadas. O índice de refração n é a razão entre a velocidade da luz no vácuo c e a velocidade da luz no material, V_m:

$$n = \frac{c}{V_m}. \qquad (1\text{-}10)$$

O índice também pode ser expresso em têrmos do ângulo de incidência i e do ângulo de refração r:

$$n = \frac{\operatorname{sen} i}{\operatorname{sen} r}. \qquad (1\text{-}11)$$

1-7 CUSTO. Embora certamente o custo não seja uma *propriedade* intrínseca ao material, freqüentemente, é o fator determinante na seleção de um certo material para uma dada aplicação. O custo é usualmente expresso em valor por quilograma ou por peça, mas um índice mais significativo é o custo por unidade de vida útil. É, muitas vêzes, vantajoso pagar-se mais por quilograma ou por peça, se isto implicar em um aumento da vida e uma diminuição dos custos de manutenção e substituição.

1-8 MEDIDA DAS PROPRIEDADES DE INTERÊSSE EM ENGENHARIA. *Informação qualitativa*. Diagramas esquemáticos, mostrando o efeito de uma variável sôbre uma certa propriedade, são ferramentas indispensáveis no entendimento de complicadas relações empíricas em têrmos qualitativos. A Fig. 1-10, por exemplo, ilustra a variação da resistência do concreto em função do teor de água adicionado. O concreto, certamente, é mais resistente quanto menor fôr a quantidade de água utilizada, embora deva existir água suficiente a fim de tornar o concreto trabalhável.

Fig. 1-10. Representação esquemática de duas variáveis. Resistência do concreto *versus* teor de água. O teor de água é a variável independente.

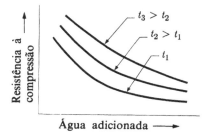

Fig. 1-11. Representação esquemática de três variáveis. A resistência do concreto está relacionada com o tempo t e o teor de água.

Outras variáveis podem ser mostradas esquemàticamente através do uso de parâmetros adicionais. A Fig. 1-11 adiciona o parâmetro tempo à relação prèviamente mostrada na Fig. 1-10. A Fig. 1-11 nos diz que (1) para uma dada quantidade de água adicionada, a resistência aumenta com o tempo; (2) para um dado período de tempo, a resistência é menor quanto maior fôr o excesso de água adicionado; e (3) uma dada resistência pode ser atingida em um tempo menor, se menos água fôr usada.

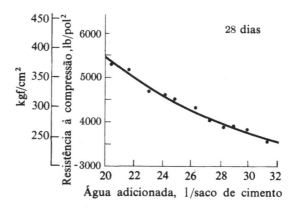

Fig. 1-12. Valôres quantitativos. Resistência do concreto *versus* teor de água. (ASTM Testing Standards N.° C 39-49).

Representações esquemáticas ajudam o engenheiro a determinar, prèviamente, quais as variáveis que devem ser controladas, a fim de obter um determinado resultado. Com esta informação, pode-se antecipar as possíveis modificações dos materiais durante a produção ou em serviço.

Dados quantitativos. É, muitas vêzes, importante dispor-se de dados quantitativos concernentes às propriedades dos materiais. Assim, da Fig. 1-12, o engenheiro de projetos observa que o concreto pode ter uma resistência à compressão de 3,1 kgf/mm^2, se 24 litros de água são usados para cada saco de cimento. Entretanto, a fim de se ter a informação completa, o parâmetro tempo assim como dados relativos à granulometria e à temperatura devem ser incluídos, pois que cada um dêstes fatôres influencia as relações quantitativas.

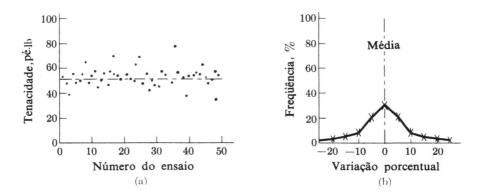

Fig. 1-13. Grande variança. Variações encontradas no ensaio de impacto Charpy para o aço SAE 1040 (20°C). Todos os ensaios foram idênticos. (a) Distribuição dos resultados. (b) Distribuição de freqüências.

Um outro fator, igualmente importante na apresentação de muitos dados quantitativos, é a variança* que pode ser encontrada no ensaio. Fig. 1-13 mostra a faixa de valôres obtidos no ensaio de impacto de cinquenta amostras de aço a 20°C. Há uma variação muito grande nos dados, embora as amostras sejam as mesmas e o método de ensaio seja constante, dentro do possível. A variação nos valôres obtidos pode ser originária de muitas fontes: (1) diferenças não detectáveis no aço dos corpos de prova, (2) diferenças na preparação das amostras, (3) diferenças durante a execução do ensaio. A grande variação aqui observada torna necessários outros testes para estabelecer a resistência média ao impacto.

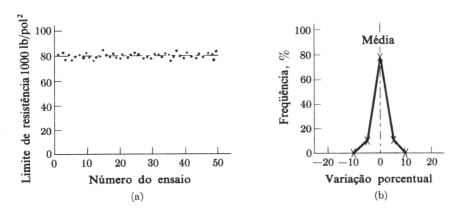

Fig. 1-14. Pequena variança. Variações encontradas no ensaio de tração de um aço SAE 1040 (20°C). Todos os ensaios foram idênticos. (a) Distribuição dos resultados. (b) Distribuição de freqüências.

Embora a variança nem sempre seja tão acentuada como no exemplo da Fig. 1-13 (ver Fig. 1-14), o engenheiro deve prever a espécie das variações a serem esperadas, pois, freqüentemente, êle não pode testar diretamente os materiais que vai usar. Ainda mais, deve-se utilizar uma margem de segurança adequada a fim de levar em conta fontes adicionais de variação encontradas em serviço. Um dos exemplos mais significativos foi o efeito do tempo de serviço nos primeiros Comet[4] inglêses, onde nenhuma margem de segurança foi deixada, a fim de levar em conta o efeito da pressurização e despressurização na fadiga do metal das cabines dêstes aviões em altitudes elevadas.

REFERÊNCIAS PARA LEITURA ADICIONAL
Propriedades dos materiais

1-1. Apêndice E. *Propriedades de Materiais Selecionados.*

1-2. Brady, G. S., *Materials Handbook.* New York: McGraw-Hill, 1951. Êste livro apresenta um ou dois parágrafos descrevendo, cada um, cêrca de mil tipos de material.

1-3. *Ceramic Data Book.* Chicago: Industrial Publications, Inc., publicado anualmente. Contém dados sôbre as propriedades dos materiais cerâmicos mais comuns, incluindo dados específicos nas seguintes divisões: refratários, cerâmica estrutural, esmaltes, vidro, cerâmica branca e produtos cerâmicos para utilizações elétricas.

---

* Variança é uma medida estatística da variação provável e é igual ao quadrado do desvio padrão.
[4] N. do T. — Avião inglês comercial a jatopropulsão.

14 PRINCÍPIOS DE CIÊNCIA DOS MATERIAIS

1-4. *Corrosion in Action.* New York: International Nickel Co., 1955. Uma introdução à corrosão; excelentemente ilustrado.

1-5. Kinney, G. F., *Engineering Properties and Applications of Plastics.* New York: John Wiley & Sons, 1957. O primeiro capítulo considera as principais categorias de plásticos. Subseqüentemente, suas propriedades mecânicas, térmicas, ópticas e elétricas são consideradas.

1-6. Marin, J., *Mechanical Behavior of Engineering Materials.* Englewood Cliffs, N. J.: Prentice-Hall, 1962. Dá um tratamento geral das propriedades mecânicas.

1-7. *Metals Handbook,* Volume I, Cleveland: American Society for Metals, 1961. Esta referência básica para todos os metalurgistas é essencialmente uma enciclopédia de metais.

1-8. "Plastics Encyclopedia Issue", *Modern Plastics.* O número de setembro de cada ano. Material técnico e de referência são incluídos, proporcionando um rápido acesso a uma variedade de informações sôbre resinas e plásticos.

1-9. *Reactor Handbook, Volume 3, Section 1: General Properties of Materials* Washington, D. C.: Atomic Energy Commission, 1955. Um compêndio de dados sôbre propriedades de materiais de interêsse em tecnologia nuclear. Como êste manual cobre muitas variedades de materiais, serve como referência, também para outros propósitos.

1-10. Richards, C. W., *Engineering Materials Science.* San Francisco: Wadsworth, 1961. Uma discussão completa das propriedades mecânicas.

1-11. Smithells, C. J. *Metal Reference Book,* 3.ª edição. New York: Interscience Publishers, Inc., 1961. Um livro de referência em dois volumes composto quase que inteiramente de dados tabulados; adequado ao engenheiro que conhece o significado das diferenças no comportamento de um metal.

1-12. Woldman, N. F., *Engineering Alloys.* Cleveland: American Society for Metals. 1954. Cêrca de 19.000 ligas diferentes são citadas com suas propriedades, composições e aplicações típicas.

Ensaio de materiais

1-13. *ASTM Standards.* Philadelphia: American Society for Testing Materials, 1961 (com freqüentes revisões). É um conjunto de vários volumes contendo ensaios padronizados aceitos por uma larga porção da indústria americana. Os ensaios são esquematizados em detalhe[5].

1-14. Bornemann, A., e R. S. Williams, *Metals Technology.* Cleveland: American Society for Metals, 1954. Inclui experiências de laboratório ao lado da descrição dos aparelhos de ensaio mais comuns.

Aplicação (geral) dos materiais

1-15. *Materials in Design Engineering.* New York: Reinhold; publicado mensalmente. Uma revista técnica, com artigos sôbre tôdas as espécies de materiais de importância em engenharia, escrito em um nível técnico de um engenheiro competente.

1-16. *Ceramic Industry.* Uma das muitas revistas técnicas especializadas em materiais cerâmicos.[6]

1-17. *Metal Progress.* Uma das muitas revistas técnicas especializadas em materiais metálicos.[7]

1-18. *Modern Plastics.* Uma das muitas revistas técnicas especializadas em materiais metálicos.

[5]N. do T. Ver também ABNT — Associação Brasileira de Normas Técnicas.
[6]N. do T. Consultar também a revista *"Cerâmica"*, da Associação Brasileira de Cerâmica.
[7]N. do T. Consultar também a revista *"Metalurgia"*, da Associação Brasileira de Metais.

CARACTERÍSTICAS EXIGIDAS NOS MATERIAIS USADOS EM ENGENHARIA 15

PROBLEMAS

1-1. (a) Uma barra, com diâmetro igual a 1,25 cm, suporta uma carga de 6.500 kgf. Qual a tensão que solicita a barra? (b) Se o material da barra da parte (a) possui um módulo de elasticidade de 21.000 kgf/mm^2, qual a deformação que a barra sofre ao ser solicitada pela carga de 6500 kgf?

Resposta: (a) 54 kgf/mm^2 (b) 0,25%.

1-2. A barra de Probl. 1-1 suporta uma carga máxima de 11.800 kgf, sem deformação permanente. Qual o seu limite de ———?

1-3. A barra do Probl. 1-1 rompe com uma carga de 11.400 kg. O seu diâmetro final é 0,80 cm. (a) Qual a tensão verdadeira de ruptura? (b) Qual a tensão convencional de ruptura? ⊙(c) Qual a deformação verdadeira na fratura?

Resposta: (a) 231 kgf/mm^2 (b) 89 kgf/mm^2 (c) 96%

1-4. Uma barra de alumínio com 1,25 cm de diâmetro possui duas marcas que distam entre si de 50 mm. Os seguintes dados são obtidos:

Carga, kg	Distância entre as marcas, mm
900	50,05
1800	50,09
2700	50,15
3600	54,8

(a) Construa a curva tensão-deformação. (b) Qual o módulo de elasticidade da barra?

1-5. Uma liga de cobre possui um módulo de elasticidade de 11.000 kgf/mm^2, um limite de escoamento de 33,6 kgf/mm^2 e um limite de resistência de 35,7 kgf/mm^2. (a) Qual a tensão necessária para aumentar de 0,15 cm o comprimento de uma de 3 m desta liga? (b) Que diâmetro deve ter uma barra desta liga para que a mesma barra suporte uma carga de 2300 kgf sem deformação permanente?

Resposta: (a) 5,6 kgf/mm^2 (b) 0,91 cm de diâmetro.

1-6. Uma barra de aço de seção retangular 0,6 × 1,25 cm e com 300 m de comprimento suporta uma carga longitudinal máxima de 7600 kgf, sem deformação permanente. (a) Qual o limite de elasticidade da barra? (b) Determine o comprimento da barra solicitada por esta carga, sabendo-se que o módulo de elasticidade do aço é 21.000 kgf/mm^2.

1-7. Uma liga de alumínio (6151) possui um módulo de elasticidade de 7000 kgf/mm^2 e um limite de escoamento de 28 kgf/mm^2. (a) Qual a carga máxima que pode ser suportada por um fio de 0,275 cm de diâmetro sem deformação permanente? (b) Admitindo-se que um fio dêste diâmetro de 30 m de comprimento esteja sendo solicitado por uma carga de 44 kgf, qual o aumento total no comprimento do mesmo?

Resposta: (a) 167 kgf (b) 3,2 cm

1-8. O metal monel (70 Ni-30 Cu) possui um módulo de elasticidade de 18.000 kgf/mm^2 e um limite de escoamento de 45,5 kgf/mm^2 (a) Qual a carga máxima que pode ser suportada por uma barra com 1,8 cm de diâmetro sem deformação permanente? (b) Admitindo-se como deformação total máxima permissível 0,25 cm para uma barra de 210 cm do diâmetro acima, qual a carga máxima que pode ser aplicada à barra?

1-9. Uma barra de aço 1020 com 0,6 cm de diâmetro e 1,80 m de comprimento suporta

16   PRINCÍPIOS DE CIÊNCIA DOS MATERIAIS

um pêso de 500 kg. Qual a diferença de deformação total se esta barra fôr substituída por outra igual de monel 70-30? (Ver Problema 1-8).

1-10. Os seguintes dados foram obtidos durante o ensaio de tração de uma barra metálica com 1,25 cm de diâmetro.

Carga, kgf	Deformação, cm/cm
1800	0,005
3580	0,010
4680	0,015
5260	0,02
5720	0,03
6000	0,04
5900	0,06
5000	0,08
4900	Rompe (diâmetro = 0,52 cm)

Calcule: (a) limite de resistência, (b) limite de escoamento convencional (0,2 % de deformação permanente), (c) dutilidade (d) tensões de ruptura (verdadeira e convencional).

1-11. Uma carga de 450 kgf, quando aplicada a um fio de aço com 240 cm de comprimento e 0,16 cm² de área da seção transversal, provoca uma deformação elástica de 0,3 cm. Calcule (a) a tensão, (b) a deformação e (c) o valor do módulo de Young.

1-12. Uma regra empírica diz que o limite de resistência (em kgf/mm^2) do aço é 0,35 da sua dureza Brinell. (a) Qual o êrro (em porcentagem) que se comete ao se usar esta regra para os seis aços mostrados na Fig. 1-6? (b) e para os cinco ferros fundidos?

1-13. Qual é a condutividade térmica máxima que uma parede de 2,5 cm de espessura pode ter para que o fluxo de calor não supere, sendo a temperatura do lado frio 200°C e a do lado quente 520°C?

1-14. Uma parede com 12,5 cm de espessura possui uma condutividade térmica de 0,000495 cal·cm/cm²·s·°C. Qual é a perda de calor por hora, através desta parede, se a temperatura interna é de 53°C e a externa de 20°C?

1-15. O coeficiente médio de dilatação térmica de uma barra de aço é de $13,5 \times 10^{-6}$ cm/cm/°C. (a) Qual variação de temperatura é necessária para produzir a mesma variação linear que uma tensão de 63 kgf/mm^2? (b) Qual a variação de volume que esta variação de temperatura produz?

Resposta: (a) 220°C (b) 0,9 % em volume

1-16. A calcita (calcáreo) possui um coeficiente médio de dilatação linear de $11,5 \times \times 10^{-6}$ cm/cm/°C entre 20°C e 200°C e de $13,5 \times 10^{-6}$ cm/cm/°C entre 20°C e 530°C. (a) Qual é o coeficiente médio de expansão entre 200°C e 530°C? (b) O volume a 200°C é 1,000 cm³. Qual o volume a 20°C?

1-17. O calor específico C_p do ferro é $3,04 + 7,58 \times 10^{-3} T + 0,60 \times 10^5 T^{-2}$ cal/mol°K. (a) Qual é a difusividade térmica do ferro a 20°C? (b) a 500°C? [*Nota:* Use os dados da Fig. 1-8];

Resposta: (a) 0,23 cm²/s (b) 0,12 cm²/s

1-18. A resistividade de uma liga de alumínio é $2,8 \times 10^{-6}$ ohm·cm. Qual deve ser a resistência de um fio de alumínio com 1 m de comprimento e 0,01 cm² de área da seção transversal?

1-19. (a) Se se usar um fio de cobre puro (resistividade = $1,7 \times 10^{-6}$ ohm·cm) com

CARACTERÍSTICAS EXIGIDAS NOS MATERIAIS USADOS EM ENGENHARIA 17

0,1 cm de diâmetro em um circuito elétrico transportando uma corrente de 10 A, quantos watts de calor são perdidos, por metro de fio? (b) Quantos watts mais serão perdidos, se o fio de cobre fôr substituído por um de latão de mesmo tamanho (resistividade $= 3,2 \times$ $\times 10^{-6}$ ohm·cm)?

Resposta: (a) 2,1 W (b) 1,9 W

1-20. Um fio de cobre possui um diâmetro de 0,027 cm. O cobre possui uma resistividade de $1,7 \times 10^{-6}$ ohm·cm. Quantos metros de fio são necessários para se obter uma resistência de 3,0 ohm?

1-21. A pesquisa no campo dos plásticos levou a um nôvo tipo de isolante. A rigidez dielétrica é de 38 V/μ, na freqüência de 60 ciclos por segundo. Que espessura deve ter uma camada dêste plástico para isolar um fio na tensão de 18.500 V e com um fator de segurança de 15%?

1-22. A constante dielétrica de uma tira de vidro é 5,1. Um capacitor, usando esta tira de vidro com 0,01 cm de espessura, deveria ter maior ou menor capacidade que um outro semelhante usando um plástico com 0,005 cm de espessura e de constante dielétrica igual a 2,1?

CAPÍTULO 2

LIGAÇÃO QUÍMICA

A ESTRUTURA DOS ÁTOMOS

2.1. INTRODUÇÃO. Até uma certa época, acreditava-se que o átomo era a menor unidade em que a matéria podia ser subdividida. Entretanto, posteriormente, tornou-se conhecido que o átomo é composto de unidades ainda menores. Atualmente, é possível subdividir o átomo e explorar a sua estrutura interna.

Nenhuma tentativa vai ser feita aqui de se considerar tôdas as relações subatômicas. Entretanto, é necessário considerar-se a estrutura geral do átomo, a fim de se tomar conhecimento dos fatôres que governam as propriedades dos materiais. Por exemplo, quando um material é tensionado, a fôrça de atração entre os átomos resiste à tensão e controla a deformação e a fragmentação do material. A condutividade elétrica é conseqüência da mobilidade dos elétrons associados com os átomos do material. A oxidação dos metais é causada pela difusão de átomos metálicos ou de oxigênio através da superfície a fim de formar o óxido. Êstes e outros fenômenos são melhor explicados considerando-se um modêlo de um átomo.

2-2 NÊUTRONS, PRÓTONS E ELÉTRONS. O átomo é composto por um *núcleo* circundado por *elétrons*. O núcleo é composto por *prótons e nêutrons*. Os elétrons são partículas carregadas e com 1/1836 da massa de um nêutron. A carga do elétron é convencionada negativa. Como os elétrons são componentes de todos os átomos, sua carga elétrica é freqüentemente tomada como unidade. Em unidades físicas, a carga do elétron vale $1,6 \times 10^{-19}$ coulombs.

Sabemos que um próton possui uma carga que é numèricamente igual à do elétron, só que de sinal oposto. Por exemplo, o átomo de hidrogênio, o mais simples de todos, é composto de um próton e de um elétron e é elètricamente neutro. O fato do nêutron ser elètricamente neutro, sugere que o mesmo pode ser considerado como uma combinação mais íntima de um próton e um elétron. Esta conclusão é suficiente para nossos propósitos, pois, foi mostrado que a seguinte reação pode ocorrer com uma apropriada troca de energia:

$$n \rightleftarrows p^+ + e^- . \tag{2-1}$$

LIGAÇÃO QUÍMICA

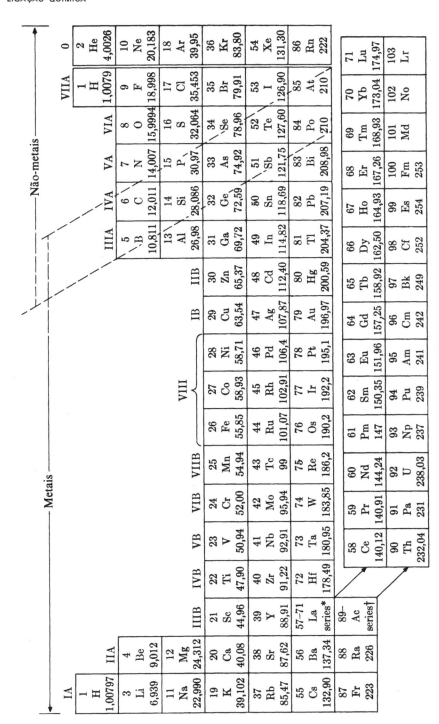

Fig. 2-1. Tabela periódica dos elementos. Para cada elemento tem-se o número atômico e a massa atômica (carbono = 12,000).

PRINCÍPIOS DE CIÊNCIA DOS MATERIAIS

2-3 MASSA ATÔMICA E NÚMERO ATÔMICO. De uma forma simplificada, um átomo de um certo elemento pode ser considerado como sendo uma combinação de prótons e nêutrons em um núcleo circundado por elétrons. Como um elétron possui uma massa de apenas 0,0005 da massa de um próton ou de um nêutron, a massa total de um átomo é aproximadamente proporcional ao número de próton e nêutrons no núcleo. Essa massa de um elemento é denominada de *massa atômica*. As massas atômicas variam desde 1,008 para o hidrogênio, que tem apenas um próton, até cêrca de 250 para alguns dos elementos instáveis transurânicos (Fig. 2-1 e Apêndice D). A massa atômica é expressa em gramas por *átomo--grama*. Um átomo-grama sempre contém $6,02 \times 10^{23}$ átomos (Número de Avogadro). Então,

$$\text{Massa do átomo} = \frac{\text{massa atômica}}{6,02 \times 10^{23}}$$

(2-2)

expresso em

$$\frac{g}{\text{átomo}} = \frac{g/\text{átomo-grama}}{\text{átomos}/\text{átomo-grama}}$$

Surpreendentemente, com exceção da densidade e do calor específico, o fator massa atômica exerce uma influência relativamente pequena sôbre as propriedades dos materiais, descritos no capítulo anterior. O número de elétrons que circundam o núcleo de um átomo neutro é mais significativo. Êsse número, denominado *número atômico*, é igual ao número de prótons no núcleo. Cada elemento é singular com respeito ao número de seus elétrons e prótons. O apêndice D relaciona os elementos desde o hidrogênio até os transurânicos. São os elétrons, particularmente os mais externos que afetam a maior parte das propriedades de interêsse em engenharia: êles determinam as propriedades químicas; estabelecem a natureza da ligação interatômica e, portanto, os característicos mecânicos e de resistência; êles controlam o tamanho do átomo e afetam a condutividade elétrica dos metais e, ainda, influenciam as características ópticas. Conseqüentemente, prenderemos nossa atenção à distribuição e aos níveis de energia dos elétrons ao redor do núcleo do átomo.

⊙ 2-4 NÚMEROS QUÂNTICOS. Há um tipo de comportamento entre os elementos, que já foi reconhecido há muito tempo e que deu origem à tabela periódica (Fig. 2-1). Esta tabela é muito útil para os químicos, porque os elementos que pertencem ao mesmo grupo têm comportamento químico semelhante. Essa periodicidade é também significativa quando se consideram as propriedades elétricas, magnéticas e mecânicas dos materiais. A tabela periódica é arranjada do mesmo modo com que vão se dispondo os elétrons adicionais dos elementos, conforme se aumenta o número atômico.

Os elétrons que circundam o núcleo do átomo não têm todos o mesmo nível energético; é, portanto, conveniente dividir os elétrons em níveis ou grupos com propriedades energéticas diferentes. O primeiro *nível quântico*, o de menor energia, contém um máximo de dois elétrons. O segundo contém um máximo de 8; o terceiro, 18 e o quarto, 32. Portanto, o número máximo de elétrons em um dado nível é $2n^2$, onde n é o chamado número quântico principal do nível.

Embora o conceito de nível quântico seja muito conveniente e será usado freqüentemente nas partes que se seguem, na verdade, êle implica em uma simplificação, pois se admite que todos os elétrons, dentro de um determinado nível, sejam equivalentes. Na realidade, êles não são equivalentes e um tratamento mais completo é necessário para se entender as propriedades dos materiais. Êste tratamento é possível sem explicações rigorosas e pode ser feito através do chamado *princípio da exclusão de Pauli*: apenas dois elétrons podem ter

⊙ Seções precedidas por um ponto, devem ser citadas a critério do professor (*Ver* Prefácio).

LIGAÇÃO QUÍMICA

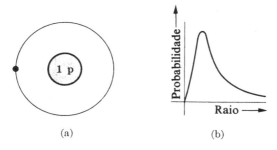

Fig. 2-2. Hidrogênio. (a) Esquema simplificado mostrando um próton no núcleo e um elétron no primeiro nível quântico. (b) Probabilidade de se encontrar o elétron em função da distância ao núcleo. Embora a distância do elétron ao próton não seja fixa, existe uma certa distância para a qual a probabilidade é máxima. Com exceção dos momentos magnéticos que são opostos, os dois elétrons do hélio possuem energias e distribuição de probabilidades semelhantes às do único elétron do hidrogênio.

os mesmos números quânticos orbitais, e mesmo êstes dois não são completamente idênticos pois exibem comportamentos magnéticos contrários, isto é, são de "spins" opostos. Êste princípio afirma que há regras específicas governando o nível energético e a provável localização dos elétrons ao redor do núcleo. Por exemplo, o único elétron do átomo de hidrogênio está normalmente no nível mais baixo de energia, o que resulta que a mais provável posição do elétron é a indicada na Fig. 2-2.

Os dois elétrons do átomo de hélio completam o primeiro nível quântico. Por causa disso, êste elemento é muito estável e não se combina com outros elementos. Ainda mais, para se remover um dos elétrons do hélio é necessária uma energia considerável.

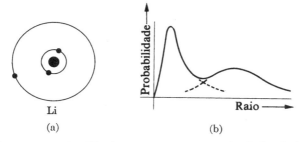

Fig. 2-3. Lítio. (a) Êste esquema simplificado mostra como o segundo nível quântico começa, quando o primeiro fica totalmente preenchido com dois elétrons. (b) Probabilidade de se encontrar um elétron em função da distância ao núcleo.

O lítio tem número atômico três. Seu terceiro elétron deve ir para o segundo nível quântico, com a provável localização mostrada na Fig. 2-3. Em seguida, vem o berílio, boro, carbono, nitrogênio, oxigênio, flúor e neônio, cada um dos quais adiciona mais um elétron ao segundo nível quântico. Entretanto, como já observamos prèviamente, apenas *dois* elétrons podem ter as mesmas características de energia e, portanto, a mesma localização provável. Conseqüentemente, surgem novas localizações possíveis e estabelecem-se os chamados subníveis. A Fig. 2-4 mostra a distribuição dos oito elétrons de valência do neônio. (Os dois elétrons do primeiro nível não são elétrons de valência). Esta distribuição de oito elétrons em tôrno do núcleo, sempre que ocorre, é muito estável.

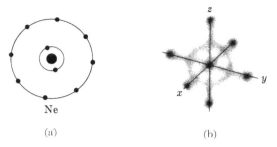

Fig. 2-4. Neônio. Apenas os elétrons de valência estão mostrados. (a) Neste esquema simplificado, o segundo nível quântico está totalmente preenchido. (b) A distribuição de probabilidade é esférica apenas para dois dos oito elétrons de valência. Os três pares restantes de elétrons estão em subníveis que possuem uma maior probabilidade ao longo dos três eixos. Êste arranjo eletrônico é muito estável.

⊙ 2-5 NOTAÇÃO ELETRÔNICA. A verificação experimental dos grupamentos e subgrupamentos eletrônicos foi feita inicialmente através de dados de espetroscopia, dos quais se concluiu que é necessário um quantum de energia para mover o elétron de um certo nível para um outro de maior energia. Inversamente, um quantum de energia (um *fóton*) é libertado quando o elétron cai de um nível de maior energia para outro de menor energia. A energia E do fóton pode ser calculada diretamente, conhecendo-se o comprimento de onda λ do fóton, através da equação:

$$E = \frac{hc}{\lambda} = h\nu, \qquad (2\text{-}3)$$

onde h é a constante de Planck e c é a velocidade da luz. A freqüência da radiação é c/λ ou ν.

Nas discussões das primeiras experiências espetroscópicas, foi incorporada a notação espetrográfica. Assim sendo, como as linhas espetrais mais nítidas tinham como origem a transição de um elétron para o subnível mais baixo de um determinado nível quântico, a notação[1] s passou a ser usada para os elétrons de cada nível que pertencessem a êste subnível mais baixo. Conseqüentemente, $1s^2$ indica que dois elétrons (de "spins" opostos) estão na posição de baixa energia do primeiro nível eletrônico (isto é, o nível K). Anàlogamente, $2s^2$ indica que dois elétrons estão colocados na posição de menor energia do segundo nível (nível L). O número máximo de elétrons que pode existir em um subnível s é dois.

Depois do nível K, que apenas possui um subnível s, todos os demais níveis têm dois ou mais subníveis que são designados p, d e f.[2] O número máximo de elétrons nestes subníveis é, respectivamente, 6, 10$^-$, 14. Tomemos, por exemplo, o neônio, que apresenta o nível L completo. Isto corresponde à seguinte notação eletrônica: $1s^2\ 2s^2\ 2p^6$, que indica que há dois elétrons no nível K e oito elétrons no segundo nível (com dois no seu subnível mais baixo e seis no subnível seguinte, de maior energia). A extensão dêste esquema de notação, indicado acima, pode ser obtida através da Tabela 2-1.

⊙ **Exemplo 2-1.**

O ferro tem 26 prótons. Dois elétrons vão para o subnível $4s$ antes do subnível $3d$ co-

---

[1] N. do T. — Esta letra s é a primeira letra da palavra inglêsa *sharp* (nitido).
[2] N. do T. Do inglês: p = "principal"; d = "diffuse"; f = "fundamental".

LIGAÇÃO QUÍMICA

© *Tabela* 2-1

Números Quânticos Eletrônicos

Elemento		$K\ (n=1)$	$L\ (n=2)$		$M\ (n=3)$			$N\ (n=4)$				$O\ (n=5)$				$P\ (n=6)$			$Q\ (n=7)$
Símbolo	Número	$1s$	$2s$	$2p$	$3s$	$3p$	$3d$	$4s$	$4p$	$4d$	$4f$	$5s$	$5p$	$5d$	$5f$	$6s$	$6p$	$6d$	$7s$
H	1	1																	
He	2	2																	
Li	3	2	1																
Be	4	2	2																
B	5	2	2	1															
C	6	2	2	2															
N	7	2	2	3															
O	8	2	2	4															
F	9	2	2	5															
Ne	10	2	2	6															
Na	11	2	2	6	1														
Mg	12	2	2	6	2														
Al	13	2	2	6	2	1													
Si	14	2	2	6	2	2													
P	15	2	2	6	2	3													
S	16	2	2	6	2	4													
Cl	17	2	2	6	2	5													
Ar	18	2	2	6	2	6													
K	19	2	2	6	2	6		1											
Ca	20	2	2	6	2	6		2											
Sc	21	2	2	6	2	6	1	2											
Ti	22	2	2	6	2	6	2	2											
V	23	2	2	6	2	6	3	2											
Cr	24	2	2	6	2	6	5	1											
Mn	25	2	2	6	2	6	5	2											
Fe	26	2	2	6	2	6	6	2											
Co	27	2	2	6	2	6	7	2											
Ni	28	2	2	6	2	6	8	2											
Cu	29	2	2	6	2	6	10	1											
Zn	30	2	2	6	2	6	10	2											
Ga	31	2	2	6	2	6	10	2	1										
Ge	32	2	2	6	2	6	10	2	2										
As	33	2	2	6	2	6	10	2	3										
Se	34	2	2	6	2	6	10	2	4										
Br	35	2	2	6	2	6	10	2	5										
Kr	36	2	2	6	2	6	10	2	6										
Rb	37	2	2	6	2	6	10	2	6			1							
Sr	38	2	2	6	2	6	10	2	6			2							
Y	39	2	2	6	2	6	10	2	6	1		2							
Zr	40	2	2	6	2	6	10	2	6	2		2							
Nb	41	2	2	6	2	6	10	2	6	4		1							
Mo	42	2	2	6	2	6	10	2	6	5		1							
Tc	43	2	2	6	2	6	10	2	6	6		1							
Ru	44	2	2	6	2	6	10	2	6	7		1							
Rh	45	2	2	6	2	6	10	2	6	8		1							
Pd	46	2	2	6	2	6	10	2	6	10									

(continua)

○ Tabela 2-1 (continuação)

Números Quânticos Eletrônicos

Elemento		$K\ (n=1)$	$L\ (n=2)$		$M\ (n=3)$			$N\ (n=4)$				$O\ (n=5)$				$P\ (n=6)$			$Q\ (n=7)$
Símbolo	Número	$1s$	$2s$	$2p$	$3s$	$3p$	$3d$	$4s$	$4p$	$4d$	$4f$	$5s$	$5p$	$5d$	$5f$	$6s$	$6p$	$6d$	$7s$
Ag	47	2	2	6	2	6	10	2	6	10		1							
Cd	48	2	2	6	2	6	10	2	6	10		2							
In	49	2	2	6	2	6	10	2	6	10		2	1						
Sn	50	2	2	6	2	6	10	2	6	10		2	2						
Sb	51	2	2	6	2	6	10	2	6	10		2	3						
Te	52	2	2	6	2	6	10	2	6	10		2	4						
I	53	2	2	6	2	6	10	2	6	10		2	5						
Xe	54	2	2	6	2	6	10	2	6	10		2	6						
Cs	55	2	2	6	2	6	10	2	6	10		2	6			1			
Ba	56	2	2	6	2	6	10	2	6	10		2	6			2			
La	57	2	2	6	2	6	10	2	6	10		2	6	1		2			
Ce	58	2	2	6	2	6	10	2	6	10	2	2	6			2			
Pr	59	2	2	6	2	6	10	2	6	10	3	2	6			2			
Nd	60	2	2	6	2	6	10	2	6	10	4	2	6			2			
Pm	61	2	2	6	2	6	10	2	6	10	5	2	6			2			
Sm	62	2	2	6	2	6	10	2	6	10	6	2	6			2			
Eu	63	2	2	6	2	6	10	2	6	10	7	2	6			2			
Gd	64	2	2	6	2	6	10	2	6	10	7	2	6	1		2			
Tb	65	2	2	6	2	6	10	2	6	10	8	2	6	1		2			
Dy	66	2	2	6	2	6	10	2	6	10	10	2	6			2			
Ho	67	2	2	6	2	6	10	2	6	10	11	2	6			2			
Er	68	2	2	6	2	6	10	2	6	10	12	2	6			2			
Tm	69	2	2	6	2	6	10	2	6	10	13	2	6			2			
Yb	70	2	2	6	2	6	10	2	6	10	14	2	6			2			
Lu	71	2	2	6	2	6	10	2	6	10	14	2	6	1		2			
Hf	72	2	2	6	2	6	10	2	6	10	14	2	6	2		2			
Ta	73	2	2	6	2	6	10	2	6	10	14	2	6	3		2			
W	74	2	2	6	2	6	10	2	6	10	14	2	6	4		2			
Re	75	2	2	6	2	6	10	2	6	10	14	2	6	5		2			
Os	76	2	2	6	2	6	10	2	6	10	14	2	6	6		2			
Ir	77	2	2	6	2	6	10	2	6	10	14	2	6	7		2			
Pt	78	2	2	6	2	6	10	2	6	10	14	2	6	8		2			
Au	79	2	2	6	2	6	10	2	6	10	14	2	6	10		1			
Hg	80	2	2	6	2	6	10	2	6	10	14	2	6	10		2			
Tl	81	2	2	6	2	6	10	2	6	10	14	2	6	10		2	1		
Pb	82	2	2	6	2	6	10	2	6	10	14	2	6	10		2	2		
Bi	83	2	2	6	2	6	10	2	6	10	14	2	6	10		2	3		
Po	84	2	2	6	2	6	10	2	6	10	14	2	6	10		2	4		
At	85	2	2	6	2	6	10	2	6	10	14	2	6	10		2	5		
Rn	86	2	2	6	2	6	10	2	6	10	14	2	6	10		2	6		
Fr	87	2	2	6	2	6	10	2	6	10	14	2	6	10		2	6		1
Ra	88	2	2	6	2	6	10	2	6	10	14	2	6	10		2	6		2
Ac	89	2	2	6	2	6	10	2	6	10	14	2	6	10		2	6	1	2
Th	90	2	2	6	2	6	10	2	6	10	14	2	6	10		2	6	2	2
Pa	91	2	2	6	2	6	10	2	6	10	14	2	6	10	2	2	6	1	2
U	92	2	2	6	2	6	10	2	6	10	14	2	6	10	3	2	6	1	2
Np	93	2	2	6	2	6	10	2	6	10	14	2	6	10	5	2	6		2
Pu	94	2	2	6	2	6	10	2	6	10	14	2	6	10	6	2	6		2
Am	95	2	2	6	2	6	10	2	6	10	14	2	6	10	7	2	6		2
Cm	96	2	2	6	2	6	10	2	6	10	14	2	6	10	7	2	6	1	2

LIGAÇÃO QUÍMICA

meçar a ser preenchido. Mostre a notação eletrônica para um átomo neutro de ferro e para os íons ferroso e férrico.

Resposta: Fe $1s^2 2s^2 2p^6 3s^2$ e $3p^6 sd^6 4s^2$

Fe^{2+} $1s^2 2s^2 2p^6 3s^2 3p^6 3d^6$

Fe^{3+} $1s^2 2s^2 2p^6 3s^2 3p^6 3d^5$

A seqüência progressiva dos níveis torna-se clara, quando se examina a Tabela 2-1. Deve ser dado ênfase à ocorrência de uma superposição nos níveis de energia de subníveis sucessivos e também de níveis quânticos sucessivos. Em virtude desta superposição, grupos quânticos de números mais elevados podem receber elétrons em seus subníveis de menor energia antes dos níveis ou subníveis anteriores estarem completamente preenchidos, isto porque os elétrons, seguindo o comportamento geral, são mais estáveis quando possuem menor energia. Assim, há grupos de elementos de transição, como a série escândio – níquel (ver Tabela 2-1) nos quais o nível mais externo ou de valência fica parcialmente preenchido antes que dez elétrons estejam presentes no subnível $3d$. A mesma situação ocorre no subnível $4d$ na série ítrio-paládio. Ainda mais, está claro que na série das terras-raras, há uma adição sucessiva de elétrons ao subnível $4f$, apesar de já se ter oito ou mais elétrons no nível O. Finalmente, a adição de elétrons $5f$ começa uma segunda série de terras-raras que inclui o urânio e os elementos vizinhos.

ATRAÇÕES INTERATÔMICAS

2-6 INTRODUÇÃO. Como a maioria dos materiais usados pelo engenheiro é sólida ou líquida, é desejável conhecer-se as atrações que mantêm os átomos unidos nesses estados. A importância destas atrações pode ser ilustrada através de um pedaço de fio de cobre, o qual contém, em cada grama, $(6,02 \times 10^{23})/63,54$ átomos. Nas condições usuais, as fôrças de atração que mantêm os átomos unidos são fortes. Se tal não ocorresse, os átomos seriam fàcilmente separados, o metal se deformaria sob pequenas solicitações e as vibrações atômicas associadas à energia térmica provocariam a gaseificação dos átomos em temperaturas baixas. Assim, como no caso dêste fio, as propriedades de qualquer material dependem das fôrças interatômicas presentes.

As atrações interatômicas são conseqüência da estrutura eletrônica dos átomos. Os gases nobres (inertes ou quimicamente inativos), tais como He, Ne, A, etc., apresentam apenas uma pequena atração pelos outros átomos porque êles têm um arranjo muito estável de oito elétrons (2 para o He) na sua camada mais externa (camada de valência, ao mesmo tempo que são elètricamente neutros, pois possuem igual número de prótons e de elétrons. A maior parte dos outros elementos, ao contrário dos gases nobres, deve adquirir a configuração altamente estável de oito elétrons na camada mais externa, através de um dos seguintes mecanismos: (1) recebendo elétrons (2) perdendo elétrons, ou (3) compartilhando elétrons. Os dois primeiros processos produzem íons negativos e positivos e, portanto, implicam na existência de fôrças coulombianas de atração entre íons de cargas opostas. O terceiro processo òbviamente requer uma íntima associação entre os átomos a fim de que o compartilhamento dos elétrons seja eficaz. Quando aplicáveis, os três processos anteriormente citados produzem ligações fortes. Energias de aproximadamente 100 kcal/mol (is.to é, 100.000 cal/6,02 $\times 10^{23}$ ligações) são requeridas para romper estas ligações. Outras ligações mais fracas ou secundárias (menos que 10 kcal/mol) estão sempre presentes, mas sòmente ganham importância quando são as únicas presentes.

2-7 LIGAÇÃO IÔNICA. A ligação interatômica que é mais fácil de ser descrita é a ligação iônica, que resulta da atração mútua entre íons positivos e negativos. Átomos de elementos como sódio e cálcio, com um e dois elétrons na camada de valência, respectivamente, perdem fàcilmente êstes elétrons externos e se tornam íons positivos. Por outro lado, os átomos de cloro e de oxigênio fàcilmente recebem um ou dois elétrons na camada mais externa, respectivamente, de modo a completar oito elétrons nesta camada. Como sempre há uma *atração coulombiana* entre íons positivos e negativos, aparece uma ligação entre íons vizinhos de carga oposta (Fig. 2-5).

Nossa primeira inclinação é esperar que os íons originários do sódio e do cloro se juntem aos pares, mas um momento de reflexão torna duvidosa esta possibilidade. De fato, se isto acontecesse, haveria uma atração muito grande entre os íons que formavam o par, mas a atração entre os vários pares seria pequena. Como conseqüência, o sólido NaCl não poderia existir tal como nós o conhecemos.

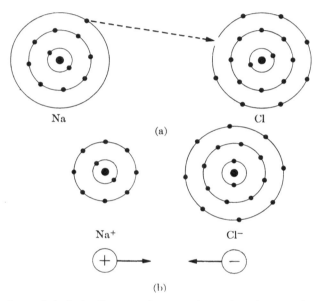

Fig. 2-5. Ionização. A transferência de elétrons na formação do NaCl produz camadas externas estáveis. Os íons negativos e positivos que se formam se atraem mùtuamente através de fôrças coulombianas, formando a ligação iônica.

Realmente, uma carga negativa é atraída por *tôdas* as cargas positivas e uma carga positiva por *tôdas* as negativas. Conseqüentemente, os íons de sódio ficam envolvidos por íons cloreto, e os íons cloreto por íons sódio, sendo a atração igual em tôdas as direções. (Fig. 2-6). O principal requisito que um material iônico sempre satisfaz é a neutralidade elétrica, isto é, o número de cargas positivas é sempre igual ao número de cargas negativas. Assim sendo, o cloreto de sódio tem a composição NaCl. O cloreto de magnésio corresponde à composição $MgCl_2$, porque o átomo de magnésio fornece dois elétrons de sua camada de valência, ao passo que cada átomo de cloro só pode aceitar um.

2-8 LIGAÇÃO COVALENTE. Outra ligação forte é a ligação covalente. Como já foi dito anteriormente, a estrutura eletrônica de um átomo é relativamente estável se o mesmo contém oito elétrons na camada de valência (uma exceção é a primeira camada ou camada K, que é estável com dois elétrons). Muitas vêzes, um átomo pode adquirir êstes oito elétrons

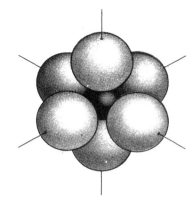

Fig. 2-6. Estrutura tridimensional do cloreto de sódio. O cátion sódio é igualmente atraído por todos os seis ânions Cl⁻ que o cercam. (Compare com a Fig. 3-10).

compartilhando elétrons com um átomo adjacente. O exemplo mais simples dêste compartilhamento é o encontrado na molécula do hidrogênio, H_2. Como indicado esquemàticamente na Fig. 2-7 (a e b), os dois elétrons se localizam entre os prótons e, assim, formam a ligação entre os dois átomos de hidrogênio. Um tanto mais especìficamente, a Fig. 2-7 (c) mostra a distribuição probabilística para os elétrons. Por conseguinte, a ligação covalente pode ser considerada como uma ligação de elétrons carregados negativamente entre núcleos positivos.

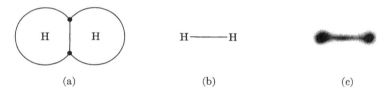

Fig. 2-7. Ligação covalente do hidrogênio. As partes (a) e (b) são representações simplificadas. A parte (c) mostra a distribuição de probabilidades para os dois elétrons que formam a ligação covalente na molécula de hidrogênio.

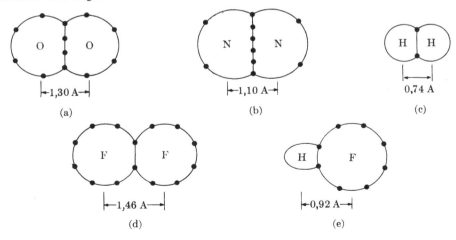

Fig. 2-8. Moléculas diatômicas. Arranjo esquemático dos elétrons da camada mais externa para: (a) O_2, (b) N_2, (c) H_2, (d) F_2, (e) HF. Observar (1) que as distâncias interatômicas menores são produzidas pelo compartilhamento de um maior número de elétrons e (2) o desbalanceamento de cargas no HF.

Outras moléculas diatômicas estão mostradas esquemàticamente na Fig. 2-8. Deve-se observar que os átomos ligados por covalência não são necessàriamente iguais; por exemplo, a molécula HF. Também se nota que a distância interatômica diminui quando mais de um par de elétrons é compartilhado.

Combinações poliatômicas são igualmente comuns. O metano (Fig. 2-9) é um exemplo. Neste caso, o átomo de carbono é circundado por quatro átomos de hidrogênio, de acôrdo com a relação

$$4H^{\cdot} + \overset{\cdot}{\underset{\cdot}{C}}{\cdot} \rightarrow H : \overset{H}{\underset{H}{\overset{\cdot\cdot}{C}}} : H \qquad (2\text{-}7)$$

Embora a Fig. 2-9(b) mostre um modêlo de "esferas rígidas", com uma superfície externa definida dos átomos, o leitor deve compreender que as superfícies dos átomos não são precisas (cf. Fig. 2-7c).

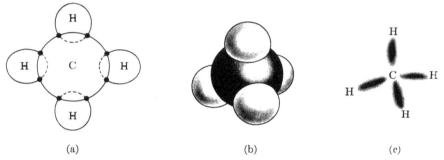

(a) (b) (c)

Fig. 2-9. Modelos do metano, CH_4. (a) Representação bidimensional. (b) Modêlo tridimensional de esferas rígidas. (c) Ligações covalentes.

Que a ligação covalente implica em intensas fôrças de atração entre os átomos é evidenciado no diamante, que é o mais duro material encontrado na natureza e que é inteiramente constituído por carbono. Cada átomo de carbono tem quatro elétrons na camada de valência, que são compartilhados com quatro átomos adjacentes, para formar um reticulado tridimensional inteiramente ligado por pares covalentes (Fig. 2-10). A fôrça da ligação covalente no diamante é demonstrada não só pela sua elevada dureza como também pela temperatura extremamente elevada (> 3300°C) a que pode ser aquecido antes da destruição da estrutura pela energia térmica.

Embora as ligações covalentes sejam sempre fortes, nem todos os materiais com ligações covalentes apresentem pontos de fusão e ebulição elevados ou alta dureza. O metano, por exemplo, tem muitas ligações covalentes (Fig. 2-9a), mas a molécula resultante tem apenas uma pequena atração pelas moléculas adjacentes, porque camadas eletrônicas externas já estão preenchidas. Portanto a molécula do metano, assim como os átomos dos gases nobres, atuam quase que independentemente das outras moléculas. Conseqüentemente, o metano não se condensa até que a sua temperatura caia a –161°C. A Tabela 2-2 mostra as temperaturas de fusão e de ebulição de outras moléculas ligadas por covalência, com fortes atrações intramoleculares mas com fracas atrações intermoleculares.

LIGAÇÃO QUÍMICA

Tabela 2-2

Estrutura e Estabilidade Térmica de Moléculas Simples

Molécula	Estrutura covalente	Ponto de fusão, °C	Ponto de ebulição, °C
H_2	H : H	−259	−252
Cl_2	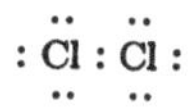 : Cl : Cl :	−102	−34
O_2	 : O : O :	−218	−183
N_2	 : N : N :	−209	−195
CH_4	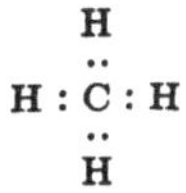 H : C : H (com H acima e abaixo)	−183	−161
CF_4	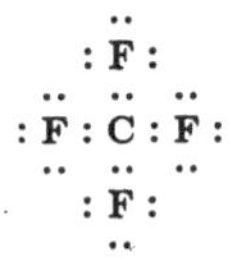 : F : C : F : (com : F : acima e abaixo)	−185	−128
CCl_4	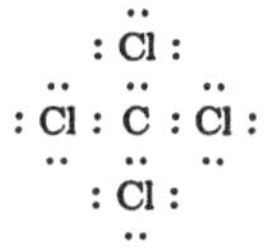 : Cl : C : Cl : (com : Cl : acima e abaixo)	−23	76
NH_3	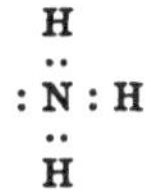 : N : H (com H acima e abaixo)	−78	−33
C_2H_6	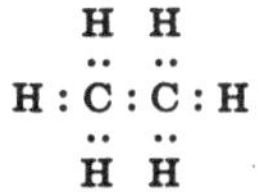 H : C : C : H (com H acima e abaixo de cada C)	−172	−88
C_2H_4	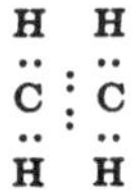 C : C (com H acima e abaixo de cada C)	−169	−104
C_2H_3Cl	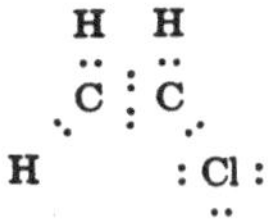 C : C (com H acima e H/: Cl : abaixo)	−160	−14

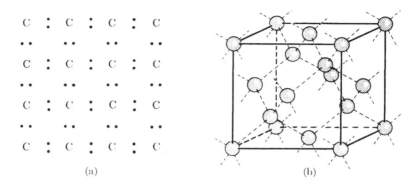

Fig. 2-10. Estrutura do diamante. A fôrça da ligação covalente explica a grande dureza do diamante. (a) Representação bidimensional. (b) Representação tridimensional.

2-9 LIGAÇÃO METÁLICA. Ao lado das ligações iônicas e covalentes, um terceiro tipo de fôrça interatômica forte, a *ligação metálica*, é capaz de manter átomos unidos. Infortunadamente, um modêlo de ligação metálica não é tão fácil de ser construído como aquêles da iônica (Fig. 2-5) e da covalente (Fig. 2-8). Entretanto, uma visão simplificada é suficiente para os nossos propósitos. Se um átomo apresenta apenas uns poucos elétrons de valência, êstes podem ser removidos com relativa facilidade, enquanto que os demais elétrons são firmemente ligados ao núcleo. Isto, com efeito, origina uma estrutura formada por íons positivos e elétrons "livres" (Fig. 2-11). Os íons positivos são constituídos pelo núcleo e pelos elétrons que não pertencem à camada de valência. Como os elétrons de valência podem se mover livremente dentro da estrutura metálica, êles formam o que freqüentemente é denominado de "gás eletrônico" ou "nuvem eletrônica". Como mostrado na Fig. 2-11, os íons

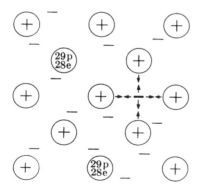

Fig. 2-11. Ligação metálica. Representação esquemática dos elétrons livres ("nuvem" eletrônica) em uma estrutura de íons positivos. A ligação metálica pode ser considerada como uma atração entre os íons positivos e os elétrons livres (exemplo: cobre).

positivos e a "nuvem" eletrônica negativa originam fôrças de atração que ligam os átomos do metal entre si.

Embora esta descrição seja muito simplificada, ela permite uma explicação útil para muitas propriedades dos metais. Por exemplo, o arranjo cristalino dos átomos em um metal sólido (ver Seção 3-11) ajuda a determinar as propriedades mecânicas do metal. Os elétrons livres dão ao metal sua condutividade elétrica elevada característica, pois podem se mover livremente sob ação de um campo elétrico. A condutividade térmica elevada dos metais está também associada à mobilidade dos elétrons de valência, que podem transferir energia térmica de um nível de alta temperatura para outro de baixa. Um quarto efeito da ligação metálica é que os elétrons livres do metal absorvem a energia luminosa, daí serem todos os metais opacos.

2-10 COMBINAÇÃO DOS VÁRIOS TIPOS DE LIGAÇÃO. Embora tenhamos tratado isoladamente de cada um dos tipos de ligação, muitos materiais podem ser ligados de mais de uma maneira. Por exemplo, os elétrons de valência do HCl podem se distribuir em qualquer das duas configurações mostradas na Fig. 2-12. Como mostrado na Fig. 2-13, o H_2 tem três alternativas para a distribuição de seus elétrons de valência, pois são possíveis dois arranjos iônicos e um covalente. A experiência mostrou que cada uma destas três modificações realmente existe na molécula H_2. Embora os elétrons possam ressoar livremente entre êstes

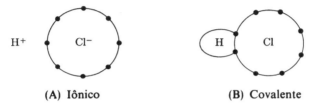

Fig. 2-12. Duas estruturas possíveis do HCl (simplificado). A escolha depende do meio. Por exemplo, a forma (a) predomina em uma solução líquida, (b) no estado gasoso.

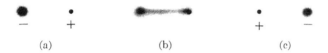

Fig. 2-13. Estruturas possíveis do hidrogênio. As áreas sombreadas indicam a distribuição de probabilidades para os dois elétrons em cada um dos três arranjos. As partes (a) e (e) são equivalentes e iônicas; (b) é covalente. A forma mais usual é a covalente, que é a do gás hidrogênio. Entretanto, (a) e (c) podem existir embora por períodos muito curtos de tempo.

três arranjos, no hidrogênio, usualmente a distribuição é o covalente. Como resultado, dois átomos de hidrogênio atuam como uma molécula diatômica.

É também possível encontrar mais de um tipo de ligação em um dado material. O sulfato de cálcio ($CaSO_4$) é um exemplo, melhor ilustrado pela reação:

$$Ca + \overset{..}{\underset{..}{\overset{..}{.}O\overset{..}{:}}} \overset{..}{\underset{..}{S}} \overset{..}{\underset{..}{\overset{..}{:}O\overset{..}{.}}} \rightarrow Ca^{2+} + \overset{..}{\underset{..}{\overset{..}{:}O\overset{..}{:}}} \overset{..}{\underset{..}{S}} \overset{..}{\underset{..}{\overset{..}{:}O\overset{..}{:}}} \tag{2-8}$$

Para o grupo SO_4, faltam apenas dois elétrons para preencher a camada de valência de cada um dos seus cinco átomos, enquanto que o cálcio tem dois elétrons que podem ser fàcilmente removidos e transferidos para o SO_4. Como resultado, origina-se uma ligação iônica entre os íons Ca^{2+} e SO_4^{2-}. Por outro lado, no íon sulfato, os átomos de oxigênio se unem ao enxôfre por covalência.

PRINCÍPIOS DE CIÊNCIA DOS MATERIAIS

2-11 FÔRÇAS DE VAN DER WAALS. Os três tipos de ligação considerados anteriormente correspondem, todos, a ligações fortes. Ligações secundárias, mais fracas, que também contribuem para a atração interatômica, são agrupadas aqui sob o nome genérico de *fôrças de Van der Waals*, embora realmente existam muitos mecanismos diferentes envolvidos. Se não fôsse pelo fato de, muitas vézes, serem as únicas fôrças que atuam, as fôrças de Van der Waals poderiam ser desprezadas.

Em um gás nobre como o hélio, a camada mais externa, que tem dois elétrons, está completa, e os outros gases nobres, como o neônio e o argônio, têm todos oito elétrons na última camada. Nestas situações de estabilidade, nenhum dos tipos de ligação já estudados pode ser efetivo, já que, tanto a ligação iônica como a metálica e a covalente requerem ajustamentos nos elétrons de valência. Como conseqüência, os átomos dêstes gases nobres têm pouca atração uns pelos outros e, com raras exceções, permanecem monoatômicos nas temperaturas ordinárias. Sòmente em temperaturas extremamente baixas, quando as vibrações térmicas estão dràsticamente reduzidas, é que êstes gases se condensam (Tabela 2-3). É justamente esta condensação que torna evidente a existência de ligações fracas que tendem a manter os átomos unidos.

Uma evidência similar, a favor destas atrações fracas, é encontrada nas substâncias consideradas na Tabela 2-2. Como já foi assinalado anteriormente, nestes gases, os átomos componentes adquirem uma configuração estável através de ligações covalentes dentro da molécula. A condensação destas moléculas simples ocorre sòmente quando a agitação térmica fôr suficientemente reduzida, de modo a permitir que as fôrças de Van der Waals se tornem efetivas.

Tabela 2-3

Temperaturas de Fusão e Ebulição dos Gases Nobres

Gás	Ponto de fusão, °C	Ponto de ebulição, °C
He	$-272,2$	$-268,9$
Ne	$-248,7$	$-245,9$
A	$-189,2$	$-185,7$
Kr	$-157,0$	$-152,9$
Xe	$-112,0$	$-107,1$
Ra	$- 71,0$	$- 61,8$

Polarização molecular. A maior parte das fôrças de atração de Van der Waals se origina de *dipolos elétricos*, o que pode ser ilustrado com simplicidade em uma molécula como o fluoreto de hidrogênio (Fig. 2-14a). Há dois elétrons disponíveis para a camada K do hidrogênio e oito para a camada mais externa L do flúor. Entretanto, dentro da molécula há um desbalanceamento elétrico, porque o par eletrônico compartilhado circunda mais eficazmente o núcleo positivo do flúor do que o núcleo do hidrogênio. Conseqüentemente, o *centro de carga positiva* não coincide com o *centro de carga negativa* e tem-se a formação de um dipolo elétrico (Fig. 2-14b).

Um dipolo elétrico é formado em tôda molécula assimétrica, tornando possível um mecanismo de ligação entre as moléculas. A Fig. 2-14(c) ilustra as atrações polares entre moléculas adjacentes. A polarização molecular do HF é tão pronunciada, que possui um dos mais elevados ponto de ebulição de moléculas diatômicas (19,4°C). Moléculas poliatômicas podem desenvolver polarizações ainda mais pronunciadas, porque existem possibilidades adicionais de desbalanceamento elétrico interno.

Efeitos de dispersão. Em tôdas as moléculas simétricas e nos átomos de todos os gases nobres, uma polarização momentânea ocorre como resultado do movimento do acaso dos

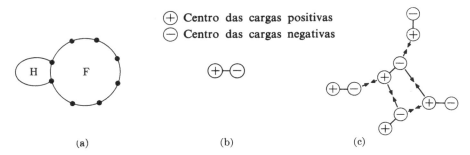

Fig. 2-14. Polarização. (a) Nas moléculas assimétricas como o HF, ocorre um desbalanceamento elétrico denominado polarização. (b) Êste desbalanceamento produz um dipolo elétrico com uma extremidade positiva e outra negativa. (c) Os dipolos resultantes originam fôrças de atração secundárias entre as moléculas. A extremidade positiva de um dipolo é atraída pela negativa de outro.

elétrons. (Fig. 2-15). Esta polarização flutuante ao acaso tem sido denominada de *efeito de dispersão*. As atrações interatômicas resultantes são fracas, mas não desprezíveis, como é evidenciado pelo fato de moléculas simétricas e gases monoatômicos se condensarem em temperaturas suficientemente baixas.

Tabela 2-4
Temperaturas de Ebulição *versus* Massas Moleculares

Gás	Massa molecular, gm	Temperatura de ebulição, °C
H_2	2,016	−252
N_2	28,016	−195
O_2	32,0000	−183
Cl_2	70,91	− 34
CH_4	16,04	−161
CF_4	88,01	−128
CCl_4	153,83	+ 76
He	4,003	−268,9
Ne	20,18	−245,9
A	39,94	−185,7

Ponte de hidrogênio. Um terceiro tipo de ligação fraca é a ponte de hidrogênio. A existência dessa ligação provoca a atração entre moléculas H_2O, sendo responsável pelo alto ponto de ebulição e elevado calor de vaporização da água. A ponte de hidrogênio é, na verdade, um caso especial de polarização molecular. O pequeno núcleo do hidrogênio, que é um próton, é atraído por elétrons não compartilhados de uma molécula H_2O próxima, formando-se desta forma, a ligação entre as duas moléculas (Fig. 2-16).

A ponte de hidrogênio não é limitada à água ou ao gêlo; pode ser encontrada em outras moléculas como por exemplo, de amônia (NH_3).

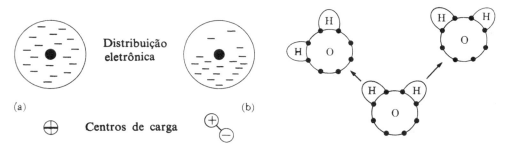

Fig. 2-15. Polarização eletrônica (efeitos de dispersão). Forma-se momentâneamente um *dipolo elétrico* em um átomo originando uma atração fraca entre êste átomo e os adjacentes. (a) Distribuição eletrônica uniforme. (b) Distribuição momentâneamente polarizada.

Fig. 2-16. Ponte de hidrogênio. A ponte de hidrogênio é conseqüência da atração entre os núcleos "expostos" de hidrogênio de uma molécula pelos elétrons não compartilhados do oxigênio (ou nitrogênio) das moléculas adjacentes.

COORDENAÇÃO ATÔMICA

2-12 INTRODUÇÃO. Embora no caso de moléculas diatômicas, haja a ligação e a coordenação entre dois átomos apenas, muitos materiais envolvem a coordenação de muitos átomos em uma estrutura integrada. Dois fatôres principais, distâncias interatômicas e arranjos espaciais, são de importância. Vamos, pois, considerá-los com mais detalhes.

2-13 DISTÂNCIAS INTERATÔMICAS. As fôrças de atração entre os átomos que consideramos nas seções precedentes, mantêm os átomos próximos entre si; mas, o que faz com que os átomos não fiquem mais próximos ainda? Deve ter ficado claro, das figuras e discussões precedentes, que há um grande "espaço" vazio no volume que cerca o núcleo de um átomos. A existência dêste espaço é comprovada pelo fato dos nêutrons poderem se mover através do combustível e de outros materiais de um reator nuclear, atravessando muitos átomos antes de serem barrados.

Fig. 2-17. Equilíbrio de fôrças (anéis cerâmicos magnéticos). O anel superior tende a descer pela ação da gravidade; entretanto, a repulsão magnética age no sentido contrário. Na posição de equilíbrio, os anéis ficam separados por uma certa distância. (Òbviamente nesta analogia, as fôrças não são idênticas àquelas entre os átomos; entretanto, o princípio é o mesmo).

LIGAÇÃO QUÍMICA

O espaço entre os átomos é causado por fôrças de repulsão interatômicas, que existem paralelamente às fôrças já anteriormente descritas. A repulsão mútua resulta, principalmente, do fato de que uma aproximação excessiva torna muitos elétrons suficientemente próximos, de modo a se repelirem. A distância de equilíbrio é a distância para a qual ambas as fôrças, de repulsão e de atração, são iguais. Uma analogia pode ser feita entre as distâncias interatômicas e o espaçamento entre os dois anéis magnéticos da Fig. 2-17 (Neste exemplo, os magnetos são alinhados de forma a se ter repulsão ao invés de atração). Certamente, as fôrças nessa analogia não são idênticas àquelas entre os átomos; entretanto o princípio é o mesmo. O anel superior é solicitado por uma fôrça (gravidade) que tende a aproximá-lo do anel inferior (o qual, neste caso, é mantido fixo pelo recipiente). Como a fôrça da gravidade é essencialmente constante ao longo da distância aqui considerada, o magneto superior cai até o ponto, no qual é repelido por uma fôrça magnética igual, mas de sentido contrário. Como a fôrça repulsiva aumenta com o inverso do quadrado da distância, atinge-se uma distância de equilíbrio. Pode-se notar que os magnetos permanecem separados por uma certa distância, que é a distância de equilíbrio das fôrças atuantes.

Fôrças coulombianas. A ligação iônica vai ser usada para ilustrar o balanceamento entre as fôrças de atração e de repulsão em materiais. A fôrça Fc entre duas cargas pontuais é:

$$Fc = \frac{(Z_1 e)(Z_2 e)}{a_{1-2}^2} \tag{2-9}$$

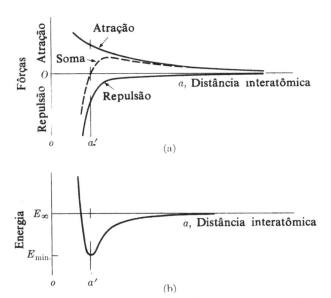

Fig. 2-18. Distâncias interatômicas. (a) A separação de equilíbrio $o-a'$ é a distância para a qual as fôrças de atração ficam iguais às de repulsão. (b) mínimo da energia potencial ocorre quando a distância é igual a $a-a'$.

Nesta equação, a_{1-2} é a distância entre os pontos, $Z_1 Z_2$ são os números de cargas em cada ponto e podem ser tanto negativos como positivos. A carga eletrônica e é $1,6 \times 10^{-19}$ coulomb, como indicado na Seção 2-2. (*Ver* o Apêndice A para outras constantes). A equação anterior fica simplificada, quando consideramos dois íons monovalentes de cargas opostas:

$$F_c = +\frac{e^2}{a^2} \tag{2-10}$$

PRINCÍPIOS DE CIÊNCIA DOS MATERIAIS

Fôrças eletrônicas de repulsão. A fôrça de repulsão F_R entre os campos eletrônicos de dois átomos é também uma função do inverso da distância, só que elevada a um expoente mais alto:

$$F_R = -\frac{nb}{a^{n+1}} \qquad (2\text{-}11)$$

Tanto b como n são constantes, sendo n aproximadamente igual a 9 nos sólidos iônicos. Conseqüentemente, as fôrças de repulsão se tornam significantes para distâncias muito menores que as fôrças de atração. As fôrças de atração e de repulsão são mostradas na Fig. 2-18(a) assim como a sua soma.

Energia de ligação. A soma das duas fôrças anteriores é que serve de base para a energia de ligação e para as distâncias interatômicas (Fig. 2-18). Como energia é o produto de fôrça pela distância,

$$E = \int (F_C + F_R)\, da \qquad \odot \quad (2\text{-}12)$$

Em relação a E_∞, ou seja, a energia para uma distância infinita, para a qual, òbviamente, não temos interação, a energia à distância a é:

$$E = \int_{\infty}^{a} \left[\frac{(-Z_1 Z_2)e^2}{a^2} - \frac{nb}{a^{n+1}} \right] da \qquad \odot \quad (2\text{-}13)$$

ou

$$E = \frac{(Z_1 Z_2)e^2}{a} + \frac{b}{a^n} \qquad (2\text{-}14)$$

Esta curva está mostrada na Fig. 2-18(b). No ponto onde $F_C = -F_R$, dE/da é igual a zero, e o valor da energia é mínimo. Portanto, a distância a' é a distância interatômica de equilíbrio.

Muitos tipos de energia podem ser usados para mover os átomos de suas posições de equilíbrio. Em temperaturas elevadas, a energia térmica, a qual produz movimentos atômicos, pode ser suficiente para separar completamente os átomos e gaseificar o material. Fôrças intensas elétricas ou mecânicas podem também separar os átomos o suficiente para deformar ou mesmo romper o material. Por outro lado, um sólido ou líquido resiste à compressão, porque as fôrças que comprimem devem se sobrepor a fôrças repulsivas cada vez mais intensas. Sob êste aspecto, os átomos podem ser comparados com bolas maciças de borracha; embora seja possível comprimi-las de forma a reduzir suas dimensões, isso é extremamente difícil.

2-14 RAIO ATÔMICO E IÔNICO. A distância de equilíbrio entre os centros de dois átomos vizinhos pode ser considerada como sendo a soma de seus raios (Fig. 2-19). No ferro metálico por exemplo, a distância média entre os centros dos átomos é 2,482 Å (angstrom*), em temperatura ambiente. Como os átomos são iguais, o raio do átomo de ferro é 1,241 Å.

Muitos fatôres podem alterar esta distância. O primeiro é a temperatura. Qualquer aumento na energia acima do mínimo, mostrado na Fig. 2-18b, aumentará a distância interatômica, em virtude da forma assimétrica da curva que representa a variação da energia com a distância. Êste aumento no espaçamento médio entre os átomos é o responsável pela expansão térmica dos materiais.

---

* 1 angstrom $= 10^{-8}$ cm ou 10^{-7} mm ou 10^{-4} mícron. Os raios usados neste livro são os constantes do ASM *Metals Handbook* de 1961.

A valência do íon também influencia a distância interatômica (Apêndice D). O íon ferroso (Fe^{2+}) tem um raio de 0,83 Å, o qual é menor que o do ferro metálico. Como os dois elétrons da camada mais externa foram retirados (Fig. 2-20), os 24 elétrons remanescentes são atraídos mais fortemente pelo núcleo, cuja carga positiva continua sendo 26. Uma redução adicional no espaçamento interatômico é observada, quando um outro elétron é removido, produzindo o íon férrico (Fe^{3+}). O raio dêste íon é 0,67 Å, ou seja, cêrca de apenas metade do raio do ferro metálico.

Um íon negativo é maior que o átomo neutro correspondente. Como há mais elétrons circundando o núcleo que prótons no núcleo, os elétrons adicionais não são atraídos tão fortemente pelo núcleo como eram os elétrons originais.

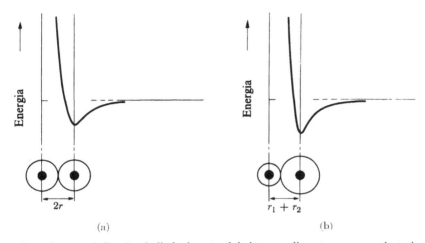

Fig. 2-19. Comprimentos de ligação. A distância entre dois átomos adjacentes correspondente à energia mínima é o comprimento da ligação. Êste comprimento é igual à soma dos dois raios. (a) Em um metal puro, todos os átomos possuem o mesmo raio. (b) Em um sólido iônico, os raios são diferentes.

Um terceiro fator que afeta o tamanho de um átomo ou íon é o número de átomos adjacentes. Um átomo de ferro tem um raio de 1,241 Å quando em contato com oito átomos de ferro adjacentes, que é o arranjo normal em temperatura ambiente. Se os átomos fôssem rearranjados, de modo a têrmos cada átomo de ferro em contato com outros 12 átomos, o raio de cada átomo aumentaria um pouco passando a 1,269 Å. Quanto maior o número de átomos adjacentes, maior a repulsão eletrônica proveniente dos átomos vizinhos e, conseqüentemente, as distâncias interatômicas aumentam.

O último efeito na distância interatômica, que aqui será considerado, está relacionado com as ligações covalentes. A Fig. 2-21 compara as distâncias interatômicas entre os átomos de carbono no etano e no etileno. Nesta última molécula, quatro elétrons são compartilhados pelos dois átomos de carbono, mas, no etano, apenas dois são compartilhados. A distância entre os dois centros dos átomos de carbono é reduzida e a energia mínima, em valor absoluto, aumenta, já que os átomos se tornaram mais fortemente ligados.

2-15 NÚMERO DE COORDENAÇÃO.

Até aqui, foram discutidas combinações atômicas envolvendo apenas dois átomos. Entretanto, como muitos materiais apresentam grupos coordenados de muitos átomos, vamos agora nos preocupar com grupos poliatômicos. Portanto, quando estamos analisando a ligação entre os átomos de um material, falamos de um *número de coordenação*. O número de coordenação, NC, simplesmente representa

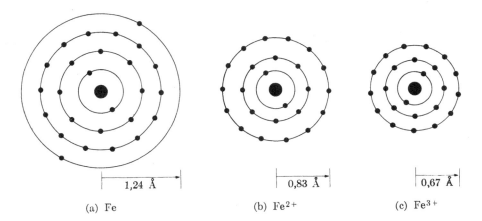

Fig. 2-20. Dimensões atômicas e iônicas (a) Tanto os átomos como os íons de ferro possuem o mesmo número de prótons (26). (b) Ao se remover dois elétrons, os 24 restantes são "puxados" para mais perto do núcleo. (c) Um íon férrico possui seus 23 elétrons ainda mais próximos do núcleo.

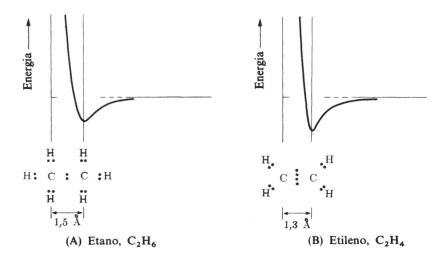

Fig. 2-21. Comprimentos de ligações covalentes. A distância interatômica entre os átomos de carbono se reduz quando aumenta o número de elétrons compartilhados por covalência. Além disso, a energia necessária para a separação aumenta.

o número de vizinhos mais próximos que um dado átomo tem. Por exemplo, na Fig. 2-9, o número de coordenação do carbono é quatro. Por outro lado, como cada hidrogênio tem apenas um vizinho, seu número de coordenação é apenas um.

Dois fatôres governam o número de coordenação de um átomo. O primeiro é a covalência. Específicamente, o número de ligações covalentes em tôrno de um átomo é dependente do número de seus elétrons de valência. Assim os halogênios, que pertencem ao Grupo VII da tabela periódica (Fig. 2-1), formam apenas uma ligação e, portanto, têm número de coordenação igual a um. Os membros da família do oxigênio, no Grupo VI, são mantidos em uma molécula por duas ligações e normalmente têm um número máximo de coordenação de dois (Òbviamente, o oxigênio pode estar coordenado a apenas um outro átomo através de uma ligação dupla). Os elementos da família do nitrogênio têm um número de coordenação máximo de três, já que pertencem ao Grupo V. Finalmente, carbono e silício, no Grupo IV, formam quatro ligações com outros átomos e têm um número de coordenação máximo de quatro (Fig. 2-10b).

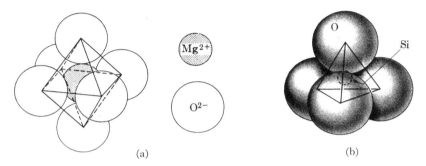

Fig. 2-22. Números de coordenação. (a) Um máximo de seis íons oxigênio (O^{2-}) pode circundar cada íon magnésio (Mg^{2+}). (b) O número de coordenação do Si^{4+} entre O^{2-} é de apenas quatro, pois a razão entre os raios iônicos é inferior a 0,414 (Tabela 2-5).

O segundo fator que afeta o número de coordenação é o empacotamento atômico. Como há libertação de energia quando átomos ou íons são aproximados (até que as distâncias de equilíbrio sejam atingidas), um material se torna mais estável se os átomos forem arranjados de uma forma mais fechada e as distâncias interatômicas forem reduzidas. Consideremos um íon magnésio, Mg^{2+}, com um raio de 0,78 Å. É possível colocar até seis íons oxigênio O^{2-}, com raios de 1,32 Å, em tôrno de cada cátion (Fig. 2-22a). Neste caso, a relação entre os raios é 0,78/1,32 ou 0,59. Essa relação é menor para os íons Si^{4+} e O^{2-}, 0,39/1,32 ou 0,3 (Tabela 2-5). Conseqüentemente, é impossível na sílica, SiO_2, que cada íon silício tenha

Tabela 2-5

Raios Atômicos e Iônicos selecionados (Ver o Apêndice D para outros valôres)

Elemento	Átomos metálicos		Íons			Ligações covalentes	
	NC*	Raio, Å	Valência	NC	Raio, Å	Ligações	Distância/2, Å
Carbono			4^+	6	0,25	1	0,77
						2	0,66
						3	0,60
Oxigênio			2^-	6	1,32	2	0,65
Sódio	8	1,857	1^+	6	0,98		
Magnésio	12	1,594	2^+	6	0,78		
Silício			4^+	4	0,39[δ]	4	1,17
Cloro			1^-	6	1,81	1	0,99
Ferro	8	1,241	2^+	6	0,83		
	12	1,27	3^+	6	0,67		
Cobre	12	1,278	1^+	6	0,96		

* Número de coordenação
[δ] Raio = 0,41 quadro NC = 6.

Tabela 2-6

Coordenação Atômica *versus* Razão Entre os Raios Iônicos

Número de coordenação	Quociente mínimo entre os raios Iônicos
3	0,155
4	0,225
6	0,414
8	0,732
12	1,00

um número de coordenação superior a quatro, porém, se isso acontecesse, os negativos O^{2-} se repeliriam mùtuamente e as distâncias Si-O seriam maiores que a de equilíbrio, 1,71 A. Em um metal puro, onde todos os átomos são iguais, o número de coordenação pode atingir 12.

As regras geométricas que governam o número de coordenação estão sumarisadas na Tabela 2-6. Como os íons são deformados se um número maior que o indicado de íons de grande tamanho circunda um íon pequeno, as relações mínimas da Tabela 2-6 são bastante definidas. Geralmente, o número de coordenação aumenta ao se ultrapassar a relação mínima para o número de coordenação seguinte. Assim, freqüentemente encontramos os íons Mg^{2+} entre O^{2-} com NC = 6, pois a relação entre os raios é 0,59. Uma redução do número de coordenação para quatro, reduziria o empacotamento e, portanto, aumentaria a energia contida no material.

Exceções às regras anteriores ocorrem em virtude de requisitos específicos da ligação covalente. Por exemplo, no diamante (Fig. 2-10), o carbono mantém o NC de quatro, embora todos os átomos sejam de mesmo tamanho e a Tabela 2-6 indique que 12 vizinhos são possíveis, porque apenas quatro pares de elétrons podem ser compartilhados.

Em geral, os números de coordenação dos metais e sólidos iônicos são governados pelo empacotamento e os números de coordenação de sólidos covalentes, pelos limites de compartilhamento eletrônico.

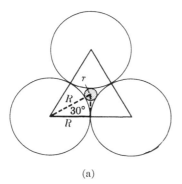

(a)

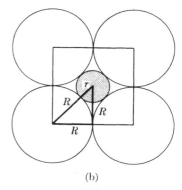

(b)

Fig. 2-23. Cálculos de coordenação. (a) Número de coordenação igual a três. (b) Número de coordenação igual a seis. Compare com os exemplos e com a Fig. 2-22(a).

LIGAÇÃO QUÍMICA

Exemplo 2-2

Mostrar que a mínima relação entre os raios, para um número de coordenação de três, é 0,155 (Tabela 2-6)

Resposta: A relação mínima de raios, que permite um número de coordenação de três, é mostrada na Fig. 2-23a. Da figura,

$$\cos 30° = \frac{R}{R + r} = 0,866$$

$$\frac{r}{R} = \frac{1 - 0,866}{0,866} = 0,155.$$

Exemplo 2-3

Mostrar que a relação mínima entre os raios, para um número de coordenação de seis, é 0,414.

Resposta: A relação mínima de raios que permite um número de coordenação de seis é mostrado na Fig. 2-23b. Da figura:

$$(R + 2r + R)^2 = (2R)^2 + (2R)^2$$

ou

$$2r + 2R = \sqrt{2}\,(2R)$$

$$r = \sqrt{2}\,R - R$$

e

$$\frac{r}{R} = 1,414 - 1 = 0,414.$$

SUMÁRIO

2-16 GENERALIZAÇÕES RELATIVAS ÀS PROPRIEDADES. Muitas das propriedades, descritas no Cap. 1, podem ser relacionadas *qualitativamente* às características das ligações atômicas, descritas neste capítulo.

(1) A densidade é controlada pela massa atômica, pelo raio atômico e pelo número de coordenação. Êste último é um fator importante pois controla o grau de empacotamento.

(2) Temperaturas de fusão e de ebulição podem ser correlacionadas com o valor absoluto do desnível da energia, no ponto de equilíbrio mostrado na curva da Fig. 2-18. Os átomos têm a energia mínima (que corresponde ao mínimo da curva) na temperatura do zero absoluto. Temperaturas mais altas vão elevando a energia até que os átomos consigam separar-se mùtuamente.

(3) A resistência mecânica está também correlacionada com fôrça total da Fig. 2-18a. Essa fôrça, quando relacionada com a área da seção reta, dá a tensão necessária para separar os átomos (Como veremos na Seção 6-5, os materiais podem se deformar por um outro processo sem ser a separação entre os átomos). Assim, também, como fôrças interatômicas mais elevadas correspondem a maiores valôres absolutos da energia do ponto de equilíbrio, observamos que materiais com altos ponto de fusão são, freqüentemente, os materiais mais duros: por exemplo, Al_2O_3, TiC e diamante. Por outro lado, em materiais com ligações mais fracas, há uma relação entre a pequena dureza e o ponto de fusão baixo: por exemplo chumbo, plásticos, gêlo e graxa. Exceções destas generalizações podem surgir quando mais de um tipo de ligação está presente, como na grafita e nas argilas.

(4) O módulo de elasticidade pode ser calculado a partir da inclinação (derivada) da curva soma da Fig. 2-18a, porque, na distância de equilíbrio quando a fôrça total é zero, dF/da relaciona a tensão com a deformação. Para deformações, ou seja, mudanças nas distâncias interatômicas não superiores a 1 %, o módulo de elasticidade permanece pràticamente cons-

PRINCÍPIOS DE CIÊNCIA DOS MATERIAIS

tante. Tração ou compressão muito elevada, respectivamente, eleva ou abaixa o módulo de elasticidade.

(5) Dilatações térmicas de materiais com graus de empacotamento atômico semelhantes variam inversamente com as respectivas temperaturas de fusão. Esta relação indireta existe porque os materiais de mais alto ponto de fusão têm energia (em valor absoluto), no ponto de equilíbrio, mais elevada e, portanto, a curva energia *versus* distância é mais simétrica. Isto significa que o aumento na distância interatômica média é menor, para uma dada mudança na energia térmica. Exemplos entre os vários metais incluem: Hg, temperatura de fusão: $-39°C$, coeficiente de dilatação térmica linear: 40×10^{-6} cm/cm°C; Pb, 327°C, 29×10^{-6} cm/cm°C; Al, 660°C, 25×10^{-6} cm/cm°C; Cu, 1083°C, 17×10^{-6} cm/cm°C; Fe, 1539°C, 12×10^{-6} cm/cm°C; W, 3410°C, $4,2 \times 10^{-6}$ cm/cm°C.

(6) A condutividade elétrica é muito dependente das ligações atômicas. Tanto os materiais iônicos como os covalentes são condutores estremamente fracos, porque os elétrons não estão livres para deixar os átomos a que pertencem. Por outro lado, os elétrons livres dos metais podem se mover fàcilmente quando sujeitos a um gradiente de potencial. Os semicondutores são considerados no Cap. 5; entretanto, podemos notar aqui que as suas condutividades são controladas pela liberdade de movimento de seus elétrons.

(7) A condutividade térmica é maior para os materiais com ligações metálicas, pois os elétrons livres são transportadores muito eficientes de energia térmica assim como de energia elétrica.

(8) A influência da estrutura dos átomos nas propriedades químicas não será aqui considerada, pois as diferenças químicas entre os elementos dependem primàriamente do número de elétrons de valência. Ainda mais, tôdas as reações químicas envolvem a formação e a ruptura de ligações. Para os materiais de interêsse para o engenheiro, a *corrosão* (Cap. 12) é, provàvelmente, a reação química mais significativa. Na corrosão, a separação de um íon metálico de um metal envolve a remoção dos elétrons de valência do átomo.

Nos capítulos subseqüentes, desenvolveremos os princípios que controlam as propriedades dos materiais, utilizando os conceitos de estrutura atômica.

2-17 TIPOS DE MATERIAIS. A maioria dos materiais que o engenheiro usa, pode ser classificado em um de três tipos: *metais, plásticos* e *materiais cerâmicos*. Consideramos os metais como sendo compostos por elementos, cujos átomos perdem elétrons com facilidade, a fim de se formar uma ligação metálica e se ter uma condutividade elétrica alta. Elementos não-metálicos que compartilham elétrons formam os materiais orgânicos que constituem os plásticos; portanto, as ligações covalentes são predominantes. Materiais cerâmicos contêm compostos de elementos metálicos e não-metálicos como, por exemplo, MgO, $BaTiO_3$, SiO_2, SiC, vidros, etc. Tais compostos apresentam tanto ligações iônicas como covalentes.

Embora tenhamos indicado as três principais categorias de materiais, devemos reconhecer que estas três categorias não são nìtidamente delineadas. Ao contrário, encontramos certos materiais (por exemplo, as siliconas), cuja natureza é intermediária entre os materiais cerâmicos e os plásticos; anàlogamente, materiais tais como Ga As (um semicondutor) podem ser classificados quer como um metal quer como um material cerâmico. Finalmente, o grafite é um material que, a rigor, não se encaixa em nenhuma das três categorias, já que apresenta propriedades comuns com as três. Embora, como foi dito acima, estas gradações existam, nos será vantajoso encaixar os materiais nestes três tipos, quando estudarmos materiais específicos (Cap. 7, 8 e 9).

REFERÊNCIAS PARA LEITURA ADICIONAL

2-1. Addison, W, E., *Structural Principles in Inorganic Compounds*. New York: John Wiley & Sons, 1961. Brochura. O Cap. 1 tem uma apresentação não matemática da teoria

LIGAÇÃO QUÍMICA

eletrônica do átomo e da ligação química. Recomendado para estudantes que desejem mais informações sôbre ligações que os dados no texto.

2-2. Cottrell, A. H., *Theoretical Structural Metallurgy*. New York: St. Martin's Press, 1955. O Cap. 1 representa uma leitura suplementar sôbre a estrutura do átomo; indicado para o professor e alunos mais adiantados.

2-3. Goldman, J. E. "Structure of Atoms and Atomic Aggregates", *The Science of Engineering Materials*. New York: John Wiley & Sons, 1957. Uma apresentação física incluindo relações empíricas. Para o professor.

2-4. Hume-Rothery, W., *Atomic Theory for Students in Metallurgy*. London: Institute of Metals, 1955. Escrito para o estudante de metalurgia.

2-5. Pauling, L. *Química Geral*, tradução de Roza Davidson Kuppermann e Aron Kuppermann. Rio de Janeiro: Livro Técnico e Editôra da Universidade de São Paulo, 1966. O Cap. 5 descreve as relações na tabela periódica. Introdutório.

2-6. Pauling, L., *The Nature of Chemical Bond*. Ithaca, N. Y.: Cornell University Press, 1948. Um texto avançado descrevendo as características das fôrças de ligação em sólidos.

2-7. Scarlett, A. J. e J. Gómez − Ibanez, *General College Chemistry*. New York: Henry Holt, 1954. A Parte III considera a estrutura da matéria e a ligação química. Recomendado como uma outra apresentação da matéria coberta pelo Cap. 2 dêste livro.

2-8. Schmidt, A. X. e C. A. Marlies, *Principles of High Polymer Theory and Practice*. New York: McGraw-Hill, 1948. Nas págs. 20 a 36, são discutidos os tipos de ligação química. Recomendando para estudantes que tenham especial interêsse em polímeros (isto é, plásticos).

2-9. Sienko, M. J. e R. A. Plane, *Química*. Tradução de Ernesto Giesbrecht, Lélia Mennucci e Astréa Mennucci Giesbrecht. São Paulo: Editôra Nacional e Editôra da Universidade de São Paulo, 1967. O Cap. 4 introduz as ligações químicas. Êste livro é altamente recomendado como a base de química para um curso de materiais.

2-10. Sorum, C. H., *Fundamentals of General Chemistry*. Englewood Cliffs, N. J.: Prentice-Hall, 1955. O Cap. 7 discute a estrutura atômica. Recomendado como outra apresentação da matéria coberta pelo Cap. 2 dêste livro.

2-11. Wulff, J. *et al.*, *Structures and Properties of Materials*. Cambridge, Mass.: M.I.T. Press, 1963. Os Caps. 2 e 3 introduzem a estrutura do átomo e ligação química. O tratamento é mais rigoroso que o dêste texto.

PROBLEMAS

2-1. (a) Qual é a massa de um átomo de alumínio? (b) Sendo a densidade do alumínio 2,70 g/cm^3, quantos átomos existem por cm^3?

Resposta: (a) $4,48 \times 10^{-23}$ g/átomos (b) $6,02 \times 10^{22}$ átomos/cm^3

2-2. (a) Quantos átomos de ferro existem por grama? (b) Qual é o volume de um grão metálico contendo 10^{20} átomos de ferro?

2-3. (a) Al_2O_3 tem uma densidade de 3,8 g/cm^3. Quantos átomos estão presentes por cm^3? Por grama?

Resposta: (a) $1,12 \times 10^{23}$ átomos/cm^3 (b) $2,95 \times 10^{22}$ átomos/g

2-4. Um cubo de MgO, de lado igual a 4,20 Å, contém 4 íons Mg^{2+} e 4 O^{2-}. Qual é a densidade do MgO?

⊙ 2-5. Dê a notação para a estrutura eletrônica (a) do átomo de zircônio (b) do íon Zr^{4+}.

Resposta: (a) $1s^2 2s^2 2p^6 3s^2 3p^6 3d^{10} 4s^2 4p^6 4d^2 5s^2$ (b) $1s^2 2s^2 2p^6 3s^2 3p^6 3d^{10} 4s^2 4p^6$

⊙ Problemas precedidos por um ponto estão baseados, em parte, em seções opcionais.

PRINCÍPIOS DE CIÊNCIA DOS MATERIAIS

⊙ 2-6. Indique o número de elétrons $3d$ em cada um dos seguintes íons: (a) V^{3+}; (b) V^{5+}; (c) Cr^{3+}; (d) Fe^{3+}; (e) Fe^{2+}; (f) Mn^{2+}; (g) Mn^{4+}; (h) Ni^{2+}; (i) Co^{2+}; (j) Cu^{+}; (k) Cu^{2+}.

⊙ 2-7. São necessárias aproximadamente 10^{-19} cal para romper a ligação covalente entre carbono e nitrogênio. Qual o comprimento de onda de um fóton capaz de fornecer esta energia? (*Ver* Apêndice A para os valôres de constantes).

Resposta: 4750 Å

⊙ 2-8. Um elétron absorve a energia de um fóton de luz ultravioleta ($\lambda = 2768$ Å). Quantos eV foram absorvidos?

2-9. Um íon positivo divalente e um íon negativo divalente estão em equilíbrio, quando a distância entre seus centros é 2,45 Å. Se $n = 9$ na Eq. (2-11), qual é o valor de b na mesma equação?

Resposta: $+ 1,33 \times 10^{-80}$ erg·cm^9

2-10. (a) Coloque em gráfico a fôrça total (isto é, a soma das fôrças de atração e repulsão) entre os dois íons do Probl. 2-9, em função da distância, no intervalo 2 a 20 Å. ⊙ (b) Coloque em gráfico a energia de separação, no mesmo intervalo de distância.

2-11. Mostre a origem do valor 0,732 da Tabela 2-6.

Resposta: $2(r + R) = \sqrt{3} \ (2R)$

2-12. Mostre a origem do valor 0,225 da Tabela 2-6. *Sugestão:* A altura de um tetraedro é 0,817 da aresta e a distância de um vértice do tetraedro ao centro do mesmo é 75 % da altura.

2-13. (a) Qual é o raio do menor cátion que pode ficar hexacoordenado com íons O^{2-}? (b) e octacoordenado?

Resposta: (a) 0,545 Å, (b) 0,965 Å.

2-14. (a) Usando o Apêndice D, cite três cátions divalentes, que podem ter NC = 6 com o S^{2-} mas não NC = 8. Cite dois íons divalentes que podem ter NC = 8 com o flúor.

2-15. O tetrafluoreto de silício tem uma molécula muito estável com um ponto de fusão relativamente baixo (– 107°F). Explique êsses fatos, através da previsão da natureza de suas ligações (Use um desenho, se necessário)

2-16. O bicloreto de enxofre tem uma massa molecular de 103 e um ponto de ebulição de 59°C. Esquematize um diagrama mostrando a estrutura eletrônica dêste composto. (Mostre sòmente os elétrons de valência)

2-17. Desenhe a estrutura eletrônica de um íon ClO_4^-.

2-18. Desenhe a estrutura eletrônica de um íon SO_4^{2-}.

2-19. Desenhe a estrutura eletrônica de um íon PO_4^{3-}.

2-20. Desenhe a estrutura eletrônica de um íon SiO_4^{4-}.

2-21. Desenhe a estrutura eletrônica do formaldeído (CH_2O). (b) Mostre o centro das cargas positivas e o das cargas negativas.

2-22. Mostre o centro das cargas positivas e o das cargas negativas no (a) CCl_4, (b) $C_2H_2Cl_2$, (c) CH_3Cl.

CAPÍTULO 3

ARRANJOS ATÔMICOS

ESTRUTURAS MOLECULARES

3-1 INTRODUÇÃO. As propriedades dos materiais dependem do arranjo de seus átomos. Êstes arranjos podem ser classificados em (1) estruturas *moleculares*, isto é, agrupamento de átomos, (2) estruturas *cristalinas*, isto é, um arranjo repetitivo de átomos, e (3) estruturas *amorfas*, isto é, estruturas sem nenhuma regularidade. Consideraremos, em primeiro lugar, as estruturas moleculares.

Uma *molécula* pode ser definida como sendo um número limitado de átomos fortemente ligados entre si, mas, de forma que, as fôrças de atração entre uma molécula e as demais sejam relativamente fracas. Êstes grupos de átomos, que são elètricamente neutros, agem como se fôssem uma unidade, pois as atrações *intra*moleculares são muito fortes, enquanto que, as ligações *inter*moleculares são originadas por fôrças fracas de Van der Waals.

Os mais comuns exemplos de moléculas incluem compostos tais como H_2O, CO_2, O_2, CCl_4, N_2 e HNO_3. Dentro de cada uma destas moléculas, os átomos são mantidos unidos por fortes fôrças de atração, resultantes, em geral, de ligações covalentes, embora ligações iônicas não sejam incomuns. Ao contrário das fôrças que mantêm os átomos unidos, as ligações entre moléculas são fracas e, consequentemente, cada molécula está livre para agir de uma forma mais ou menos independente. Essas observações são suportadas pelos seguintes fatos (1) Os pontos de ebulição e de fusão de cada um dêstes compostos moleculares são baixos, quando comparados com outros materiais. (2) Os sólidos moleculares são moles, porque as moléculas podem escorregar umas em relação às outras com aplicações de pequenas tensões. (3) As moléculas permanecem intactas, quer na forma líquida, quer na forma gasosa.

As moléculas citadas acima são comparativamente pequenas; outras moléculas apresentam um grande número de átomos. Por exemplo, o pentatriacontano (mostrado na Fig. 3-1c) tem cêrca de 100 átomos e algumas moléculas chegam a ter alguns milhares. Quer uma molécula seja pequena como o CH_4, quer muito maior que a mostrada na Fig. 3-1c, a distinção entre as fôrças intramoleculares fortes e intermoleculares fracas ainda persiste.

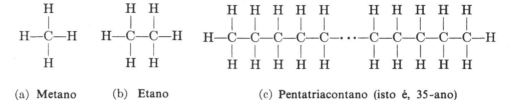

(a) Metano   (b) Etano   (c) Pentatriacontano (isto é, 35-ano)

Fig. 3-1. Exemplos de moléculas. Moléculas são agrupamentos discretos de átomos. Fôrças fortes mantêm os átomos unidos dentro da molécula. Fôrças fracas atraem as moléculas entre si.

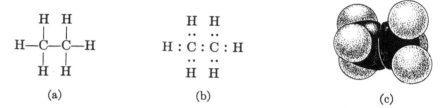

Fig. 3-2. Etano. (a) A representação convencional e (b) a estrutura eletrônica estão mostradas em duas dimensões. Uma ligação covalente consiste sempre de dois elétrons compartilhados. (c) Representação tridimensional.

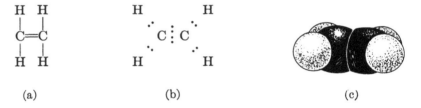

Fig. 3-3. Etileno. (a) A representação convencional e (b) a estrutura eletrônica estão mostradas em duas dimensões. (c) Representação tridimensional. A ligação dupla entre dois carbonos é mais curta e menos flexível que uma ligação simples.

Na Fig. 3-1a, as ligações estão mostradas da maneira convencional. Cada ligação é feita por um par covalente de elétrons. Relembremos, da Seção 2-8, que os elétrons compartilhados devem formar um orbital completo dentro de uma camada. Assim, em cada exemplo das Figs. 3-2 e 3-3, os esquemas são idênticos, exceto na notação. Os elementos mais comumente encontrados nas moléculas são os não-metais e o hidrogênio. O carbono é o elemento não-metálico mais importante; além dêle, o oxigênio, nitrogênio, silício, enxofre e os halogêneos podem também estar presentes.

3-2 NÚMERO DE LIGAÇÕES. Na discussão sôbre o número de coordenação, na Seção 2-15, foi assinalado que o número de ligações covalentes que circunda um átomo depende do número de elétrons na camada mais externa ou de valência. Exceto para o hidrogênio e o hélio, a regra geral para o número de ligações, N, é:

$$N = 8 - G \tag{3-1}$$

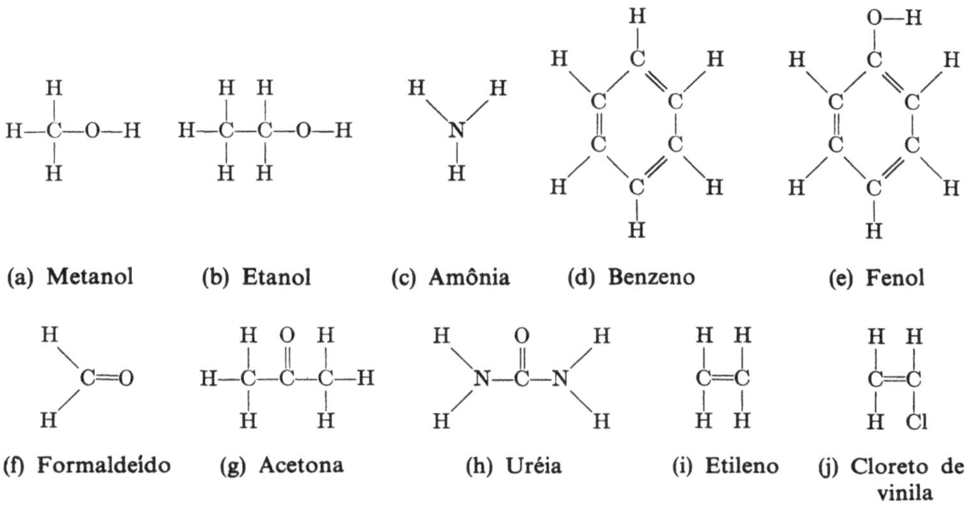

ARRANJOS ATÔMICOS

(a) Metanol   (b) Etanol   (c) Amônia   (d) Benzeno   (e) Fenol

(f) Formaldeído   (g) Acetona   (h) Uréia   (i) Etileno   (j) Cloreto de vinila

Fig. 3-4. Moléculas orgânicas pequenas. Cada carbono é cercado por quatro ligações, cada nitrogênio por três, cada oxigênio por duas e cada hidrogênio e cloro por uma.

Tabela 3-1

Comprimentos e Energias de Ligação*

Ligação	Comprimento da ligação, Å (aprox.)$^{\delta}$	Ligação energia kcal/gm-mol (aprox.)$^{\delta}$
C—C	1,5	83
C=C	1,3	146
C≡C	1,2	185
C—H	1,1	99
C—Cl	1,8	81
C—N	1,5	73
C—O	1,5	86
C=O	1,2	179
N—H	1,0	93
O—H	1,0	111
O—Si	1,8	90
Cl—Cl	2,0	58
H—H	0,74	100

* Adaptado de Billmeyer, F.W., Jr., *Textbook of Polymer Science*. New York: Interscience, 1962, pg. 16.

$^{\delta}$ Êsses valôres sofrem pequenas variações, de acôrdo com as ligações adjacentes.

onde, G é o número do grupo da tabela periódica a que pertence o elemento (Fig. 2-1). Os elementos mais comumente encontrados em moléculas têm os seguintes números de ligação: H, F, Cl (uma cada); O, S (duas cada); N (três); e C e Si (quatro cada). A Fig. 3-4 mostra muitas moléculas que ilustram essas relações.

3-3 COMPRIMENTOS E ENERGIAS DE LIGAÇÃO. A intensidade das ligações entre os átomos são, òbviamente, dependentes dos átomos e do número de ligações. A Tabela 3-1 é uma compilação dos comprimentos e energias de ligação para aquêles pares de átomos mais freqüentemente encontrados nas estruturas moleculares. A energia é expressa em kcal/mol. Por exemplo, são necessárias 83.000 cal para quebrar $6,02 \times 10^{23}$ ligações C-C, ou $(83.000/6,02 \times 10^{23})$ cal/ligação.

Ligações duplas e triplas são mais curtas e requerem mais energia para serem rompidas. Assim, também, como podem ser encontradas distorções provocadas por unidades adjacentes altamente polarizadas (ver Seção 2-11), haverá alguma variação nas energias e comprimento destas ligações.

3-4 ÂNGULOS ENTRE LIGAÇÕES. As moléculas, esquematizadas na Fig. 3-4, estão mostradas em apenas duas dimensões. Entretanto, a maior parte das moléculas triatômicas ou maiores tem mais do que uma ou duas dimensões, e isso significa que são encontrados *ângulos* entre as ligações dos átomos que intervêm. Na molécula da água líquida ou gasosa, por exemplo, o ângulo cujo vértice é o átomo de oxigênio, é de 105°. Nas cadeias parafínicas, o ângulo carbono-carbono-carbono é de 109°. A Fig. 3-5 mostra alguns arranjos típicos.

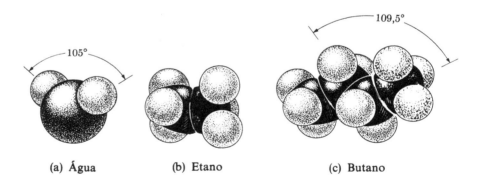

(a) Água   (b) Etano   (c) Butano

Fig. 3-5. Esquema tridimensional de moléculas. Observe o ângulo entre as ligações.

3-5 ISÔMEROS. Em moléculas de mesma composição, mais de um arranjo atômico é, usualmente, possível. Isso é ilustrado na Fig. 3-6, para o álcool propílico e o isopropílico. Estruturas diferentes de moléculas que têm a mesma composição, são denominadas de *isômeros*. As diferenças na estrutura afetam as propriedades das moléculas, pois a polarização molecular (Seção 2-11) também é alterada. Por exemplo, os pontos de fusão e de ebulição do álcool propílico são, respectivamente, $-127°C$ e $97,2°C$, enquanto que as correspondentes temperaturas para o álcool isopropílico são $-89°C$ e $82,3°C$.

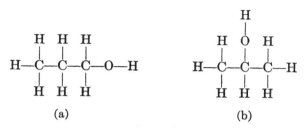

Fig. 3-6. Isômeros do propanol. (a) Álcool propílico normal. (b) Álcool isopropílico. As moléculas têm a mesma composição, mas estruturas diferentes. Compare com o polimorfismo dos materiais cristalinos (Seção 3-18).

3-6 HIDROCARBONETOS SATURADOS. O conhecimento dos hidrocarbonetos simples é fundamental para a compreensão das moléculas. O menor hidrocarboneto é o metano, CH_4, que está mostrado na Fig. 3-1. Começando com esta menor unidade, mais e mais átomos de carbono e de hidrogênio podem ser adicionados para produzir moléculas cada vez maiores. Teòricamente, êsse processo pode continuar indefinidamente. Essas moléculas, cuja fórmula geral é C_nH_{2n+2}, são denominadas *parafinas*. Na série parafínica, tôdas as ligações são simples pares de elétrons covalentes. Conseqüentemente, cada carbono dentro da cadeia é cercado por quatro átomos vizinhos. Como não há possibilidade de novos átomos serem adicionados à cadeia, estas moléculas são consideradas *saturadas*.

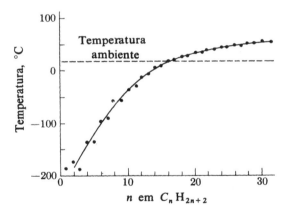

Fig. 3-7. Temperaturas de fusão *versus* tamanho da molécula (série dos hidrocarbonetos parafínicos).

Moléculas dêste tipo possuem intensas ligações covalentes *intra*moleculares e fracas ligações de Van der Waals *inter*moleculares (Seção 3-1); assim sendo, estas moléculas agem individualmente, e têm apenas fracas atrações umas pelas outras. Isto é indicado pelos pontos de fusão relativamente baixos. Entretanto, como mostrado pelos pontos de fusão na Fig. 3-7, nem tôdas as moléculas nesta série têm atrações intermoleculares igualmente fracas. Os pontos de fusão aproximados, para os hidrocarbonetos saturados, podem ser expressos pela seguinte equação empírica:

$$\frac{1}{T_f} = 2{,}395 \times 10^{-3} + \frac{17{,}1 \times 10^{-3}}{n} \qquad (3\text{-}2)$$

onde T_f é a temperatura absoluta de fusão (°K) para uma molécula com n átomos de carbono.

Moléculas grandes têm, relativamente, maiores fôrças de atração de Van der Waals, porque existem mais posições ao longo da molécula para os efeitos de dispersão ou dipolos induzidos (Seção 2-11); conseqüentemente, uma energia proporcionalmente maior deve ser suprida a uma molécula grande em relação a uma pequena, a fim de removê-la do campo de atração de uma molécula adjacente. O contraste entre a parafina e os combustíveis suporta a validade destas conclusões para as séries de hidrocarbonetos. A parafina contém cêrca de 30 átomos de carbono por molécula e é relativamente rígida em temperatura ambiente, enquanto que, os combustíveis com base em hidrocarbonetos, cujas moléculas contêm menos de 15 átomos de carbono, são líquidos ou gases. O plástico *polietileno* é essencialmente um hidrocarboneto com muitos milhares de átomos de carbono. Sua temperatura de fusão é ainda mais alta que a da parafina, embora ainda menor que 145°C (293°F), porque a temperatura de fusão dos hidrocarbonetos C_nH_{2n+2} tende a êsse valor assintòticamente [Eq. (3-2)].

3-7 HIDROCARBONETOS INSATURADOS. Na série parafínica, há um par eletrônico entre cada hidrogênio e o átomo de carbono adjacente e um par eletrônico entre dois átomos de carbono consecutivos. Como já foi discutido anteriormente, é também possível para uma molécula como a do etileno ter dois pares eletrônicos, ou seja, duas ligações covalentes, unindo dois átomos de carbono adjacentes. Ao contrário do etano, o *etileno* e outros hidrocarbonetos, contendo moléculas com ligações duplas, não estão saturados com o máximo número de hidrogênios (Fig. 3-3). Em geral, qualquer molécula com ligações carbono-carbono, múltiplas, são consideradas *insaturadas*. Estas moléculas insaturadas têm grande aplicação na *polimerização* de pequenas moléculas em uma única molécula maior, como ilustrado na Fig. 3-8.

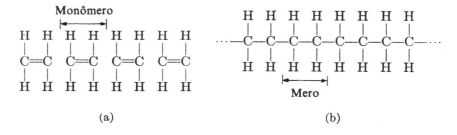

Fig. 3-8. Polimerização, por adição, do etileno. (a) Monômeros de etileno. (b) Polímeros contendo muitas unidades C_2H_4 (meros). A ligação dupla original do monômero etileno é quebrada para formar ligações simples e, portanto, ligar meros adjacentes.

3-8 MOLÉCULAS POLIMÉRICAS. Um polímero (literalmente, *muitas unidades*) é uma grande molécula que é constituída por pequenas unidades que se repetem, denominadas *meros*. A maior parte dos materiais que denominamos plásticos, são constituídos por moléculas poliméricas. Assim sendo, discutiremos estas macromoléculas, com mais detalhes, no Cap. 7. Entretanto, neste ponto, é importante notar apenas duas coisas sôbre os polímeros: Primeiro, se conhecemos a estrutura dos meros que se repetem, estamos aptos a descrever a estrutura das moléculas muito grandes. Segundo, a maior parte dos polímeros se origina de uma combinação de monômeros (literalmente, *unidades simples*).

Exemplo 3-1

O cloreto de vinila, C_2H_3Cl, tem sua molécula com uma estrutura similar à do etileno, com a exceção de que um dos quatro hidrogênios foi substituído por cloro. (a) Mostrar a mudança nas ligações que resulta da polimerização do cloreto de vinila para cloreto de polivinila. (b) Qual a massa, em gramas, de cada mero? (c) Qual é a massa molecular do polímero,

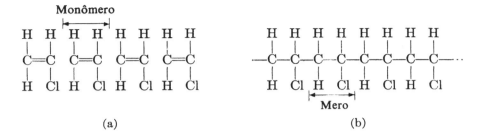

Fig. 3-9. Polimerização, por adição, do cloreto de vinila (ver o Exemplo 3-2). Tal como no caso do polietileno, as duplas ligações são rompidas para formar duas ligações simples.

se há 250 meros por polímero.

Resposta: (a) Ver Fig. 3-9

(b) Massa/mero = $\dfrac{\text{g/massa molecular do mero}}{\text{meros/massa molecular do mero}}$

$= \dfrac{(2)(12) + (3)(1) + 35{,}5}{6{,}02 \times 10^{23}}$

$= 1{,}04 \times 10^{-22}$ g/mero

(c) Massa molecular = (Massa molecular do mero) (Número de meros)

$= (62{,}5)(250)$

$= 1{,}56 \times 10^4$

Exemplo 3-2

(a) Qual é a variação de energia quando um mero adicional é adicionado ao polietileno?
(b) Qual é a variação de energia por grama de polietileno?

Resposta: (a) Da Tabela 3-1,

$$\Delta E = \dfrac{146.000}{6{,}02 \times 10^{23}} - \dfrac{2(83.000)}{6{,}02 \times 10^{23}}$$

$= -3{,}32 \times 10^{-20}$ cal/mero

Como ΔE é negativo, há libertação de energia.

(b) Cal/g = $\dfrac{\text{cal/mero}}{\text{g/mero}}$

$= \dfrac{-3{,}32 \times 10^{-20}}{[(2)(12) + (4)(1)]/6{,}02 \times 10^{23}}$

$= -715$ cal/g

ESTRUTURA CRISTALINA

3-9 CRISTALINIDADE. Uma molécula tem uma regularidade estrutural, porque as ligações covalentes determinam um número específico de vizinhos para cada átomo e a orientação no espaço dos mesmos. Portanto, uma repetição deve existir ao longo de um polímero linear (Fig. 3-8). A maioria dos materiais de interêsse para o engenheiro tem arranjos atômicos, que também são repetições, nas três dimensões, de uma unidade básica. Tais estruturas são denominadas *cristais*.

A repetição tridimensional nos cristais é devida à coordenação atômica (Seção 2-15) no interior do material; adicionalmente, esta repetição, algumas vêzes, controla a forma

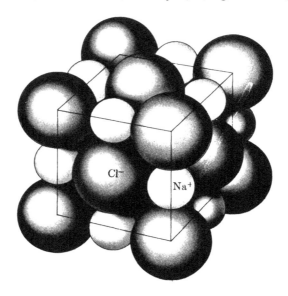

Fig. 3-10. Estrutura cristalina. A cristalização do sal comum na forma de cubos decorre da estrutura cristalina cúbica do NaCl. O MgO tem a mesma estrutura.

externa do cristal. A simetria hexagonal dos flocos de neve é, provàvelmente, o exemplo mais familiar dêste fato. As superfícies planas dos cristais de pedras preciosas e quartzo (SiO_2) são tôdas manifestações externas dos arranjos cristalinos internos. Em todos os casos, o arranjo atômico interno persiste mesmo que as superfícies externas sejam alteradas. Por exemplo, a estrutura interna de um cristal de quartzo não é alterada, quando as suas superfícies são desgastadas para formar grãos de areia. Anàlogamente, há um arranjo hexagonal das moléculas de água, quer nos cubos de gêlo, quer nos flocos de neve.

Vamos usar o clorêto de sódio como uma ilustração do papel do empacotamento atômico na cristalinidade. O quociente entre os raios do Na^+ e Cl^- é 0,98/1,81 ou 0,54. Da Tabela 2-6, temos que êsse quociente favorece um número de coordenação igual a seis. Isto já foi mostrado, na Fig. 2-22, para o Mg^{2+} e O^{2-}, mas é também aplicável para os íons Na^+ e Cl^-. O desenho da Fig. 2-22 mostra apenas uma parte da estrutura; um esquema mais completo é dado na Fig. 3-10, no qual, podemos notar as seguintes características:

(1) Cada Na^+ e cada Cl^- é cercado por seis vizinhos (fazendo-se a repetição nas três dimensões).

(2) O número de íons Na^+ é igual ao de íons Cl^- (fazendo-se a repetição nas três dimensões).

(3) Verifica-se a ocorrência de um pequeno cubo, de faces planas, e cuja aresta tem um comprimento de $(2r + 2R)$, onde r e R são, respectivamente, os raios do íon Na^+ e do íon Cl^-.

(4) O arranjo no pequeno cubo, que é denominado de *célula unitária*, é idêntico ao arranjo em todos os outros cubos do NaCl. Portanto, se conhecermos a estrutura das células unitárias que se repetem, podemos descrever a estrutura do cristal. (Cf. meros na Seção 3-8).

ARRANJOS ATÔMICOS

(5) As distâncias interatômicas Na-Na e Cl-Cl são ambas $\sqrt{2}$ vêzes maiores que a distância Na-Cl. Esta diferença é importante, porque as fôrças de atração coulombiana entre íons de cargas opostas devem ser maiores que as fôrças de repulsão coulombiana entre íons de cargas com mesmo sinal [Eqs. (2-9) e (2-10)].

Cada uma das observações anteriores será discutida com maior profundidade. Entretanto, nosso objetivo imediato será considerar os vários tipos possíveis de estruturas cristalinas.

3-10 SISTEMAS CRISTALINOS. Qualquer empacotamento atômico deverá se encaixar em um dos sete principais tipos de cristais. Êstes estão intimamente associados com o modo pelo qual o espaço pode ser dividido em volumes iguais, pela interseção de superfícies planas. O mais simples e mais regular dêles envolve três conjuntos. mùtuamente perpendiculares, de planos paralelos, igualmente espaçados entre si, de forma a dar uma série de cubos. Podemos, também, descrever esta divisão da maneira mostrada na Fig. 3-11, através de espaçamentos iguais em um sistema de eixos ortogonais. Outros métodos de divisão do espaço incluem as combinações mostradas na Tabela 3-2.

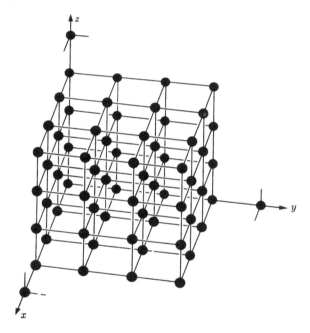

Fig. 3-11. Células cúbicas. O espaço está dividido por três conjuntos de planos paralelos, igualmente espaçados. Os eixos de referência x, y e z são mùtuamente perpendiculares. Cada ponto de interseção é equivalente.

Êsses sete *sistemas* incluem tôdas as possíveis geometrias de divisão do espaço por superfícies planas contínuas. A maior parte dos cristais que encontraremos neste livro cae dentro do sistema cúbico. Entre os exemplos, incluem-se a maior parte dos metais comuns (com exceção do magnésio e do zinco, que são hexagonais) e alguns dos mais simples compostos cerâmicos tais como MgO, TiC e $BaTiO_3$.

Tabela 3-2

Geometria dos Sistemas Cristalinos

Sistema	Eixos	Ângulos axiais
Cúbico	$a_1 = a_2 = a_3$	Todos os ângulos = 90°
Tetragonal	$a_1 = a_2 \neq c$	Todos os ângulos = 90°
Ortorrômbico	$a \neq b \neq c$	Todos os ângulos = 90°
Monoclínico	$a \neq b \neq c$	2 ângulos = 90°; 1 ângulo ≠ 90°
Triclínico	$a \neq b \neq c$	Todos os ângulos diferentes; nenhum igual a 90°
Hexagonal	$a_1 = a_2 = a_3 \neq c$	Ângulo = 90° e 120°
Romboédrico	$a_1 = a_2 = a_3$	Todos os ângulos iguais, mas não 90°

3-11 CRISTAIS CÚBICOS. Os átomos podem ser agrupados, dentro do sistema cúbico, em três diferentes tipos de repetição: cúbico simples (cs), cúbico de corpo centrado (ccc) e cúbico de faces centradas (cfc). Cada tipo será considerado separadamente, preocupando-se apenas com os metais puros que têm apenas uma espécie de átomo. Estruturas mais complexas, que contêm dois tipos de átomos, serão analisadas nos capítulos que se seguem:

Cúbico simples. Esta estrutura, que está mostrada na Fig. 3-12, é hipotética para metais puros, mas nos fornece um excelente ponto de partida. Além das três dimensões axiais, *a*, serem iguais e os três eixos mùtuamente perpendiculares, há posições equivalentes em cada célula. Por exemplo, o centro de uma célula tem vizinhanças idênticas ao centro da célula seguinte e ao de tôdas as células unitárias do cristal. Anàlogamente, os cantos direitos inferiores (ou qualquer outra posição específica) de tôdas as células unitárias são idênticos. Descrever uma célula unitária é descrever o cristal todo.

A estrutura, mostrada na Fig. 3-12, contém um átomo metálico por célula unitária. (Apenas um oitavo de cada um dos átomos mostrados, cai dentro da célula). Esta é a razão pela qual os metais não se cristalizam na estrutura cúbica simples. Considerando-se os átomos

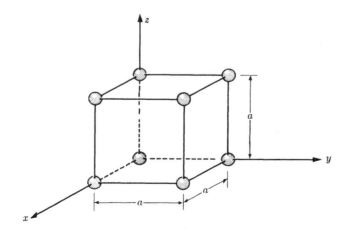

Fig. 3-12. Estrutura cúbica simples. Os vértices das células unitárias estão em posições equivalentes no cristal. $a = a = a$. Os eixos são perpendiculares entre si.

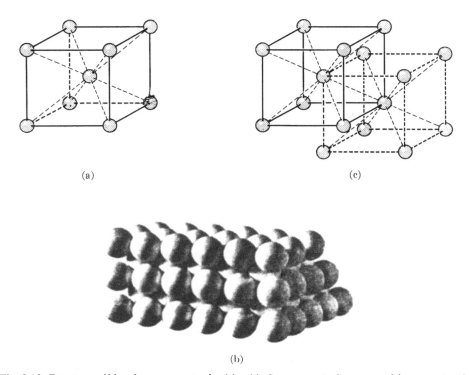

Fig. 3-13. Estrutura cúbica de corpo centrado. (a) e (c) são representações esquemáticas, mostrando a localização dos centros dos átomos. (b) Modêlo de esferas rígidas (Bruce Rogers, *The Nature of Metals*. Cleveland: American Society for Metals, 1951).

metálicos como "esferas rígidas" de raio r, apenas 52% do espaço estaria ocupado:

$$\text{Fator de empacotamento atômico} = \frac{\text{volume dos átomos}}{\text{volume da célula unitária}}$$

$$= \frac{4\pi r^3/3}{(2r)^3} = 0,52$$

Outras estruturas metálicas dão um maior fator de empacotamento. (Uma estrutura cúbica simples será descrita no Cap. 8, para compostos, nos quais, um cátion pequeno está localizado no centro de um cubo formado por oito ânions).

Estruturas cúbicas de corpo centrado. O ferro tem estrutura cúbica. À temperatura ambiente, a célula unitária do ferro tem um átomo em cada vértice do cubo e um outro átomo no centro do cubo (Fig. 3-13a). Tal estrutura cúbica é conhecida como *cúbica de corpo centrado*.

Cada átomo de ferro, em uma estrutura cúbica de corpo centrado (ccc), é cercado por oito átomos de ferro adjacentes, quer o átomo esteja localizado em um vértice, quer no centro da célula unitária. Portanto, todos os átomos de ferro são, geomètricamente, equivalentes (Fig. 3-13c). Há dois átomos por célula unitária em uma estrutura ccc. Um átomo está no centro do cubo e oito oitavos estão nos oito vértices (Fig. 3-14).

O parâmetro a do reticulado está relacionado ao raio atômico, pela equação:

$$a_{ccc} = 4r/\sqrt{3} \tag{3-4}$$

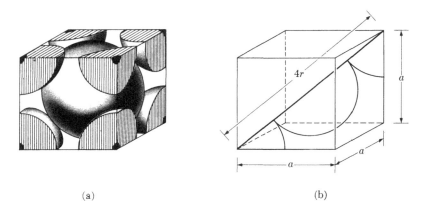

Fig. 3-14. Célula unitária cúbica de corpo centrado. Em um metal, a estrutura ccc tem dois átomos por célula e um fator de empacotamento atômico de 0,68. O parâmetro do reticulado, a, está relacionado com o raio atômico pela Eq. (3-4).

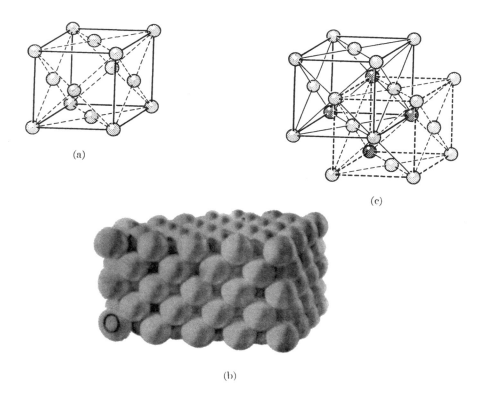

Fig. 3-15. Estrutura cúbica de faces centradas de um metal. (a) e (c) são representações esquemáticas, mostrando a localização dos centros dos átomos. (b) Modêlo de esferas rígidas. (Bruce Rogers, *The Nature of Metals*. Cleveland: American Society for Metals, 1951).

Portanto, o fator de empacotamento atômico é 0,68, o qual é significativamente maior que o para a estrutura cúbica simples de um metal.

Embora o ferro seja o material mais comum com uma estrutura ccc, não é o único. O crômio e o tungstênio também têm estrutura ccc.

Estrutura cúbica de faces centradas. O arranjo atômico do cobre (Fig. 3-15) não é o mesmo que o do ferro, embora também seja cúbico. Além de um átomo em cada vértice da célula unitária, há um no centro de cada face e nenhum no centro do cubo. Tal reticulado é denominado *cúbico de faces centradas*.

Estruturas cúbicas de faces centradas (cfc) são mais comuns entre os metais que as estruturas cúbicas de corpo centrado. Alumínio, cobre, chumbo, prata e níquel possuem esse arranjo atômico. Estruturas cúbicas de faces centradas são também encontradas em compostos como mostra a Fig. 3-10, onde os íons Cl^- dos vértices do cubo e dos centros das faces são todos equivalentes.

Cada célula unitária de uma estrutura cfc possui quatro átomos. Os oito oitavos dos vértices contribuem com um total de um átomo e as seis metades nos centros das faces com um total de três (Fig. 3-16). O parâmetro a do reticulado está relacionado com o raio atômico, pela equação:

$$a_{cfc} = 4r/\sqrt{2} \tag{3-5}$$

Exemplo 3-3

Calcule (a) o fator de empacotamento atômico para um metal cfc (Fig. 3-16); (b) o fator de empacotamento atômico para o NaCl (cfc) (Fig. 3-10).

Resposta: (a) Equação (3-3),

$$FE = \frac{4(4\pi r^3/3)}{a^3} = \frac{16\pi r^3(2\sqrt{2})}{(3)(64r^3)} = 0,74$$

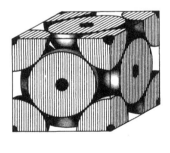

(a)

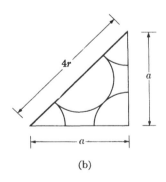

(b)

Fig. 3-16. Célula unitária cúbica de faces centradas. Em um metal, a estrutura cfc tem quatro átomos por célula unitária e um fator de empacotamento de 0,74. O parâmetro a do reticulado está relacionado ao raio atômico pela Eq. (3-5).

(b) Equação (3-3) e Fig. 3-10,

$$FE = \frac{4(4\pi r^3/3) + 4(4\pi R^3/3)}{(2r + 2R)^3} = \frac{16\pi(0,98^3 + 1,81^3)}{3(8)(0,98 + 1,81)^3} = 0,67$$

A partir do Ex. 3-3a, torna-se evidente que o fator de empacotamento é independente do tamanho, se apenas um tamanho está presente. Por outro lado, os tamanhos relativos afetam o fator de empacotamento, quando mais de um tipo de átomo está presente. A estrutura cúbica de faces centradas tem o maior fator de empacotamento que é possível para um metal puro, e, por isso, essa estrutura recebe o nome de estrutura *cúbica de empacotamento fechado*. Como é de se esperar, muitos metais têm esta estrutura, muito embora, se vá ver em seguida, que a estrutura hexagonal de empacotamento fechado também tem um fator de empacotamento de 0,74. O número de coordenação em um metal cfc é 12, o que justifica o elevado fator de empacotamento. (Em comparação, para um metal ccc temos NC igual a 8 e FE de 0,68).

3-12 CRISTAIS HEXAGONAIS. As estruturas das Figs. 3-17a e 3-17b são duas representações de células unitárias *hexagonais simples*. Estas células não têm nenhuma posição interna que seja equivalente aos vértices. Embora o volume da célula da Fig. 3-17a seja três vêzes o da célula da Fig. 3-17b, há três vêzes mais átomos (3 *versus* 1) na célula da Fig. 3-17a; portanto, o número de átomos por unidade de volume é o mesmo.

Os metais não cristalizam no hexagonal simples, em virtude do fator de empacotamento ser muito baixo. Entretanto, existem compostos, com mais de um tipo de átomo, que cristalizam nesta estrutura.

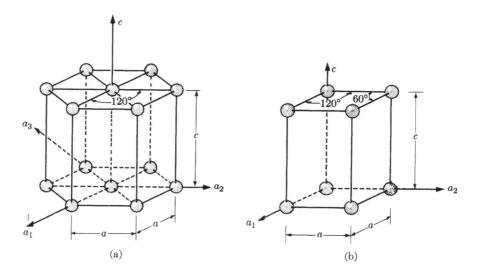

Fig. 3-17. Células unitárias hexagonais simples. (a) Representação hexagonal. (b) Representação rômbica. Ambas são equivalentes com $a \neq c$, um ângulo basal de 120° e ângulos verticais de 90°.

Estrutura hexagonal de empacotamento fechado ou compacta. A estrutura hexagonal, especìficamente formada pelo magnésio, está mostrada na Fig. 3-18. Essa estrutura, que é mais densa que a representada na Fig. 3-17, é denominada de *hexagonal de empacotamento fechado* ou *hexagonal compacta* (hc). É caracterizada pelo fato de que cada átomo de uma dada camada está diretamente abaixo ou acima dos interstícios formados entre três átomos das camadas adjacentes. Portanto, cada átomo tangencia três átomos na camada acima do seu plano, seis átomos no seu próprio plano e três átomos na camada abaixo do seu plano (Fig. 3-19).

ARRANJOS ATÔMICOS

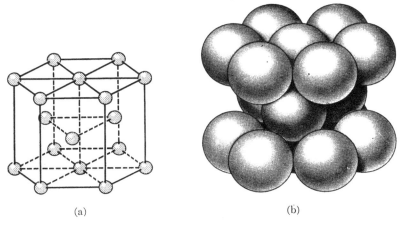

Fig. 3-18. Estrutura hexagonal compacta. (a) Vista esquemática, mostrando a localização dos centros dos átomos. (b) Modêlo de esferas rígidas.

O fator de empacotamento atômico para um metal hc pode ser fàcilmente calculado e vale 0,74. Êste valor é idêntico ao fator de empacotamento de um metal cfc, o que é previsível porque ambos têm número de coordenação igual a 12.

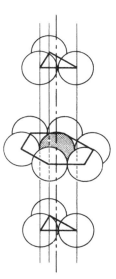

Fig. 3-19. Coordenação atômica em um metal hc (vista ampliada verticalmente). O número de coordenação é 12 e cada átomo tem átomos diretamente em cima ou em baixo, em planos alternados.

3-13 OUTROS RETÍCULOS CRISTALINOS. Não daremos maiores a enções a·s outros sistemas cristalinos (Tabela 3-2) e aos grupos espaciais (Fig. 3 20) das out as estruturas cristalinas, porque os princípios sao os mesmos que os citados anteriormente. Entretanto, todos os cristais têm grupos espaciais que caem em uma das 14 categorias mostradas na Fig. 3-20. Os pontos equivalentes, nestes reticulados, podem representar átomos, como no caso dos metais, ou mais comumente, podem representar posições que se repetem entre muitos átomos.

Por exemplo, o reticulado cfc estabelece a localização de todos os íons e não apenas dos íons Cl⁻, no NaCl (Fig. 3-10).

Exemplo 3-4

O cobre tem uma estrutura cfc e um raio atômico de 1,278 Å. Calcule a sua densidade e compare com o valor apresentado no Apêndice D.

Resposta: Equação (3-5),

$$a = \frac{4}{\sqrt{2}} (1,278) = 3,61 \text{ Å}$$

Fig. 3-16,

$$\text{átomos/célula unitária} = \frac{8}{8} + \frac{6}{2} = 4$$

$$\text{densidade} = \frac{\text{massa/célula unitária}}{\text{volume/célula unitária}} \quad (3\text{-}6a)$$

$$= \frac{(\text{átomos/célula unitária})(g/\text{átomo})}{(\text{parâmetro da célula})^3} \quad (3\text{-}6b)$$

$$\text{densidade} = \frac{4[63,5/(0,602 \times 10^{24})]}{(3,61)^3 \times 10^{-24}} = 8,98 \text{ g/cm}^3$$

O valor experimental, apresentado no Apêndice D, é 8,96 g/cm³.

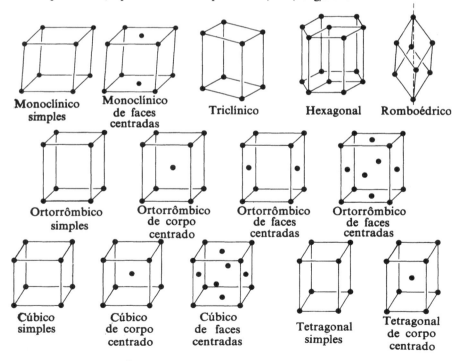

Fig. 3-20. Grupos espaciais. Êstes 14 *reticulados de Bravais* se repetem nas três dimensões. Cada ponto indicado tem idênticas vizinhanças. Compare com a Tabela 3-2.

3-14. DIREÇÕES NO CRISTAL

Quando, em seguida, correlacionarmos várias propriedades e estruturas cristalinas, será necessário identificar direções específicas no cristal. Isto pode ser conseguido, com relativa facilidade, se usarmos a célula unitária como base. Por exemplo, a Fig. 3-21 mostra três direções em um reticulado ortorrômbico simples. A direção [111] é aquela de uma reta que passa pela origem e por um ponto cuja coordenada em cada eixo é o correspondente parâmetro da célula. Anàlogamente, as direções [101] e [100] são retas passando pela origem e pelo ponto 1, 0, 1 e 1, 0, 0, respectivamente.

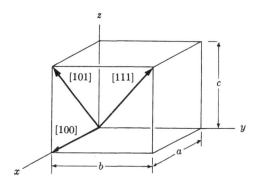

Fig. 3-21. Direções no cristal. Usualmente, utilizam-se colchêtes $[h\,k\,l]$ para indicar as direções no cristal. Os parênteses $(h\,k\,l)$ indicam planos cristalinos. Ver Seção 3-15.

As seguintes características devem ser observadas:

(1) As coordenadas de um ponto são medidas em relação ao parâmetro de cada eixo; portanto, não representam os valôres reais das distâncias. No retículo ortorrômbico da Fig. 3-21, $a \neq v \neq c$.

(2) Os eixos cristalinos são usados como direções básicas.

(3) A direção [222] é idêntica à direção [111]. Assim sendo, a combinação dos menores números inteiros deve ser usada.

(4) Direções, tais como [112], também podem existir. (Esta direção é a de uma reta que passa pela origem e pelo centro da face superior).

Exemplo 3-5

(a) Qual é a densidade linear dos átomos, ao longo da direção [110] do cobre? (b) Qual é o espaçamento de repetição (vetor de Burgers) dos átomos na direção [211]?

Resposta: (a) Densidade linear = átomos/cm (3-7)

$$= \frac{2}{a\sqrt{2}} = \frac{2}{(4)(1{,}278 \times 10^{-8})} =$$

$$= 3{,}9 \times 10^7 \text{ átomos/cm}$$

(b) Da Fig. 3-15a,

$$\text{Espaçamento de repetição} = \sqrt{a^2 + (a/2)^2 + (a/2)^2}$$

$$= \sqrt{6}\,(a/2) = 2\sqrt{3}\,(1{,}278)$$

$$= 4{,}43 \text{ Å}.$$

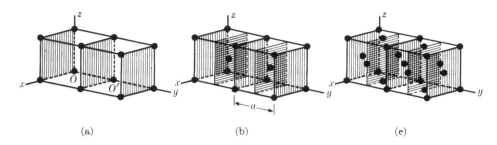

Fig. 3-22. Planos (010) em estruturas cúbicas. (a) Cúbica simples. (b) Ccc. (c) Cfc. [Observe que os planos (020) incluídos para as estruturas ccc e cfc, são idênticos aos planos (010).]

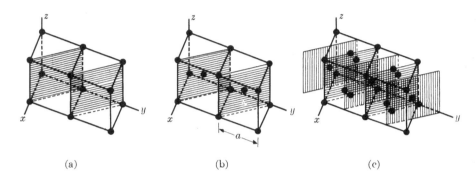

Fig. 3-23. Planos (110) em estruturas cúbicas. (a) Cúbica simples. (b) Ccc. (c) Cfc. [Os planos (220) incluídos para a estrutura cfc, são equivalentes aos planos (110).]

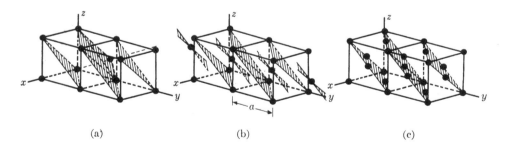

Fig. 3-24. Planos ($\bar{1}11$) em estruturas cúbicas. (a) Cúbica simples. (b) Ccc. (c) Cfc. Interseções negativas são indicadas com barras sôbre o índice. [Os planos ($\bar{2}22$) incluídos para a estrutura ccc, são equivalentes aos planos ($\bar{1}11$).]

3-15 **PLANOS CRISTALINOS.** Um cristal contém planos de átomos e êsses planos influenciam as propriedades e o comportamento do cristal. É, portanto, vantajoso identificar os vários planos atômicos que existem em um cristal.

Os planos cristalinos mais fàcilmente visualizados são os que limitam a célula unitária; entretanto, existem muitos outros planos. Os planos mais importantes, nos cristais cúbicos estão mostrados nas Figs. 3-22, 3-23, e 3-24.

ARRANJOS ATÔMICOS

Os planos nas Figs. 3-22 a 3-24 são designados (010), (110) e ($\bar{1}$11), respectivamente. Êstes símbolos (*hkl*) são denominados *índices de Miller*.

Em resumo, os planos (010) são paralelos aos eixos cristalográficos x e z. Os planos (110) são paralelos ao eixo z, mas cortam os eixos x e y em distâncias, contadas a partir da origem, iguais aos parâmetros correspondentes.

Os planos ($\bar{1}$11) cortam os três eixos cristalográficos.

Os números usados acima são os inversos das distâncias das interseções do plano com os eixos à origem, medidas usando-se como unidade o parâmetro correspondente ao eixo. O plano (010) corta o eixo y em 1 e os eixos x e z em ∞:

$$\frac{1}{\infty}, \quad \frac{1}{1}, \quad \frac{1}{\infty} = (010).$$

Para o plano (110):

$$\frac{1}{1}, \quad \frac{1}{1}, \quad \frac{1}{\infty} = (110)$$

Para o plano ($\bar{1}$11):

$$\frac{-1}{1}, \quad \frac{1}{1}, \quad \frac{1}{1} = (\bar{1}11).$$

Como a origem é escolhida arbitràriamente, isto é, poderia ser tanto o ponto O' como o ponto O da Fig. 3-22a, o plano com índices (010) é igualmente arbitrário. Assim sendo, (010) é um símbolo para todos os planos atômicos que são paralelos ao plano que satisfaz a definição dada no parágrafo anterior. Esta generalização dos índices é completamente lógica, ainda mais que todos êstes planos paralelos são geomètricamente semelhantes. Os índices de Miller podem também ser negativos, e o sinal negativo é colocado sôbre o dígito correspondente, por exemplo, ($\bar{1}$1$\bar{1}$).

Exemplo 3-6

Desenhe o plano (112) de uma célula unitária cúbica simples.

Resposta: (112) é o recíproco de 1, 1, $\frac{1}{2}$. Portanto, temos a, b e c iguais a 1,1 e $\frac{1}{2}$ parâmetros da célula unitária respectivamente. Êste plano está desenhado na Fig. 3-25. Como planos paralelos têm os mesmos índices de Miller, um segundo plano pode ser desenhado cortando os eixos em 2,2 e 1 parâmetros da célula.

Exemplo 3-7

Desenhe o plano (111) de uma célula unitária tetragonal simples, tendo uma relação c/a igual a 0,62.

Resposta: A Fig. 3-26 mostra êste plano.

O plano (111) corta os três eixos em pontos que distam da origem os parâmetros correspondentes. Entretanto, o parâmetro do eixo z é menor que os parâmetros dos eixos x e y.

Densidades planares. Quando consideramos a deformação plástica, precisamos conhecer a densidade atômica em um plano cristalino. O exemplo seguinte mostra como podemos calcular êsse dado, com auxílio da relação:

$$\text{Densidade planar} = \text{átomos/unidade de área} \tag{3-8}$$

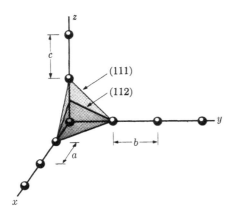

Fig. 3-25. Índices de Miller. O plano (112) corta os três eixos em pontos que distam 1, 1 e ½ parâmetros da origem.

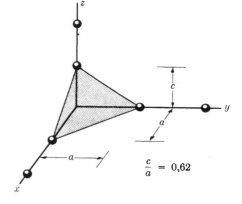

Fig. 3-26. Interseções não-cúbicas '(estrutura tetragonal). O plano (111) corta os três eixos de qualquer cristal em pontos que distam, da origem, igual número de parâmetros. Entretanto, como c pode não ser igual a a, as distâncias verdadeiras de interseção não são iguais.

$\dfrac{c}{a} = 0{,}62$

Exemplo 3-8

Quantos átomos por mm² existem nos planos (100) e (111) do chumbo (cfc)?

Resposta: raio do Pb = 1,750 Å (Apêndice D)

$$a_{Pb} = \frac{4r}{\sqrt{2}} = \frac{4(1{,}750)}{1{,}414} = 4{,}95 \text{ Å}$$

A Fig. 3-27 mostra que o plano (100) contém dois átomos por face da célula unitária.

$$(100): \text{átomos/mm}^2 = \frac{2 \text{ átomos}}{(4{,}95 \times 10^{-7} \text{ mm})^2}$$

$$= 8{,}2 \times 10^{12} \text{ átomos/mm}^2.$$

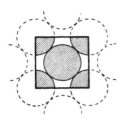

Fig. 3-27. Concentração atômica no plano (100) de uma estrutura cfc. Um plano (100) de uma estrutura cfc tem dois átomos por a^2.

ARRANJOS ATÔMICOS

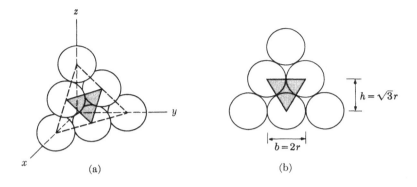

Fig. 3-28. Concentração atômica no plano (111) (cfc). Um plano (111) tem meio átomo por $r^2 \sqrt{3}$.

lada.   e o plano (111) contém ($\frac{3}{6} = \frac{1}{2}$) átomos, na área triangular assina-

$$(111): \text{átomos/mm}^2 = \frac{\frac{1}{2}}{\frac{1}{2}bh} = \frac{\frac{1}{2}}{\frac{1}{2}(2)(1,750\text{A})(\sqrt{3})(1,750\text{A})}$$

$$= 0,095 \text{ átomos/Å}^2$$

$$= 9,5 \times 10^{12} \text{ átomos/mm}^2.$$

Espaçamentos interplanares. A Fig. 3-29 mostra que a distância entre os planos (111), d_{111}, é um têrço da diagonal da célula unitária. Anàlogamente, a Fig. 3-30 mostra os valôres de d_{110} e d_{220}*. No sistema cúbico, o espaçamento entre planos é:

$$d_{hkl} = \frac{a}{\sqrt{h^2 + k^2 + l^2}}, \tag{3-9}$$

onde a é o parâmetro do reticulado e h, k e l são os índices dos planos. Os espaçamentos interplanares para cristais não-cúbicos podem ser expressos por uma equação similar à Eq. 3-9, embora mais complexa.

Agora, fica claro por que usamos recíprocos para identificar os planos cristalinos. É que êstes índices simplificam os cálculos.

Exemplo 3-9

Compare os valôres de d_{200} e d_{111} no chumbo (cfc).

Resposta: $a_{Pb} = 4,95\text{A}$ (exemplo anterior).

A Fig. 3-30 indica que há duas distâncias interplanares (200) por célula unitária, em uma estrutura cfc.

$$d_{200} = \frac{4,95}{2} = 2,475 \text{ Å}.$$

---

* Índices de Miller são reduzidos aos menores números inteiros; os espaçamentos d_{hkl} não são.

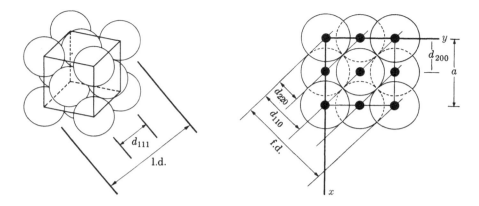

Fig. 3-29. Espaçamentos interplanares (cfc). Há três espaçamentos interplanares d_{111} por diagonal de uma célula unitária, em uma estrutura cfc.

Fig. 3-30. Espaçamentos interplanares (110). Há quatro espaçamentos interplanares (220) por diagonal da face de uma célula cfc. Como os três parâmetros são iguais em uma estrutura cúbica, há outros cinco conjuntos comparáveis de planos. Mostre quais são.

A Fig. 3-29 indica que há três distâncias interplanares (111) por diagonal da célula unitária cfc. Como a diagonal do cubo vale $a\sqrt{3}$

$$d_{111} = \tfrac{1}{3}(\sqrt{3})(4,95 \text{ Å}) = 2,86 \text{ Å}$$

Poder-se-ia também usar a Eq. 3-9:

$$d_{111} = \frac{4,95}{\sqrt{1^2 + 1^2 + 1^2}} = 2,86 \text{ Å}$$

⊙ 3-16 ANÁLISES POR RAIOS X. As estruturas de reticulado são determinadas experimentalmente através de *análises por raios X*,[1] que também revelam a estrutura cristalina (Figs. 3-31 e 3-32). As distâncias interatômicas são então calculadas pelas relações prèviamente enumeradas [Eqs. (3-4) e (3-5)].

Quando um feixe de raios X é dirigido através de um material cristalino, êsses raios são difratados pelos planos dos átomos ou íons dentro do cristal. O ângulo de difração depende do comprimento de onda dos raios X e das distâncias entre planos adjacentes. Consideremos os planos atômicos paralelos da Fig. 3-33, através dos quais a onda é difratada. As ondas podem ser "refletidas" por um átomo em H ou em H' e permanecem em fase no ponto K. Entretanto, os raios X não são apenas refletidos pelo plano da superfície, mas também pelos planos subsuperficiais. Para que estas reflexões permaneçam em fase, a distância $MH''P$ deve ser igual a um múltiplo inteiro do comprimento de onda dos raios X. Portanto, da geometria,

$$n\lambda = 2d \cdot \text{sen } \theta \qquad (3\text{-}10)$$

onde λ é o comprimento de onda, d é a distância interplanar e θ é o ângulo de incidência. O valor n representa o número de ondas que cabem na distância $MH''P$. Geralmente, as reflexões são mais fracas, quando mais de uma onda extra está presente.

[1]N. do T.- Também chamada Cristalografia de Raios X.

ARRANJOS ATÔMICOS

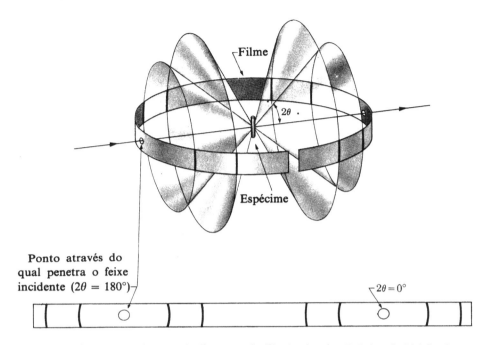

Fig. 3-31. Exposição para a obtenção de diagramas de difração de raios X. O ângulo 2θ é fixado exatamente pelo espaçamento d e pelo comprimento de onda λ, como mostrado na Eq. (3-10). Cada cone de reflexão é registrado em dois lugares na tira do filme. (B. D. Cullity, *Elements of X-ray Diffraction*. Reading, Mass.: Addison Wesley, 1956).

Exemplo 3-10

Uma análise, por difração de raios X de um cristal, é feita com raios X de comprimento de onda de 0,58 Å. São observadas reflexões para ângulos de (a) 6,45°, (b) 9,15° e (c) 13,0°. Quais espaçamentos interplanares estão presentes no cristal?

Resposta: $n\lambda = 2d \operatorname{sen} \theta$

$$\frac{d}{n} = \frac{\lambda}{2 \operatorname{sen} \theta}$$

(a) $= \dfrac{0,58}{2(\operatorname{sen} 6,45°)} = 2,575$ Å

(b) $= \dfrac{0,58}{2(\operatorname{sen} 9,15°)} = 1,82$ Å

(c) $= \dfrac{0,58}{2(\operatorname{sen} 13,0°)} = 1,29$ Å

Deve ser notado que d/n em (a) é o dôbro de d/n em (c); portanto, os ângulos 6,45° e 13,0° devem representar diferentes valôres de n para o mesmo espaçamento interplanar. Neste caso, n poderia ser igual a 1 em (a) e a 2 em (c) e d seria 2,58 Å. Podemos admitir n igual a um em (b), ainda mais que não são observadas outras reflexões; portanto, há um segundo d de 1,82 Å.

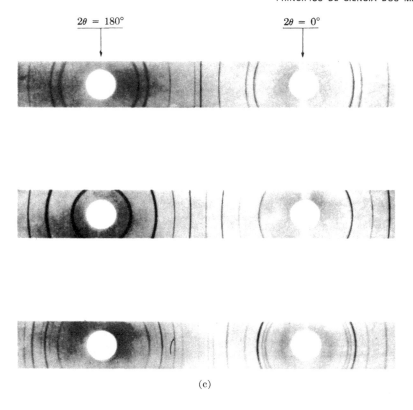

Fig. 3-32. Diagramas de difração de raios X para (a) cobre, cfc; (b) tungstênio, ccc, e (c) zinco, hc. A estrutura cristalina e os parâmetros do reticulado podem ser determinados a partir de diagramas como êstes. Ver referências para leitura suplementar. (B. D. Cullity, *Elements of X-ray Diffraction*. Reading, Mass.: Addison Wesley, 1956).

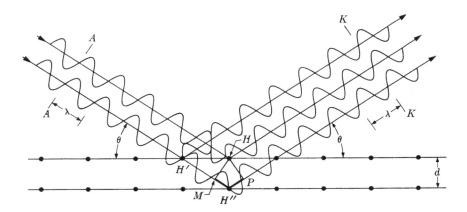

Fig. 3-33. Difração de raios X.

ARRANJOS ATÔMICOS

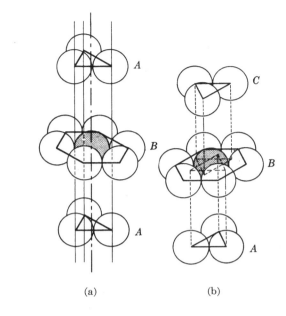

Fig. 3-34. Seqüências de empilhamento.
(a) Metal hc com superposição de planos cristalinos (0001) alternados (explodido na direção [0001]); notações(*hkil*) são, algumas vêzes, usadas para cristais hexagonais, pois quatro eixos cristalográficos podem ser escolhidos. Três dêstes eixos são coplanares. (Cf. Fig. 3-17a.) (b) Metal cfc com superposição de cada terceiro plano cristalino (111) (explodido na direção [111]).

3-17 SEQÜÊNCIAS DE EMPILHAMENTO. Já observamos nas Seções 3-11 e 3-12 que os metais cfc e os metais hc têm o mesmo fator de empacotamento (0,74) e o mesmo número de coordenação (12). Isto significa que devemos analisar mais profundamente, a fim de averiguar quais as reais diferenças entre êstes reticulados. Podemos ver estas diferenças na Fig. 3-34, a qual repete a Fig. 3-19, de forma a podermos comparar uma estrutura cfc com uma hc. Esta última está explodida na direção vertical [0001] enquanto que a estrutura cfc está explodida na direção [111]. O arranjo atômico de um metal hc no plano (0001) é o mesmo que o de um metal cfc no plano (111). Entretanto, no metal hc, os planos atômicos alternados estão superpostos de forma a dar uma seqüência de empilhamento, como se segue:

$$\cdots A\ B\ A\ B\ A\ B\ A\ B\ A\ B\ \cdots \qquad (3\text{-}11)$$

Por outro lado, no metal cfc, a sequência de empilhamento é tal que há superposição de cada terceiro plano:

$$\cdots\ A\ B\ C\ A\ B\ C\ A\ B\ C\ A\ B\ C\ A\ \cdots \qquad (3\text{-}12)$$

Asim sendo, embora o cobre seja cfc e o zinco hc, ambos formam estruturas intimamente relacionadas, um fator que se tornará importante mais tarde, quando considerarmos ligas, como o latão, que contêm cobre e zinco.

3-18 POLIMORFISMO (ALOTROPIA). Recordemos, da Seção 3-15, que as moléculas podem ter estruturas diferentes ainda que a composição seja a mesma. Denominamos estas moléculas de *isômeras*.
Uma situação análoga, polimorfismo, pode ser encontrada nos cristais e, de fato, isto se tornará extremamente importante para nós. Dois cristais são ditos *polimorfos* quando, embora tenham estruturas cristalinas diferentes, apresentam a mesma composição.

PRINCÍPIOS DE CIÊNCIA DOS MATERIAIS

O principal exemplo de polimorfismo nos metais é o do ferro, já que a possibilidade de se fazer tratamentos térmicos no aço e, modificar assim suas propriedades, advém do fato de que o ferro, durante o aquecimento, passa de ccc para cfc. Ainda mais, esta mudança se reverte conforme o ferro se resfria. Na temperatura ambiente, o ferro ccc tem um número de coordenação igual a 8, um fator de empacotamento de 0,68 e um raio atômico de 1,241 Å. O ferro puro passa para cfc a 910°C e, neste ponto, seu número de coordenação é 12, seu fator de empacotamento é 0,74 e o seu raio atômico é 1,292 Å. [A 910°C (1670°F), o raio atômico do ferro ccc, devido à dilatação térmica, é 1,258 Å.]

Muitos outros compostos têm duas ou mais formas polimórficas. De fato, alguns, como por exemplo o SiC, chegam a ter até 20 modificações cristalinas; entretanto, isto não é comum. Invariàvelmente, as formas polimórficas apresentam diferenças na densidade e outras propriedades. Nos capítulos que se seguem, estaremos interessados nas variações de propriedades e no tempo requerido para se passar de uma modificação cristalina (fase) para outra.

Exemplo 3-11

O fero passa de ccc para cfc a 910°C. Nesta temperatura, os raios atômicos do ferro nas duas estruturas são, respectivamente, 1,258 Å e 1,292 Å. (a) Qual é a porcentagem de variação de volume, v%, provocada pela mudança de estrutura? (b) e a porcentagem de variação linear, l%? [*Nota*: como indicado na Seção 2-14 e na Tabela 2-5, quanto maior o número de coordenação maior o raio atômico].

Resposta: Base de cálculo: 4 átomos de ferro, ou *duas* células unitárias ccc, e *uma* célula unitária cfc.

(a) Na estrutura ccc, Eq. (3-4):

$$Volume = 2a^3$$

$$= 2\left[\frac{4(1,258)}{\sqrt{3}}\right]^3$$

$$= 49,1 \ Å^3$$

Na estrutura cfc, Eq. (3-5):

$$Volume = a^3$$

$$= \left[\frac{4(1,292)}{\sqrt{2}}\right]^3$$

$$= 48,7 \ Å^3$$

$$\frac{48,7 - 49,1}{49,1} = -0,8 \ v\% \ \text{de variação}$$

(b)

$$(1 + \Delta L/L)^3 = 1 + \Delta V/V$$

$$\Delta L/L = \sqrt[3]{1 - 0,008} - 1$$

$$= -0,261\% \ \text{de variação}$$

O ferro expande, por dilatação térmica, até 910°C, quando há uma contração abrupta; com a continuação do aquecimento, continua a dilatação (Fig. 10-1a).

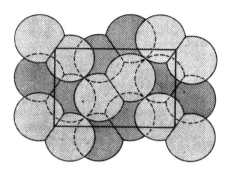

Fig. 3-35. Cristal molecular (iôdo). A molécula I_2 funciona como uma unidade na estrutura cristalina repetitiva. Êste reticulado é *ortorrômbico simples*, pois $a \neq b \neq c$ e as posições dos centros das faces *não* são idênticas aos vértices. (As moléculas estão orientadas diferentemente).

3-19 CRISTAIS MOLECULARES. Tal como os íons e átomos, as moléculas também podem formar arranjos cristalinos. Entretanto, existem três distinções: Primeira, as moléculas não são esféricas. Segunda, a molécula funciona como uma unidade. Terceira, as atrações intermoleculares são fôrças de van der Waals fracas. Mesmo assim, a eficiência de empacotamento é o fator que controla a cristalização molecular. A Fig. 3-35 mostra a projeção de uma célula unitária de um cristal de moléculas biatômicas de iôdo.

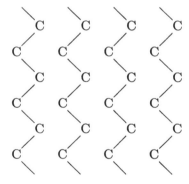

Fig. 3-36. Cristal polimérico (esquemático). As moléculas adjacentes coordenam suas posições umas com as outras, de forma a produzir melhor empacotamento e atrações de van der Waals mais intensas (Os átomos de hidrogênio e outros radicais em ramificações não são mostrados).

Cristais de polímeros. A maior complexidade das grandes moléculas poliméricas interfere com a cristalização dos polímeros. Desta forma, a cristalização ocorre menos fàcilmente. Entretanto, sob condições favoráveis, os polímeros se cristalizam, como está esquemàticamente mostrado na Fig. 3-36. A coordenação resultante aumenta as fôrças de atração, Por esta razão, êste tópico será considerado com mais detalhe, no Cap. 7, onde estudaremos as propriedades dos materiais orgânicos.

ESTRUTURAS NÃO CRISTALINAS (AMORFAS)

3-20 INTRODUÇÃO. Vamos considerar aqui, ainda que brevemente, aquêles materiais que não apresentam a regularidade interna dos cristais. Êstes materiais amorfos (literalmente, "sem forma") incluem os gases, os líquidos e os vidros. Os dois primeiros são fluidos e são da maior importância em engenharia, já que incluem muitos dos nossos combustíveis e o ar necessário à combustão, como também a água. O vidro, o último dos três materiais amorfos, é considerado um líquido rígido; entretanto, quando consideramos a sua estrutura, vemos que êle é mais do que apenas um líquido super-resfriado.

3-21 GASES. Não há qualquer estrutura dentro de um gás a não ser a estrutura inerente às moléculas individuais. Cada átomo ou molécula está a uma distância suficiente dos outros átomos ou moléculas, para que possa ser considerado independentemente. As interações causadas por colisões são momentâneas e elásticas.

Como os átomos podem se mover independentemente, um gás, que preenche um determinado espaço, exerce uma pressão sôbre as suas vizinhanças. A pressão P depende do volume V da temperatura T e do número de mols n que estão presentes, através da expressão:

$$PV = nRT. \qquad (3\text{-}13)$$

Como um mol ($6,02 \times 10^{23}$ moléculas) de *qualquer* gás ocupa 22,4 litros a 0°C e 1 atmosfera de pressão, o valor da constante R na equação anterior é 0,082 atm·l/°K. É, portanto, possível calcular a densidade de um gás em uma dada temperatura e em pressões relativamente baixas. É possível, também, calcular-se um fator de empacotamente para um gás, tal como foi feito para cristais; entretanto, se tal cálculo fôsse feito, observaríamos que êste fator é extremamente baixo para pressões até 10 atm. Para pressões mais altas, onde a densidade e o número de átomos é marcadamente superior, o gás não segue mais a lei ideal dada pela Eq. (3-13).

Exemplo 3-12

(a) Calcular a densidade do etano a 20°C e 740 mm de Hg de pressão. (b) Quantos angstroms cúbicos há por molécula?

Resposta: Base de cálculo: 1 mol ou 30g

$$V = \frac{RT}{P} = \frac{(0,082)(293)}{(740/760)} = 24,51 = 24.500 \text{ cm}^3$$

$$\rho = \frac{30}{24.500} = 0,00122 \text{ g/cm}^3.$$

(b)
$$\frac{24.500 \text{ cm}^3}{0,602 \times 10^{24} \text{ moléculas}} = 41.000 \text{ Å}^3/\text{molécula}$$

Outras propriedades de um gás, tais como viscosidade e constante dielétrica, dependem do número e do tamanho das moléculas presentes; ambas as propriedades aumentam com a elevação da pressão.

3-22 LÍQUIDOS. Os líquidos, tal como os gases, são fluidos e não apresentam a ordem encontrada em grandes distâncias nos cristais. Entretanto, aqui termina a similaridade entre líquidos e gases. Podemos verificar que a estrutura dos líquidos tem muita coisa em comum com a dos cristais; suas densidades e, portanto, seus fatôres de empacotamento, diferem de apenas alguns porcentos. Um líquido é ligeiramente menos denso que o cristal correspondente; entretanto, esta regra não pode ser considerada geral, porque existe um certo número de materiais, tal como a água, que expandem ao se solidificar.

Os líquidos têm uma estrutura em pequenas distâncias, na qual as distâncias interatômicas entre os primeiros vizinhos são bastante uniformes e aproximadamente as mesmas que nos cristais (Fig. 3-37). O número de coordenação médio da maior parte dos líquidos é aproximadamente igual ao dos cristais correspondentes. Quando se medita sôbre estas semelhanças, não é surpreendente que um líquido seja, muito freqüentemente, considerado como uma modificação de um cristal, na qual a energia térmica é suficiente para destruir a ordem em grandes distâncias do reticulado cristalino. A fim de que essa destruição aconteça, os átomos (ou moléculas) devem receber um determinado aumento de energia (calor de fusão); mas, uma vez ocorrida a destruição, os átomos podem se mover livremente e não conseguem resistir a esforços de cisalhamento.

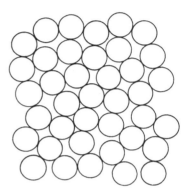

Fig. 3-37. Estrutura esquemática de metais líquidos. As distâncias interatômicas são aproximadamente uniformes. Não há ordem a longa distância.

Um cristal tem, usualmente, um empacotamento atômico mais eficiente que um líquido, porque há uma redução de energia durante a solidificação e ocorre uma contração. São exceções aquêles materiais nos quais se desenvolvem ligações direcionais ao se cristalizarem. Por exemplo, no gêlo, as moléculas H_2O estão orientadas de forma que os átomos de hidrogênio servem de pontes entre moléculas adjacentes (Fig. 2-16); e na ausência de uma energia térmica adicional, os átomos de oxigênio se repelem mùtuamente. Assim sendo, o gêlo não tem um fator de empacotamento eficiente. A energia adicional de fusão supera as interações resultantes destas orientações e permite que a estrutura do gêlo entre em colapso, dando lugar a um líquido, com maior fator de empacotamento. Claro que, com a introdução de mais energia, ou seja, com o aumento da temperatura, a expansão térmica novamente aumenta o volume (Fig. 12-34). Em geral, essa expansão é o resultado de um empacotamento menos eficiente da estrutura líquida.

3-23 VIDROS. Como indicado anteriormente, os vidros são considerados, muitas vêzes, como sendo líquidos super-resfriados, ainda mais que não são cristalinos. Entretanto, apenas uns poucos líquidos podem ser super-resfriados realmente, formando vidros.

Portanto, a fim de se fazer uma distinção, devemos considerar a estrutura do vidro mais criticamente.

Em temperaturas elevadas, os vidros formam líquidos verdadeiros. Os átomos movem-se livremente e não há resistência para tensões de cisalhamento. Quando um vidro comercial, na sua temperatura de líquido, é super-resfriado, há contração térmica causada pelo rearranjo atômico, para produzir um empacotamento mais eficiente dos átomos. Esta contração (Fig. 3-38) é típica de todos os líquidos; entretanto, com um resfriamento mais pronunciado, há uma mudança abrupta no coeficiente de expansão dos vidros.

Abaixo de uma certa temperatura denominada *temperatura de transformação*[1], cessam os rearranjos atômicos e a contração que persiste é o resultado de vibrações térmicas mais

---

[1] N. do T. Esta temperatura também é conhecida com o nome de *temperatura fictícia*.

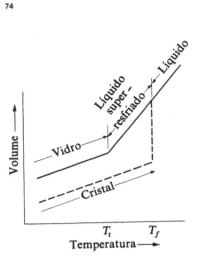

Fig. 3-38. Variação de volume nos vidros. Quando um líquido é super-resfriado abaixo de sua temperatura de fusão T_f, êle contrai rápida e contìnuamente, em virtude dos rearranjos atômicos, visando um empacotamento atômico mais eficiente. Abaixo da transição para vidro, ou temperatura de transformação T_t, não ocorrem mais rearranjos e a contração remanescente é causada sòmente pela redução das vibrações térmicas.

fracas. Êsse coeficiente mais baixo é comparável ao coeficiente de dilatação térmica dos cristais onde o único fator que causa contração são as vibrações térmicas.

O têrmo *vidro* se aplica àqueles materiais que têm uma curva de dilatação térmica como a da Fig. 3-38. Os vidros podem tanto ser inorgânicos como orgânicos e são caracterizados pela ordem em pequenas distâncias (e ausência de ordem em grandes distâncias). A Fig. 3-39a apresenta um dos vidros mais simples (B_2O_3), no qual cada pequeno átomo de boro se aloja entre três átomos maiores de oxigênio. Como o boro é trivalente e o oxigênio bivalente, o balanceamento elétrico é mantido se cada átomo de oxigênio estiver entre dois átomos de boro. Como resultado, desenvolve-se uma estrutura contínua de átomos fortemente ligados. Abaixo da temperatura de transformação, como os átomos não podem ser fàcilmente rearranjados, as características de fluidez são perdidas e passa a existir um sólido não cristalino. Tal sólido tem uma resistência significativa ao cisalhamento e, portanto, não pode ser considerado como um líquido verdadeiro.

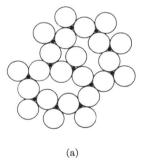
(a)

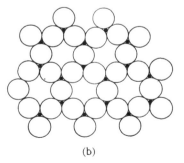
(b)

Fig. 3-39. Estrutura do B_2O_3. O vidro (a) tem ordem sòmente em pequenas distâncias. O cristal (b) tem ordem em grandes distâncias, além da ordem em pequenas distâncias.

FASES

3-24 FASES CRISTALINAS E AMORFAS. Uma fase pode ser definida como *uma parte*

ARRANJOS ATÔMICOS

estruturalmente homogênea de um sistema material. Isto significa que cada fase de um material possui seu próprio arranjo atômico.

Já vimos que uma *fase cristalina* tem um arranjo atômico definido, com uma estrutura repetitiva que se estende por muitas distâncias atômicas. O número de fases cristalinas é imenso, porque há muitas permutações e combinações de átomos e grupos de átomos.

Uma *fase amorfa* tem apenas ordem em pequenas distâncias. O contraste entre fases cristalinas e amorfas foi mostrado na Fig. 3-39. Como as fases amorfas não têm ordem em grandes distâncias, seus arranjos atômicos são menos definidos e permitem maiores diferenças na composição que as fases cristalinas. Entretanto, essa flexibilidade reduz o número de possíveis fases amorfas que podem coexistir em um material. Algumas das fases amorfas mais comuns na temperatura ambiente são água, óleo, mercúrio, baquelite e vidro.

Apenas uma fase gasosa pode existir em um dado sistema. Como os átomos ou moléculas de um gás estão muito separados e distribuídos ao acaso, tôdas as espécies de materiais na forma de vapor podem misturar-se em uma única "estrutura".

REFERÊNCIAS PARA LEITURA ADICIONAL

3-1. Addison, W. E., *Structural Principles in Inorganic Compounds*. New York: John Wiley & Sons, 1961. Brochura. Apresentação não matemática dos compostos cristalinos. Para o estudante que deseja mais material sôbre empacotamento atômico do que é dado neste texto.

3-2. Azároff, L. V., *Introduction to Solids*. New York: McGraw-Hill, 1960. Discute os cristais com base no empacotamento atômico. Nível de estudantes adiantados.

3-3. Barrett, C. S., *Structure of Metals*. New York: McGraw-Hill, 1952. O Cap. I vê os materiais sob o ponto de vista cristalógrafo. Os cristais são sistematizados pelos respectivos grupos espaciais. Para o professor ou alunos adiantados.

3-4. Cullity, B. D., *Elements of X-ray Diffraction*. Reading, Mass.: Addison-Wesley, 1956. A primeira parte do Cap. 2 se ocupa, em extensão ligeiramente maior que neste livro, das estruturas cristalinas; estilo de fácil leitura. Útil para o estudante adiantado que deseja aprofundar-se em técnicas de determinação de estruturas cristalinas.

3-5. Hume-Rothery, W., *The Structure of Metals and Alloys*. London: The Institute of Metals, 1936. O Cap. 2 considera as estruturas cristalinas dos elementos, com base na tabela periódica. Para o estudante.

3-6. Mason, C. W., *Introductory Physical Metallurgy*. Cleveland. American Society for Metals, 1947. O Cap. 1 discute a natureza e a formação de cristais metálicos. Nível de introdução.

3-7. *Metals Handbook*. Cleveland: American Society for Metals, 1948. Nas págs. 16 a 19, estão definidos os têrmos usados em cristalografia de raios X.

3-8. Rogers, Bruce A., *The Nature of Metals*. Ames, Iowa: Iowa State University Press; e Cleveland: American Society for Metals, 1951. O Cap. 2 discute arranjo dos átomos nos metais. Altamente recomendado como uma leitura introdutória suplementar.

3-9. Sinnott, M. J., *Solid State for Engineers*. New York: John Wiley & Sons, 1958. O Cap. 2 apresenta os cristais através do uso das leis da cristalografia. Êste capítulo é de nível introdutório.

3-10. Wulff, J., *et al.*, *Structures and Properties of Materials*. Cambridge, Mass.: M. I. T. Press, 1963. Os Caps. 4 e 5 apresentam bons esquemas de empacotamento atômico e estruturas cristalinas.

PRINCÍPIOS DE CIÊNCIA DOS MATERIAIS

PROBLEMAS:

(Ver Apêndice D para estruturas cristalinas).

3-1. Determine a massa molecular de cada uma das moléculas da Fig. 3-4.

Resposta: (a) 32 (b) 46 (c) 17 (d) 78 (e) 94 (f) 30 (g) 58 (h) 60 (i) 28 (j) 62,5.

3-2. Esquematize a estrutura dos vários isômeros possíveis do octano, C_8H_{18}.

3-3. Preencha os claros:
(a) O cloreto de metila está para o metano assim como _____ está para o etileno.
(b) O álcool vinílico (C_2H_3OH) está para o etileno assim como_____ está para o etano.
(c) O estireno está para o etileno assim como o fenol (C_6H_5OH) está para _____ .

Resposta: (a) cloreto de vinila (b) etanol (c) água.

3-4. Preencha os claros:
(a) Cloropreno $(CH_2 = CH—C \ Cl = CH_2)$ está para o butadieno assim como _____ está para o etileno.
(b) O etileno glicol está para o etanol assim como _____ está para o etano.
(c) A uréia $(NH_2—CO—NH_2)$ está para a acetona $(CH_3—CO—CH_3)$ assim como _____ está para o metano.

3-5. Qual é a composição ponderal do cloropreno $(CH_2 = CH—CCl = CH_2)$?

Resposta: $C = 54,3\%$; $H = 5,65\%$; $Cl = 40,1\%$

3-6. Um composto orgânico contém 62,1% em pêso de carbono, 10,3% em pêso de hidrogênio e 27,6% em pêso de oxigênio. Descubra um composto possível.

3-7. A massa molecular média do cloreto de polivinha foi determinada como sendo 9500. Quantos meros contém a molécula média?

Resposta: 152 meros.

3-8. O "teflon" é um polímero do tetrafluoroetileno (Apêndice F). Sabendo-se que há, em média, 742 meros por molécula qual é a massa molecular média?

3-9. Mostre, na forma de tabela, as relações entre os raios atômicos e as dimensões da célula unitária para os metais cfc, ccc e cúbicos simples:

	CFC	CCC	CS
Lado da célula unitária			
Diagonal da face			
Diagonal do cubo			

3-10. O chumbo é cfc e seu raio atômico é $1,750 \times 10^{-8}$ cm. Qual é o volume de sua célula unitária?

3-11. A prata é cfc e seu raio atômico é 1,444 Å. Qual o comprimento do lado de sua célula unitária?

Resposta: 4,086 Å.

3-12. O ouro tem estrutura cristalina cúbica de faces centradas. O parâmetro de seu reticulado é 4,078 Å e sua massa atômica é 197,0. (a) calcule a sua densidade. (b) compare com o valor encontrado em um manual.

ARRANJOS ATÔMICOS   77

3-13. O zinco tem uma estrutura hc. A altura da célula unitária é 4,94 Å. Os centros dos átomos na base da célula unitária distam entre si 2,665 Å. (a) Quantos átomos existem por célula unitária hexagonal? (Justifique). (b) Qual é o volume da célula unitária hexagonal? (c) A densidade calculada é maior ou menor que a densidade verdadeira, 7,135 g/cm³? (Justifique a resposta).

Resposta: (a) 6 (b) 9,1 × 10^{-23} cm³ (c) 7,17 g/cm³.
(Êsse valor não considera as imperfeições).

3-14. As massas atômicas do cloro e do sódio são, respectivamente, 35,453 e 22,990. Sendo a densidade do cloreto de sódio 2,165 g/cm³, calcule as dimensões da célula unitária do sal.

3-15. (a) Qual é a densidade atômica linear ao longo da direção [112] do ferro? (b) e do níquel?

Resposta: (a) 1,42 × 10^7 átomos/cm (b) 2,32 × 10^7 átomos/cm.

3-16. (a) Quantos átomos por milímetro quadrado há no plano (100) do cobre? (b) no plano (110)? (c) e no plano (111)?

⊙ 3-17. O parâmetro da célula unitária do alumínio é 4,049 A (a) calcule d_{220} (b) d_{111} (c) d_{200}.

Resposta: (a) 1,431 Å (b) 2,338 Å (c) 2,025 Å

⊙ 3-18. O níquel é cúbico de faces centradas e tem um raio atômico de 1,245 Å. (a) Qual o espaçamento d_{200}? (b) e o d_{220}? (c) e o d_{111}?

⊙ 3-19. A distância entre os planos (110) em uma estrutura cúbica de corpo centrado é 2,03 Å. (a) Qual o parâmetro da célula unitária? (b) Qual o raio dos átomos? (c) Que metais podem ser?

Resposta: (a) 2,86 Å (b) 1,24 Å (c) ferro ccc ou Cr (Ni não).

⊙ 3-20. Um cristal de cloreto de sódio é usado para medir o comprimento de onda de um feixe de raios X. O ângulo de difração para o espaçamento d_{111} dos íons cloreto é 5,2°. Qual é o comprimento de onda? (O parâmetro da célula unitária do cloreto de sódio é 5,63 Å).

⊙ 3-21. Para se determinar o espaçamento d_{200} no níquel, usam-se raios X de comprimento de onda de 0,58 Å. O ângulo de reflexão é 9,5°. Qual o parâmetro da célula unitária?

Resposta: 3,52 Å

3-22. O MgO tem a mesma estrutura que o NaCl. Sua densidade é 3,65 g/cm³. Use êste dado para calcular o comprimento da aresta da célula unitária. (Não use o valor dos raios dos íons Mg^{2+} = 0,78 Å e O^{2-} = 1,32 Å, para chegar à resposta).

3-23. O titânio tem uma estrutura hc (a = 2,956 Å, c = 4,683 Å) abaixo de 880°C e uma estrutura ccc (a = 3,32 Å) acima desta temperatura. (a) O titânio se expande ou contrai ao ser aquecido a esta temperatura? (b) Calcular a variação de volume em cm³/g.

Resposta: (a) expande (b) 0,007 cm³/g

3-24. O sódio tem uma célula unitária ccc com a = 4,29 Å. Mostre, em um diagrama aproximado (desenhado aproximadamente em escala), o arranjo dos átomos nos planos cristalinos de índices de Miller (110). ⊙ Calcular o espaçamento entre êstes planos.

3-25. No diamante, os átomos de carbono estão arranjados em células unitárias cúbicas, com átomos nas posições face-centradas ordinárias e também nas quatro seguintes posições

⊙ Problemas precedidos por um ponto são baseados, em parte, em seções opcionais.

(expressas em frações dos parâmetros a, b e c da célula unitária).

$$\frac{1}{4} \cdot \frac{1}{4}, \frac{1}{4}, \frac{3}{4}, \frac{3}{4}, \frac{1}{4}, \frac{3}{4}, \frac{1}{4}, \frac{3}{4}, \frac{1}{4}, \frac{3}{4}, \frac{3}{4}$$

Sendo o parâmetro do reticulado 3,56 Å, calcular a densidade do diamante.

Resposta: 3,55 g/cm^3

3-26. Admitindo que os íons sejam esféricos, (a) calcular o fator de empacotamento atômico do MgO; (b) do LiF. (Ambos têm a estrutura mostrada na Fig. 3-10).

3-27. Admitindo que os átomos sejam esféricos, calcular o fator de empacotamento atômico do diamante (Ver Fig. 2-10b)

Resposta: 0,34

3-28. Quantos angstroms cúbicos há por molécula H_2O (a) no gêlo? (b) na água a 4°C (c) em vapor d'água a 100°C e 760 mm de Hg de pressão?

CAPÍTULO 4

IMPERFEIÇÕES ESTRUTURAIS E MOVIMENTOS ATÔMICOS

4-1 INTRODUÇÃO. O capítulo precedente deu ênfase à regularidade dos arranjos atômicos nos materiais. Por exemplo, (1) um mero pode mostrar a estrutura do polímero inteiro; (2) uma célula unitária mostra a estrutura de todo o cristal; e (3) certas relações entre dimensões favorecem determinados números de coordenação. Essas regularidades simplificam nossas análises de materiais porque podemos generalizar a partir da unidade individual. É justificável fazer-se isto, já que a maior parte dos cristais e polímeros apresenta a repetição estrutural das células unitárias ou dos meros, com os quais são compostos. Entretanto, há uma pequena fração, muitas vêzes inferior a um porcento, que não é perfeita. Neste capítulo, estudaremos essas irregularidades de estrutura com bastante detalhe, já que as imperfeições em materiais têm, freqüentemente, uma influência primordial nas suas propriedades.

Cristais imperfeitos são resultantes tanto de variação na composição como de imperfeições no reticulado e êsses dois tópicos vão ocupar a maior parte dêste capítulo. Além disso, como os átomos em um cristal não são estáticos (de fato, êles se movem no interior do material), discutiremos os movimentos atômicos no final do capítulo.

Estas considerações − impurezas, imperfeições e movimentos atômicos − nos possibilitam a antecipação de propriedades com mais precisão do que seria possível de outra forma.

FASES IMPURAS

4-2 SOLUÇÕES. Alguns metais, usados comercialmente em aplicações de engenharia, são puros. Isso ocorre com o cobre usado em condutores elétricos e com a camada de zinco em aços galvanizados. O alumínio usado em utensílios domésticos contém apenas teores mínimos de outros elementos; anàlogamente, a fase Al_2O_3 de uma vela de ignição é, essencialmente, Al_2O_3 puro.

Mas, em muitos casos, elementos estranhos são intencionalmente adicionados a um material, a fim de melhorar suas propriedades. O latão é um exemplo de cobre que contém zinco. Anàlogamente, em um "laser", usam-se rubís, que nada mais são que corindom ($Al_2O_3\alpha$). contendo Cr_2O_3. Se tal adição passa a fazer parte integral da fase sólida, a fase resultante recebe o nome de *solução sólida*. A Fig. 4-1 mostra um átomo estranho que foi tão incorporado ao reticulado, que a estrutura cristalina não se interrompe na impureza.

4-3 SOLUÇÕES SÓLIDAS EM METAIS. As soluções sólidas formam-se mais fàcilmente, quando os átomos do solvente e do soluto têm dimensões e estruturas eletrônicas semelhantes. Por exemplo, o latão é uma liga de cobre e zinco.

Como metais individuais, êsses elementos têm raios atômicos de 1,278 Å e 1,332 Å, respectivamente; ambos têm, excetuando-se os do nível de valência, 28 elétrons e apresentam,

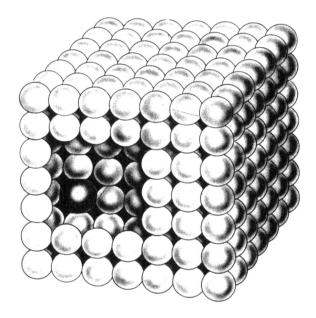

Fig. 4-1. Átomo substituinte. Um átomo pode ser substituído por outro átomo de dimensões comparáveis. O átomo da impureza é considerado o átomo soluto em um solvente sólido (Guy, A. G., *Elements of Physical Metallurgy*, Reading, Mass.: Addison-Wesley, 1959, pág. 104).

quando isolados, número de coordenação 12. Portanto, quando se adiciona zinco ao cobre, êle substitui fàcilmente o cobre no reticulado cfc, até que, um máximo de aproximadamente 40 % dos átomos de cobre tenha sido substituído. Nessa solução sólida de cobre e zinco, a distribuição do zinco é inteiramente ao acaso (ver Fig. 4-2).

Soluções sólidas substitucionais. A solução sólida descrita acima é denominada *substitucional*, porque os átomos de zinco substituem os de cobre na estrutura cristalina. Êsse tipo de solução sólida é muito comum em vários sistemas metálicos. A solução de cobre e níquel para formar o *monel* é um outro exemplo. No monel, uma fração dos átomos da estrutura original do cobre pode ser substituída por níquel. As soluções sólidas cobre-níquel vão

IMPERFEIÇÕES ESTRUTURAIS E MOVIMENTOS ATÔMICOS

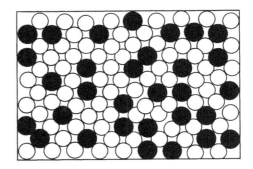

Fig. 4-2. Solução sólida substitucional ao acaso (zinco em cobre, ou seja, latão). O arranjo cristalino não é alterado. (Clyde Mason, *Introductory Physical Metallurgy:* American Society for Metals, 1947).

Tabela 4-1

Solubilidade Sólida *versus* Raios Atômicos para Metais de Mesma Estrutura do Cobre

Soluto	Solvente	Relação de Raios	Solubilidade Máxima %(em pêso)	% (atômica)
Ni	Cu	1,246/1,278 = 0,98	100	100
Al	Cu	1,431/1,278 = 1,12	9	19
Ag	Cu	1,444/1,278 = 1,14	8	6
Pb	Cu	1,750/1,278 = 1,37	nil	nil
Ca	Cu	1,965/1,278 = 1,54	?	?
Ni	Ag	1,246/1,444 = 0,86	0,1	0,1
Cu	Ag	1,278/1,444 = 0,88	9	11
Al	Ag	1,431/1,444 = 0,99	6	20
Pb	Ag	1,750/1,444 = 1,21	5	3
Ca	Ag	1,965/1,444 = 1,36	nil	nil
Cu	Ni	1,278/1,246 = 1,02	100	100
Al	Ni	1,431/1,246 = 1,14	12	22
Ag	Ni	1,444/1,246 = 1,16	4	2
Pb	Ni	1,750/1,246 = 1,40	?	?
Ca	Ni	1,965/1,246 = 1,58	nil	nil
Ni	Al	1,246/1,431 = 0,87	0,05	0,03
Cu	Al	1,278/1,431 = 0,90	6	3
Ag	Al	1,444/1,431 = 1,01	48	19
Pb	Al	1,750/1,431 = 1,22	0,02	0,1
Ca	Al	1,965/1,431 = 1,38	nil	nil

desde pràticamente a ausência de níquel e quase 100% de cobre até quase 100% de níquel e pràticamente ausência de cobre. Tôdas as ligas cobre-níquel são cúbicas de faces centradas. Por outro lado, há um limite muito bem definido na quantidade de estanho que pode substituir cobre para formar o *bronze* e ainda manter a estrutura cúbica de faces centradas do cobre. O estanho em excesso, além da quantidade correspondente à *solubilidade sólida*, forma uma outra fase. Êsse *limite de solubilidade* será considerado mais detalhadamente no Cap. 9.

Para que haja uma substituição em proporções elevadas, em uma solução sólida substitucional, os átomos devem ter aproximadamente o mesmo tamanho. Cobre e níquel são completamente miscíveis entre si, pois têm a mesma estrutura e seus raios são, respectivamente, 1,278 Å e 1,246 Å. Conforme aumenta a diferença de dimensões, ocorre cada vez menos a substituição. Apenas 20% dos átomos de cobre podem ser substituídos por alumínio, porque êste último tem um raio de 1,431 Å em comparação com apenas 1,278 Å para o cobre. A Tabela 4-1 mostra a solubilidade sólida máxima, no cobre, de vários metais com a mesma estrutura cfc do cobre. Êsses dados estão sumariados na Fig. 4-3. Raramente ocorre uma solubilidade elevada, se há mais que 15% de diferença nos raios das duas espécies de

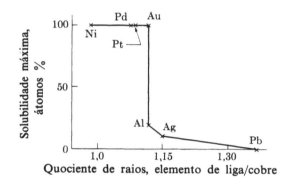

Fig. 4-3. Solubilidade sólida *versus* relação entre os raios atômicos (ligas à base de cobre com elementos que são normalmente cfc).

átomos. Há ainda, maiores restrições à solubilidade, quando os dois elementos têm diferentes estruturas ou valências.

Deve-se notar, na Tabela 4-1, que a solubilidade está dada tanto em *porcentagem atômica* como em *porcentagem ponderal*. O fator limitante é o número de átomos substituídos e não o pêso, daí ser a *porcentagem atômica* mais significativa. Entretanto, os engenheiros ordinàriamente expressam composições em porcentagens em pêso. É, portanto, necessário saber como expressar porcentagens em pêso em têrmos de porcentagem atômica e vice-versa*.

Exemplo 4-1

Uma liga contém 80% em pêso de alumínio e 20% em pêso de magnésio. Qual é a porcentagem atômica de cada um?

---

* *Salvo menção em contrário*, para sólidos e líquidos usa-se porcentagem em pêso e para gases porcentagem em volume, a qual coincide com a porcentagem molecular.

IMPERFEIÇÕES ESTRUTURAIS E MOVIMENTOS ATÔMICOS

Resposta: Base de cálculo: 100 g da liga.

Alumínio		Magnésio
80	g de cada elemento	20

$$\frac{80}{26,98}(6,02 \times 10^{23}) \qquad \text{átomos de cada elemento} \qquad \frac{20}{24,3}(6,02 \times 10^{23})$$

$$\left(\frac{g}{\text{at-grama}}\right)\left(\frac{\text{átomos}}{\text{at-grama}}\right)$$

$$= (2,97)(6,02 \times 10^{23}) \qquad \text{átomos} \qquad = (0,823)(6,02 \times 10^{23})$$

$$\text{Total de átomos} = (2,97 + 0,823)(6,02 \times 10^{23})$$

$$Al = \frac{(2,97)(6,02 \times 10^{23})}{(3,793)(6,02 \times 10^{23})} \qquad\qquad Mg = \frac{(0,823)(6,02 \times 10^{23})}{(3,793)(6,02 \times 10^{23})}$$

$$= 78,3\% \text{ em átomos} \qquad\qquad = 21,7\% \text{ em átomos}$$

Exemplo 4-2

20% dos átomos de cobre são substituídos por alumínio em um bronze de alumínio. Quais porcentagens em pêso estão presentes?

Resposta: Base de cálculo: 100 átomos

Cobre		Alumínio
80	átomos de cada elemento	20

$$\frac{80(63,54)}{6,02 \times 10^{23}} \qquad \text{massa de cada elemento} \qquad \frac{20(26,98)}{6,02 \times 10^{23}}$$

$$\frac{(\text{n.º de átomos})(\text{átomo-grama})}{\text{átomos/át-grama}}$$

$$= \frac{5090}{6,02 \times 10^{23}} \qquad \text{g em 100 átomos} \qquad = \frac{540}{6,02 \times 10^{23}}$$

$$\text{Massa total} = \frac{5090 + 540}{6,02 \times 10^{23}}$$

$$Cu = \frac{5090/6,02 \times 10^{23}}{5630/6,02 \times 10^{23}} \qquad\qquad Al = 100 - 90,4$$

$$= 90,4\% \text{ em pêso} \qquad\qquad\qquad = 9,6\% \text{ em pêso}$$

Soluções sólidas ordenadas. A Fig. 4-2 mostra uma *substituição ao acaso* de um átomo por outro em uma estrutura cristalina. Nesse processo, a probabilidade de um átomo de um elemento ocupar determinada posição no reticulado é igual à porcentagem atômica dêste elemento na liga. Neste caso, não há ordem na substituição dos dois elementos.

Entretanto, não é raro encontrar-se uma *ordenação* dos dois tipos de átomos em um arranjo específico. A Fig. 4-4 mostra uma estrutura ordenada na qual cada "átomo" prêto é cercado por "átomos" brancos. Esta ordenação é mais comum em temperaturas baixas, já que a agitação térmica mais intensa tende a destruir o arranjo ordenado.

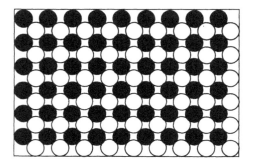
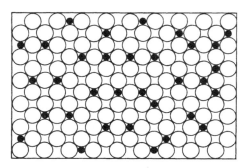

Fig. 4-4. Solução sólida substitucional ordenada. (Clyde Mason, *Introductory Physical Metallurgy*. Cleveland: American Society for Metals, 1947).

Fig. 4-5. Solução sólida intersticial (carbono no ferro cfc). (Clyde Mason, *Introductory Physical Metallurgy*. Cleveland: American Society for Metals, 1947).

Soluções sólidas intersticiais. Em um outro tipo de solução sólida, ilustrado na Fig. 4-5, um pequeno átomo pode se localizar nos interstícios entre os átomos maiores. O carbono no ferro é um exemplo. Em temperaturas abaixo de 910°C, o ferro puro ocorre com uma estrutura cúbica de corpo centrado. Acima de 910°C, existe uma faixa de temperatura na qual o ferro tem uma estrutura cúbica de faces centradas. No reticulado cúbico de faces centradas, existe um "buraco" desocupado, relativamente grande, no centro da célula unitária. O átomo de carbono, sendo extremamente pequeno, pode se alojar nesse vazio e produzir uma solução sólida de ferro e carbono. Quando o ferro, em temperaturas mais baixas, passa a ser cúbico de corpo centrado, os interstícios entre os átomos de ferro tornam-se menores, e, conseqüentemente, a solubilidade do carbono no ferro ccc é relativamente pequena.

4-4 SOLUÇÕES SÓLIDAS EM COMPOSTOS IÔNICOS. Soluções sólidas substitucionais podem ocorrer em fases iônicas sólidas, da mesma forma que nos metais sólidos. Em fases iônicas, tal como no caso dos metais, o tamanho do íon ou átomo é importante. Um exemplo simples de uma solução sólida iônica está mostrado na Fig. 4-6. A estrutura é a do MgO (Fig. 3-10), na qual os íons Mg^{2+} foram parcialmente substituídos por íons Fe^{2+}. Como os raios dos dois íons são respectivamente, 0,78 Å e 0,83 Å, é possível uma completa substituição. Por outro lado, íons Ca^{2+} não podem substituir, do mesmo modo, os íons Mg^{2+}, pois seu raio é comparativamente grande*.

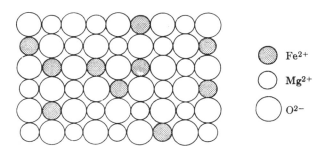

Fig. 4-6. Solução sólida substitucional em um composto; Fe^{2+} substitui Mg^{2+} na estrutura do MgO.

* Ver Apêndice D, para raios iônicos.

Um requisito adicional, o qual é muito mais severo para soluções sólidas de compostos cerâmicos do que o correspondente para as similares soluções sólidas de metais, é o de que a carga do íon a ser substituído e a do nôvo íon devem ser iguais. Por exemplo, seria bastante difícil substituir-se íons Mg^{2+} por íons Li^+, embora ambos tenham o mesmo raio, pois passaria a existir uma deficiência de cargas positivas. Tal substituição sòmente pode ocorrer se acontecerem outras mudanças na carga, de forma a haver compensação. (Ver Seção 8-5).

Mudanças na composição também podem ocorrer em compostos não estequiométricos, os quais serão discutidos na Seção 4-7 sôbre defeitos estruturais.

Exemplo 4-3

Calcule a razão MgO/FeO, em pêso, da solução sólida mostrada na Fig. 4-6.

Resposta: Razão de íons (por contagem):

$$Mg^{2+}Fe^{2+} = \frac{17}{10} = \text{quociente de moles}$$

$$\text{Massa MgO} = \frac{17(24,3 + 16,0)}{6,02 \times 10^{23}} = \frac{685}{NA}$$

$$\text{Massa FeO} = \frac{10(55,8 + 16,0)}{6,02 \times 10^{23}} = \frac{718}{NA}$$

$$\text{Quociente (em pêso) MgO/FeO} = \frac{685}{718} = 0,96$$

4-5 CO-POLIMERIZAÇÃO. Nos polímeros, o análogo à solução sólida é encontrado na *co-polimerização*. Uma cadeia polimérica pode conter mais de um tipo de mero. Relembremos das Figs. 3-8 e 3-9, na Seção 3-8, que o etileno e o cloreto de vinila têm estruturas bastante semelhantes; a única diferença, entre ambos, é que o cloreto de vinila tem um átomo de cloro no lugar de um hidrogênio. Podem ser obtidos polímeros, que incorporam monômeros de ambos os tipos e nos quais existe uma mistura de meros ao longo da cadeia (Fig. 4-7).

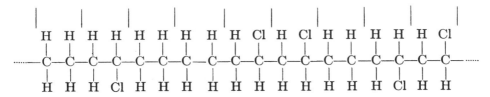

Fig. 4-7. Co-polimerização. O polímero contém mais de um tipo de mero.

No Cap. 7, observaremos que os co-polímeros têm propriedades diferentes dos polímeros obtido com qualquer um dos monômeros contribuintes.

IMPERFEIÇÕES CRISTALINAS

4-6 INTRODUÇÃO. Imperfeições do reticulado são encontradas na maior parte dos cristais. Nos casos em que estão envolvidos individualmente átomos deslocados, átomos extras ou falta de átomos, temos os *defeitos pontuais*. Os *defeitos de linha* envolvem a aresta de um plano extra de átomos. Finalmente, temos as *imperfeições de fronteira*, quer entre cristais adjacentes, quer nas superfícies externas do cristal.

Tais imperfeições influenciam muitas das características dos materiais, tais como resistência mecânica, propriedades elétricas, propriedades químicas e serão discutidas nos capítulos subseqüentes.

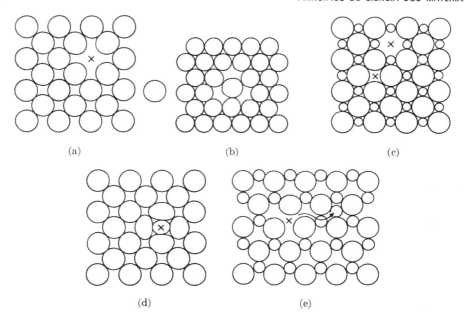

Fig. 4-8. Defeitos pontuais. (a) Vazios. (b) Vazio duplo (faltam dois átomos). (c) Defeitos de Schottky (vazios de um par de íons). (d) Defeitos intersticiais (compare com a Fig. 4-5). (e) Defeito de Frenkel (deslocamento de um íon).

4-7 DEFEITOS PONTUAIS. *Vazios.* O mais simples defeito pontual é um vazio, o qual simplesmente envolve a falta de um átomo (Fig. 4-8a) dentro de um metal. Tais defeitos podem resultar de um empacotamento imperfeito durante a cristalização original ou podem se originar das vibrações térmicas dos átomos em temperatura elevada (Seção 4-12), pois, conforme a energia térmica se eleva, aumenta também a probabilidade dos átomos individuais se afastarem de suas posições de menor energia. Os vazios podem ser simples como aquêle mostrado na Fig. 4-8a ou dois ou mais dêles podem se condensar para formar um vazio duplo (Fig. 4-8b) ou triplo.

Os defeitos de Schottky estão intimamente relacionados com vazios, mas são encontrados em compostos que devem manter um balanço de carga (Fig. 4-8c). Envolvem vazios de par de íons de cargas opostas. Tanto os vazios como os defeitos de Schottky facilitam a difusão atômica (Seção 4-11).

Defeitos intersticiais. Um átomo extra pode se alojar em uma estrutura cristalina, particularmente se o fator de empacotamento atômico fôr baixo (Seção 3-11). Tal imperfeição produz uma distorção no reticulado (Fig. 4-8d), salvo se o átomo intersticial fôr menor que os átomos restantes do cristal (Fig. 4-5).

Defeitos de Frenkel. Quando um íon é deslocado de sua posição no reticulado para um interstício (Fig. 4-8e), temos o defeito de Frenkel. As estruturas de empacotamento fechado têm menor número de defeitos intersticiais e defeitos de Frenkel do que de vazios e defeitos de Schottky, porque é necessária uma energia adicional a fim de forçar os átomos para novas posições.

Exemplo 4-4

A densidade experimental de um mono-cristal de alumínio é 2,697 g/cm^3. O parâmetro da célula unitária é 4,049 Å. Se a discrepância entre o valor calculado e o experimental da densidade é resultante de vazios, (a) qual a fração dos átomos que estão faltando? (b) Quantos vazios existem por cm³?

Resposta: $\dfrac{\text{Átomos existentes}}{\text{cm}^3} = \dfrac{2,697}{(26,98)/(6,02 \times 10^{23})} = 6,02 \times 10^{22}$ átomos/cm³

$\dfrac{\text{Posições do reticulado}}{\text{cm}^3} = \dfrac{4}{(4,049 \times 10^{-8})^3} = 6,03 \times 10^{22}$ átomos/cm³

(a) Aprox. 1 vazio para cada 600 posições do reticulado; (b) $0,01 \times 10^{22} = 10^{20}$ vazios/cm³.

$$\begin{array}{cccccccc}
O^{2-} & Fe^{2+} & O^{2-} & Fe^{2+} & O^{2-} & Fe^{2+} & O^{2-} & Fe^{2+} \\
Fe^{2+} & O^{2-} & Fe^{2+} & O^{2-} & Fe^{2+} & O^{2-} & Fe^{2+} & O^{2-} \\
O^{2-} & Fe^{3+} & O^{2-} & Fe^{2+} & O^{2-} & \square & O^{2-} & Fe^{2+} \\
Fe^{2+} & O^{2-} & \square & O^{2-} & Fe^{3+} & O^{2-} & Fe^{3+} & O^{2-} \\
O^{2-} & Fe^{3+} & O^{2-} & Fe^{2+} & O^{2-} & Fe^{2+} & O^{2-} & Fe^{2+} \\
Fe^{2+} & O^{2-} & Fe^{2+} & O^{2-} & Fe^{2+} & O^{2-} & Fe^{2+} & O^{2-}
\end{array}$$

Fig. 4-9. Composto não estequiométrico ($Fe_{<1}O$). A neutralidade elétrica é mantida pela presença de vazios catiônicos. (compare com a estrutura do composto estequiométrico MgO, na Fig. 3-10).

Compostos não-estequiométricos. Nas fases que não correspondem a compostos racionais[1], tantos vazios como átomos intersticiais devem existir. Por exemplo, a wustita ($Fe_{<1}O$) tem o mesmo reticulado fundamental do MgO e NaCl (Fig. 3-10). Entretanto, existe nesse composto um certo número de íons férrico, de acôrdo com o equilíbrio;

$$Fe^{2+} \leftrightarrows Fe^{3+} + e^{-}. \qquad (4-1)$$

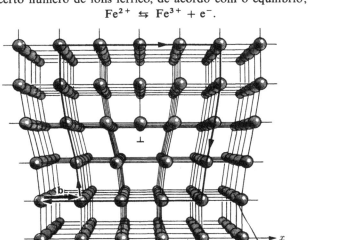

Fig. 4-10. Discordância em cunha. Um defeito de linha ocorre na aresta de um plano atômico extra. (*Guy, A. G., Elements of Physical Metallurgy*, Reading, Mass.: Addison Wesley, 1959, pág. 110).

[1] N. do T. — Os compostos racionais ou estequiométricos são também chamados de *daltonianos*.

Deve existir um vazio catiônico para cada dois íons Fe^{3+} existentes, a fim de manter a neutralidade elétrica (Fig. 4-9). Assim, podemos escrever

$$3Fe^{2+} = 2Fe^{3+} + \square, \qquad (4-2)$$

como uma equação estrutural, onde o símbolo $\square$, indica um vazio.

Exemplo 4-5

No nosso exemplo da wustita (Fig. 4-9), o quociente Fe^{3+} por Fe^{2+} pode chegar a 0,5. (a) Com êsse quociente, qual fração das posições catiônicas está vazia? (b) Qual é a fração, em pêso, do oxigênio nesta composição?

Resposta: Base de cálculo: 100 íons Fe^{2+}

(a)
$$50\ Fe^{3+}\ e\ 25\ \square,$$
Total de posições catiônicas = 100 + 50 + 25 = 175
Fração de vazios = 25/175 = 0,14.

(b)
$$\begin{array}{rl} 100\ \text{íons}\ Fe^{2+} = & 100\ \text{íons}\ O^{2-} \\ \underline{50\ \text{íons}\ Fe^{3+}} = & \underline{75\ \text{íons}\ O^{2-}} \\ 150\ \text{íons de Fe} & 175\ \text{íons}\ O^{2-} \end{array}$$

Massa de oxigênio = $(175)(16,0/N_A) = 2800/N_A$.
Massa de ferro = $(150)(55,8/N_A) = 8370/N_A$.

Portanto, fração em pêso do oxigênio = $\dfrac{2800/N_A}{(2800 + 8370)/N_A} = 0{,}251$

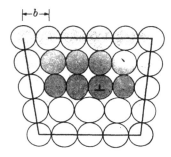

Fig. 4-11. Energia de discordância. Têm-se átomos sob compressão (mais escuros) e sob tração (mais claros) adjacentes à discordância. O vetor de deslocamento (vetor de Burgers) é perpendicular à linha da discordância.

4-8 DEFEITOS DE LINHA (DISCORDÂNCIAS). O tipo mais comum de defeito de linha, no interior de um cristal, é uma discordância. Uma *discordância em cunha* está mostrada na Fig. 4-10. Pode ser descrita como a aresta de um plano atômico extra na estrutura cristalina. Zonas de compressão e de tração acompanham uma discordância em cunha (Fig. 4-11), de forma que há um aumento de energia ao longo da discordância. A distância de deslocamento dos átomos ao redor da discordância é denominada *vetor de Burgers*. Êsse vetor é perpendicular à linha da discordância em cunha.

Uma *discordância helicoidal* tem seu deslocamento, ou vetor de Burgers, paralelo ao defeito de linha (Fig. 4-12). Tensões de cisalhamento estão associadas aos átomos adjacentes; assim sendo, analogamente às discordâncias em cunha, também nesse caso, temos um aumento de energia.

IMPERFEIÇÕES ESTRUTURAIS E MOVIMENTOS ATÔMICOS 89

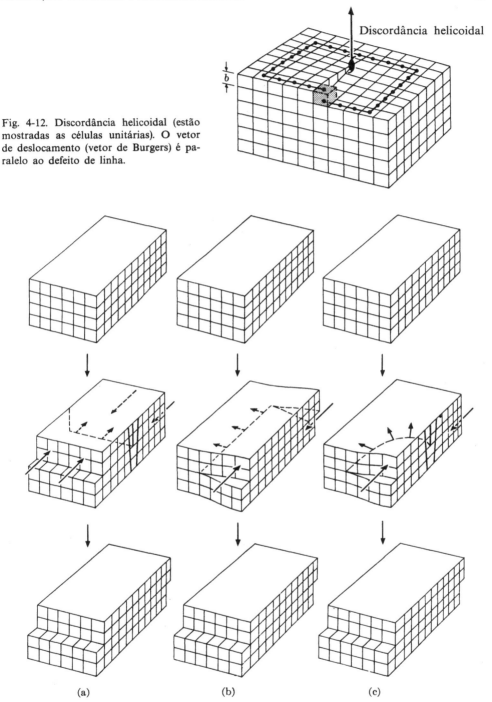

Fig. 4-12. Discordância helicoidal (estão mostradas as células unitárias). O vetor de deslocamento (vetor de Burgers) é paralelo ao defeito de linha.

Fig. 4-13. Formação de discordância por cisalhamento. (a) Discordância em cunha. (b) Discordância helicoidal. (c) Discordância mista, com componentes em cunha e helicoidal.

Ambos os tipos de discordâncias estão intimamente associados à cristalização. As discordâncias em cunha, por exemplo, são originadas quando há uma pequena diferença na orientação de partes adjacentes do cristal em crescimento, de forma que um plano atômico extra é introduzido ou eliminado. Como está mostrado na Fig. 4-12, uma discordância helicoidal permite um fácil crescimento do cristal, uma vez que os átomos e células unitárias adicionais podem ser adicionados ao "passo" da hélice. Assim sendo, o têrmo helicoidal é muito adequado, já que, conforme o crescimento se processa, uma hélice se "enrola" em tôrno do eixo.

Da mesma forma que na cristalização, as discordâncias estão associadas também com deformação. Vemos isso na Fig. 4-13, onde uma tensão de cisalhamento origina tanto uma discordância em cunha como uma helicoidal. Ambas levam ao mesmo deslocamento final e estão relacionadas através da discordância mista que se forma.

4-9 FRONTEIRAS[2]. *Superfícies.* As imperfeições cristalinas podem se estender em duas dimensões como em uma fronteira. A fronteira mais óbvia é a *superfície* externa. Embora possamos visualizar uma superfície como simplesmente o término da extrutura cristalina, devemos ràpidamente perceber que os átomos na superfície não são completamente comparáveis aos do interior do cristal. Os átomos superficiais têm vizinhos de apenas um lado (Fig. 4-14); portanto, têm energia mais alta que os átomos internos. Essa energia pode ser racionalizada com auxílio da Fig. 2-18, observando-se que, se átomos adicionais forem depositados na superfície, deve haver desprendimento de energia, tal como houve na combinação de dois átomos individuais. Entretanto, encontramos nossa evidência mais visível no caso de gôtas de líquidos, as quais têm uma forma esférica, a fim de minimizar a área externa (e portanto, a energia superficial) por unidade de volume. A adsorção superficial fornece uma evidência adicional de que os átomos na superfície têm mais energia que os do interior do grão.

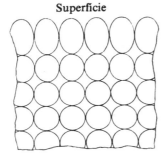

Fig. 4-14. Átomos superficiais (esquemático). Como êsses átomos não são inteiramente circundados por outros, possuem mais energia que os átomos internos.

Contornos de Grão. Embora um material, como o cobre de um condutor elétrico, contenha apenas uma fase, êle contém muitos cristais de várias orientações. Êsses cristais individuais são denominados *grãos*. A forma do grão em um sólido é usualmente controlada pela presença dos grãos circunvizinhos. No interior de cada grão, todos os átomos estão arranjados segundo um único modêlo e uma única orientação, caracterizada pela cédula unitária. Entretanto, no contôrno do grão entre dois grãos adjacentes há uma zona de transição, a qual não está alinhada com nenhum dos grãos (Fig. 4-15).

Quando um metal é observado ao microscópio, embora não possamos ver os átomos individuais ilustrados na Fig. 4-15, podemos fàcilmente localizar os contornos dos grãos, se o metal foi *atacado*. Primeiramente, o metal é cuidadosamente polido, de forma a se obter uma superfície plana e espelhada e, então, quìmicamente atacado por um curto período de

---

[2] N. do T. — O têrmo original inglês "boundary" é de difícil tradução na acepção aqui empregada; representa a região de transição e de desordem entre dois cristais adjacentes ou as superfícies externas do cristal. Foi adotada a palavra "fronteira" como uma tradução razoável para englobar ambos os sentidos.

IMPERFEIÇÕES ESTRUTURAIS E MOVIMENTOS ATÔMICOS

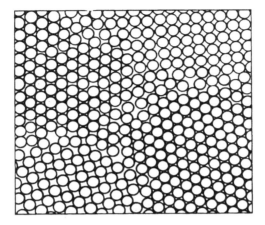

Fig. 4-15. Contornos de grão. Observe a área de desordem na transição de um grão para outro. (Clyde Mason, *Introductory Physical Metallurgy*. Cleveland: American Society for Metals, 1947).

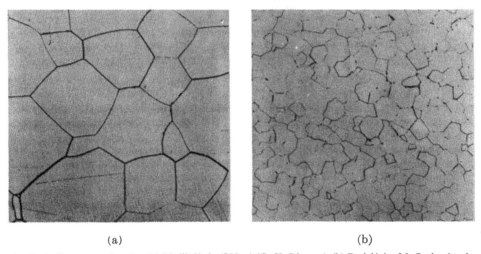

(a) (b)

Fig. 4-16. Contornos de grão. (a) Molibdênio (250 ×) (O. K. Riegger). (b) Periclásio, MgO, de alta densidade (250 ×) (Gardner, R. E. e G. W. Robinson, Jr., "Improved Method for Polishing Ultra-High Density MgO" J. Am. Ceram. Soc. 45, 46 (1962).

tempo. Os átomos, na área de transição entre um grão e o seguinte, se dissolverão mais fàcilmente que os outros átomos e deixarão uma linha que pode ser vista com o microscópio (Fig. 4-16); o contôrno de grão atacado não atua como um espelho perfeito como acontece com o restante do grão (Fig. 4-17).

Podemos considerar o contôrno de grão como sendo bidimensional embora, na verdade, tenha uma espessura finita de 2 a 10 ou mais distâncias atômicas. A diferença na orientação dos grãos adjacentes produz um empacotamento dos átomos menos eficientes ao longo do contôrno. Dessa forma, os átomos ao longo do contôrno têm uma energia mais elevada que aquêles do interior dos grãos. Isto justifica o ataque maís rápido dos contornos, descrito acima.

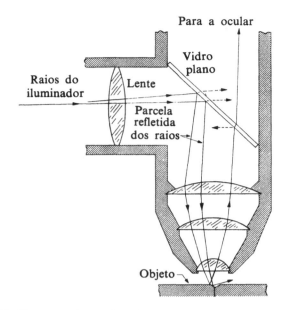

Fig. 4-17. Observação do contôrno de grão. O metal foi polido e atacado. O contôrno corroído não reflete luz através do microscópio. (Bruce Rogers, *The Nature of Metals*. Cleveland: American Society for Metals, 1951).

A maior energia dos átomos do contôrno é também importante na nucleação da nova fase, durante uma transformação polimórfica (Seção 3-18). O menor empacotamento atômico favorece a difusão atômica (Seção 4-13).

Há ainda um segundo tipo de contôrno, o qual é suficientemente distinto daqueles mostrados na Fig. 4-16, para merecer uma discussão separada. É o denominado *contôrno de pequeno ângulo* e é, na realidade, uma série de discordâncias alinhadas (Fig. 4-18). A energia associada a êste tipo de contôrno é relativamente pequena; entretanto, êle tem importância, porque tende a ancorar os movimentos das discordâncias que normalmente contribuem para a deformação plástica.

Exemplo 4-6

O contôrno de pequeno ângulo, mostrado na Fig. 4-18, é essencialmente o plano (111) do germânio, com o vetor de deslocamento na direção [111]. Determine o ângulo dêste contôrno a partir do espaçamento entre as discordâncias indicado pelos pontos atacados.

Resposta: O germânio tem a estrutura do diamante (Fig. 2-10b). O vetor de deslocamento está na direção (111) e dá um deslocamento de d_{111} de $4(2R)/3 = 8(1,225)/3 = 3,26$ Å.

Com um aumento de 1000 ×, os pontos de ataque estão separados por aproximadamente 0,0025 mm (25.000 Å). Logo

$$\text{sen } \theta = 3,26/25.000 = 0,00013$$
$$\theta = 27''.$$

MOVIMENTOS ATÔMICOS

4-10 INTRODUÇÃO. Os átomos, em um cristal, sòmente ficam estáticos no zero absoluto

IMPERFEIÇÕES ESTRUTURAIS E MOVIMENTOS ATÔMICOS

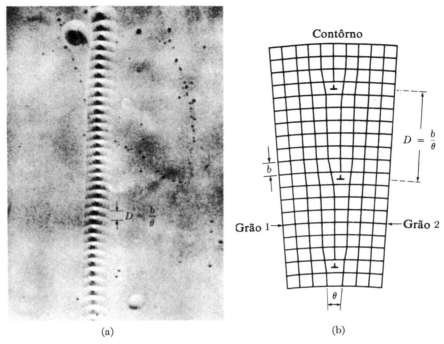

Fig. 4-18. Contôrno de pequeno ângulo (a) cristal de germânio atacado para mostrar as extremidades das discordâncias em cunha (1000 ×). (b) Representação esquemática, mostrando apenas as células unitárias. O ângulo θ foi exagerado. (Cortesia de F. L. Vogel Jr.).

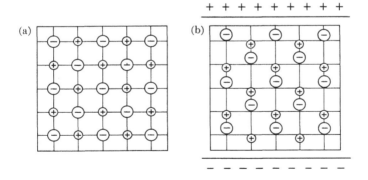

Fig. 4-19. Deslocamento iônico em um campo elétrico (a) sem campo externo; (b) com campo externo.

(−273°C). Nestas condições, os átomos permanecem na posição correspondente ao mínimo de energia (Fig. 2-18). Conforme a temperatura se eleva, as vibrações térmicas dispersam ao acaso os átomos em tôrno da posição de menor energia.

Deslocamentos atômicos podem também ocorrer sob ação de campos elétricos ou magnéticos, se as cargas dos átomos interagem com o campo. Por exemplo, átomos na forma de íons são fàcilmente deslocados em um campo elétrico, como mostrado pela Fig. 4-19. As vibrações térmicas estarão superpostas sôbre êstes deslocamentos, mas o centro do movimento foi deslocado da sua posição normal.

Movimentos atômicos para novas posições serão observados, se a temperatura ou campo aplicado fôr suficiente para fornecer a energia necessária para retirar o átomo de sua posição original no reticulado. Isso será objeto das próximas seções.

4-11 MECANISMOS DE MOVIMENTOS ATÔMICOS. Muitos dos movimentos atômicos no interior dos sólidos envolvem defeitos pontuais. O mecanismo de vazios requer pouca energia e move um átomo de uma posição ocupada para um vazio adjacente. O mecanismo intersticial move átomos entre os átomos vizinhos da estrutura cristalina (Fig. 4-20).

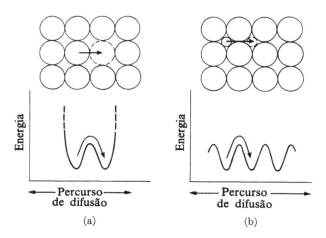

Fig. 4-20. Movimentos atômicos. (a) Mecanismo de vazios. (b) Mecanismo intersticial. Necessita-se de energia *quer* para aumentar *quer* para diminuir a distância interatômica. (cf. Fig. 2-18b).

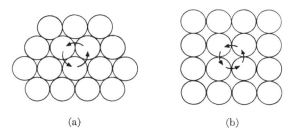

Fig. 4-21. Difusão em anel: (a) anel de três átomos, (b) anel de quatro átomos.

Podem ocorrer movimentos em cristais sem defeitos pontuais. Uma simples troca de posição entre dois átomos vizinhos é teòricamente possível; entretanto, é menos comum que a difusão em anel, a qual envolve o movimento simultâneo de 3 ou 4 átomos (Fig. 4-21).

Um átomo qualquer tem iguais probabilidades de se mover em cada uma das três direções do espaço. Só ocorre difusão quando há um gradiente de concentração, potencial ou pressão (Seção 4-13).

⊚ 4-12 DISTRIBUIÇÃO DE ENERGIA TÉRMICA.

A energia cinética total EC de um gás aumenta em proporção direta com a temperatura, de acôrdo com a seguinte equação (para um mol do gás):

$$EC = \frac{3}{2} RT \quad (4\text{-}3)$$

Nesta equação, R é a mesma constante dos gases que é usualmente encontrada nos textos elementares de química. Vale 1,987 cal/mol.°C. Para os nossos propósitos, é vantajoso considerar as moléculas individuais e, portanto, substituir R por kN, onde N é o número de Avogadro, $6,02 \times 10^{23}$ átomos/mol e k é $0,33 \times 10^{-23}$ cal/molécula °C. Êste último valor é normalmente convertido em $1,38 \times 10^{-16}$ erg/molécula.°K, de forma que:

$$EC = \frac{3}{2}(kT)N \quad (4\text{-}4)$$

A constante K é denominada *constante de Boltzmann*.

A equação acima não implica que tôdas as moléculas de um gás têm a mesma energia. De fato, há uma distribuição estatística de energia, tal como a indicada na Fig. 4-22. Em um dado instante de tempo, muito poucas moléculas têm energia próxima a zero; muitas moléculas têm energias próximas à energia média e algumas moléculas têm energias extremamente altas. Conforme a temperatura aumenta, há (1) um aumento da energia média das moléculas e (2) um aumento no número de moléculas com energias superiores a um valor dado qualquer.

O que está dito acima se aplica à distribuição da energia cinética das moléculas de um gás. Contudo, o mesmo princípio se aplica para a distribuição de energia vibracional dos átomos em um líquido ou sólido. Mais especificamente, em um dado instante de tempo, muito poucos átomos têm energia nula; muitos átomos têm energias próximas à energia média e alguns átomos têm energias extremamente altas.

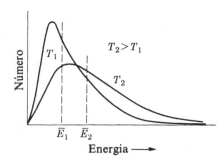

Fig. 4-22. Distribuição de energia. Tanto a energia média $\bar{E}$ como a fração com energia superior a um determinado valor aumentam com a elevação da temperatura.

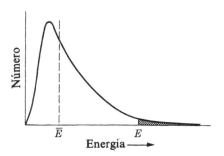

Fig. 4-23. Energias. A razão do número de átomos de alta energia (área assinalada) para o número total de átomos é uma função exponencial de $(-\bar{E}/KT)$, quando $E \gg \bar{E}$.

O nosso interêsse estará dirigido para aquêles átomos que têm energias elevadas. Muito freqüentemente, necessitamos conhecer a probabilidade dos átomos possuírem mais energia que um dado valor especificado, por exemplo, qual a fração dos átomos com energia superior a E na Fig. 4-23. A solução estatística do problema foi elaborada por Boltzmann, como se segue:

$$\frac{n}{N_{tot}} = f(e^{-(E-\bar{E})/kT}), \tag{4-5}$$

onde k é a constante de Boltzmann $(1,38 \times 10^{16} \text{ erg}/°K)$. n é o número de átomos com energia maior que E, do número total N de átomos; n é função da temperatura. Esta equação é aplicável quando E é consideràvelmente maior que a energia média $\bar{E}$, de forma que pode ser reduzida para:

$$\frac{n}{N_{tot}} = Me^{-E/kT} \tag{4-6}$$

onde M é uma constante. Da forma apresentada, o valor de E deve ser expresso em erg/átomo; entretanto, pode-se fazer conversões com auxílio da Tabela 4-2.

Tabela 4-2

Relações de Conversão

$R = 1,987 \text{ cal/mol} \cdot °K$
$k = 1,38 \times 10^{-16} \text{ erg/átomo} \cdot °K$
$1 \text{ cal} = 4,185 \times 10^{7} \text{ erg}$
$1 \text{ erg} = 0,624 \times 10^{12} \text{ eV}$
$1 \text{ átomo-grama} = 6,02 \times 10^{23} \text{ átomos}$
$1 \text{ cal/mol} \cdot °C = 0,694 \times 10^{-16} \text{ erg/átomo} \cdot °K$

Exemplo 4-7

A energia adicional requerida para se mover um átomo intersticial entre dois outros átomos vale 1,0 eV. [Essa seria a energia necessária para mover um átomo através da "barreira" de energia mostrada na Fig. 4-20a] (a) Se um, entre 10^{20} átomos em um metal, tem energia superior a êsse valor a 20°C, qual a fração dos átomos com energia superior a 1,0 eV a 1000°C? (b) e a 1050°C?

Resposta: Da Tabela 4-2,

$$1 \text{ eV} = 1,6 \times 10^{-12} \text{ erg}$$

(a)
$$M = \frac{n/N \text{ total}}{e^{-E/kT}},$$

$$\ln M = -(2,3)(20) + \frac{1,6 \times 10^{-12}}{(1,38 \times 10^{-16})(293)} = -46 + 39,4 = -6,6$$

A 1000°C,

$$\ln \frac{n}{N_{tot}} = -6,6 - \frac{1,6 \times 10^{-12}}{(1,38 \times 10^{-16})(1273)} = -6,6 - 9,1 = -15,7;$$

$$\frac{n}{N_{tot}} = \frac{1}{6\,500\,000}$$

(b) A 1050°C,

$$\ln \frac{n}{N_{tot}} = -6,6 - \frac{1,6 \times 10^{-12}}{(1,38 \times 10^{-16})(1323)} = -15,35;$$

$$\frac{n}{N_{tot}} = \frac{1}{4\,500\,000}$$

[Nota: Embora o exemplo 4-7 mostre que existe apenas uma remota probabilidade de um átomo ter a energia necessária para o movimento atômico indicado, convém lembrar que um centímetro cúbico contém cêrca de 10^{23} átomos. Assim sendo, um número significativo de átomos pode ter a energia requerida e, portanto, um número considerável de movimentos atômicos pode ocorrer].

4-13 DIFUSÃO ATÔMICA. Em condições uniformes, cada um dos seis átomos (das três dimensões) adjacentes ao vazio da Fig. 4-20a tem a mesma probabilidade de se mover para o mesmo. Inversamente, o vazio tem a mesma probabilidade de se mover em cada um dos seis sentidos das três direções do espaço. Anàlogamente, o átomo intersticial da Fig. 4-20b tem a mesma probabilidade de se mover em cada um dos seis sentidos das três direções do espaço.

Energia de ativação. Se os átomos devem mudar de posições, as "barreiras de energia" da Fig. 4-20 devem ser superadas. A energia requerida para superá-las (mais a energia de formação do defeito) é denominada energia de ativação de difusão. Como mostrado na Fig. 4-20a, necessita-se de energia para retirar o átomo dos seus vizinhos originais; na difusão intersticial, necessita-se de energia para forçar o átomo a um maior contato com os átomos vizinhos, conforme o mesmo se move entre êles. A energia de ativação varia com muitos fatôres. Por exemplo, um átomo pequeno tem uma energia de ativação menor que um átomo grande ou molécula. Da mesma forma, os movimentos intersticiais requerem mais energia que os movimentos de vazios. Finalmente, são necessárias elevadas energias de ativação

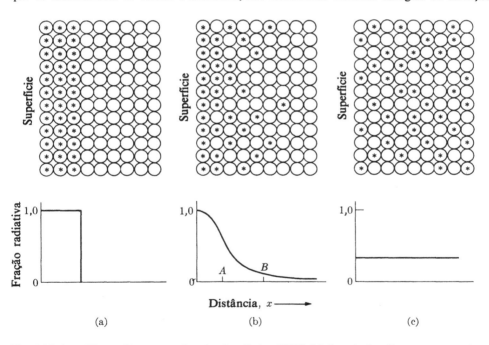

Fig. 4-24. Autodifusão. Neste exemplo, níquel radiativo (Ni59) foi depositado sôbre uma superfície de níquel não radiativo. (a) Tempo $t = t_0$ (b) Gradiente de difusão, $t_0 < t < t_\infty$. (c) Homogenizado, $t = t_\infty$.

para a difusão em materiais fortemente ligados e de alto ponto de fusão, tais como tungstênio, carbeto de boro e corindom (Al_2O_3 – alfa).

Autodifusão. Normalmente não se observa difusão em um material puro, monofásico, já que os movimentos atômicos são ao acaso e os átomos são todos idênticos. Entretanto, através do uso de isótopos radiativos, é possível identificar a difusão dos átomos dentro de sua própria estrutura, ou seja, a *autodifusão*. Por exemplo, níquel radiativo (Ni^{59}) pode ser depositado sôbre a superfície de níquel normal. Com o tempo e dependendo da temperatura, há uma autodifusão progressiva do isótopo radiativo através do níquel normal [e uma difusão em sentido contrário, dos átomos normais em direção à superfície] (Fig. 4-24). Os mecanismos dessa difusão incluem os mostrados nas Figs. 4-20 e 4-21, assim como difusão ao longo dos contornos dos grãos, onde a estrutura é mais aberta (Fig. 4-15).

Gradientes de concentração. O processo de homogenização, mostrado na Fig. 4-24, deve ser interpretado da forma que se segue. Embora haja a mesma probabilidade de um átomo individual se mover em qualquer direção, o gradiente de concentração favorece o movimento preferencial dos átomos radiativos para a direita. No ponto A na Fig. 4-24b, há mais átomos marcados que no ponto B. Logo, mesmo com a mesma probabilidade por átomo dos átomos marcados em A se moverem para a direita e dos átomos marcados em B se moverem para a esquerda, a diferença em número produz um diferencial de concentração no movimento e aumenta a uniformidade e a distribuição ao acaso na estrutura. (Uma descrição análoga, só que em sentido contrário, poderia ser feita, se nossa atenção fôsse focalizada nos átomos não-radiativos).

Um mecanismo idêntico ao da autodifusão (Fig. 4-24) também ocorre na presença de átomos dissolvidos em solução sólida. Por exemplo, se níquel fôr depositado sôbre uma superfície de cobre, a difusão atômica provocará a homogenização do níquel dentro do cobre, após um tempo adequado em temperatura elevada. Entretanto, a velocidade de difusão do níquel, para um mesmo gradiente de concentração, será maior no cobre do que no níquel, porque a energia de ativação necessária para mover um átomo de níquel entre átomos de cobre é menor que a requerida para mover um átomo de níquel entre átomos de níquel. [Essa diferença pode ser prevista, tendo em vista que a menor temperatura de fusão do cobre (1083°C *versus* 1455°C para o níquel) indica que as ligações Cu-Cu são mais fracas que as Ni-Ni].

4-14 COEFICIENTES DE DIFUSÃO.

Tanto os aspectos atômicos como estatísticos da difusão podem ser adequadamente sumariados pelas equações de difusão, denominadas Leis de Fick.[1] A primeira lei,

$$J = -D\frac{dC}{dx},$$ (4-7a)

é importante para nós; diz que a quantidade de material transportado, ou seja, o fluxo J de átomos por unidade de área na unidade de tempo, é proporcional ao gradiente de concentração dC/dx. A constante de proporcionalidade D recebe o nome de *coeficiente de difusão* e é expressa em cm^2/s, como mostrado em seguida:

$$\frac{\text{átomos}}{cm^2 \cdot s} = \frac{(cm^2/s)\,(\text{átomos}/cm^3)}{cm}.$$ (4-7b)

O sinal negativo da Eq. (4-7a) indica que o fluxo de átomos ocorre de forma a diminuir os gradientes de concentração.

A segunda lei da difusão, a qual relaciona a variação de concentração com o tempo, pode ser expressa pela expressão que se segue:

$$\frac{dC}{dt} = D\left(\frac{d^2C}{dx^2}\right).$$ (4-8)

---

[1] N. do T. — Convém lembrar que estas leis também são válidas para fluidos.

IMPERFEIÇÕES ESTRUTURAIS E MOVIMENTOS ATÔMICOS 99

Através dessa lei, é fácil perceber que os estágios finais de homogenização (Fig. 4-24) são lentos. A velocidade diminui com a diminuição do gradiente de concentração. Os coeficientes de difusão variam com a natureza dos átomos do soluto, com o tipo de estrutura e com a temperatura. Vários exemplos estão dados na Tabela 4-3. Algumas justificativas qualitativas para os valôres da Tabela 4-3 são: (1) Coeficientes de difusão mais elevados ocorrem em temperaturas mais altas, porque os átomos têm maior energia térmica e portanto maiores probabilidades de serem ativados de forma a suplantar a barreira de energia entre os átomos (Fig. 4-20). (2) O carbono apresenta um coeficiente de difusão no ferro maior que o níquel, pois o átomo de carbono é menor (Apêndice D). (3) O cobre difunde mais fàcilmente através de alumínio do que através do cobre, em virtude das ligações Cu-Cu serem mais fortes que as ligações Al-Al (tal como mostram as temperaturas de fusão corresponden-

Tabela 4-3

Coeficientes de Difusão
(Calculados a partir dos dados da Tabela 4-4)

Soluto	Solvente	Coeficientes de difusão, cm^2/s	
		500°C (930°F)	1000°C (1830°F)
1. Carbono	ferro cfc	$(10^{-10,3})*$	$10^{-6,5}$
2. Carbono	ferro ccc	$(10^{-7,2})$	$(10^{-5,2})$
3. Ferro	ferro cfc	$(10^{-19,5})$	$10^{-11,8}$
4. Ferro	ferro ccc	$10^{-16,1}$	$(10^{-9,5})$
5. Níquel	ferro cfc	$(10^{-19,0})$	$10^{-11,6}$
6. Manganês	ferro cfc	$(10^{-19,6})$	$10^{-12,0}$
7. Zinco	Cobre	$10^{-12,2}$	$10^{-8,0}$
8. Cobre	Alumínio	$10^{-9,3}$	Funde
9. Cobre	Cobre	$10^{-15,1}$	$10^{-8,8}$
10. Prata	Prata (cristal)	$10^{-12,9}$	Funde
11. Prata	Prata (contôrno de grão)	$10^{-6,9}$	Funde
12. Carbono	titânio hc	$10^{-11,5}$	$(10^{-6,8})$

* O parêntesis indica que a fase é metastável

tes. (4) Os coeficientes de difusão dos vários átomos são mais elevados no ferro ccc que no ferro cfc, pois o primeiro tem um fator de empacotamento atômico menor (0,68 *versus* 0,74). (Mais tarde, observaremos que a estrutura cfc apresenta maiores interstícios que a ccc; entretanto, as passagens entre os interstícios são maiores para a estrutura ccc.) (5) A difusão ocorre mais ràpidamente através dos contornos do grão, em virtude das imperfeições inerentes a essa região (Fig. 4-15).

Exemplo 4-8

Faz-se a difusão de carbono através da superfície de uma barra de ferro cfc (densidade, 7,8 g/cm^3), de forma que a 1000°C, exista o seguinte gradiente de concentrações:

Profundidade, medida a partir da superfície cm	0,00	0,02	0,04	0,06	0,08	0,10	0,12	0,14	0,16
Carbono % em pêso	1,20	0,94	0,75	0,60	0,50	0,42	0,36	0,32	0,30

(a) Quantos átomos por minuto de carbono passam através de uma barra de 2,5 cm de diâmetro e 15,5 cm de comprimento, à profundidade de 0,01 cm? (b) E a uma profundidade de 0,10 cm? (c) O que acontece com o carbono extra da resposta (a)?

Resposta: Em primeiro lugar, determinemos a superfície da barra. Temos:

Área da superfície $= (2,5)(15,5)\pi = 122$ cm^2

Por outro lado:

$$\frac{dm/dt}{A} = J = -D\frac{dC}{dx}, \quad \Delta m = -DA\frac{\Delta C}{\Delta x}\Delta t.$$

(a) A 0,00 cm de profundidade

$$1,2\% \text{ em pêso} = 0,0936 \text{ g/cm}^3,$$

$$\left(\frac{0,0936}{12}\right)(0,6 \times 10^{24}) = 4,68 \times 10^{21} \text{ átomos/cm}^3.$$

A 0,02 cm de profundidade,

$0,94\%$ em pêso $= 3,67 \times 10^{21}$ átomos/cm3,

$$\Delta m = -\frac{10^{-6,5} \text{ cm}^2}{\text{s}} 122 \text{ cm}^2 \left[\frac{(4,68-3,67) \times 10^{21} \text{ átomos/cm}^3}{0,02 \text{ cm}}\right]60 \text{ s}$$

$$= -\frac{(3,1 \times 10^{-7})(1,22 \times 10^2)(1,01 \times 10^{21})(60)}{0,02} = -11,5 \times 10^{19} \text{ átomos}$$

Tabela 4-4

Coeficientes de Difusão*

$(\log D = \log D_0 - Q/2,3RT)$

Soluto	Solvente	D_0 cm^2/s	Q cal/mol
1. Carbono	ferro cfc	0,21	33.800
2. Carbono	ferro ccc	0,0079	18.100
3. Ferro	ferro cfc	0,58	67.900
4. Ferro	ferro ccc	5,8	59.700
5. Níquel	ferro cfc	0,5	66.000
6. Manganês	ferro cfc	0,35	67.500
7. Zinco	cobre	0,033	38.000
8. Cobre	alumínio	2,0	33.900
9. Cobre	cobre	11,0	57.200
10. Prata	prata (cristal)	0,72	45.000
11. Prata	prata (contôrno de grão)	0,14	21.500
12. Carbono	titânio hc	2,24	41.600

* Principalmente de Guy, A. G. *Physical Metallurgy for Engineers*, pág. 251. Reading, Mass.: Addison-Wesley (1962).

A resposta é negativa, pois os átomos se movem no sentido das baixas concentrações.

(b) A 0,08 cm de profundidade,

$$0,50\% \text{ em pêso} = 1,95 \times 10^{21} \text{ átomos/cm}^3$$

A 0,12 cm de profundidade,

$$0,36\% \text{ em pêso} = 1,40 \times 10^{21} \text{ átomos/cm}^3$$

$$\Delta m = -\frac{(10^{-6,5})(113)(0,55 \times 10^{21})(60)}{0,04} = -2,9 \times 10^{19} \text{ átomos}$$

(c) Aumenta a porcentagem de carbono abaixo da superfície.

Variação dos coeficientes de difusão com a temperatura. A discussão na Seção 4-12 relacionou a distribuição da energia térmica com a temperatura. Observou-se, na Eq. (4-6), que o número de átomos que tem energia superior a um determinado valor aumenta com uma função exponencial da temperatura. Assim sendo, é natural que para o coeficiente de difusão se tenha uma relação semelhante:

$$D = D_0 \, e^{-Q/RT},$$

ou

$$\ln D = \ln D - Q/RT, \qquad (4\text{-}9)$$

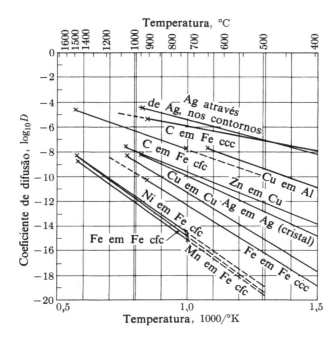

Fig. 4-25. Coeficientes de difusão *versus* temperatura. (Ver Exemplo 4-9).

onde R tem o valor já mencionado anteriormente de 1,987 cal/mol·°K, a temperatura é expressa em °K, D é o coeficiente de difusão, Q é a energia de ativação da difusão e D_0 (ou $\ln D_0$) é uma constante que inclui vários fatôres que são essencialmente independentes da temperatura. Nessa constante estão incluídos fatôres tais como a distância a ser percorrida e a freqüência de vibração do átomo, sendo que ambos contribuem para o movimento eficiente daqueles átomos que têm suficiente energia térmica para difundirem. Os valôres de D_0 e Q são característicos para cada sistema. A Tabela 4-4 apresenta êstes valôres para os vários pares de difusão que estão mostrados na Tabela 4-3.

Exemplo 4-9

Coloque em gráfico os valôres dos coeficientes de difusão em função da temperatura para os vários pares das Tabelas 4-3 e 4-4.

Resposta: Ver Fig. 4-25 [*Nota:* quando o log D é colocado em função do recíproco da temperatura, o coeficiente angular da reta é $-Q/2,3R$, e o log D_0 corresponde ao valor de log D para $1/T = 0$].

REFERÊNCIAS PARA LEITURA ADICIONAL

4-1 Addison, W. E., *Structural Principles in Inorganic Compounds*. New York: John Wiley & Sons, 1961. Brochura. O Cap. 8 apresenta os defeitos no estado sólido. É dado ênfase aos compostos não-estequiométricos.

4-2 A.S.T.M., *Major Effects of Minor Constituents on the Properties of Materials*, S.T.P. 304. Philadelphia: American Society for Testing Materials, 1961. Uma série de cinco artigos sôbre o efeito das impurezas nas propriedades. Para estudantes adiantados.

4-3 Azároff, L.V., *Introduction to Solids*. New York: McGraw-Hill, 1960. O Cap. 5 discute as imperfeições no empacotamento e o movimento dos átomos. Nível de estudantes avançados.

4-4. Birchenall, C. E., *Physical Metallurgy*. New York: McGraw-Hill, 1959. A difusão é discutida no Cap. 9. Para o professor e estudantes adiantados.

4-5 Chalmers, B., *Physical Metallurgy*. New York: John Wiley & Sons, 1959. O Cap. 4 discute as imperfeições nos cristais. Para estudantes adiantados.

4-6 Guy, A.G., *Elements of Physical Metallurgy*. Reading, Mass.: Addison-Wesley, 1959. O Cap. 11 dá uma apresentação completa da difusão nos metais. Para estudantes adiantados.

4-7 Guy A.G., *Physical Metallurgy for Engineers*. Reading, Mass.: Addison-Wesley, 1962. O Cap. 8 introduz a difusão. Faz também o uso da função de êrro para transferências em estados não-estacionários.

4-8 Jastrzebski, Z.D., *Engineering Materials*. New York: John Wiley & Sons, 1959. A difusão é introduzida no Cap. 3. Nível de introdução.

4-9 Shewmon, P.G., *Diffusion in Solids*. New York: McGraw-Hill, 1963. Um tratado conciso sôbre difusão. Para o professor.

4-10 Wulff, J., *et al; Structures and Properties of Materials*. Cambridge, Mass.: M.I.T. Press, 1963. O Cap. 6 do Vol. I e o Cap. 5 do Vol. II apresentam defeitos e difusão em um nível introdutório.

PROBLEMAS

4-1. Uma liga contém 85% em pêso de cobre e 15% em pêso de estanho. Calcule a porcentagem atômica de cada elemento.

Resposta: $8,7\%$ (em átomos) de Sn e $91,3\%$ (em átomos) de cobre.

4-2. Há 5% em átomos de magnésio em uma liga Al-Mg. Calcule a porcentagem em pêso de magnésio.

. 4-3. Considere a Fig. 4-5 como sendo uma solução intersticial de carbono em ferro cfc. Qual a porcentagem em pêso de carbono?

Resposta: 6% de carbono [Nota: Na realidade, a solubilidade máxima é de 2% de C]

4-4. Considere a Fig. 4-2 como sendo uma solução sólida substitucional de cádmio e

IMPERFEIÇÕES ESTRUTURAIS E MOVIMENTOS ATÔMICOS

magnésio. Qual é a porcentagem em pêso do Cd presente se (a) o Cd é o átomo predominante? (b) o Mg é o átomo predominante?

4-5. (a) Uma liga contendo 75% em pêso de Cu e 25% em pêso de Zn, tem ———— % em átomos de Cu e ———— % em átomos de Zn. (b) Quanto pesa cada célula unitária desta liga? (c) Sendo a densidade dêste latão 8,59/cm³, qual o volume, e (d) qual o parâmetro médio de cada célula unitária?

Resposta: (a) 75,6% em átomos de Cu, 24,4% em átomos de Zn; (b) 4,25 × 10⁻²² g/célula unitária; (c) 5 × 10⁻²³ cm³/célula unitária; (d) 3,68 Å.

4-6. Uma liga contém 80% em pêso de Ni e 20% em pêso de Cu, na forma de uma solução sólida substitucional com $a = 3,54$ A. Calcular a densidade desta liga.

4-7. Se 1% em pêso de carbono está presente em um ferro cfc, qual a porcentagem das células unitárias que contém átomos de carbono?

Resposta: 19% das células unitárias contêm carbono.

4-8. Determinar o raio do maior átomo que pode se localizar nos interstícios do ferro ccc sem deformação. [*Sugestão:* O centro do maior interstício está localizado a $\frac{1}{2}, \frac{1}{4}, 0$.]

4-9. Calcular o raio do maior átomo que pode existir nos interstícios do ferro cfc, sem provocar deformação. [*Sugestão:* Desenhe a face (100) de várias células adjacentes.]

Resposta: 0,53A.

4-10. Um co-polímero contém 67% dos meros de álcool vinílico e 33% dos meros de etileno. Qual é (a) a porcentagem atômica de carbono? (b) a porcentagem em pêso de carbono?

4-11. Um co-polímero de cloreto de vinila e acetato de vinila contém iguais porcentagens de ambos os meros. Qual a porcentagem em pêso de cada?

Resposta: 42,1% em pêso de cloreto de vinila e 57,9% em pêso de acetato de vinila.

4-12. Se todos os íons de ferro da Fig. 4-6 fôssem substituídos por íons de Ni, qual seria a porcentagem em pêso do MgO?

4-13. (a) Qual é a porcentagem em pêso de FeO na solução sólida da Fig. 4-6? (b) e a porcentagem em pêso de Fe^{2+}? (c) e a de O^{2-}?

Resposta: (a) 51% em pêso (b) 39,8% em pêso (c) 30,8% em pêso.

4-14. No cobre, a 1000°C, um de cada 473 nós do reticulado cristalino está vazio. Se êsses vazios permanecessem no cobre a 20°C, qual seria a densidade do cobre?

4-15. Qual é a densidade de um $Fe_{<1}O$, se a relação Fe^{3+}/Fe^{2+} vale 0,14? [Fe ₁O tem a estrutura do NaCl; a soma $(r_{Fe} + R_0)$ vale em média 2,15 A.]

Resposta: 5,72 g/cm³

4-16. (a) Qual é o comprimento do vetor de Burgers na direção [112] do ferro? (b) e do níquel?

4-17. (a) Qual a direção e o comprimento do menor vetor de Burgers no plano (110) do alumínio? (b) e o menor vetor de Burgers no plano (110) do MgO?

Resposta: (a) [1Ī0], 2,862 Å (b) [1Ī0], 2,97 Å.

4-18. (a) Qual a direção e o comprimento do menor vetor de Burgers no plano (100) do alumínio? (b) e o menor vetor de Burgers no plano (100) de MgO?

4-19. Contornos de pequeno ângulo estão presentes em alguns cobres, porque planos atômicos extras (100) dão uma série de discordâncias em cunha alinhadas. Se êstes contornos

PRINCÍPIOS DE CIÊNCIA DOS MATERIAIS

provocam uma desorientação de $1°$ entre áreas cristalinas adjacentes, qual a distância em angstrons entre duas discordâncias sucessivas?

Resposta: 206 Å.

4-20. Repita o Probl. 4-19 com contornos originários de planos extras (110).

4-21. A 800°C, um entre 10^{10} átomos e a 900°C um entre 10^9 átomos tem a energia suficiente para movimentos no interior de um sólido. (a) Qual é a energia de ativação em cal/mol? (b) Em que temperatura haverá um entre 10^8 átomos com a energia suficiente para movimentos?

Resposta: (a) 57.000 cal/mol (b) 1027°C.

4-22. Escolher um plano ao acaso em uma amostra de prata policristalina e admitir que (1) os grãos são cúbicos, e (2) que o contôrno de grão tem 50 átomos de espessura. (a) Qual tamanho de grão permitiria que o número de átomos de prata que atravessa êsse plano no interior dos grãos fôsse o mesmo que o número que atravessa êste mesmo plano através do contôrno, a 500°C? (b) e a 900°C? [*Sugestão:* o plano ao acaso cai na zona do contôrno na proporção do volume da zona do contôrno.]

4-23. Foi feita a difusão de zinco através de cobre e admitiu-se um gradiente cujo valor é aproximadamente igual a: % em pêso de Zn $= 10/(x + 0,1)$, onde x é o número de cm medidos a partir da superfície S. (a) A 500°C, quantos átomos de zinco por segundo cruzam o plano paralelo a S e que dista 1 mm da superfície? E a 1 cm da superfície? (b) O mesmo, só que a 1000°C?

Resposta: (a) $1,5 \times 10^{11}$ átomos/s·cm² a 0,1 mm, 4×10^9 átomos/cm² 1 a 1 cm; (b) 2×10^{15} átomos/cm²·s a 0,1 cm, 6×10^{13} átomos/cm²·s a 1 cm.

4-24. Repita o Probl. 4-23, para os átomos de Cu [% em pêso de Cu $= 100 - 10/(x + 0,1)$].

4-25. Difundiu-se alumínio através de um monocristal de silício. A que temperatura o coeficiente de difusão será 10^{-10} cm²/s? [$Q = 73.000$ cal/mol e $D_0 = 1,55$ cm²/s].

Resposta: 1296°C

4-26. A 800°C, $D = 10^{-13}$ cm²/s para a autodifusão de germânio através de sua própria estrutura. O coeficiente de difusão de cobre no germânio é 3×10^{-9} cm²/s.

Justifique o fato de que o coeficiente de difusão do cobre é 30.000 vêzes o do germânio.

© Problemas precedidos por um ponto são baseados, em parte, em seções opcionais.

CAPÍTULO 5

ESTRUTURAS E PROCESSOS ELETRÔNICOS

5-1 INTRODUÇÃO. Os campos eletromagnéticos podem interagir com partículas carregadas em materiais, produzindo (1) *condutividade*, (2) *polarização dielétrica* e (3) *características magnéticas*. Êsses resultados que são controláveis, são úteis para o engenheiro, pois permitem a êle projetar circuitos elétricos para suprimentos de fôrça, comunicações e equipamentos de contrôle. As partículas carregadas nos materiais, os *íons* e *elétrons*, normalmente apresentam movimentos vibratórios de caráter ondulatório. Os campos elétricos e magnéticos superpõem fôrças direcionais de atração a êsses movimentos, de forma que os mesmos não ficam mais ao acaso.

A extensão, na qual o comportamento elétrico e magnético e a condutividade podem ser variados, é afetada (1) pelas energias dos elétrons na camada de valência, (2) pelo "spin" dos elétrons nos átomos e (3) pela estrutura cristalina ou amorfa do material. O conhecimento dessas relações permite a previsão das propriedades elétricas e magnéticas de um material de forma a não se necessitar de tentativas ao se fazer a seleção do material. Por exemplo, recentes progressos na aplicação de semicondutores para equipamentos, tais como transistores e baterias polares, tiveram origem na previsão teórica do comportamento dos elétrons em materiais.

CONDUTIVIDADE ELÉTRICA

5-2 DEFINIÇÕES. Condutividade elétrica é o movimento de cargas elétricas de uma posição para outra. Como a carga tem de ser carregada por íons ou elétrons cuja *mobilidade* varia para os diferentes materiais, há um completo "espetro" de condutividades, desde os metais altamente condutores até os isolantes quase perfeitos (Fig. 5-1).

Na *condutividade iônica*, os portadores de carga podem ter tanto cátions como ânions. Na *condutividade eletrônica*, os portadores são elétrons ou "buracos" eletrônicos (Seção 5-6). A carga por elétron é $1,6 \times 10^{-19}$ coulomb (ou seja, ampères·segundos). Como os íons con-

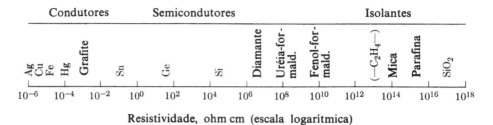

Fig. 5-1. "Espetro" de resistividade. Os semicondutores têm resistividade intermediárias, que podem ser alteradas apreciàvelmente através de pequenas alterações na sua estrutura eletrônica. A resistividade é o recíproco da condutividade.

têm ou uma deficiência ou um excesso de elétrons, a carga por íon é sempre um múltiplo inteiro de $1,6 \times 10^{-19}$ coulomb.

A condutividade, σ, pode ser expressa como um produto (1) do número de transportadores de carga n, no material, por unidade de volume, (2) pela carga q carregada por cada um e (3) pela mobilidade μ dos transportadores, ou seja,

$$\sigma = nq\mu \qquad (5\text{-}1)$$

onde as unidades são

$$\frac{1}{\text{ohm}\cdot\text{cm}} = \left(\frac{\text{transportadores}}{\text{cm}^3}\right)\left(\frac{\text{coulombs}}{\text{transportador}}\right)\left(\frac{\text{cm/s}}{\text{cm}}\right)$$

Como coulombs são iguais a ampères vêzes segundos e volts são iguais a ampères vêzes ohms, o balanço de unidades é verificado na equação acima. A mobilidade de um transportador é a sua velocidade efetiva por unidade de gradiente de potencial.

5-3. CONDUTIVIDADE IÔNICA. Foi mostrado na Fig. 4-20 que os átomos e íons podem se mover de um ponto para outro do retículo. A probabilidade de ocorrer êsse movimento é baixa, a menos que a temperatura seja alta. Em temperaturas elevadas, uma pequena fração

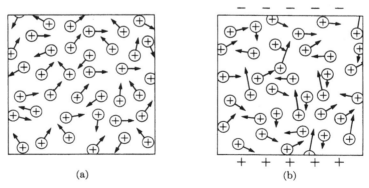

Fig. 5-2. Movimento de íons positivos. (a) Na ausência de um campo elétrico externo, os movimentos dos íons são ao acaso. (b) A presença de um campo elétrico externo resulta em um movimento efetivo dos íons positivos, na direção do eletrodo negativo.

ESTRUTURAS E PROCESSOS ELETRÔNICOS

dos átomos pode possuir energia suficiente para superar a barreira de energia que foi mostrada. Os íons têm maiores oportunidades de superar essa barreira, se submetidos a um campo elétrico. Essa probabilidade aumentada resulta do fato de que o íon é acelerado e recebe mais energia, se êle vibra em uma direção favorável do campo elétrico. Por outro lado, é desacelerado se se mover em uma direção desfavorável, de forma que a probabilidade de um salto do íon na direção reversa é pequena. O resultado é um movimento efetivo dos íons em um dado sentido, dando a condutividade iônica.

As condutividades iônicas nos sólidos são naturalmente baixas, pois existe apenas uma pequena probabilidade que a energia disponível para os íons seja suficiente para os saltos. A condutividade iônica é mais elevada em líquidos, por razões que são auto-explicativas, já que a localização dos átomos vizinhos não é tão rígida nos líquidos como nos sólidos e, conseqüentemente, é necessária uma energia menor para os movimentos iônicos. Quer nos sólidos, quer nos líquidos, a condutividade é um balanço estatístico dos movimentos nas várias direções (Fig. 5-2).

Exemplo 5-1

A 550°C, a condutividade elétrica do NaCl sólido é primordialmente determinada por movimentos catiônicos, pois os íons Na^+ são menores que os íons Cl^- (0,98 A *versus* 1,81 A). Qual é a mobilidade dos íons Na^+ nestas condições, se a condutividade elétrica é 2×10^{-6} $(ohm \cdot cm)^{-1}$?

Resposta:

$$n = \frac{4 \ Na^+/\text{célula unitária}}{[(2)(0,98 + 1,81) \times 10^{-8}]^3 \ cm^3/\text{célula unitária}}$$

$$= 2,3 \times 10^{22} \ \text{transportadores}/cm^3$$

Da Eq. (5-1),

$$\mu_i = \frac{\sigma}{qn} = \frac{2,0 \times 10^{-6}/ohm \cdot cm}{(1,6 \times 10^{-19} \ amp \cdot s)(2,3 \times 10^{22}/cm^3)}$$

$$= 5,5 \times 10^{-10} \ \frac{cm^2}{volts}$$

⊙ *Condutividade iônica versus temperatura* — A condutividade iônica aumenta em temperaturas mais elevadas, pois a mobilidade dos íons é aumentada em virtude do aumento das velocidades de difusão. Como é de se esperar, há uma relação entre a mobilidade iônica, μ_i e o coeficiente de difusão, D, da Eq. (4-9).

$$\mu_i = \frac{qD}{kT}, \tag{5-2a}$$

onde q é a carga elétrica, k é a constante de Boltzmann e T é a temperatura absoluta. As unidades são:

$$\frac{cm/s}{volt/cm} = \frac{(amp \cdot s)(cm^2/s)}{(erg/°K)(°K)} \tag{5-2b}$$

Um balanço final de unidades é possível, lembrando que 1 erg = 10^{-7} j (10^{-7} volt·amp·s).

5-4 CONDUTIVIDADE ELETRÔNICA.

Podem ser feitas certas comparações entre a condutividade iônica e a eletrônica. (1) Em ambos os casos, uma carga de $1,6 \times 10^{-19}$ coulomb está envolvida. (2) Essa carga é acelerada ao se mover em uma direção no campo elétrico e desacelerada na direção inversa. (3) Tanto o íon como o elétron têm uma mobilidade, a qual foi definida na Seção 5-2 como a velocidade efetiva (cm/s) que provém de um gradiente específico de potencial (volt/cm).

Metais — Os elétrons de valência nos metais não estão ligados a nenhum átomo específico (Seção 2-9). Assim sendo, a energia dêsses elétrons permite que os mesmos se movam entre os átomos em tôdas as direções da estrutura cristalina com a mesma velocidade (Fig. 5-3a). Entretanto, se um campo elétrico é aplicado ao material, os elétrons que se movem na direção do pólo positivo recebem energia e são acelerados (Fig. 5-3b). Os elétrons que se movem nessa direção, encontrarão, mais cedo ou mais tarde, os campos elétricos locais em tôrno dos átomos e serão, ou desviados, ou refletidos. Qualquer movimento na direção do

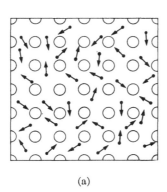 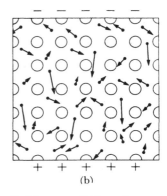

(a) (b)

Fig. 5-3. Movimento dos elétrons nos metais. (a) Quando não há campo elétrico externo, o movimento dos elétrons em um metal se dá ao acaso. (b) Dentro de um campo elétrico externo, os elétrons são acelerados quando se movem na direção do pólo positivo e desacelerados quando se movem na direção do pólo negativo. O movimento efetivo dos elétrons é na direção do pólo positivo.

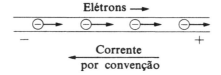

Fig. 5-4. Corrente elétrica. Como um campo elétrico acelera o movimento dos elétrons e íons em uma dada direção e desacelera na direção oposta, um movimento efetivo de elétrons é produzido. Por convenção, o sentido da corrente é considerado como o oposto daquele dos elétrons.

eletrodo negativo consome energia e, portanto, a velocidade nessa direção é diminuída. O efeito total é um movimento eletrônico na direção do pólo positivo (Fig. 5-4).

Em virtude da sua pequena massa por unidade de carga, um elétron apresenta mudanças significativas e rápidas na velocidade ao responder ao campo elétrico aplicado. O fator limitante da mobilidade eletrônica é o número de desvios ou reflexões que ocorre. Percursos livres médios maiores entre duas mudanças de direção sucessivas permitem acelerações e desacelerações maiores e, portanto, a velocidade efetiva e a mobilidade eletrônica aumentam. Quando estudarmos os metais no Cap. 6, veremos que fatôres tais como agitação térmica, impurezas e deformação plástica reduzem a condutividade de um metal, pois essas imperfeições indicam que há irregularidades nos campos elétricos do interior de um metal. As irregularidades reduzem o livre percurso médio dos elétrons, a mobilidade eletrônica e, conseqüentemente, a condutividade.

5-5 ISOLANTES. Já concluímos, anteriormente, que os materiais iônicos e covalentes são condutores extremamente ineficientes, pois os elétrons não estão livres para deixar os átomos dos quais fazem parte (Seção 2-16). Há uma analogia entre os movimentos eletrônicos nos isolantes e os movimentos atômicos nos materiais (Seção 4-11). Se usarmos o carbono na forma de diamante como exemplo (Fig. 5-5), pode ser mostrado que mais de seis e de energia

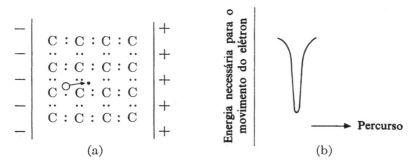

Fig. 5-5. Movimentos eletrônicos em um sólido covalente (diamante). (a) Representação bidimensional (cf. Fig. 2-10). (b) Energia necessária para o movimento do elétron. O ponto de mais baixa energia para cada elétron corresponde ao par covalente de ligação. O calor dessa energia atinge 6 e V no caso do diamante.

devem ser fornecidos para remover cada elétron de sua posição de mais baixa energia e assim fazê-lo transportar uma carga. A probabilidade de um elétron receber a energia necessária para demovê-lo de sua posição estável é extremamente baixa. Temperaturas mais altas fornecem energia adicional aos elétrons; entretanto, mesmo com essa energia adicional, continua a haver apenas uma pequena probabilidade para os movimentos eletrônicos e, conseqüentemente, a resistividade do diamante permanece elevada.

A energia necessária para os movimentos eletrônicos não é a mesma para todos os sólidos covalentes. Por exemplo, o silício, o germânio e o estanho cinzento têm a mesma estrutura do diamante (Fig. 2-12), mas têm condutividades mais elevadas (ou seja resistividades mais baixas), tal como mostrado na Tabela 5-1. A condução dêsses materiais recebe o nome de *condução intrínseca*, porque é resultante dos movimentos eletrônicos nos materiais puros. Formam-se imperfeições eletrônicas que podem ser comparadas com o defeito de Frenkel (Fig. 4-8e). Mais especìficamente, uma carga é deslocada de sua posição de menor energia.

Tabela 5-1

Energia Necessária Versus Resistividade

Elemento	Energia, eV	Resistividade, a 20°C, ohm · cm
C (diamante)	6,0	> 10^6
Si	1,0	6×10^4
Ge	0,7	50
Sn (cinzento)	0,08	< 1

5-6 SEMICONDUTORES. Por definição, os semicondutores têm uma resistividade entre aquela dos condutores e a dos isolantes (Fig. 5-1). Entretanto, para que um semicondutor seja utilizável em um circuito eletrônico, sua resistividade não deve diferir de 1 ohm·cm

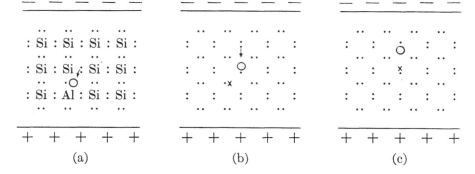

Fig. 5-6. Silício mais alumínio. O alumínio contém três elétrons de valência. Sua presença na estrutura origina um vazio eletrônico nas ligações covalentes da estrutura cúbica tipo diamante. Com o movimento do elétron para o vazio, novos vazios são abertos. Como resultado, os vazios se movem na direção do eletrodo negativo.

por mais de uma ou duas ordem de grandeza. Conseqüentemente, a condução intrínseca do germânio e do silício [cêrca de 10^{-2} e 10^{-4} (ohm·cm)$^{-1}$] têm uma utilidade restrita em circuitos eletrônicos.

A condutividade de um material pode ser aumentada através da adição de imperfeições eletrônicas. Por exemplo, consideremos silício contendo como impureza um átomo de alumínio (Fig. 5-6). O silício tem a mesma estrutura cúbica que o carbono, na forma de diamante (Fig. 2-10). A presença de um átomo de alumínio deixa um *vazio eletrônico* na estrutura. Os elétrons adjacentes podem se mover para essa posição, quando um campo elétrico externo é aplicado ao material. Claro que, se um elétron adjacente ocupa êste "buraco", o vazio se move na direção do eletrodo negativo. Neste caso, o vazio eletrônico é considerado como sendo um transportador de carga positiva e origina uma semicondução do tipo *p*.

A *condução extrínseca*, que se origina, devido à presença de uma imperfeição eletrônica, pode ser do *tipo p*, como também do *tipo n*. Se, ao invés de alumínio, tivéssemos fósforo na estrutura do silício, o quinto elétron de valência do fósforo não pode ficar em uma ligação covalente de baixa energia (Fig. 5-7). Assim sendo, apenas uma pequena energia adicional é necessária para acelerar o elétron, conforme o mesmo se move através de um campo elétrico.

Exemplo 5-2

Um semicondutor de silício contém 0,00001 % em átomos de alumínio e tem uma resistividade de 2,45 ohm·cm. (a) Quantos vazios eletrônicos há por cm³? Qual a mobilidade dêstes vazios?

Resposta: (a) Há 1 vazio eletrônico por átomo de alumínio; conseqüentemente há 1 vazio para cada 10^7 átomos de silício. Do Apêndice D:

$$\text{átomos Si/cm}^3 = \frac{(2,4 \text{ g/cm}^3)(6,02 \times 10^{23} \text{ átomos/mol})}{28,1 \text{ g/mol}} =$$

$$= 5,13 \times 10^{22} \text{ átomos/cm}^3$$

$$\text{vazios/cm}^2 = 5,13 \times 10^{15} \text{ vazios/cm}^3$$

(b)
$$\mu = \frac{1}{\rho q n} = \frac{1}{(2,45 \text{ ohm·cm})(1,6 \times 10^{-19} \text{ C})(5,13 \times 10^{15}/\text{cm}^3)}$$

$$= 500 \frac{\text{cm}^2}{\text{ohm·C}} = 500 \frac{\text{cm/s}}{\text{V/cm}}$$

ESTRUTURAS E PROCESSOS ELETRÔNICOS

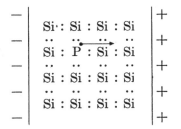

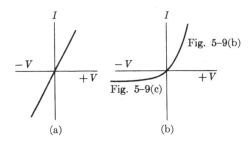

Fig. 5-7. Silício mais fósforo. Em virtude do fósforo conter cinco elétrons de valência, um dêstes elétrons não pode ficar nas ligações covalentes da estrutura regular tipo diamante. Conseqüentemente, fica numa posição de maior energia e necessita de apenas uma pequena energia adicional para ser acelerado ao longo do campo elétrico.

Fig. 5-8. Corrente *versus* tensão. (a) Condutor ôhmico. A corrente não é sensível à direção do potencial. (b) Condutor assimétrico. A corrente é tanto uma função do potencial como da direção do mesmo.

○ *Junções:* Já foram usadas semicondutores na forma de "cristais" para rádio há algum tempo. Entretanto, o uso controlado de semicondutores tem se tornado cada vez mais importante com a compreensão cada vez maior dos mecanismos de condução. A nossa atenção será dirigida brevemente para a junção $p-n$ como um exemplo dos muitos dispositivos semicondutores.

A junção $p-n$ é um retificador diodo, pois a sua característica corrente/tensão é assimétrica. Essa curva está mostrada na Fig. 5-8 (b), onde, para efeito de comparação, pode se ver a característica de um condutor ôhmico. Em um condutor ôhmico, o valor dV/dI é constante e igual à resistência do condutor. Muitos semicondutores têm característica não-linear, particularmente se a direção da voltagem é invertida. A assimetria resultante é usada para retificação, como indicado na Fig. 5-9. A junção permite movimentos de cargas em uma

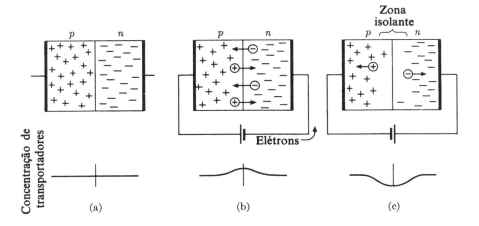

Fig. 5-9. Exemplos de junções $p-n$. (a) Sem gradiente de potencial; (b) e (c) gradientes opostos de potencial. Em (c), os transportadores de carga são removidos da junção, de forma a aparecer uma zona isolante. (O sinal — indica elétrons como transportadores de carga; o sinal + indica vazios eletrônicos como transportadores de carga).

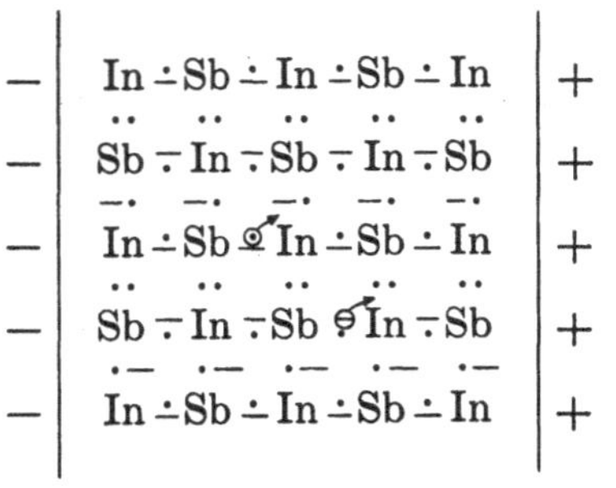

$$
\begin{array}{|c|c}
\text{In} \doteq \text{Sb} \doteq \text{In} \doteq \text{Sb} \doteq \text{In} & + \\
\text{Sb} \mathrel{\overline{\text{-}}} \text{In} \mathrel{\overline{\text{-}}} \text{Sb} \mathrel{\overline{\text{-}}} \text{In} \mathrel{\overline{\text{-}}} \text{Sb} & + \\
\text{In} \doteq \text{Sb} \diagup \text{In} \doteq \text{Sb} \doteq \text{In} & + \\
\text{Sb} \mathrel{\overline{\text{-}}} \text{In} \mathrel{\overline{\text{-}}} \text{Sb} \diagup \text{In} \mathrel{\overline{\text{-}}} \text{Sb} & + \\
\text{In} \doteq \text{Sb} \doteq \text{In} \doteq \text{Sb} \doteq \text{In} & + \\
\end{array}
$$

Fig. 5-10. Semicondutor covalente formado por elementos dos Grupos III e V. O índio pertence ao Grupo III, enquanto que o antimônio pertence ao Grupo V. O composto In Sb tem, em média, quatro elétrons de valência por átomo e, portanto, tem as características do silício ou diamante (Fig. 5-5). Os pontos indicam elétrons provenientes do Sb e os traços os provenientes do In.

direção, mas não na outra, porque há a formação de uma zona isolante. Essa zona isolante se forma, pois os transportadores de carga se deslocam para fora da zona da junção (Fig. 5-9c); para que a transferência de cargas se efetivasse, seriam necessários movimentos opostos ao campo.

Semicondutores compostos — A semicondução não está necessariamente limitada aos elementos Grupo IV. As mesmas estruturas eletrônicas podem ser desenvolvidas por combinações de elementos dos Grupos III e V. A Fig. 5-10 mostra um exemplo de um semicondutor composto III-V de índio e antimônio. A galena (PbS), utilizada nos primitivos radios "galena", é um semicondutor II-VI. Bàsicamente, o requisito para um composto ser um semicondutor covalente satisfatório é que o mesmo tenha uma média de quatro elétrons por átomo. É, portanto, possível imaginar compostos semicondutores tais como I-III-VI$_2$ ou II-V$_2$, mas há limitações. Se os elementos são poderosos formadores de íons, a necessária ligação covalente não pode ser mantida. Desta forma, compostos I-VII tal como o cloreto de sódio, e compostos II-VI, tal como o óxido de magnésio, são iônicos demais para serem bons semicondutores. O iodeto de prata forma um semicondutor I-VII fraco, porque nenhum dos elementos tem tendência muito elevada de formar íons.

Compostos não-estequiométricos com defeitos estruturais (Fig. 4-9) formam um outro tipo de semicondutor. O mecanismo de condução dêsses semicondutores está mostrado na Fig. 5-11. Neste exemplo, o movimento dos elétrons equivale a uma troca de posição dos íons Fe^{2+} e Fe^{3+}; entretanto, a energia necessária é menor.

As propriedades elétricas das estruturas com defeitos receberão maior atenção no Cap. 8.

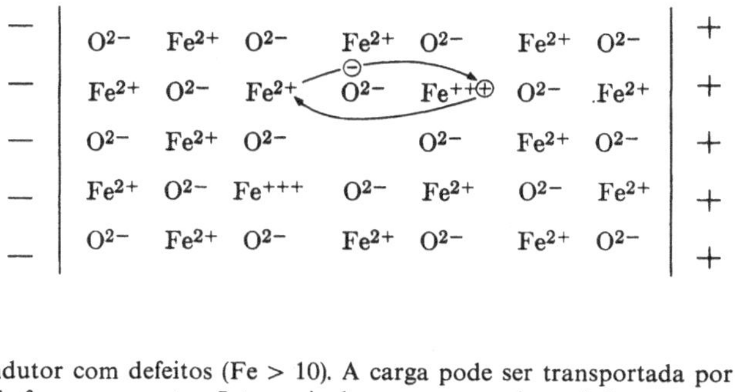

$$
\begin{array}{c|ccccccc|c}
- & O^{2-} & Fe^{2+} & O^{2-} & Fe^{2+} & O^{2-} & Fe^{2+} & O^{2-} & + \\
- & Fe^{2+} & O^{2-} & Fe^{2+} & O^{2-} & Fe^{++} {\scriptstyle\oplus} & O^{2-} & Fe^{2+} & + \\
- & O^{2-} & Fe^{2+} & O^{2-} & & O^{2-} & Fe^{2+} & O^{2-} & + \\
- & Fe^{2+} & O^{2-} & Fe^{+++} & O^{2-} & Fe^{2+} & O^{2-} & Fe^{2+} & + \\
- & O^{2-} & Fe^{2+} & O^{2-} & Fe^{2+} & O^{2-} & Fe^{2+} & O^{2-} & + \\
\end{array}
$$

Fig. 5-11. Semicondutor com defeitos (Fe > 10). A carga pode ser transportada por um elétron se movendo de um íon de ferro para outro. Isto equivale a uma troca de posições entre os íons Fe^{2+} e Fe^{3+}.

ESTRUTURAS E PROCESSOS ELETRÔNICOS

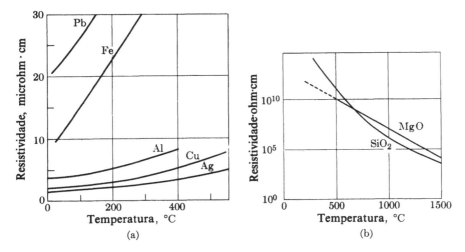

Fig. 5-12. Resistividade eletrônica *versus* temperatura. (a) Metais. A resistividade aumenta com a temperatura. (b) Compostos cerâmicos. A resistividade diminui com a temperatura. (Observe que há uma diferença nas escalas).

5-7 RESISTIVIDADE ELETRÔNICA "VERSUS" TEMPERATURA.

Há um contraste entre a variação da condutividade com a temperatura no caso dos metais e dos materiais contendo elementos semimetálicos ou não-metálicos. Para os metais, onde há numerosos elétrons livres, temperaturas mais altas introduzem uma maior agitação térmica, que reduz o livre percurso médio dos elétrons com uma conseqüente redução na mobilidade e aumento na resistividade. O valor de $d\rho/dT$ é positivo no caso dos metais (Fig. 5-12a). Os valôres de $d\rho/dT$ são negativos para os outros materiais, pois um aumento na temperatura fornece energia térmica que liberta transportadores de carga adicionais (Fig. 5-12b).

ENERGIAS ELETRÔNICAS

5-8 INTRODUÇÃO. Com pequenas modificações, a explicação clássica para descrever a condutividade eletrônica é a descrita na seção precedente. É muito útil nessa forma; entretanto,

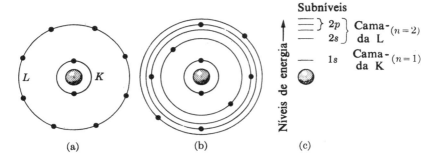

Fig. 5-13. Níveis de energia dos elétrons (a). Níveis de energia simplificados. (b) Níveis de energia. As camadas contêm mais que um subnível, com diferentes energias, se as mesmas contiverem mais de dois elétrons. (c) Diagrama de níveis de energia das subcamadas para um átomo isolado.

apresenta certas falhas. Por que, por exemplo, há essas diferenças tão grandes entre a condutividade dos metais e a dos isolantes? Como pode ser explicado o comportamento magnético dos materiais? O que explica a luminescência de certos materiais? A fim de explicar êsses e outros aspectos do comportamento elétrico, devemos considerar as características energéticas dos elétrons.

Níveis de energia — Individualmente, os átomos podem ser descritos como contendo níveis de energia. Um esquema simplificado, tal como o mostrado na Fig. 5-13(a), é comumente usado. O refinamento das relações de energia, mostrando subníveis (Fig. 5-13b e c) é muitas vêzes desejável, porque nos permite usar o fato de que apenas dois elétrons podem compartilhar o mesmo subnível. A versão simplificada dêste modêlo (Fig. 5-13c) será usada nas figuras subseqüentes.

Alguns princípios importantes podem ser afirmados acêrca das energias dos elétrons *em um átomo isolado qualquer:*

(1) Há níveis específicos de energia ao redor de cada átomo (Fig. 5-13c). Os elétrons não podem ocupar os espaços intermediários entre êstes níveis.

(2) Os elétrons preenchem, em primeiro lugar, os níveis de menor energia. Uma quantidade determinada de energia, denominada um *quantum* de energia, deve ser fornecida para mudar um elétron para o nível seguinte de maior energia.

(3) No máximo, dois elétrons podem ocupar cada nível de energia (Fig. 5-13b).

(4) Êsses dois elétrons que têm a mesma energia, são "imagens especulares" um do outro; ou seja, suas características indicam que um tem o "spin" num sentido e o outro no sentido contrário (Fig. 5-14).

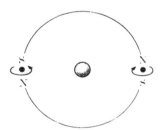

Fig. 5-14. "Spins" eletrônicos. Dois elétrons podem ocupar o mesmo nível porque têm característicos magnéticos opostos. Isso pode ser descrito mais simplesmente imaginando que os elétrons "giram" em sentidos opostos.

Os princípios dados acima e a Fig. 5-13 se aplicam para átomos individuais que estão suficientemente separados dos demais para se comportarem independentemente. Satisfeitas estas condições, os elétrons que estão no mesmo nível em átomos idênticos têm a mesma energia (Fig. 5-13c).

5-9 BANDAS DE ENERGIA. Os elétrons mais externos (de valência) de átomos adjacentes interagem entre si, quando os átomos são trazidos suficientemente próximos (por exemplo, em um cristal)*. Como não mais de dois elétrons que interagem podem pertencer ao mesmo nível de energia, novos níveis devem ser estabelecidos (Fig. 5-15), os quais são discretos, mas com diferenças apenas infinitesimais. Êste grupo de níveis relacionados entre si, de um material poliatômico, recebe o nome de *banda de energia* e corresponde a um nível de energia de um átomo isolado. Cada banda contém *tantos níveis discretos quantos forem os átomos no cristal.* Como os metais alcalinos são monovalentes, suas bandas de energia estão preenchidas

* Os elétrons que não pertencem à camada de valência não interagem significativamente dentro das distâncias interatômicas usuais, pois estão muito intimamente ligados ao seus núcleos.

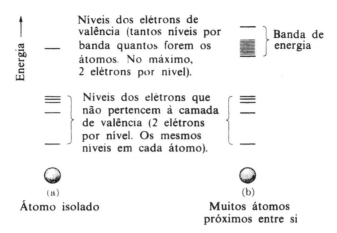

Fig. 5-15. Bandas de energia (sódio). Quando os átomos estão suficientemente próximos, os elétrons de valência interagem entre si. Apenas dois elétrons podem estar no mesmo nível energético. Conseqüentemente, existem muitos níveis discretos e energia nas bandas de energia de valência.

apenas pela metade (Fig. 5-16). Cada nível, na metade de menor energia da banda, contém dois elétrons.

Os metais alcalino-terrosos (por exemplo, berílio, magnésio e cálcio) têm dois elétrons de valência por átomo. Esse número é suficiente para encher a primeira banda de energia, com dois elétrons em cada nível. Entretanto, há uma superposição porque os níveis mais baixos da segunda banda requerem menor energia que os níveis mais altos da primeira banda, e, desta forma, alguns elétrons "extravazam" para níveis da segunda banda (Fig. 5-17).

Para se mover de um local para outro, um elétron deve receber uma energia "extra" (Seção 5-4). Em têrmos dos modelos de energia, mostrados nas Figs. 5-16 e 5-17, os elétrons devem ser elevados para posições de maior energia, já que os níveis mais baixos estão preenchidos. Isto é possível com um mínimo de energia adicional para os metais alcalinos, pois

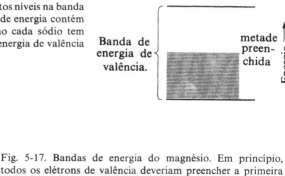

Fig. 5-16. Banda de energia do sódio. Há tantos níveis na banda quanto forem os átomos. Como cada nível de energia contém dois elétrons (com "spins" opostos) e como cada sódio tem apenas um elétron de valência, a banda de energia de valência está apenas meio preenchida.

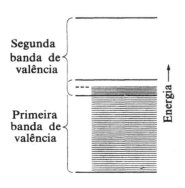

Fig. 5-17. Bandas de energia do magnésio. Em princípio, todos os elétrons de valência deveriam preencher a primeira banda de energia, pois o magnésio é bivalente. Entretanto, há uma superposição; portanto, a energia necessária aos elétrons para preencher alguns níveis da segunda banda é menor que a necessária para preencher os últimos níveis da primeira. As posições de energia mais baixa são preenchidas em primeiro lugar.

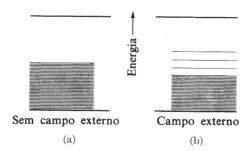

Sem campo externo
(a)

Campo externo
(b)

Fig. 5-18. Condução elétrica. Um campo externo pode elevar elétrons para um nível de maior energia na banda. Isso permite a aceleração dos elétrons de valência na direção da placa positiva (Fig. 5-3b).

há níveis desocupados na banda de energia, logo acima dos níveis preenchidos (Fig. 5-18). Os metais alcalino-terrosos também têm níveis vazios, os quais pertencem à segunda banda de energia (Fig. 5-17).

Um campo elétrico externo pode fornecer a pequena quantidade de energia requerida para elevar um elétron para o máximo nível dentro da banda e essa energia adicional permite o movimento na direção do pólo positivo (Figs. 5-3b e 5-4). Como a elevação de alguns elétrons para os níveis de energia mais alta também abre os níveis mais baixos, os quais estavam ocupados anteriormente, elétrons movendo-se contra o campo elétrico podem ser desacelerados para um nível de energia mais baixa. Isto também contribui para o movimento efetivo dos elétrons em uma direção.

Descontinuidades de energia — As bandas de energia adjacentes nem sempre se superpõem, de forma que uma *descontinuidade de energia* pode estar presente (Fig. 5-19a). Essa

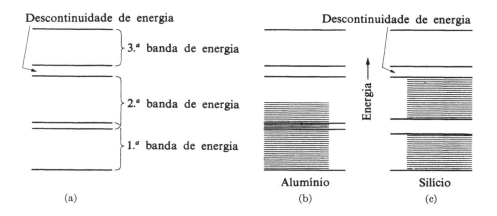

Fig. 5-19. Descontinuidades de energia. A segunda e a terceira banda no alumínio e no silício não se superpõem. Isto não afeta a condutividade do alumínio, já que há muitos níveis de energia vazios na segunda banda, para os quais os elétrons podem se mover fàcilmente. Entretanto, no silício, necessita-se de um forte campo elétrico para elevar elétrons para um nível de maior energia; dessa forma, o silício puro é um mau condutor.

Fig. 5-20. Descontinuidade de energia e condução. A fim de permitir a condução, deve-se fornecer ao elétron uma quantidade adequada de energia, de forma que o mesmo seja excitado para a próxima banda.

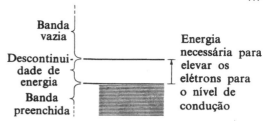

situação não afeta a condutividade do material, se ainda existem níveis não ocupados dentro da banda. Por exemplo, o alumínio, que apresenta descontinuidades de energia entre a segunda e a terceira banda (Fig. 5-19b), tem uma excelente condutividade, pois, seus elétrons mais externos podem ser ativados por campos elétricos fracos. Entretanto, como o silício, com seus quatro elétrons de valência por átomo, não tem níveis vazios nas duas primeiras bandas de energia (Fig. 5-19), o único modo possível de se mover um elétron do silício para um nível de maior energia é fornecer energia suficiente para fazê-lo superar a descontinuidade até a banda seguinte (Fig. 5-20). Isso implica em um forte campo elétrico. Conseqüentemente, o silício não é um bom condutor e tem uma resistividade relativamente alta.

As descontinuidades de energia variam de material para material. A Fig. 5-21, que faz uma comparação esquemática das descontinuidades de energia de certos materiais, pode ser comparada com a Tabela 5-1. Como cada um dêstes elementos pertence ao quarto grupo da tabela periódica e possui a mesma estrutura cúbica do tipo do diamante (Fig. 2-10), podemos concluir que as diferenças em resistividade estão diretamente associadas com as diferenças nas descontinuidades de energia.

⊙ *Semicondutores intrínsecos e extrínsecos* — Se o número de elétrons capazes de "saltar" para a banda de condução apenas com a energia térmica é suficiente para provocar a semicondução, então, a descontinuidade de energia deve ser de apenas alguns $kT(1kT = 0,025$ eV a 20°C). Os semicondutores que apresentam esta característica são denominados de *intrínsecos*. O número n_i de transportadores de carga em um semicondutor nitrínsico está relacionado com a descontinuidade de energia E_d e com a temperatura, pela expressão:

$$n_i = Se^{-E_d/2kT} \tag{5-3}$$

onde S é uma constante para pequenas variações de temperatura. O número de transportadores intrínsecos é o dôbro do número de elétrons que superam a descontinuidade de energia, pois cada elétron que passa para a banda de condução deixa um vazio na banda mais baixa (Fig. 5-22a).

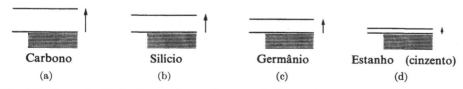

Fig. 5-21. Descontinuidades de energia nos elementos do Grupo IV. Todos êsses elementos podem ter a mesma estrutura já que todos têm bandas completamente preenchidas. Como o estanho tem a menor descontinuidade de energia, é o elemento que requer o campo elétrico menos intenso para elevar seus elétrons para o nível de condução na próxima banda; assim sendo, a sua resistividade é baixa (cf. Tabela 5-1).

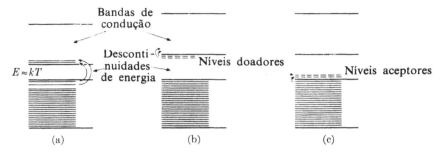

Fig. 5-22. Bandas de energia em semicondutores. (a) Semicondutor intrínsico. (b) Semicondutor extrínsico (tipo *n*). (c) Semicondutor extrínsico (tipo *p*).

○ **Exemplo 5-3**

Um semicondutor intrínsico tem uma resistividade de 1,20 ohm·cm a 20°C e de 1,08 ohm·cm a 50°C. Fazer uma estimativa do valor da descontinuidade de energia (Admitir que a variação na mobilidade é desprezível nessa pequena faixa de temperatura).

Resposta:

$$n = \frac{1}{\rho q \mu} = S e^{-E_d/2kT}$$

$$\frac{n_{20°}}{n_{50°}} = \frac{1,08 \rho \mu}{1,20 \rho \mu} = \frac{S e^{-E_d/2k(293)}}{S e^{-E_d/2k(323)}}$$

$$\ln 0,9 = -0,1054 = \frac{-E_d(\frac{1}{293} - \frac{1}{323})}{2(1,38 \times 10^{-16})}$$

$$E_d = 8,8 \times 10^{-14} \text{ erg} = 0,055 \text{ ev}.$$

Um semicondutor *extrínsico* ou semicondutor por impureza deve ter uma descontinuidade de energia maior; entretanto, as impurezas fornecem níveis de energia intermediários nos quais os elétrons podem ficar. Os elétrons extras (Fig. 5-7), de um semicondutor do tipo *n*, estão colocados nos assim chamados níveis *doadores*, próximos ao tôpo da descontinuidade de energia (Fig. 5-22b). Portanto, embora a descontinuidade possa ser de vários elétron-volts, êsses elétrons não necessitam de muita excitação para atingirem a banda de condução. Os vazios de um semicondutor do tipo *p* originam níveis *aceptores* nos quais os elétrons podem ser ativados através de uma energia adicional de forma a haver a condução (Fig. 5-22c).

Fotocondução — A energia que excita um elétron para o nível de condução pode ser proveniente de uma fonte eletromagnética da mesma forma que pode provir de uma fonte térmica. Conseqüentemente, raios luminosos (ou mais corretamente, fótons) podem aumentar a condutividade de um semicondutor da mesma forma que a energia térmica. Um material adaptado a êste propósito é denominado fotocondutor.

COMPORTAMENTO MAGNÉTICO

5-10 INTRODUÇÃO. Alguns materiais, tal como o ferro, são marcadamente magnéticos, enquanto que outros não o são. De fato, uma das técnicas mais simples de separação de materiais ferrosos dos não-ferrosos é através da comparação de suas propriedades magnéticas. Embora sejam poucos os materiais semelhantes ao ferro, não é êle o único a apresentar fortes características magnéticas. O cobalto, o níquel e o gadolínio são altamente magnéticos; além disso, muitas ligas especiais têm propriedades magnéticas úteis.

A maioria dos elementos e materiais não é inteiramente destituída de propriedades magnéticas. A maior parte dos metais é paramagnética (fracamente atraída por um magneto). Como as propriedades magnéticas dos materiais paramagnéticos e diamagnéticos correspondem a menos da milionésima parte dos correspondentes do grupo ferro-níquel-cobalto, êsses materiais têm apenas um interêsse limitado em engenharia, pelo menos até o presente.

5-11 FERROMAGNETISMO. A importância histórica e comercial do ferro como um material magnético deu origem ao têrmo *ferromagnetismo*, para englobar as intensas propriedades magnéticas possuídas pelo grupo do ferro na tabela periódica.

O ferromagnetismo é resultado da estrutura eletrônica dos átomos. Relembremos que, no máximo, dois elétrons podem ocupar cada um dos níveis de energia de um átomo isolado (Fig. 5-12) e que isso também é válido para os átomos de uma estrutura cristalina (Fig. 5-15). Êsses dois elétrons têm "spins" opostos (Fig. 5-14) e, como cada elétron, quando girando em tôrno de si mesmo, é equivalente a uma carga se movendo, cada elétron atua como um magneto extremamente pequeno, com os correspondentes pólos norte e sul.

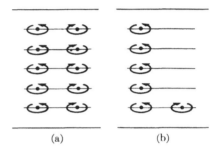

Fig. 5-23. Magnetismo atômico. (a) Diamagnético. (b) Magnético. Nos átomos com camadas eletrônicas não-preenchidas totalmente, o número de "spins" eletrônicos alinhados numa direção é maior que o número de "spins" eletrônicos alinhados na direção oposta; logo, nesses átomos, tem-se um momento magnético próprio.

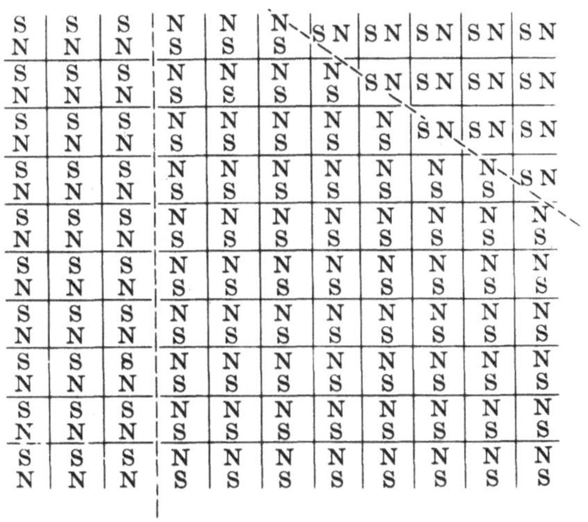

(a)   (b)

Fig. 5-24. Domínios magnéticos. Os domínios, da mesma forma que os grãos, contêm um grande número de células unitárias; entretanto, domínios adjacentes estão relacionados cristalogràficamente. A linha pontilhada indica limite entre domínios.

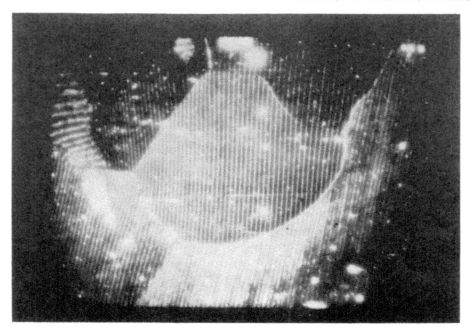

Fig. 5-25. Domínios magnéticos no ferro-silício (25 ×). Os domínios são tornados visíveis ao microscópio pelo uso de ferro finamente pulverizado, o qual é depositado sôbre a superfície metálica polida. O pó pode ser observado nos limites dos domínios. (L. S. Dijokstra e U. M. Martini, "Domain Pattern of Silicon Iron Under Stress", *Reviews of Modern Physics*, **25**, 146-50, 1953).

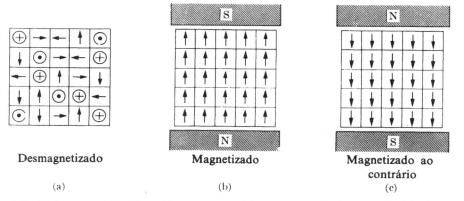

Desmagnetizado   Magnetizado   Magnetizado ao contrário

(a)   (b)   (c)

Fig. 5-26. Alinhamento de domínios. Um campo magnético externo pode alinhar os domínios ferromagnéticos. Quando os domínios estão alinhados, o material está magnetizado.

De uma maneira geral, em um elemento, o número de elétrons que tem um certo "spin" é igual ao número de elétrons que tem o "spin" oposto (Fig. 5-23a) e o efeito global é uma estrutura magnèticamente insensível. Entretanto, em um elemento com subníveis internos não totalmente preenchidos, o número de elétrons com "spin" num sentido é diferente do número de elétrons com "spin" contrário (Fig. 5-23b). Dessa forma, êsses elementos têm um

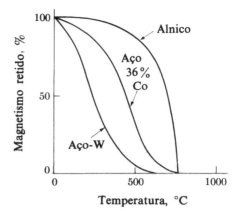

Fig. 5-27. Magnetização *versus* temperatura. Um aumento na atividade térmica permite o retôrno à orientação ao acaso dos domínios. (Adaptado de J. K. Stanley *Metallurgy and Magnetism*. Cleveland: American Society for Metals, 1948).

momento magnético global não-nulo. No ferro-γ, níquel, cobalto e gadolínio, êsses momentos magnéticos são suficientemente fortes e os átomos estão adequadamente próximos uns aos outros, de forma a haver um alinhamento magnético espontâneo dos átomos adjacentes. Satisfeitas essas condições, temos o ferromagnetismo. Embora, entre os materiais constituídos por uma única espécie de átomos apenas os supracitados sejam ferromagnéticos, o manganês e o ferro γ quase que preenchem os requisitos necessários; entre outros materiais metalicos, tais como ligas Mn-Bi, podemos também encontrar estruturas que propiciem o ferromagnetismo. Anàlogamente, várias fases cerâmicas são magnéticas, tais como $NiFe_2O_3$ e $BaFe_{12}O_{19}$.

Domínios magnéticos – Como os átomos ferromagnéticos adjacentes se alinham mùtuamente, de forma a terem suas orientações numa mesma direção, um cristal ou grão contém *domínios magnénitos* (Fig. 5-24). Os domínios usualmente não têm dimensões superiores a 0,05 mm (Fig. 5-25). Em um material ferromagnético desmagnetizado, os domínios estão orientados ao acaso, de forma que seus efeitos se cancelam. Entretanto, se os domínios são alinhados por um campo magnético, o material se torna magnético (Fig. 5-26). O alinhamento de todos os domínios em uma direção origina um efeito aditivo, o qual pode ou não permanecer após a retirada do campo externo. Para designar quando o alinhamento magnético é permanentemente retido ou não, são usados, respectivamente, os têrmos "material magnético duro" e "material magnético mole"; como os materiais mecânicamente duros tendem a ser magnèticamente duros, êsses têrmos são adequados. As tensões residuais de um material endurecido evitam a redistribuição ao acaso dos domínios. Um material normalmente perde essa ordenação dos domínios magnéticos quando é recozido (Fig. 5-25), já que a atividade térmica provoca a desorientação dos domínios.

5-12 CAMPOS MAGNÉTICOS ALTERNADOS – As características magnéticas requeridas em componentes elétricos de equipamentos são, freqüentemente, produzidas pela passagem de corrente elétrica através de uma bobina com um núcleo magnético que aumenta o fluxo magnético através da bobina. Em equipamento de corrente alternada, o núcleo é primeiramente magnetizado em uma direção e depois na outra, quando a corrente é invertida.

Na Fig. 5-28(a), com o aumento do *campo magnético H*, o *fluxo magnético B*, através de uma material magnético idealmente mole, é aumentado. O fluxo magnético aumenta com o campo magnético até que a *saturação magnética B* é atingida. Além dêsse ponto, um aumento no campo magnetizante implica em apenas um pequeno aumento no magnético. Se o campo magnetizante é removido, o fluxo magnético se torna nulo (Fig. 5-28b). Quando o campo

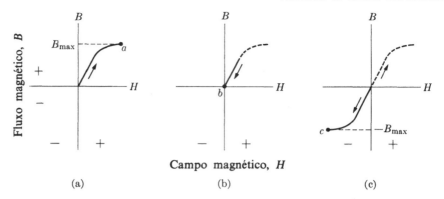

Fig. 5-28. Fluxo magnético em um material idealmente "mole". A desmagnetização ocorre imediatamente após a remoção do campo magnético. Não há dispêndio de energia. Tal material não ficaria aquecido ao ser usado como núcleo de um transformador.

magnetizante é aplicado na direção oposta, durante a parte negativa do ciclo alternante, o fluxo magnético atinge um máximo na direção oposta (Fig. 5-28c).

Histerese — Em um material que não é idealmente reversível, o fluxo magnético, durante a reversão do campo magnetizante se atrasa; conseqüentemente, na Fig. 5-29(a), a remoção do campo magnético ainda deixa um magnetismo residual B_r no material.* O fluxo magnético só se anula, quando o campo é revertido até o valor H_c *(fôrça coercitiva)* (Fig. 5-29b). A parte negativa do ciclo alternante produz um atraso idêntico, só que oposto (Fig. 5-29c).

O atraso, descrito acima, é do maior interêsse para o engenheiro eletricista. Um material, com uma fôrça coercitiva H_c elevada, consome energia para realinhar os domínios magnéticos de uma direção para outra. Essa energia é perdida na forma de calor. A quantidade de energia consumida é proporcional à área contida no interior do ciclo de histerese. [Comparar a Fig. 5-29(c) com os ciclos de histerese da Fig. 8-28.] Portanto, exceto para magnetos permanentes, são desejáveis os materiais que se comportam o mais próximo possível da Fig. 5-28.

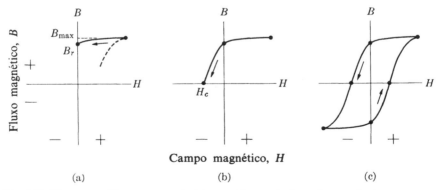

Fig. 5-29. Fluxo magnético em um material magnèticamente duro. A remoção do campo magnetizante, H, não elimina o fluxo magnético B. Um campo no sentido contrário, fôrça coercitiva H_c, deve ser aplicado a fim de anular o fluxo magnético. (Comparar com o comportamento ferrelétrico na Fig. 8-28).

* O material para magnetos permanentes é escolhido de forma que o valor B seja quase igual a B_{max}.

ESTRUTURAS E PROCESSOS ELETRÔNICOS

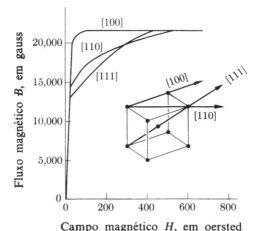

Fig. 5-30. Fluxo magnético *versus* direção cristalográfica. Efeito da aplicação de um campo magnetizante em cada uma de três direções cristalográficas em um cristal de ferro. A magnetização completa é obtida mais fàcilmente na direção [100]. (A. G. Guy, *Elements of Physical Metallurgy*. Reading, Mass.: Addison-Wesley, 1959).

Como os materiais livres de tensões são também magnèticamente moles, os metais usados como núcleos em bobinas elétricas usualmente são monofásicos, além de serem cuidadosamente recozidos, de forma a produzir o menor fluxo residual B_r possível. A orientação cristalina também afeta as propriedades magnéticas de um material, tal como está mostrado na Fig. 5-30 para três diferentes direções cristalinas. No ferro, a direção [100] requer menor campo magnético H para atingir o estado completamente magnetizado B_{max}. O níquel e o cobalto são mais fàcilmente magnetizados nas direções [111] e [0001], respectivamente. Através de uma conformação adequada e de tratamentos térmicos conveniente, o metalurgista pode formular métodos que produzem orientações preferenciais (Cap. 9) em uma chapa metálica. Essas chapas de aço de "grãos orientados", ao serem usadas em projetos, permitem tirar o máximo proveito dos efeitos da orientação cristalina.

⊚ 5-13 SUPERCONDUTIVIDADE — Certos metais e numerosos compostos intermetálicos, em temperaturas baixas, possuem *supercondutividade* ou seja, apresentam resistência pràticamente nula e uma permeabilidade magnética não-detectável. Embora a origem dessas propriedades não seja ainda compreendida, elas despertam considerável interêsse nos engenheiros, por razões óbvias.

A transição da condutividade normal para a supercondutividade é abrupta e depende da temperatura e do campo magnético (Fig. 5-31). A temperatura crítica T_c e o campo magnético H_0 para vários supercondutores estão mostrados na Tabela 5-2. Como a curva H-T da Fig. 5-31 é essencialmente parabólica para os vários supercondutores, os dados da Tabela 5-2 permitem o cálculo do campo magnético crítico H_c, para uma dada temperatura T (òbviamente $T < T_c$) pela relação:

$$H_c = H_0[1 - (T/T_c)^2] \qquad (5\text{-}4)$$

Conhece-se vinte e três metais puros supercondutores. Outros elementos metálicos, inclusive todos os metais alcalinos, os ferromagnéticos e os metais nobres, foram experimentados em temperaturas menores que 0,1°K, sem apresentar nenhuma evidência de uma transição para a supercondutividade. Observações gerais e empíricas mostram que a supercondutividade ocorre mais fàcilmente (1) naqueles metais com condutividades normais relativamente baixas, e (2) naqueles metais com 3, 5, ou 7 elétrons de valência. Essas generalizações permitiram a obtenção de numerosos compostos intermetálicos com temperaturas de transição altas. Alguns dêles estão apresentados na Tabela 5-2.

Tabela 5-2
Valôres de T_c e H_0 para alguns Supercondutores
(Ver Fig. 5-31.)

Material	Campo Magnético H_0 a $0°K$, em oersteds	Temperatura de transição T_c, na ausência de campo, $°K$
Al	106	1,2
Hg	413	4,2.
Nb	2000	9,2
Sn	305	3,7
Ti	20	0,4
V	1310	5,0
Nb_3Sn	5000	18,1
V_3Si		17,1
NbN		16,0
MoC		8,0
CuS		1,6

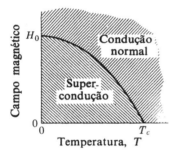

Fig. 5-31. Condições para a supercondução. A resitividade nula e a permeabilidade magnética desprezível ocorrem quando metais supercondutores estão em temperatura baixa e sob ação de campos magnéticos pouco intensos.

COMPORTAMENTO ÓPTICO

5-14 OPACIDADE E TRANSPARÊNCIA — O comportamento óptico de um material está relacionado com sua estrutura eletrônica. Em geral, materiais com elétrons livres são opacos, pois os elétrons absorvem a energia eletromagnética da luz. Não é necessário que o material tenha condutividade metálica, pois os fótons de energia radiante podem ser absorvidos por um elétron, o qual é "excitado" para um nível de energia mais alto, embora continue ligado ao átomo a que pertencia.*

Os elétrons de uma estrutura podem também interagir com a radiação eletromagnética sem absorção de energia, de forma que o material permanece transparente. Recordemos do Cap. 1 [Eq. (1-10)] que o índice de refração é uma medida indireta da velocidade da luz no material, comparada com a velocidade da luz no vácuo. Essa interação depende da polarizabilidade do material (Seção 2-11). Tanto a polarizabilidade eletrônica como a molecular

---

* O fato de um material ser translúcido ou opaco pode também ser resultado de numerosas reflexões e refrações internas, por exemplo o gêlo em um floco de neve, ou o gesso aplicado em uma parede.

ESTRUTURAS E PROCESSOS ELETRÔNICOS   125

são importantes; entretanto, em geral, apenas a polarizabilidade eletrônica (Fig. 2-15) é capaz de responder com rapidez suficiente ($> 10^{15}$ ciclos por segundo) de forma a interagir na freqüência da luz visível. Como o índice de refração é dependente da polarizabilidade eletrônica, dois são os fatôres que contribuem para índices mais altos: (1) densidade mais elevada (e portanto mais dipolos por unidade de volume), e (2) a presença de átomos com números atômicos maiores (e portanto, mais elétrons por átomo). Êsses efeitos podem ser sentidos com alguns exemplos entre os materiais cerâmicos. Tôdas as quatro formas polimórficas da sílica comum têm a mesma composição (SiO_2) mas têm índices de refração diferentes, como pode ser visto na Tabela 5-3. Conseqüentemente, essa variação no índice de refração é função apenas da densidade. Como um segundo exemplo, o cloreto de sódio tem a mesma estrutura do fluoreto de sódio, mas tem um índice de refração mais elevado, pois o íon Cl^- tem mais elétrons, é maior e mais polarizável que o íon F^-. Outros cristais, que têm (1) fatôres de empacotamento atômico elevados, (2) massas moleculares ou atômicas altas, e (3) íons fàcilmente polarizáveis, possuem índices de refração substancialmente mais elevados que aquêles citados na Tabela 5-3. Por exemplo, os índices do MgO e Al_2O_3, que são cristais

Tabela 5-3

Fatôres que Afetam o Índice de Refração

Material	Composição	Densidade	Índice de refração
Quártzo	SiO_2	2,65	1,544-1,553
Tridimita	SiO_2	2,28	1,469-1,471
Cristobalita	SiO_2	2,32	1,484-1,487
Sílica vítrea	SiO_2	2,20	1,46
		Raio do ânion (Å)	
Villiaumita	NaF	1,33	1,336
Halita	NaCl	1,81	1,554

de empacotamento fechado, são considerados altos, valendo respectivamente 1,736 e 1,76. Entretanto, os casos extremos incluem cristais tal como o PbS, cujo índice é 3,9.

⊙ 5-15 LUMINESCÊNCIA — Várias são as maneiras de se ativar elétrons para níveis de energia mais alta; a mais comum é a excitação por fótons. Quando o elétron retorna à sua posição de energia mais baixa, há a libertação de energia, usualmente na forma de um outro fóton, produzindo luminescência (Fig. 5-32). A menos que a excitação se tenha dado em duas etapas, a energia reirradiada nunca é superior à radiação incidente, ou seja, o fóton emitido tem sempre um comprimento de onda maior que o fóton inicial.

A reirradiação na luminescência não é instantânea pois é atrasada pelo período de residência do elétron no nível de energia para o qual foi ativado. Como a reirradiação ocorre estatìsticamente, a intensidade da luminescência, I_t, para um certo instante t, está relacionada com a intensidade inicial pela relação seguinte:

$$I_t/I_0 = e^{-t/\tau} \tag{5-5}$$

onde τ é denominado de tempo de relaxação para reirradiação. Se o tempo de relaxação é pequeno, quando comparado com o tempo de percepção visual, usa-se o têrmo *fluorescência*; por outro lado, se o tempo de relaxação é suficientemente grande, para que a luminescência ocorra sensìvelmente após a excitação, usa-se o têrmo *fosforescência*. Òbviamente, a distinção entre os dois tipos de comportamento está relacionada com a velocidade de reação do dispositivo sensível.

A Fig. 5-32 ilustra a luminescência assim como a *fotocondução*, pois o elétron foi excitado para a banda de condução por ativação através de um fóton. Antes do elétron retornar ao nível de menor energia, êle está livre para ser acelerado por intermédio de um campo elétrico e assim conduzir uma carga. Entretanto, a absorção de energia que antecede a luminescência pode também envolver elétrons não-condutores; por exemplo, nos elementos de

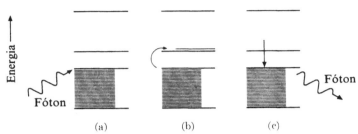

Fig. 5-32. Luminescência. A excitação é conseqüência da absorção de energia de uma fonte externa, por exemplo, um fóton. Energia é reemitida, subseqüentemente, na forma de um fóton.

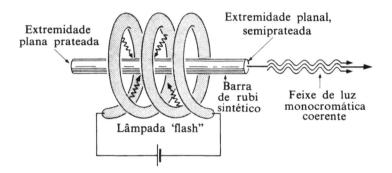

Fig. 5-33. Esquema de um "laser". A energia dos fótons é absorvida pelo rubi ($Al_2O_3 + Cr_2O_3$) e reemitida na forma de um feixe intenso de luz monocromática coerente.

transição, tais como Mn, V e Cr, os elétrons podem ser excitados para outros níveis de energia nos níveis internos não-preenchidos totalmente (Fig. 5-23). Uma alteração dêste tipo altera as características magnéticas do átomo e, portanto, do material. A volta do elétron para o nível de energia original liberta um fóton e restabelece a condição magnética original do átomo.

⊙ *"Lasers"*[1] — A reemissão de fótons de um material luminescente é uma função estatística do tempo, tal como mostrado pela Eq. (5-5). Portanto, o número de fóton emitidos espontâneamente é, para um dado intervalo de tempo, diretamente proporcional ao número de elétrons que estão excitados. A emissão de fótons pode ser estimulada, de forma a ocorrer mais cedo, se o elétron excitado fôr atingido por um fóton de mesma energia que o que vai ser emitido.

A emissão estimulada descrita acima levou a dispositivos denominados "lasers", que amplificam feixes luminosos. Em resumo, a lâmpada "flash" da Fig. 5-33 fornece fótons,

---

[1] N. do T. — O têrmo "laser", para o qual não existe tradução adequada, é formado pelas iniciais das palavras inglêsas que exprimem a sua função: "*l*ight *a*mplification by *s*timulated *e*mission of *ra*diation", que significam: amplificação da luz por emissão estimulada de radiação.

ESTRUTURAS E PROCESSOS ELETRÔNICOS

os quais levam os íons crômio que estão dissolvidos no rubi (Al_2O_3) para um nível de maior energia. Os fótons que são reemitidos espontâneamente (6943 Å e 7009 Å) são então usados para estimular a emissão de fótons de mesmo comprimento de onda de outros íons crômio e, portanto, diminui dràsticamente o tempo requerido, de acôrdo com a Eq. (5-5). Uma característica chave do "laser", mostrado na Fig. 5-33, são as extremidades da barra de rubi, que são planas e refletoras. Estas extremidades devem refletir os fótons emitidos, de forma que os mesmos funcionem como uma estimulação adicional para a emissão de novos fótons. O feixe de luz refletido torna-se, pois, de alta intensidade antes de emergir na extremidade da barra como um feixe altamente monocromático de luz.

REFERÊNCIAS PARA LEITURA ADICIONAL

5-1. Azároff, L.V. e J.J. Brophy, *Electronic Processes in Materials*. New York, McGraw-Hill, 1963. Para o estudante adiantado e o professor. Usa-se a estrutura dos materiais para explicar o comportamento eletrônico e magnético.

5-2. Bozorth, R.M., "Ferromagnetism", *Recent Advances in Science*. New York University Press (distribuído por Interscience), 1956. Discute as características técnicas dos materiais ferromagnéticos de uma forma -não-matemática.

5-3. Cottrell, A.H., *Theoretical Structural Metallurgy*. New York: St. Martin's Press, 1955. O Cap. 5 discute a teoria das bandas para os metais em um nível adiantado.

5-4. Dekker, A.J., *Electrical Engineering Materials*. Englewood Cliffs, N.J.: Prentice Hall, 1959. Para o estudante que vai especializar-se como engenheiro eletricista. O conhecimento da teoria de campo é vantajoso.

5-5. Frederikse, H.P.R., "Compound Semiconductors", *Journal of Metals*, 10,346-50, 1958. Explicação não-matemática dos efeitos eletromagnéticos, da absorção óptica, fotocondutividade, efeitos fotomagnéticos e energia termoelétrica.

5-6. Guy, A.G., "*Elements of Physical Metallurgy*". Reading, Mass.: Addison Wesley. 1959. O Cap. 3 apresenta a teoria das bandas, em nível elementar.

5-7. Hume-Rothery, W., *Atomic Theory for Students*. London: Institute of Metals, 1955. Para o estudante de metalurgia.

5-8. Hume-Rothery, W., *Electrons, Atoms, Metals and Alloys*. London: Institute of Metals, 1955. O Cap. 27 discute os metais, os isolantes e os semicondutores. Êsse livro é na forma de diálogo, com perguntas e respostas. A apresentação não é comum, é interessante e dá uma visão diferente do conteúdo.

5-9. Katz, H.W., *Solid State Magnetic and Dielectric Devices*. New York: John Wiley & Sons, 1959. Para o estudante de engenharia de eletricidade. Necessita-se de teoria de campo.

5-10. Schawlow, A.L., "Optical Masers", *Scientific American*, 204, 52-61, Junho de 1961. "Optical masers" é a denominação antiga dos "lasers". Este artigo é uma boa introdução ao assunto.

5-11. Schockley, W., "Transistor Physics", *American Scientist*, 42, 41, 1954. Um excelente artigo em nível de introdução.

5-12. Schumacher, E.E., "Metallurgy Behind the Decimal Point", *Transactions A.I.M.E.*, 188, 1097, 1950. Interessante para o estudante de metalurgia que deseja saber mais sôbre o efeito das impurezas nas propriedades. Os semicondutores são usados como exemplo.

5-13. Von Hippel, A.R., *Dielectric Materials and Applications*. Cambridge, Mass. Technology Press of M.I.T. (e John Wiley & Sons), 1943. Contém gráficos e tabelas que apresentam as constantes dielétricas e os fatôres de potência como uma função da freqüência e da temperatura para numerosos isolantes.

PROBLEMAS

5-1. O silício tem uma densidade de 2,40 g/cm³. (a) Qual é a concentração dos átomos de silício por centímetro cúbico? (b) Adiciona-se fósforo ao silício a fim de se obter um semicondutor do tipo n com uma condutividade de 1 mho/cm e uma mobilidade eletrônica de 1700 cm²/V·s. Qual a concentração dos elétrons de condução por centímetro cúbico?

Resposta: (a) $5,15 \times 10^{22}$ átomos/cm³ (b) $3,68 \times 10^{15}$ elétrons de condução/cm³.

5-2. (a) Quantos átomos de silício existem por elétron de condução no Probl. 5-1? (b) O parâmetro do reticulado do silício é 5,42 Å e cada célula unitária possui 8 elétrons. Qual o volume associado a cada elétron de condução? Quantas células unitárias existem por elétron de condução?

5-3. O germânio usado para transistores tem uma resistividade de 2 ohm·cm e uma concentração de vazios eletrônicos de $1,9 \times 10^{15}$ vazios/cm³. (a) Qual é a mobilidade dos vazios eletrônicos no germânio? (b) Quais elementos podem ser adicionados como impurezas a fim de criar vazios eletrônicos?

Resposta: (a) 1640 cm²/V·s (b) Al, In, Ga

5-4. Obtém-se um semicondutor de germânio pela fusão de $3,22 \times 10^{-6}$ g de antimônio com 100 g de germânio. (a) De que tipo será o semicondutor obtido? (b) Calcular a concentração de antimônio (em átomos/cm³) no germânio.

⊘ 5-5. Qual é o coeficiente de difusão dos íons Na^+ no cloreto de sódio a 550°C? Os íons Na^+ são responsáveis por 98 % da condutividade $(2 \times 10^6$ (ohm·cm)$^{-1})$ nessa temperatura. [*Nota:* 1 w·1 $= 10^7$ erg.]

Resposta: $3,8 \times 10^{-11}$ cm²/s

⊘ 5-6. A 727°C, 80 % da carga no NaCl é conduzida por íons Na^+ (e 20 % por íons Cl^-). Qual é o coeficiente de difusão dos íons Na^+ se a condutividade total é 2,5 $\times 10^{-4}$(ohm·cm)$^{-1}$?

⊘ 5-7. Usando os dados dos problemas anteriores, calcular a energia de ativação para o movimento dos íons Na^+ no NaCl.

Resposta: 44.000 cal/mol

⊘ 5-8. Os coeficientes de difusão dos íons K^+ no KCl* são $10^{-5,15}$ a 1000°K e $10^{-6,35}$ a 500°K. (a) Qual é o coeficiente de difusão dos íons K^+ a 750°K (477°C)? (b) Qual a condutividade elétrica que provém dos movimentos dos íons K^+ nesta temperatura?

5-9. Uma certa amostra de $Fe_{<1}O$ tem um quociente de Fe^{3+}/Fe^{2+} de 0,1; qual é a mobilidade dos vazios eletrônicos neste óxido, se o mesmo tem uma condutividade de 1 (ohm·cm)$^{-1}$ e se 99 % da carga é transportada por vazios eletrônicos? Dado: $a = 4,3$ A.

Resposta: $1,4 \times 10^{-3}$ cm²/V.s

5-10. Quantos transportadores de carga existem por cm³ no problema anterior? (a) vazios eletrônicos? (b) vazios catiônicos?

5-11. Qual a resistência de um fio de cobre com 2 mm de diâmetro e 30 m de comprimento se a sua resistividade é de 1,7 microhm·cm?

Resposta: 0,16 ohm

5-12. Deve-se ter um fio de cobre de 8 m de comprimento com uma resistência no máximo, igual a 1 ohm. Qual o menor diâmetro de fio que pode ser usado?

⊘ Os problemas precedidos por um ponto estão baseados, em parte, em seções opcionais.
* O KCl tem a mesma estrutura do NaCl (Fig. 3-10).

ESTRUTURAS E PROCESSOS ELETRÔNICOS

⊙ 5-13. Os elementos da primeira série de transição tem momentos magnéticos, com os seguintes números de magnetons de Bohr ("spins" eletrônicos): Ti, 2; V, 3; Cr, 5; Mn, 5; Fe, 4; Co, 3 e Ni 2. Justificar êstes valôres, com base na Fig. 5-23.

⊙ 5-14. Fazer uma estimativa do campo magnético crítico para a supercondutividade do nióbio a 5°K.

⊙ 5-15. Um material fosforescente é exposto à luz ultravioleta. A intensidade da luz emitida diminui de 20% nos primeiros 37 minutos, após a remoção da luz ultravioleta. Após quanto tempo (contado a partir da remoção da luz), a luz emitida terá apenas 20% da intensidade original?

Resposta: 265 minutos

5-16. A densidade da coesita (uma forma polimórfica de alta pressão do SiO_2) é 2,9 g/cm^3. Com base na Tabela 5-3, avalie o seu índice de refração médio.

5-17. Mostre por que o AlP é um semi-condutor.

CAPÍTULO 6

FASES METÁLICAS E SUAS PROPRIEDADES

6-1 INTRODUÇÃO. Êste capítulo é o primeiro dos três dedicados aos materiais mono-fásicos. Os metais, os polímeros (ou seja, os "plásticos") e os materiais cerâmicos serão dis-cutidos em seqüência. Embora normalmente se faça distinção entre êsses três tipos de ma-teriais, convém notar que os limites não são nítidos. Muitas vêzes, um material tem caracte-rísticas intermediárias entre dois ou mesmo três dessas categorias.

Nosso objetivo, neste capítulo, é aprender como as propriedades dos metais monofá-sicos podem ser mudadas. Essa forma de encarar os metais satisfaz dois propósitos: (1) permite ao engenheiro entender as limitações dos metais, e (2) mostra a êle quais os procedimentos necessários para ajustar suas propriedades às especificações de projeto.

Os *metais monofásicos* têm apenas uma estrutura cristalina; entretanto, sua composição pode ser variada por solução sólida e os seus grãos podem ter várias microestruturas. As propriedades dos metais monofásicos podem ser ajustadas por (1) *deformação plástica* e (2) *recristalização.** Por outro lado, êstes procedimentos são influenciados pela composição e geometria dos grãos.

METAIS MONOFÁSICOS

6-2 LIGAS MONOFÁSICAS. Os metais monofásicos usados comercialmente podem ser metais puros, com apenas um componente. Exemplo de tais metais foram citados na Seção 4-2 e entre êles se incluem: cobre, para fios elétricos; zinco, a ser usado na zincagem do aço; e alumínio, para utensílios domésticos. Entretanto, em muitos casos, um segundo compo-nente é adicionado propositalmente a fim de melhorar as propriedades. Qualquer combi-nação de metais, feita com êstes objetivos, recebe o nome de *liga*.

As *ligas* são monofásicas quando não é ultrapassado o limite de solubilidade. Entre os

---

* Há outros métodos aplicáveis para metais polifásicos (ver Cap. 11).

exemplos de ligas monofásicas podemos citar o latão, liga de cobre e zinco, o bronze, liga de cobre e estanho e as ligas cobre-níquel. Quando o limite de solubilidade é ultrapassado, formam-se ligas polifásicas. A maioria dos aços, assim como muitas outras ligas, são polifásicas. Tais materiais serão discutidos em capítulos posteriores.

Propriedades das ligas monofásicas — As propriedades das ligas são diferentes das dos metais puros. Isso está mostrado nas Figs. 6-1 e 6-2 para o latão e para soluções sólidas Cu-Ni. O aumento na dureza e resistência mecânica é devido à presença dos átomos dissolvidos, os quais interferem nos movimentos dos átomos do cristal, durante a deformação

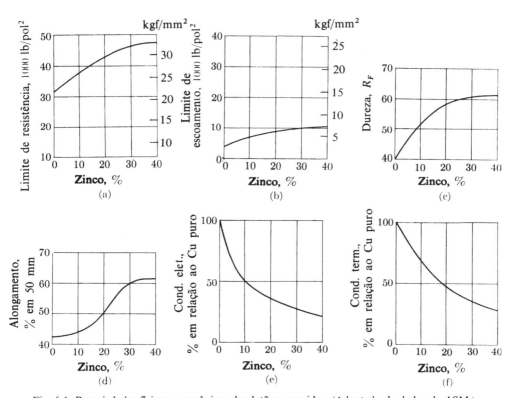

Fig. 6-1. Propriedades físicas e mecânicas dos latões recozidos. (Adaptado de dados da ASM.).

plástica. Observaremos, mais tarde (Seção 6-5), que essa interferência existe porque os movimentos das discordâncias (Fig. 4-13) são estabilizados pelos elementos de liga.

Quantidades muito pequenas de impurezas reduzem a condutividade elétrica de um metal, pois os átomos estranhos introduzem heterogeneidades no campo elétrico do interior do reticulado cristalino. Assim sendo, os elétrons sofrem maior número de desvios e reflexões, com a conseqüente redução no livre percurso médio (Seção 5-4 e 5-7).

Em um metal, os elétrons transportam mais da metade da energia durante a condução térmica. Dessa forma, há uma correspondência entre a condutividade térmica e a elétrica [compare os gráficos (e) e (f) das Figs. 6-1 e 6-2].

6-3 MICROESTRUTURAS. Os grãos foram descritos na Seção 4-9 como cristais individuais. Como cristais adjacentes, têm orientações cristalinas diferentes, há entre êles um contôrno (Fig. 4-15). As microestruturas dos metais monofásicos podem ser alteradas por mudanças no tamanho, na forma e na orientação dos grãos (Fig. 6-3). Êsses aspectos não são totalmente independentes, já que, tanto a forma como o tamanho, são conseqüências do crescimento dos grãos. Anàlogamente, a forma é usualmente dependente da orientação cristalina dos grãos durante o crescimento.

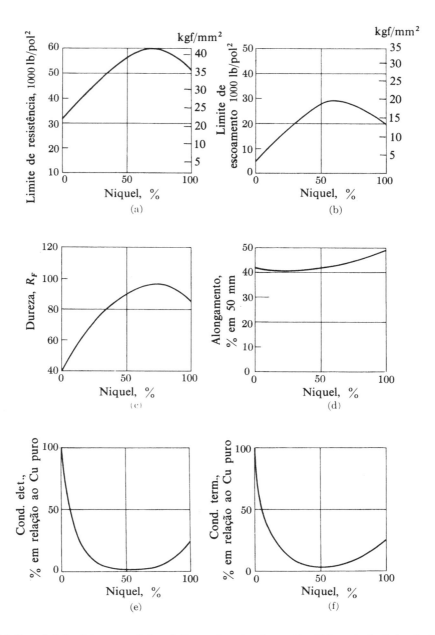

Fig. 6-2. Propriedades físicas e mecânicas de ligas cobre-níquel recozidas (Adaptado de dados da ASM).

FASES METÁLICAS E SUAS PROPRIEDADES

Crescimento de grão — O tamanho médio dos grãos de um metal monofásico aumenta com o tempo, se a temperatura fôr tal que produza movimentos atômicos significativos (Seção 4-13). A fôrça que orienta o crescimento do grão é a energia libertada quando um átomo atravessa o contôrno do grão da parte convexa para a côncava, onde o átomo está coordenado com um maior número de vizinhos situados a uma distância igual à de equilíbrio (Fig. 6-4). Conseqüentemente, o contôrno se move em direção ao centro de curvatura. Como os grãos pequenos tendem a ter superfícies de convexidade mais pronunciada que

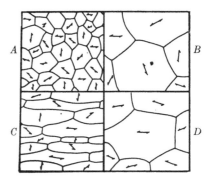

Fig. 6-3. Variações de microestruturas de metais monofásicos. (A *versus* B) Tamanho de grão. (A *versus* C) Forma do grão. (B *versus* D) Orientação preferencial.

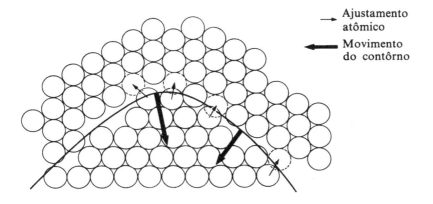

Fig. 6-4. Movimento do contôrno de grão. Os átomos se movem para a superfície côncava, onde são mais estáveis. Como conseqüência, o contôrno se movimenta em direção ao centro de curvatura.

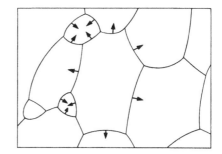

Fig. 6-5. Crescimento de grão. Os contornos se movem na direção do centro de curvatura (setas). Daí resulta o desaparecimento eventual dos grãos pequenos.

os grãos maiores, êles desaparecem, pois alimentam o crescimento dos grãos maiores. O efeito global é o crescimento do grão.

Um exemplo interessante de crescimento de grão pode ser visto no gêlo de um monte de neve. No início, temos um amontoado de pequenos cristais de gêlo, na forma de flocos de neve; com o tempo, êsses perdem a identidade e são substituídos por cristais granulares maiores. Uns poucos cristais granulares crescem à custa de muitos cristais pequenos.

Todos os materiais cristalinos, metálicos, ou não-metálicos, mostram essa característica de crescimento de grão. Sua importância para o engenheiro será tratada nas seções que se seguem, mas o efeito da temperatura no crescimento de grão deve ser considerada em primeiro lugar. Um aumento na temperatura aumenta a vibração térmica dos átomos, o que, por sua vez, facilita a transferência de átomos através da interface dos grãos pequenos para os maiores. Um abaixamento subseqüente da temperatura diminui, ou mesmo interrompe, êste processo, mas *não o reverte*. O único jeito de diminuir (refinar) o tamanho do grão é através de deformação a frio, deformando os grãos já existentes e começando novos (Seções 6-7 e 6-8).

Tabela 6-1

Faixas de Tamanho de Grão (ASTM); $N = 2^{n-1}$

Número do tamanho do grão	Grãos/pol.^{2} a 100 × (linear)	
	Médio	Faixa
$n = 1$	$N = \quad 1$	–
2	2	1,5- 3
3	4	3- 6
4	8	6- 12
5	16	12- 24
6	32	24- 48
7	64	48- 96
8	128	96-192

Medida do tamanho de grão — O efeito de tamanho de grão nas propriedades mecânicas (Seção 6-6) imediatamente sugere ao engenheiro o estabelecimento de parâmetros para a medida do tamanho de grão. Um parâmetro poderia ser o diâmetro médio dos grãos em milímetros. Êsse seria um índice útil mas de obtenção tediosa com o uso de microscópio. Conseqüentemente, a ASTM (American Society for Testing Materials) padronizou um índice para medida do tamanho de grão, o qual tem sido largamente usado, particularmente para o tamanho de grão austenítico em aços. O *número ASTM de tamanho de grão, n, é obtido como se segue:*

$$N = 2^{n-1} \qquad (6-1)$$

onde N é o número de grãos observados por polegada quadrada, quando o metal é observado com um aumento linear de 100 × (ver Tabela 6-1). O uso de um comparador acoplado ao microscópio permite ao microscopista a avaliação imediata do tamanho de grão.

Exemplo 6-1

Um aço tem um tamanho de grão ASTM n.° 7. Qual seria a área média observada por grão em uma superfície polida?

Resposta: $\qquad N = 2^{7-1} = 64$ grãos/pol^2 a 100 ×

$$\frac{64}{(0,01)(0,01)} = 640\,000 \text{ grãos/pol}^2 \text{ a } 1 \times$$

$$\text{Área de cada grão} = \frac{1}{640\,000} \text{ pol}^2$$

FASES METÁLICAS E SUAS PROPRIEDADES   135

Exemplo 6-2

Admitir que os grãos do exemplo anterior sejam cúbicos (*). Qual a área de contôrno de grão por polegada cúbica do aço?

Resposta: Do exemplo anterior.

640 000 grãos/pol² de superfície = 800 grãos/pol de comprimento = $(800)^3$ ou $5,12 \times$
$$\times \, 10^8 \text{ grãos/pol}^3 \text{ de volume}$$

$$\text{Superfície de cada grão} = 6\left(\frac{1}{800}\right)^2 \text{ pol}^2$$

Cada contôrno é composto por duas superfícies de grãos, logo:

$$\text{Área total de contôrno} = \frac{6}{2}\left(\frac{1}{800}\right)^2 (800)^3$$

$$= 2400 \text{ pol}^2 \text{ de contôrno por pol}^3 \text{ de aço.}$$

$$= 960 \text{ cm}^2 \text{ de contôrno por cm}^3 \text{ de aço}$$

Forma do grão — Embora seja comum falar-se de tamanhos de grão em têrmos de diâmetro, é óbvio que todos os grãos de um metal monofásico não são esféricos, principalmente porque devem manter o espaço completamente cheio e também um mínimo de área total de contôrno. Isto foi mostrado nas Figs. 4-16 (a) e 6-3(a), onde o têrmo *equiaxial* é apropriado, pois os grãos têm aproximadamente as mesmas dimensões nas três direções do espaço.

Formas não regulares de grão podem incluir cristais colunares, dendríticos, cristais na forma de pratos e outros. Neste livro, não se fará nenhuma tentativa para sistematizá-los.

Orientação de grão — A orientação dos grãos no interior de um metal é tìpicamente ao acaso (Fig. 6-3a). Entretanto, há exceções que são importantes do ponto de vista de propriedades importantes em engenharia. Por exemplo, na direção [100], o ferro tem uma permeabilidade magnética maior que nas outras. Portanto, se os grãos no interior de uma chapa de transformador não estiverem ao acaso, mas sim com uma *orientação preferencial* de forma que a direção [100] fique paralela à direção do campo magnético, então um desempenho significativamente mais eficiente pode ser obtido do transformador.

DEFORMAÇÃO DOS METAIS

6-4 DEFORMAÇÃO ELÁSTICA DOS METAIS. A deformação elástica precede a deformação plástica. Quando uma pequena tensão de tração é aplicada a um pedaço de metal, ou de uma maneira geral, a um material cristalino qualquer, ocorre a deformação elástica. Quando a solicitação é aplicada, o pedaço se torna levemente mais comprido; a remoção da carga faz com que o espécime volte às suas dimensões originais. Anàlogamente, quando um corpo é comprimido, êle se torna levemente menor, retornando às suas dimensões ori-

---

* Òbviamente, os cálculos acima dão apenas uma ordem de grandeza. Dessa forma, êles são úteis para determinar velocidades de reação que depende da área dos contornos de grão. Neste cálculo, admite-se que os grãos sejam uniformes e cúbicos. Usando-se cálculos menos aproximados, o resultado seria levemente menor, embora esta diferença não seja significativa.

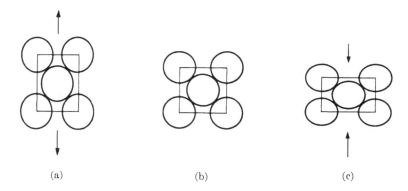

Fig. 6-6. Deformação elástica normal (muito exagerada). Os átomos não ficam permanentemente deslocados em relação a seus vizinhos originais. (a) Tensão. (b) Sem deformação. (c) Compressão.

ginais ao ser retirada a carga. Dentro da região de comportamento elástico, a deformação é resultado de uma pequena elongação da célula unitária na direção da tensão de tração ou a uma pequena contração na direção da compressão (Fig. 6-6).

Na faixa de comportamento elástico, a deformação é aproximadamente proporcional à tensão. A relação entre a tensão e a deformação é o *módulo de elasticidade* (módulo de Young) e é uma característica do metal. Quanto mais intensas forem as fôrças de atração entre os átomos, maior é o módulo de elasticidade.

Qualquer elongação ou compressão de uma estrutura cristalina em uma direção, causada por uma fôrça uniaxial, produz um ajustamento nas dimensões perpendiculares à direção da fôrça. Na Fig. 6-6(a), por exemplo, pode-se observar uma pequena contração na direção perpendicular à fôrça de tração. A relação entre a deformação lateral ε_x e a deformação direta ε_y, com sinal negativo, é denominada *coeficiente de Poisson*:

$$v = -\frac{\varepsilon_x}{\varepsilon_y}. \tag{6-2}$$

Nas aplicações de engenharia, as *tensões de cisalhamento* também solicitam as estruturas cristalinas (Fig. 6-7). Essas produzem um deslocamento de um plano de átomos em relação

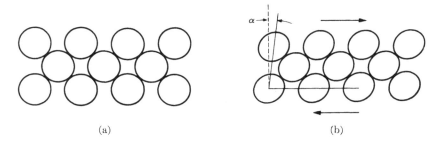

Fig. 6-7. Deformação elástica por cisalhamento. A tensão de cisalhamento produz um deslocamento de um plano atômico em relação ao seguinte. Desde que os vizinhos dos átomos sejam mantidos, está-se na faixa de deformação elástica. (a) Sem deformação. (b) Deformação por cisalhamento.

ao plano adjacente. A deformação elástica de cisalhamento γ é definida pela tangente do ângulo de cisalhamento α:

$$\gamma = \text{tg}\,\alpha; \tag{6-3}$$

e o módulo de cisalhamento G é a relação entre a tensão de cisalhamento e a deformação de cisalhamento γ:

$$G = \frac{\tau}{\gamma} \tag{6-4}$$

Êste módulo de *cisalhamento* (também chamado módulo de rigidez) não é igual ao módulo de elasticidade E; entretanto, ambos estão relacionados pela expressão:

$$E = 2G(1 + \nu) \tag{6-5}$$

Como o coeficiente de Poisson está normalmente na faixa 0,25 a 0,50 o valor de G é aproximadamente 35% de E.

Um terceiro módulo, o *módulo de compressibilidade cúbica* K é encontrado nos materiais. É definido como sendo o recíproco da compressibilidade β do material e é igual à pressão hidrostática σ_h por unidade de compressão de volume, $\Delta V/V$:

$$K = \frac{\sigma_h V}{\Delta V} = \frac{1}{\beta}. \tag{6-6}$$

A relação entre K e E é dada pela seguinte expressão:

$$K = \frac{E}{3(1 - 2\nu)}. \tag{6-7}$$

Módulo de elasticidade versus temperatura — O módulo de elasticidade de todos os materiais decresce com o aumento da temperatura; a Fig. 6-8 mostra a variação de E com a temperatura para quatro metais comuns. Em têrmos da Fig. 2-18(a), a expressão térmica reduz o valor de dF/da e, desta forma, diminui o módulo de elasticidade. A descontinuidade na curva da Fig. 6-8 para o ferro é devida à transformação de ferro ccc para ferro cfc a 910°C (1670°F).

Módulo de elasticidade versus direção cristalina — Os materiais não são isotrópicos em relação ao módulo de elasticidade, pois êste varia com a orientação cristalina. Por exemplo, o ferro tem um módulo de elasticidade médio de cêrca de 21.000 kgf/mm²; entretanto, o módulo real de um cristal de ferro varia de 29.000 kgf/mm² na direção [111] a apenas

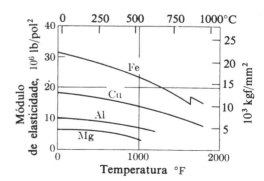

Fig. 6-8. Módulo de elasticidade *versus* temperatura. (Adaptado de A. G. Guy, *Elements of Physical Metallurgy*, Reading, Mass.: Addison-Wesley, 1959).

Tabela 6-2

Módulo de Elasticidade (Modulo de Young)*

Metal	Máximo	Mínimo	Ao acaso
Alumínio	8×10^3 kgf/mm^2	6×10^3 kgf/mm^2	7×10^3 kgf/mm^2
Ouro	11	4	8
Cobre	20	7	11
Ferro (ccc)	29	13	21
Tungstênio	40	40	40

* Adaptado de E. Schmid e W. Boas, *Plasticity in Crystals*, Tradução para o inglês, London: Hughes and Co., 1950.

13 000 kgf/mm^2 na direção [100] (Tabela 6-2). A conseqüência desta anisotropia se torna significativa em materiais policristalinos. Admitamos, por exemplo, que a Fig. 6-9(a) represente a seção transversal de um fio de aço, no qual a tensão média aplicada é de 21 kgf/mm^2. Se os grãos estão orientados ao caso, a deformação elástica será de 0,1% pois o módulo de elasticidade médio é de 21 000 kgf/mm^2. Entretanto, na realidade, a tensão variará de 13 kgf/mm^2 a 29 kgf/mm^2, tal como mostra a Fig. 6-9(b), pois os grãos têm orientações diferentes. Isso significa que alguns grãos vão ultrapassar o limite de elasticidade antes dos demais.

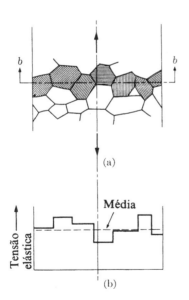

Fig. 6-9. Heterogeneidades de tensões (esquemático). As tensões elásticas variam com a orientação do grão, pois o módulo de elasticidade não é isotrópico.

6-5 DEFORMAÇÃO PLÁSTICA DE CRISTAIS METÁLICOS. Os materiais podem ser solicitados por tensões de tração, de compressão ou de cisalhamento. Como os dois primeiros tipos podem ser decompostos em componentes de cisalhamento (Fig. 6-10) e como a maior parte dos metais é significativamente menos resistente ao cisalhamento que à tração

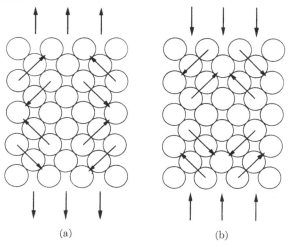

Fig. 6-10. Componentes de cisalhamento de tensões normais. (a) Tração. (b) Compressão.

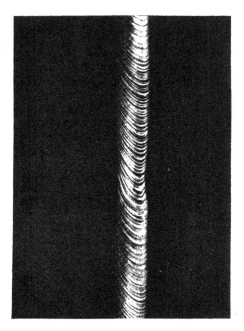

Fig. 6-11. Corpo de prova de um monocristal de um metal hc. O escorregamento ocorre paralelo ao plano cristalino de escorregamento mais fácil (Constance Elam, *The Distortion of Metal Crystals*. Oxford: Clarendon Press, 1935).

ou à compressão, os metais se deformam pelo *cisalhamento plástico* ou *escorregamento* de um plano cristalino em relação aos demais. O escorregamento causa um deslocamento permanente; a retirada da tensão não implica no retôrno dos planos cristalinos às suas posições originais (*)

* Em materiais dúcteis e não-porosos, tanto a ruptura por compressão como a por tração são precedidas por escorregamento. Em materiais frágeis, pode ocorrer uma ruptura puramente por tração. Ruptura puramente de compressão não ocorre em materiais não-porosos. Tôdas as rupturas de metais, causadas por cargas de compressão, são conseqüências de cisalhamento (Fig. 6-10b).

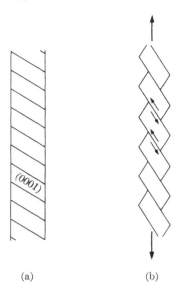

Fig. 6-12. Escorregamento em um monocristal. (Compare com a Fig. 6-11). O escorregamento não é restringido pelos lados do cristal.

(a)   (b)

O escorregamento ocorre mais fàcilmente ao longo de certas direções e planos. As Figs. 6-11 e 6-12 ilustram êsse fato através de um monocristal de um metal hc deformado plàsticamente. A tensão de cisalhamento necessária para produzir escorregamento em um determinado plano cristalino é denominada de *tensão crítica de cisalhamento*.

O número de planos através dos quais pode ocorrer escorregamento varia com a estrutura cristalina. Tal como mostrado na Fig. 6-12, apenas um plano permite o escorregamento em um metal hc. Por outro lado, muitos planos permitem o escorregamento nos metais cúbicos (Fig. 6-13).

Tensão efetiva de cisalhamento — A fôrça necessária para produzir escorregamento é uma função não apenas da tensão cúbica de cisalhamento mas também depende do ângulo entre (1) o plano de escorregamento e a direção da fôrça e (2) entre a direção de escorregamento e a direção da fôrça. Consideremos a Fig. 6-14, onde A é a área da seção transversal,

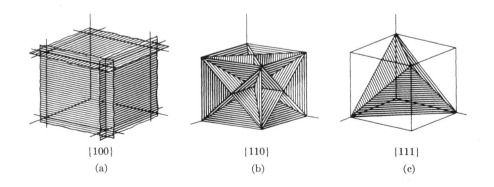

Fig. 6-13. Planos possíveis de escorregamento em um cristal cúbico. (a) Três planos {100}. (b) Seis planos {110}. (c) Quatro planos {111}. Planos de índices mais altos não aparecem.

FASES METÁLICAS E SUAS PROPRIEDADES

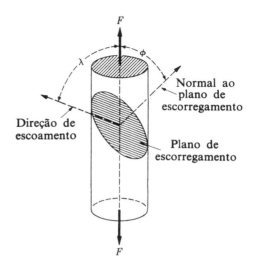

Fig. 6-14. Figura mostrando os ângulos λ e ϕ usados na determinação da tensão crítica de escorregamento.

perpendicular à direção da fôrça F; logo, F/A é a tensão axial. A *tensão de cisalhamento efetiva* τ na direção de escorregamento é:

$$\tau = \frac{F}{A} \cos \lambda \cos \phi \qquad (6\text{-}8)$$

Nessa equação, que é conhecida como lei de Schmid, ϕ é o ângulo entre a direção da fôrça e a normal ao plano de escorregamento e λ é o ângulo entre a direção da fôrça e a direção de escorregamento. A tensão axial mínima para ocorrer escorregamento corresponde a $\lambda = \phi = 45°$. Nessas condições, τ é igual à metade da tensão axial F/A. A tensão de cisalhamento efetiva é sempre menor que metade da tensão axial para qualquer outra orientação cristalina, tendendo para zero quando λ ou ϕ tendem para $90°$.

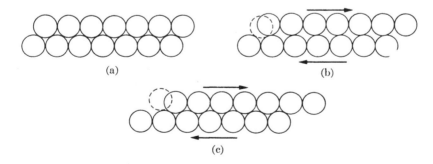

Fig. 6-15. Mecanismo hipotético de escorregamento (Simplificado). Os metais na verdade se deformam com tensões de cisalhamento inferiores às preditas pelo mecanismo.

Exemplo 6-3

Se a tensão de escoamento crítica na direção [110] e no plano (111) de um monocristal de cobre *puro* é 0,10 kgf/mm² (142 psi) que tensão deve ser aplicada na direção [100] a fim de produzir escorregamento no plano (111)?

Resposta: Da Fig. 3-24(c)

$$\cos \phi = \frac{\text{aresta da célula unitária}}{\text{diagonal da célula unitária}} = \frac{a}{\sqrt{3}\,a} = 0,577$$

$$\cos \phi = \frac{\text{aresta da célula unitária}}{\text{diagonal de face da célula unitária}} = \frac{a}{a\sqrt{2}} = 0,707$$

$$F/A = \frac{0,10}{(0,577)(0,707)} = 0,025 \text{ kgf/mm}^2$$

Mecanismo de escorregamento — A Fig. 6-15 mostra um mecanismo simplificado para o escorregamento. Ao tentarmos calcular o limite de resistência dos metais com base nesse modêlo obtemos um valor da ordem de $E/20$, onde E é o módulo de elasticidade. Como os metais não são tão resistentes, é claro que deve existir um outro mecanismo de escorregamento. Tôdas as evidências experimentais sugerem um mecanismo envolvendo movimentos de discordâncias. Se usarmos a Fig. 6-16 como um modêlo de uma discordância e aplicarmos uma tensão de cisalhamento ao longo da horizontal, a discordância pode se mover (Fig. 6-17) com um deslocamento de cisalhamento no interior do cristal. (Ver também a Fig. 4-13). A tensão de cisalhamento requerida para êsse tipo de deformação é apenas uma fração do valor $E/20$ prèviamente citado. Sob êsse aspecto, os valôres experimentais reforçam o mecanismo baseado no movimento de discordâncias, já que são da mesma ordem de grandeza que os previstos por êsse modêlo.

Como o mecanismo de escorregamento envolve o movimento de discordância, a direção na qual a tensão de cisalhamento crítica é mínima é aquela com o menor vetor de Burgers, ou seja a de menor distância de deslocamento e maior densidade atômica (Fig. 4-11). Nesta direção, a energia necessária para mover a discordância é mínima, pois a energia E é uma função do produto do módulo de cisalhamento G pelo quadrado do vetor de Burgers b:

$$E = f(G.\ b^2) \tag{6-9}$$

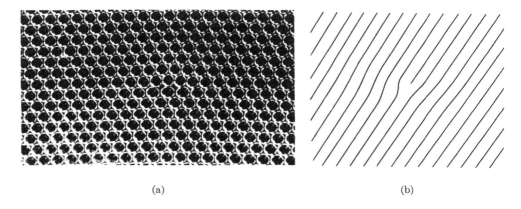

(a)   (b)

Fig. 6-16. Discordância em cunha. (a) Modêlo de "bôlhas de sabão" para uma imperfeição em uma estrutura cristalina. Observe a linha extra de átomos. (b) Ilustração esquemática de uma discordância. [Bragg e Nye, *Proc. Roy. Soc.* (*London*), **A 190**, 474, 1947].

FASES METÁLICAS E SUAS PROPRIEDADES

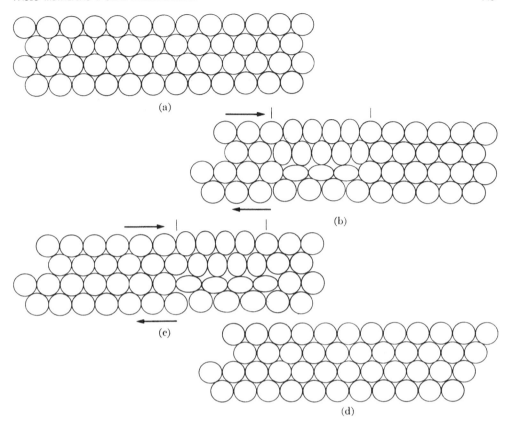

Fig. 6-17. Escorregamento por discordância. Nesse modêlo, apenas alguns átomos estão simultâneamente deslocados de suas posições de menor energia. Portanto, necessita-se de uma tensão menor para produzir o escorregamento. Compare com o modêlo da Fig. 6-15.

Movimentos de discordâncias em soluções sólidas — A energia associada com uma discordância em cunha (Fig. 4-11) é a mesma, quer a discordância esteja no ponto (b) ou no ponto (c) da Fig. 6-17. Portanto, não há gasto de energia para o movimento entre êsses dois pontos (*). Isto já não é mais verdade se existem átomos estranhos em solução sólida. Quando um átomo de uma impureza está presente, a energia associada com a discordância é menor que no metal puro (Fig. 6-18). Conseqüentemente, quando uma discordância encontra um átomo estranho, seu movimento fica restringido, já que se deve fornecer energia a fim de continuar havendo escorregamento. Daí resulta que as soluções sólidas de metais são sempre mais resistentes que os metais puros correspondentes.

Formação de discordância — Uma discordância produz uma deformação de apenas um vetor de Burgers. Conseqüentemente, é óbvio que muitas discordâncias devem estar envolvidas, antes que qualquer deformação plástica mensurável possa ocorrer; deve portanto haver uma "fonte" responsável pela formação de novas discordâncias. Uma fonte de discordâncias geralmente necessita de contornos de grão ou outras imperfeições para ancorar

---

* Esta afirmativa não mais é válida se (1) o movimento inclui um aumento no comprimento da discordância (Fig. 6-19), ou (2) se há um empilhamento de discordâncias (Fig. 6-20). Essas situações serão consideradas mais tarde.

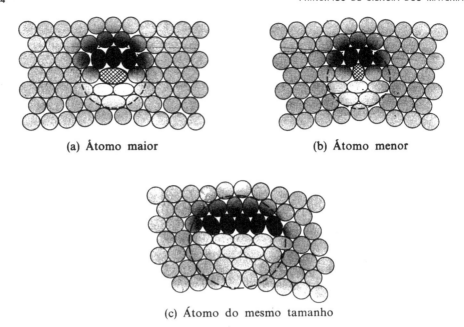

(a) Átomo maior (b) Átomo menor

(c) Átomo do mesmo tamanho

Fig. 6-18. Solução sólida e discordâncias. Um átomo de dimensões diferentes diminui a tensão em tôrno da discordância. Conseqüentemente, a discordância fica mais estável e necessita de mais tensão para ser movimentada.

as extremidades das discordâncias (Fig. 4-13c). Por exemplo, consideremos a Fig. 6-19 que mostra a extensão completa da curva, mostrada apenas pela metade na Fig. 4-13(c). Com o cisalhamento, a curva se expande e eventualmente se fecha em si mesmo; simultâneamente, uma segunda curva é iniciada. Desta forma, uma série contínua de discordâncias em cunha pode mover-se no interior de um cristal ao longo de um plano cristalino específico.

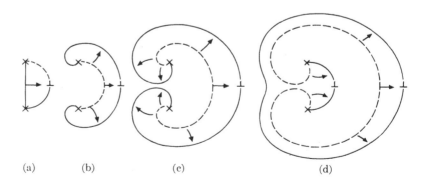

Fig. 6-19. Formação de discordância. (a) A parte pontilhada da curva é a parte mostrada na Fig. 4-13(c). X = pontos de ancoramento. ($b - d$) Aumento da linha da discordância com o aumento no cisalhamento. Quando a curva se fecha em si mesma, forma-se uma segunda curva.

Fig. 6-20. Empilhamento de discordâncias. Um contôrno ou superfície impede que os movimentos das discordâncias continuem. ⊥ = discordância em cunha.

Conforme aumenta o número de discordâncias ao longo do plano, a fôrça de cisalhamento necessária também aumenta. Entretanto, isto não é importante a menos que haja a interferência de algum fator estrutural, tal como o contôrno de grão. Um empilhamento de discordâncias, tal como mostra a Fig. 6-20, é importante, pois aumenta a resistência do metal a ulterior escorregamento.

Exemplo 6-4

Presumìvelmente, duas das discordâncias, mostradas na Fig. 6-20, podem se condensar na forma de uma discordância dupla com dois planos extras de átomos. Quantas vêzes seria necessário mais fôrça para mover esta discordância dupla?

Resposta: — O valor do vetor de Burgers b é dobrado. Logo, da Eq. (6-9), a fôrça de cisalhamento teria que ser quatro vêzes maior à necessária para mover uma discordância.

6-6 DEFORMAÇÃO PLÁSTICA NOS METAIS POLICRISTALINOS.

Os contornos dos grãos interferem com o escorregamento, pois interrompem os planos cristalinos nos quais as discordâncias se movem. A Fig. 6-21 mostra o efeito do tamanho de grão na ductilidade e no limite de resistência de um latão 70-30 (ou seja, 70% de cobre e 30% de zinco) recozido. A mudança na ductilidade e no limite de resistência é o reflexo direto da área de contôrno de grão do latão e do efeito que o contôrno tem no escorregamento.

Limite de escoamento — O limite de escoamento dos metais policristalinos tem uma origem complexa. (1) Como se pode notar, na Fig. 6-9, os vários grãos não estão solicitados pelas mesmas tensões elásticas, quando o metal está sendo solicitado. (2) A tensão de cisa-

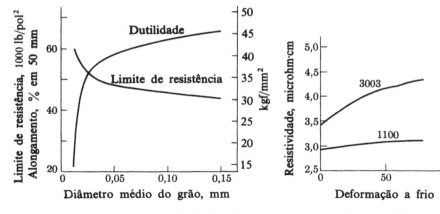

Fig. 6-21. Tamanho de grão *versus* limite de resistência ou dutilidade (latão 70-30 recozido).

Fig. 6-22. Condutividade elétrica *versus* deformação a frio (para ligas de alumínio); 1100 = 99,9% Al; 3003 = 1,2% Mn, Al o resto.

lhamento efetiva varia com a orientação do grão. (3) A tensão crítica de cisalhamento necessária para o escorregamento depende do plano de cristal e da direção cristalina. (4) Há um certo número de possíveis planos de escorregamento no cristal (Fig. 6-13). Os quatro fatôres (*) acima citados mostram claramente que o metal policristalino não tem um único limite elástico. Dessa forma, deve-se esperar um início gradual da deformação plástica (Fig. 1-3) e isso justifica definir o limite de escoamento como sendo a tensão que origina uma quantidade definida de deformação plástica. Comumente usa-se 0,2% (Fig. 1-5c).

6-7 PROPRIEDADES DOS METAIS DEFORMADOS PLÀSTICAMENTE. A deformação plástica altera a estrutura interna de um metal; logo, deve-se esperar que a deformação também mude as propriedades de um metal. Medidas de resistividade fornecem evidências dessas mudanças de propriedades. A estrutura distorcida reduz o livre percurso médio dos movimentos dos elétrons (Seção 5-4 e 5-7) e, portanto, aumenta a resistividade (Fig. 6-22).

Na figura citada acima, tal como em outros casos, é conveniente referir-se à quantidade de *deformação a frio* como um índice de deformação plástica. A deformação a frio é a intensidade de deformação resultante de uma redução na área da seção transversal reta durante a deformação plástica:

$$DF = \left[\frac{A_0 - A_f}{A_0}\right] 100, \qquad (6\text{-}10)$$

onde A_0 e A_f são, respectivamente, as áreas inicial e final.

Fig. 6-23. Cobre policristalino deformado plàsticamente (25 ×). Os traços dos planos de escorregamento aparecem na superfície polida do metal (B. A. Rogers).

Endurecimento pela deformação a frio (*encruamento*). Os traços dos planos de escorregamento do cobre deformado a frio da Fig. 6-23 mostra que a deformação ocorreu. O movimento de discordâncias ao longo dos planos de escorregamento e a distorsão dos planos resultantes das deformações dos grãos adjacentes tornam desordenada a estrutura cristalina regular que inicialmente estava presente. Portanto, torna-se mais difícil o escorregamento ulterior e a dureza do metal é aumentada (Figs. 6-24 e 6-25).

* Uma pequena deformação pode também ocorrer por maclação e por torcimento. Entretanto, não consideremos êstes mecanismos aqui.

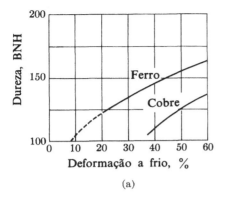
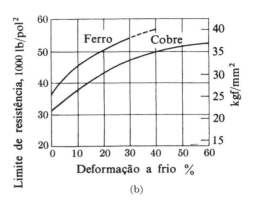
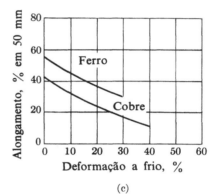

Fig. 6-24. Trabalho a frio *Versus* propriedades mecânicas (ferro e cobre).

O aumento na dureza resultante da deformação plástica é denominado de *endurecimento pela deformação a frio* ou *encruamento*. Ensaios de laboratório mostram que, acompanhando o aumento na dureza, também se elevam o limite de escoamento e o de resistência. Por outro lado, o encruamento reduz a dutilidade pois parte da elongação é "consumida" durante a deformação a frio, antes dos traços (Fig. 1-4) terem sido colocados no corpo de prova. Logo, uma elongação menor é observada durante o ensaio. O processo do encruamento aumenta mais o limite de escoamento que o de resistência (Fig. 6-26) e ambos tendem à tensão verdadeira de ruptura (Fig. 1-5d) com o aumento da deformação a frio.

6-8 RECRISTALIZAÇÃO. Os cristais plàsticamente deformados, como os da Fig. 6-23, têm mais energia que os cristais não deformados, pois estão cheios de discordâncias e outras imperfeições. Havendo oportunidade, os átomos dêsses cristais se reacomodarão de forma a se ter um arranjo perfeito e não deformado. Tal oportunidade ocorre quando os cristais são submetidos a temperaturas elevadas, através de um processo denominado de *recozimento*. A agitação térmica mais elevada do reticulado em temperaturas altas permite o rearranjo dos átomos em grãos menos deformados. A Fig. 6-27 mostra o progresso desta *recristalização*, incluindo o subseqüente *crescimento dos grãos*.

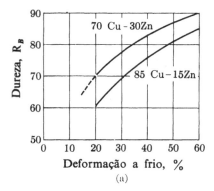
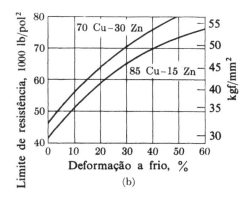
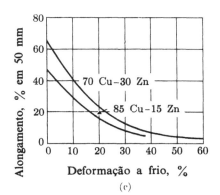

Fig. 6-25. Deformação a frio *versus* propriedades mecânicas (latões).

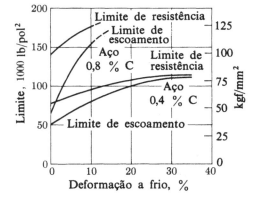

Fig. 6-26. Deformação a frio *versus* resistência de aços carbono laminados.

FASES METÁLICAS E SUAS PROPRIEDADES

Fig. 6-27. Recristalização de latão encruado (40 ×). (J. E. Burke, General Electric Co., Shenectady, N. Y.). De (a) a (h) pode-se ver a recristalização e o crescimento dos grãos em temperaturas elevadas.

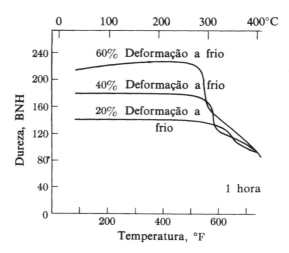

Fig. 6-28. Amolecimento por recristalização. O latão 65 Cu – 35 Zr mais duro e mais encruado recristaliza em temperaturas mais baixas, com menor energia térmica. (De dados da ASM).

Temperaturas de recristalização — Como a recristalização forma cristais mais moles, os valôres da dureza são excelentes índices de recristalização. A Fig. 6-28 mostra a variação da dureza com o aumento da temperatura, para latões 65 Cu-35 Zn com diferentes graus de encruamento. A temperatura na qual há uma marcada diminuição na dureza é denominada de temperatura de *recristalização*. Tal como mostra a figura, o metal mais deformado é cristalogràficamente mais instável que um metal menos deformado, pois o metal mais trabalhado amolece em temperaturas mais baixas. A temperatura de recristalização também depende do tempo de aquecimento. Períodos de tempo mais longos dão aos átomos maiores oportunidades de se rearranjarem; logo, a recristalização ocorre em temperaturas mais baixas.

A recristalização necessita do rearranjo ou difusão dos átomos em um material; conseqüentemente, a temperatura necessária para a recristalização depende das fôrças que mantêm os átomos unidos. Essa conclusão é consistente com o fato de que a energia térmica necessária para a fusão está relacionada com as fôrças entre os átomos. Desta forma, é de se esperar que haja alguma correlação entre a temperatura de fusão e a de recristalização. A Fig. 6-29 compara essas temperaturas para um grande número de metais comuns. Embora existam exceções, a temperatura de recristalização está entre um têrço e metade da temperatura absoluta* de fusão.

Deformação a quente de metais versus deformação a frio — Nas operações industriais, a distinção entre a *deformação a frio* e a *deformação a quente* não está sòmente na temperatura, mas na relação entre a temperatura do processo e a de recristalização. A deformação a quente é efetuada acima da temperatura de recristalização, enquanto que a deformação a frio é realizada abaixo. Desta forma, a temperatura de deformação a frio do cobre pode ser superior à de deformação a quente do chumbo.

* °K = °C + 273 ou °R = °F + 460.

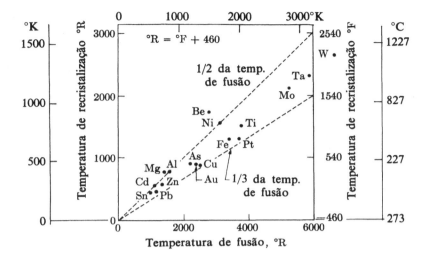

Fig. 6-29. Temperatura de recristalização *versus* temperatura de fusão. A temperatura média de recristalização é cêrca de metade da temperatura absoluta de fusão.

Fig. 6-30. Ciclos de deformação a frio e recozimento (cápsula para cartuchos).

A escolha da temperatura de recristalização como o ponto de distinção entre deformação a frio e a quente é bastante lógica sob o ponto de vista das operações industriais. Abaixo da temperatura de recristalização, o metal se torna mais duro e menos dúctil ao ser deformado. Necessita-se de mais energia para a deformação e a probabilidade de aparecerem trincas durante o processamento é maior. Acima da temperatura de recristalização, o metal se recoze ou durante o processo de deformação ou logo após êste, de forma que permanece mole e relativamente dúctil.

Significado da deformação a frio e do recozimento para o engenheiro. A deformação a frio é da maior importância para o engenheiro projetista. Permite que se use componentes menores e mais resistentes. Evidentemente, o produto não pode ser usado em temperaturas que permitam o recozimento do metal.

O trabalho a frio limita a deformação plástica que o metal pode sofrer posteriormente, durante a operação de moldagem. O metal pouco dúctil e endurecido necessita de mais energia

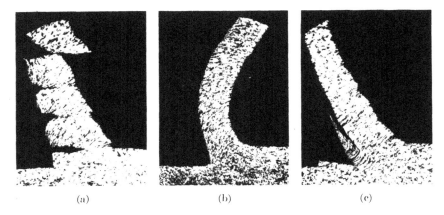

Fig. 6-31. Formação de cavacos descontínuos por usinagem. O encruamento facilita a produção dêste tipo de cavaco, pois reduz a dutilidade.

para ser trabalhado e fica mais suscetível a trincas. A Fig. 6-30 mostra um exemplo de um *ciclo de deformação a frio e recozimento* usado numa operação industrial.

A perda de dutilidade durante o trabalho a frio tem um efeito secundário que é útil durante a usinagem. Com uma ductilidade menor, os cavacos se quebram com maior facilidade, ajudando a operação de corte.

Exemplo 6-5

Necessita-se de uma barra de latão 70-30 com um diâmetro de 5,4 mm, uma resistência de mais de 42 kgf/mm^2 e uma elongação de mais de 20%. A barra deve ser obtida a partir de uma outra maior, cujo diâmetro é de 8,9 mm. Especificar as etapas de processamento necessárias para a obtenção da barra de 5,4 mm.

Resposta: Da Fig. 6-25

Deformação a frio > 15% para o limite de resistência
Deformação a frio < 23% para a elongação

Portanto, na última etapa deve-se provocar 20% de deformação a frio. Pela Eq. 6-10,

$$0,20 = \frac{d^2\pi/4 - (5,4)^2\pi/4}{d^2\pi/4}$$

$$d = 6,0 \text{ mm}$$

Faz-se a redução de 8,9 mm para 6,0 mm ou por deformação a quente ou por um ou mais ciclos de deformação a frio e recozimento. A barra deve ser recozida com um diâmetro de 6,0 mm. Finalmente, por trabalho a frio, reduz-se de 6,0 para 5,4 mm.

RUPTURA DOS METAIS

6-9 INTRODUÇÃO. Embora a maior parte dos projetos exija metais que não podem apresentar falhas, é desejável conhecer alguma coisa sôbre as falhas dos metais. Um conhecimento geral dos tipos de falhas dos metais permite a criação de melhores projetos, pois adquire-se uma visão mais adequada das limitações que são encontradas incluindo (1) fluência, (2) fratura e (3) fadiga. Cada uma delas será estudada separadamente.

6-10 FLUÊNCIA ("CREEP")[1]

A característica tensão-deformação dos materiais depende do tempo, como mostra esquemàticamente a Fig. 6-23. Quando um metal é solicitado por uma carga, imediatamente sofre uma deformação elástica e, num curto período de tempo, ocorrem ajustamentos plásticos adicionais nos pontos de tensão ao longo dos contornos de grão e de defeitos. Após êstes ajustamentos iniciais, continua a haver uma deformação que progride lentamente com o tempo, denominada *fluência;* tal deformação continua até ocorrer um estrangulamento, com a conseqüente redução da área da seção transversal reta. Após esta estricção e até a *ruptura*, a velocidade de deformação aumenta em virtude da redução da área que suporta a carga. Se a carga fôsse reduzida de forma a compensar a redução na área e manter constante a tensão, então a reta do Estágio 2 da figura continuaria até a ruptura*.

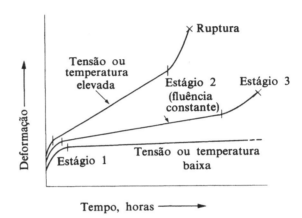

Fig. 6-32. Fluência. A velocidade de fluência no segundo estágio determina a vida útil do material.

A *velocidade de fluência* é definida pelo quociente deformação/intervalo de tempo, durante o período inicial de fluência, ou seja, é igual ao coeficiente angular das curvas da Fig. 6-32 após o período inicial de deformação elástica e plástica. As seguintes correlações estão mostradas esquemàticamente. (1) A velocidade de fluência aumenta com a temperatura. (2) A velocidade de fluência aumenta com a tensão. (3) A deformação até a ruptura aumenta com a tensão. (4) O intervalo de tempo após o qual ocorre a ruptura diminui pelo aumento na temperatura.

Essas relações são confirmadas pelos dados da Fig. 6-33. Na Fig. 6-33(a), temos o gráfico da velocidade de fluência "versus" tensão, para diferentes temperaturas. A menos de pequenas deflexões que estão associadas a mudanças secundárias na liga, existe uma relação logarítmica direta entre a tensão e a velocidade de fluência. Na Fig. 6-33(b), temos os mesmos dados, só que é dada a variação da tensão com a temperatura, usando a velocidade de fluência como parâmetro.

Mecanismo da fluência — O mecanismo da fluência está relacionado com o movimento de discordâncias. Em temperaturas baixas, a deformação é restringida, pois os movimentos das discordâncias são interrompidos pelos contornos de grão ou pelas impurezas. Entretanto, em temperaturas mais elevadas, os movimentos atômicos permitem que as discordâncias

---

[1] N. do T. — Muitas vêzes se emprega a designação inglêsa "creep".

* A deformação acelerada pode também ser causada por uma mudança de fase ou por uma oxidação intergranular intensa, durante o ensaio ou em serviço.

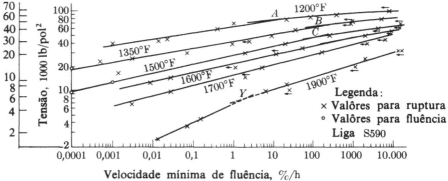

Fig. 6-33. Velocidade de fluência *versus* tensão *versus* temperatura. A menor fluência é o segundo estágio da Fig. 6-32. (N. J. Grant, "Stress Rupture Testing", *High Temperature Properties of Metals*. Cleveland: American Society for Metals, 1951).

"*pulem*" ou passem de um plano para outro ou mesmo desapareçam (Fig. 6-34). Como os átomos e os vazios se movem nas vizinhanças da discordância, essa pode "saltar" do plano de escorregamento inicial, permitindo, desta forma, a continuação da deformação, ou seja, a fluência.

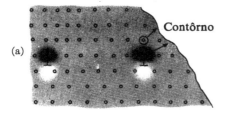
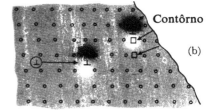

Fig. 6-34. "Salto" de discordância. Em temperaturas elevadas, a difusão dos vazios (□) para as discordâncias em cunha (ou dos átomos para fora das discordâncias) possibilita passagem de discordâncias para um outro plano; desta forma, alivia-se o empilhamento de discordâncias, permitindo a continuação da deformação (ou seja, a fluência), para baixas tensões.

FASES METÁLICAS E SUAS PROPRIEDADES

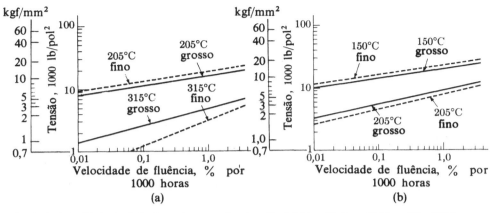

Fig. 6-35. Velocidade de fluência *versus* tamanho de grão. (a) Liga 77 Cu – 22 Zn – 1Sn; TEC, aprox. 250°C. (b) Liga 59 Cu – 40 Zn – 1 Sn; TEC, aprox., 175°C. Acima da temperatura equicoesiva, os metais de grãos grosseiros são mais resistentes que os metais de grãos refinados. O contrário é válido para temperaturas baixas. Adaptado de C. L. Clark e A. E. White, "Influence of Recrystalization Temperature and Grain Size on the Creep Characteristics of Non-Ferrous Alloys", *Proceedings A. S. T. M.*, **32** (II), 42, 1932).

Embora em temperaturas baixas, os contornos de grão interferem com o movimento das discordâncias, êles também funcionam como fontes de átomos e vazios, os quais permitem os pulos das discordâncias durante a fluência. Ou seja, podemos concluir que, conforme se aumenta a temperatura, o papel do contôrno de grão se inverte, pois o mesmo deixa de resistir à deformação e passa a auxiliá-la. A temperatura de inversão é denominada de *temperatura equicoesiva* (TEC) e, òbviamente, é importante no projeto de dispositivos a serem usados em temperaturas elevadas (Fig. 6-35). Nesses dois exemplos, as temperaturas equicoesivas são 250°C e 175°C, respectivamente. A temperatura equicoesiva aumenta com a temperatura de fusão da liga.

6-11 FRATURA. Podemos ter dois tipos de fratura dos materiais: a *fratura dúctil*, na qual a deformação plástica continua até uma redução de 100 % na área [Eq. 1-2] e a *fratura frágil*, na qual as partes adjacentes do metal são separadas por tensões normais à superfície da fratura. Como a fratura frágil não produz deformação plástica, ela requer menos energia que uma fratura dúctil, na qual se consome energia na formação de discordância e outras imperfeições no interior dos cristais.

Fratura de clivagem — Nesse caso, a fratura usualmente caminha entre planos cristalinos adjacentes, particularmente entre aquêles com poucas ligações interatômicas. Todos nós estamos familiarizados com a fratura de clivagem na mica e no diamante, nos quais as superfícies de clivagem são muito específicas. Um tipo semelhante de fratura é encontrado nos metais ccc e hc, mas não nos cfc. Uma amostra de ferro de granulação grosseira, por exemplo, ao ser quebrada revela pequenas faces de clivagem que se formam conforme a fratura se propaga de forma *transgranular*.* (Comumente, o leigo denomina êstes metais de "cristalizados" embora, na verdade, todos os metais sólidos sejam cristalinos).

Um contraste esquemático entre a fratura frágil e a dúctil nos será de grande valia. A Fig. 6-36 mostra as tensões relativas necessárias para ambos os tipos de fratura. No caso (a), a fratura que se dá é ductil, pois a tensão necessária para a fratura frágil é maior que para a dúctil. É o caso dos metais cfc. No caso (c), a fratura ocorre antes da deformação por cisalha-

---

* Alguns metais cfc se rompem de forma *intergranular*, se houver a precipitação de uma fase frágil ao longo dos contornos de grão; por exemplo, uma liga recozida de Al e CuAl$_2$ (Fig. 11-17d).

Fig. 6-36. Resistência à fratura e ao cisalhamento. (a) Fratura dúctil. (b) Fratura combinada. (c) fratura frágil. A cruz indica o ponto de ruptura.

mento; é o caso da mica, do vidro e do ferro fundido. No caso (b), há uma superposição que é típica para muitos metais entre os quais o ferro. A deformação plástica se inicia, mas o encruamento aumenta a tensão tolerável, até que a resistência à ruptura seja ultrapassada. Conseqüentemente, é comum encontrar metais que sofram alguma estricção, antes de se romperem de forma frágil.

Resistência ao impacto — A tenacidade de um material foi definida na Seção 1-2 como sendo a energia necessária para rompê-lo. Em muitas aplicações, o valor desta energia é mais importante que o limite de resistência, particularmente se o metal é usado em uma aplicação dinâmica. O têrmo *resistência ao impacto* é usado para designar a tenacidade; é comumente medido em pé-lb. A resistência ao impacto depende da *velocidade de aplicação da carga* e da *temperatura*, assim como da concentração de tensões.

Durante a solicitação por impacto, há apenas um pequeno intervalo de tempo disponível para uma deformação plástica uniforme. Assim sendo, a deformação pode exceder, localmente, a tensão de fratura em irregularidades geométricas, contornos de grão e outras imperfeições, de forma que se inicia uma trinca. Uma vez iniciada, a trinca origina uma concentração de tensões; como resultado, a trinca se propaga até a ruptura completa. Com menores velocidades de aplicação da carga ou em temperaturas mais altas, as curvas de resistência ao cisalhamento são diminuídas (Fig. 6-37) e o material se torna mais dúctil.

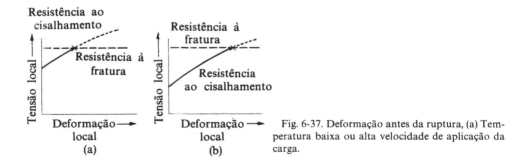

Fig. 6-37. Deformação antes da ruptura, (a) Temperatura baixa ou alta velocidade de aplicação da carga.

Temperatura de transição — Quando os metais ccc são submetidos a cargas de impacto em temperaturas relativamente baixas, verifica-se uma transição da fratura dúctil, que necessita de energia elevada para a fratura frágil que requer menor energia. A Fig. 6-38 mostra esta transição para dois aços diferentes usados para chapas para a industria naval. Como a transição ocorre numa faixa de temperaturas, freqüentemente adota-se como *temperatura de transição* a que corresponde a uma certa energia de impacto, por exemplo, 10 ou 15 pé·lb.

FASES METÁLICAS E SUAS PROPRIEDADES

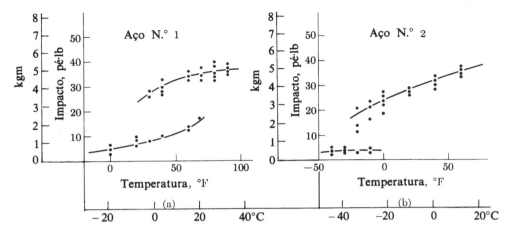

Fig. 6-38. Temperaturas de transição (placas de aço para navios). Para cada aço há uma variação brusca na tenacidade em temperaturas baixas. A temperatura de transição é nitidamente mais baixa para o Aço N. 2 que para o Aço N. 1. (Adaptado de N. A. Kahn e E. A. Imbembo. "Reproducibility of the Single Blow Charpy Notch-Bar Test", *A. S. T. M. Bull.*, **146**, 66; 1947).

Esta transição pode-se tornar muito importante para o engenheiro que está projetando uma estrutura a ser submetida a tensões de impacto. Quando a temperatura está acima das temperaturas de operação, fraturas do tipo frágil não ocorrerão. Portanto, dos dois aços, cujas temperaturas de transição estão mostradas na Fig. 6-38, o Aço N.° 2 seria muito satisfatório para ser usado em navios, já que sua temperatura de transição está abaixo das normalmente encontradas por navios. O Aço N.° 1 pode produzir fraturas frágeis em temperatura ambiente. Há numerosos exemplos lamentáveis destas rupturas, nos navios americanos Liberty, durante a II.ª Guerra Mundial.

A transição dúctil para frágil é uma propriedade dos metais ccc mas não dos cfc. Metais, como cobre e alumínio, não apresentam variação abrupta da tenacidade com a temperatura.

6-12 FADIGA. Existem vários exemplos documentados de rupturas de eixos rotativos de turbinas e de outros equipamentos mecânicos que permaneceram em operação durante muito tempo. A explicação comum de que o metal ficou "cansado" e rompeu por *fadiga* é mais apropriada do que pode parecer à primeira vista, particularmente quando se sabe que as tensões que aparecem nos metais são alternativas.

A tensão que um material pode suportar ciclicamente é muito menor que a suportável em condições estáticas. O limite de escoamento, que é uma medida da tensão estática sob a qual o material resiste sem deformação permanente, pode ser usado como um guia apenas para estruturas que operam em condições de carregamento estático. A Fig. 6-39 mostra o número de ciclos que antecedem a ruptura de um aço, solicitado por tensões alternadas. A fim de aumentar o número de ciclos de tensão possíveis em uma máquina, é necessário reduzir-se a tensão nos seus componentes. Felizmente, muitos materiais apresentam níveis de tensão que permitem um número quase infinito de ciclos sem ruptura. O nível de tensão máxima antes da ruptura, representado pela parte horizontal da curva da Fig. 6-39, recebe o nome de *limite de resistência à fadiga.*

Mecanismo da fadiga — A diminuição na carga máxima possível, sob aplicação cíclica da carga, é diretamente atribuída ao fato do material não ser um sólido idealmente homogêneo. Em cada meio ciclo, produz-se pequeníssimas deformações que não são totalmente reversíveis. Uma observação cuidadosa indica que a ruptura por fadiga ocorre segundo as

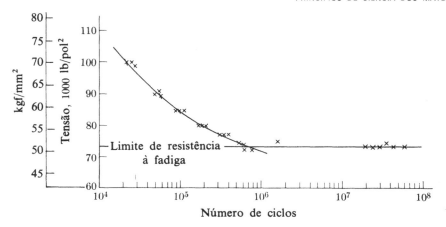

Fig. 6-39. Curva tensão − n.° de ciclos para um lote de barras de aço 4340 trabalhada a quente. Tensões baixas permitem mais ciclos; no limite de resistência à fadiga o número é quase infinito. (Adaptado de M. F. Garwood, H. H. Zurbug, e M. A. Erickson, "Correlation of Laboratory Tests and Service Performance", *Interpretation of Tests and Correlation with Service*. Cleveland: American Society for metals, 1951).

seguintes etapas: (1) o tensionamento cíclico causa deformações a frio e escorregamento localizados; (2) a gradual redução de ductilidade nas regiões encruadas resulta na formação de fissuras submicroscópicas e (3) o efeito de entalhe das fissuras concentra tensões até que ocorra a ruptura completa.

Portanto, a ruptura por fadiga está relacionada com o fato de, ao invés de se ter um comportamento elástico ideal e reversível do material ter-se deformação plástica não-uniforme (Seção 6-5 e 6-6). Essas deformações não-reversíveis se localizam ao longo dos planos de escorregamento, nos contornos de grão e ao redor de irregularidades de superfície devidas a defeitos geométricos ou de composição. A influência das irregularidades geométricas (en-

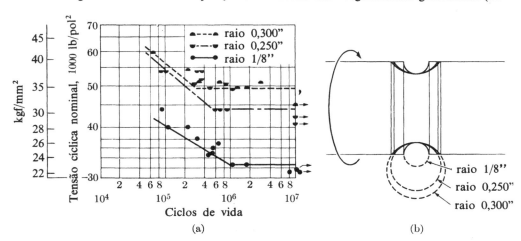

Fig. 6-40. Curvas tensão − n.° de ciclos para corpos de prova entalhados (cf. Fig. 6-41). Os menores raios de curvatura permitem uma concentração maior de tensões e conseqüentemente abaixam o limite de resistência à fadiga. (M. F. Garwood, H. H. Zurburg. e M. A. Erickson, "Correlation of Laboratory Tests and Service Performance", *Interpretation of Tests and Correlation With Service*. Cleveland: American Society for Metals, 1951).

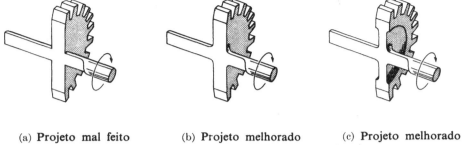

(a) Projeto mal feito   (b) Projeto melhorado   (c) Projeto melhorado

Fig. 6-41. Projeto de filetes. O uso generoso de filetes no projeto mecânico reduz a possibilidade de concentrações de tensões e de fadiga nas partes sujeitas a solicitações cíclicas. Surpreendentemente, um componente com menos material, (c) *versus* (a), pode ter menores concentrações de tensões, se forem feitos entalhes convenientes.

talhes) está ilustrada na Fig. 6-40 e na Tabela 6-3. Os três conjuntos de dados da Fig. 6-40 são para aços idênticos. Os corpos de prova com um entalhe de $\frac{1}{8}''$ de raio têm um limite de resistência à fadiga de apenas dois terços dos corpos de prova com entalhes de raios maiores (Figs. 6-40 e 6-41).

Igualmente importante é a natureza do *acabamento superficial* do componente solicitado ciclicamente. As características da superfície são muito importantes já que, usualmente, a mesma está sujeita a maiores solicitações que qualquer outra parte. A Tabela 6-3 mostra o efeito do acabamento superficial em um aço 4063, o qual foi temperado até 44 R_C. A redução das irregularidades superficiais nitidamente aumenta a resistência à fadiga, pois entalhes macroscópicos e irregularidades superficiais microscópicas causam concentrações de tensão. Êsses pontos sofrerão deformação plástica com cargas para as quais o material, como um todo, não se deforma: consequentemente, o engenheiro de projetos deve especificar melhores acabamentos superficiais nos pontos mais suscetíveis à fadiga, Por outro lado, é antieconômico especificar-se acabamentos superficiais muito bons em pontos nos quais as solicitações são pequenas.

Tabela 6-3

Acabamento Superficial *versus* Limite de Resistência à Fadiga
(Aço SAE 4063, temperado e revenido até 44 R_c)*

Tipo de acabamento	Rugosidade superficial, micropolegadas	Limite de resistência à fadiga, kgf/mm²
Esmerilhamento circunferencial	16-25	63,9
Brunido mecânicamente	12-20	73,2
Esmerilhamento longitudinal	8-12	78,4
Superacabado (polido)	3-6	79,8
Superacabado (polido)	0,5-2	81,7

* Adaptado de M.F. Garwood, H.H. Zurburg e M.A. Erikson, "Correlation of Laboratory Tests and Service Performance", *Interpretation of Tests and Correlation with Service*. Cleveland: American Society for Metals, 1951.

160   PRINCÍPIOS DE CIÊNCIA DOS MATERIAIS

REFERÊNCIAS PARA LEITURA ADICIONAL

6-1. Clark D.S. e W.R. Varney, *Physical Metallurgy for Engineers*, 2.ª ed. New York: D. Van Nostrand, 1962. Os Cap. 4 e 5 discutem as propriedades físicas e mecânicas dos metais. Discute as aplicações.

6-2. Birchenall, C.E., *Physical Metallurgy*. New York: McGraw-Hill, 1959. Os Cap. 5 a 8 servem como leitura suplementar a êste capítulo.

6-3. Dieter, G.E., *Mechanical Metallurgy*. New York: McGraw-Hill, 1961. Apresentação completa do comportamento mecânico. Para o estudante adiantado e o instrutor.

6-4. Dolan, T.J., "Basic Concepts of Fatigue Damage in Metals", *Fatigue*. Cleveland: American Society for Metals. O trabalho de Dolan discute a natureza da fadiga, além do alcance dêste livro. Recomendado ao estudante como uma leitura suplementar sôbre fadiga.

6-5. Grant. N.J., "Creep and Fracture at Elevated Temperatures", *Utilization of Heat Resistant Alloys*. Cleveland: American Society for Metals, 1954. Para o estudante adiantado de metalurgia. Um sumário sôbre os mecanismos de ruptura.

6-6. Guy A.G., *Elements of Physical Metallurgy*. Reading, Mass.: Addison Wesley, 1959. O Cap. 9 considera a plasticidade dos metais. O Cap. 12 discute a recristalização e o crescimento de grão. Para o estudante que deseja mais informação que a disponível neste livro.

6-7. Guy A.G., *Physical Metallurgy for Engineers*. Reading, Mass.: Addison-Wesley, 1962. Os Cap. 6 e 7 apresentam as propriedades dos metais, nível introdutório.

6-8. Keyser, C.A., *Basic Engineering Metallurgy*. Englewood Cliffs, N.J.: Prentice-Hall, 1959. Os Caps. 3, 6, 10 e 11 servem como leitura suplementar para êste capítulo; nível introdutório.

6-9. Lessels, J.M., *Strength and Resistance of Metals*. New York: John Wiley & Sons, 1954. O Cap. 5 discute a fratura por impacto, os Caps. 6, 7 e 8, fadiga; Cap. 9, histerese de deformação; e o Cap. 10, o cisalhamento mecânico. Cada um dêstes capítulos usa matemática ao nível de mecânica introdutória. Recomendado para o estudante adiantado.

6-10. Mason, C.W., *Introductory Physical Metallurgy*. Cleveland: American Society for Metals, 1947. O Cap. 2 trata das ligas como soluções sólidas. O Cap. 3 considera a deformação e o recozimento dos metais. Para o estudante.

6-11. *Metals Handbook*. Cleveland: American Society for Metals. Uma enciclopédia dos metais, com particular ênfase nas aplicações industriais. Para todos os engenheiros.

6-12. Rogers, B.A., *The Nature of Metals*. Ames, Iowa: Iowa State University Press, and Cleveland: American Society for Metals, 1951. Cap. 1: grãos nos metais. Cap. 10: como os metais são deformados. Cap. 11: recristalização. Para o estudante.

6-13. Sinnott, M.J., *Solid State for Engineers*. New York: John Wiley & Sons, 1958. Os Caps. 10 a 14 e 16 a 18 apresentam as propriedades dos metais. Para o professor.

6-14. Smoluchowski, R., "The Metallic State: Theory of Some Properties of Metals and Alloys" e "Dislocations in Solids", *The Science of Engineering Materials*. New York: John Wiley e Sons, 1957. Ambos os artigos estão escritos particularmente para o professor. Entretanto, podem ser lidos pelo estudante adiantado.

6-15. Smith, G.V., *Properties of Metals at Elevated Temperatures*. New York: McGraw-Hill, 1950. O Cap. 4 discute a fluência nos metais policristalinos. Recomendado para o estudante avançado como leitura suplementar.

PROBLEMAS

6-1. Com base na Fig. 6-1, qual a resistividade elétrica do latão 70-30 recozido?

Resposta: 1×10^{-6} ohm·cm

FASES METÁLICAS E SUAS PROPRIEDADES 161

6-2. Um fio de cobre tem uma resistência de 0,5 ohm. Considerar um fio de mesmas dimensões, feito de latão 75-25 ao invés de cobre. Qual seria a resistência dêsse fio?

6-3. Um latão deve ter um limite de resistência superior a 28 kgf/mm^2 e uma resistividade elétrica menor que 5×10^{-6} ohm·cm (resistividade do cobre $= 1,7 \times 10^{-6}$ ohm·cm). Que porcentagem de zinco êsse latão deve ter?

Resposta: 14 a 27% de zinco.

6-4. Um barco a motor necessita de um refôrço para banco. O ferro não pode ser usado pois enferruja. Selecione a liga mais adequada a partir das Figs. 6-1 e 6-2. Necessita-se de um limite de resistência pelo menos de 31,5 kgf/mm^2; uma dutilidade de 45% de elongação (em 2") e baixo custo. [*Nota:* O zinco é mais barato que o cobre.]

6-5. Um fio de latão deve suportar uma carga de 4,5 kgf sem deformação e ter uma resistência menor que 0,33 ohm por metro. (a) Qual o menor diâmetro de fio que pode ser usado se feito de latão 60-40? (b) 80-20? (c) 100% Cu?

Resposta: (a) 1,77 mm de diâmetro (b) 1,35 mm de diâmetro (c) 1,45 mm de diâmetro.

6-6. Para determinada aplicação, necessita-se de um metal com um limite de escoamento superior a 10 kgf/mm^2 psi e uma condutividade térmica superior a 0,1 cal·cm/cm^2·s·°C. Especifique um latão recozido ou uma liga Cu-Ni recozida que possa ser empregada.

6-7. O diâmetro médio dos grãos de uma amostra de cobre é 1,0 mm. Quantos átomos existem por grão, admitindo-se que os grãos são esféricos?

Resposta: $4,45 \times 10^{19}$ átomos/grão

6-8. (a) Quantos grãos de austenita existem em um centímetro cúbico de um aço, com tamanho de grão ASTM N.° 2? (b) N.° 8? (Admita grãos de forma cúbica).

6-9. Admitindo que os grãos são de forma cúbica, (a) qual é a área de contôrno de grão em um aço com um tamanho de grão austenítico N.° 2? (b) N.° 8?

Resposta: (a) 166 cm^2/cm^3 (b) 1338 cm^2/cm^3

6-10. Quando o ferro é comprimido hidrostàticamente com 21 kgf/mm^2, seu volume varia de 0,10%. Qual será a variação de volume quando o mesmo é tensionado axialmente com 63 kgf/m^2?

6-11. Um corpo de prova de 0,5051 pol de diâmetro, com um comprimento entre marcas de 2 pol, é solicitado elàsticamente com 35.000 lb e aumenta 0,014 pol. Seu diâmetro, quando carregado, é 0,5040 pol. (a) Qual o seu módulo de compressibilidade cúbica? (b) e o módulo de rigidez?

Resposta: (a) 22.000.000 psi (b) 9.500.000 psi

6-12. Admitindo-se que o cobre tem um módulo de elasticidade de 11.000 kgf/mm^2, um coeficiente de Poisson de 0,3 e está submetido a uma tensão de 8 kgf/mm^2. Nestas condições, quais as dimensões da célula unitária (Admita que a tensão aplicada seja paralela aos eixos da célula).

6-13. Uma barra policristalina de cobre está submetida a uma tensão axial de 9,8 kgf/mm^2. Qual será a mais alta tensão local nesta barra policristalina?

Resposta: 17,1 kgf/mm^2

⊙ 6-14. Um cristal de alumínio sofre escorregamento no plano (111) e na direção $[1\bar{1}0]$ com uma tensão de 0,35 kg/mm^2 aplicada na direção $[1\bar{1}1]$. Qual é a tensão crítica efetiva de cisalhamento?

Os problemas precedidos por um ponto são baseados, em parte em seções opcionais.

PRINCÍPIOS DE CIÊNCIA DOS MATERIAIS

⊙ 6-15 (a) Qual é a tensão normal perpendicular ao plano (110), no problema anterior? (b) E a perpendicular ao plano (001)?

Resposta: (a) Zero (b) 0,12 kgf/mm²

6-16. Quantas vêzes a energia de uma discordância no tungstênio com um vetor de Burgers [110] é maior que uma com (a) um vetor [100]? (b) um vetor [111]?

6-17. Mostre porque o escorregamento ocorre mais fàcilmente nos planos (110) do crômio que nos planos (111).

Resposta: cf. vetores de Burgers

6-18. Mostre porque o escorregamento ocorre mais fàcilmente nos planos (111) do cobre que nos planos (110).

6-19. Um fio de cobre de 0,25 cm de diâmetro, prèviamente recozido, deve ser extrudido através de uma fieira de 0,20 cm de diâmetro. Qual será o limite de resistência do fio após a deformação a frio?

Resposta: 33,6 kgf/mm²

6-20. Uma chapa de ferro puro com 0,10 cm de espessura é recozida antes de ser laminada a frio até uma espessura de 0,08 cm (a variação na largura é desprezível). (a) Qual será a ductilidade do ferro após a laminação? (b) Estimar a temperatura aproximada de recristalização para êste ferro. (c) Dar duas razões pelas quais a temperatura de recristalização de um metal não pode ser fixada.

6-21. Deve-se usar cobre em uma forma com pelo menos 31 kgf/mm² de limite de resistência e 18 % de elongação. Qual a quantidade de deformação a frio que o cobre deve sofrer?

Resposta: 25 % de deformação a frio

6-22. Deve-se ter um ferro com um BHN de, pelo menos, 125 e com uma elongação de, pelo menos 32 %. Que quantidade de trabalho a frio o ferro deve receber?

6-23. Deve-se fabricar um fio de latão 70-30 (Fig. 6-25) com uma dureza inferior a 75 R_B e elongação superior a 25 %, por deformação a frio. Parte-se de um diâmetro de 0,25 cm e o diâmetro final deve ser 0,10 cm. Indique um procedimento para obter estas especificações.

Resposta: 14 a 19 % de trabalho a frio; portanto, deve haver um recozimento quando o diâmetro atinge 0,11 cm, antes do trabalho a frio de 17 %.

6-24. Uma barra redonda de uma liga 85 Cu-15 Zn com 0,5 pol de diâmetro deve ser reduzida a frio, para uma barra de 0,125 pol de diâmetro. Sugira um processo de fabricação de forma a se ter um limite de resistência superior a 60.000 psi com uma dutilidade mínima de 10 % de elongação.

6-25. Uma placa laminada de latão 66 Cu-34 Zn com 1,25 cm de espessura tem uma ductilidade de 2 % (em 3″) quando entregue pelo fornecedor. A partir desta placa, deseja-se produzir uma chapa com 0,3 mm de espessura e com as seguintes características mecânicas: limite de resistência (min) 49 kgf/mm²; elongação (min) 7 %. Admitindo-se que o processo de laminação não altere a largura, especificar *tôdas as etapas* necessárias (inclusive temperaturas, tempos, espessuras).

6-26. Uma barra redonda de latão 85 % Cu, 15 % Zn), com 0,20 de diâmetro, deve ser estirada a frio até um diâmetro de 0,10 cm. Especificar o processo de estiramento de forma a se ter uma dureza final inferior a 72 R_B um limite de resistência superior a 42 kgf/mm² e uma ductilidade maior que 10 % de elongação.

6-27. Os seguintes dados foram obtidos durante o ensaio de ruptura por fluência de Inconel "X" a 1500°F: (a) 1 % de deformação após 10 h, (b) 2 % após 200 h, (c) 4 % após 2000 h.

FASES METÁLICAS E SUAS PROPRIEDADES   163

(d) 6% após 4000 h, (e) começo de estrangulamento a 5000 h e ruptura a 5500 h. Qual a velocidade de fluência?

Resposta: 0,001 %/h

6-28. Mantendo-se todos os demais fatôres constantes, que condições implicam na menor velocidade de fluência: (a) aço em serviço sujeito a uma tensão elevada de tração e baixa temperatura, (b) aço em serviço com uma tensão baixa de tração e alta temperatura, (c) aço em serviço sujeito a uma tensão elevada de tração e a alta temperatura, (d) aço em serviço a baixa tensão de tração e temperatura baixa? Por quê?

6.29. Observe um motor de automóvel. Enumere, quanto puder, os componentes que devem ser especificados relativamente ao limite de resistência à fadiga.

6-30. Faça um relato, em duas páginas, sôbre os desastres dos aviões inglêses Comet. [T. Bishop, "Fatigue and the Comet Disasters", *Metal Progress*, **67**, 77-85 (*Maio de* 1955)]

CAPÍTULO 7

MATERIAIS ORGÂNICOS E SUAS PROPRIEDADES

7-1. INTRODUÇÃO. A segunda categoria importante de materiais compreende os *materiais orgânicos*. Desde o primeiro engenheiro, as substâncias orgânicas têm servido como materiais de construção. Desde há muito, a madeira é um material comum de construção e outras substâncias orgânicas naturais tais como couro para vedação, fêltro para forração, cortiça para isolação, óleos para lubrificação e resina para camadas de proteção são extensivamente usadas pelos engenheiros.

Desde que se começou a usar materiais orgânicos, muitas tentativas foram feitas para melhorar suas propriedades. Por exemplo, as propriedades da madeira são altamente direcionais; a resistência paralela ao grão é 50 % maior que na direção perpendicular. O desenvolvimento da madeira compensada ajudou a superar essa dificuldade, e propriedades físicas ainda melhores são obtidas quando se preenche os poros da madeira com uma resina termofixa. A engenhosidade dos tecnologistas, em trabalhar com materiais orgânicos, não se limitou sòmente a melhorar os materiais orgânicos naturais; muitas substâncias sintéticas têm sido desenvolvidas. Por exemplo, o campo dos plásticos* tem dado aos engenheiros uma variedade cada vez maior de materiais para suas aplicações. Grandes desenvolvimentos foram e continuam a ser feitos na utilização dêsses materiais (Fig. 7-1).

Quando o engenheiro está trabalhando com materiais orgânicos naturais ou artificiais, êle está primàriamente lidando com a natureza e as propriedades de *moléculas grandes*. Nos materiais naturais, tais moléculas são construídas pela natureza; nos artificiais, elas são obtidas pela *junção deliberada de pequenas moléculas*.

7-2 MASSAS MOLECULARES. Já notamos, anteriormente, que a temperatura de fusão

---

* Estritamente falando, plástico é um adjetivo que define um material permanentemente deformado (Seção 1-2), mas na linguagem comum, "plástico" se refere a materiais orgânicos que foram conformados por deformação plástica. Êste será o significado que usaremos.

MATERIAIS ORGÂNICOS E SUAS PROPRIEDADES

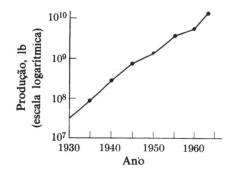

Fig. 7-1. Produção de resinas artificiais (a borracha não está incluída).

de um alcano está relacionada com o tamanho de sua molécula (Fig. 3-7). Em geral, os plásticos que contêm moléculas grandes são mais resistentes às tensões mecânicas e térmicas que os compostos por moléculas pequenas (Fig. 7-2). Muitos exemplos dessa relação, entre

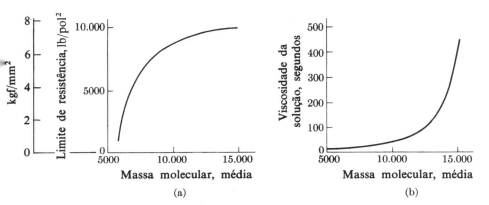

Fig. 7-2. Tamanho da molécula do polímero *versus* propriedades (copolímero de cloreto de vinila e acetato de vinila). (a) Limite de resistência. (b) Viscosidade. Adaptado de G. O. Grume e S. D. Douglas, *Ind. Eng. Chem.*, 28, 1123, (1936).

tamanho da moléculas e propriedades, existem para plásticos orgânicos artificiais tais como cloreto de polivinila, "nylon", etc. e para produtos naturais tais como: celulose, cêras e goma-laca.

Grau de polimerização — O tamanho de uma molécula é determinado dividindo-se a sua massa molecular pela do mero. Êste número recebe o nome de *grau de polimerização, GP*:

$$GP = \frac{\text{massa molecular do polímero}}{\text{massa molecular do mero}} \quad (7\text{-}1)$$

O grau de polimerização é expresso em meros/molécula. Por exemplo, uma molécula de policloreto de vinila (Fig. 3-9), contendo 1000 átomos de carbono, 1500 de hidrogênio e 500 de cloro, contém meros cada um com respectivamente 2, 3 e 1 dos átomos citados acima; para esta molécula, GP = 500. Nos plásticos comerciais, o grau de polimerização normalmente cai na faixa de 75 a 750 meros por molécula.

PRINCÍPIOS DE CIÊNCIA DOS MATERIAIS

A molécula descrita acima tem uma massa molecular de mais de 31 200. Êste valor é muito maior que o das outras moléculas. Entretanto, por maior que pareça ser a molécula de um polímero, por causa de sua massa, ela ainda é menor que o poder de resolução de um microscópio óptico e sòmente em certas circunstâncias pode ser resolvida por um microscópio eletrônico. Desta forma, as determinações de massa molecular são feitas, usualmente de forma indireta, através de meios físicos tais como medidas de viscosidade, pressão osmótica ou espalhamento de luz, as quais são afetadas pelo número, tamanho e forma das moléculas em uma suspensão ou uma solução (Fig. 7-26b).

Massas moleculares médias – Quando um material, como o polietileno ou o cloreto de polivinila, é formado a partir de pequenas moléculas, nem tôdas as moléculas grandes formadas são das mesmas dimensões. Como é de se esperar, algumas crescem mais que outras. Logo, um plástico contém moléculas dentro de uma faixa de dimensões, de certa forma análogas à mistura de propano, hexano, octano e outros hidrocarbonetos no petróleo cru. Dessa forma, é necessário calcular um grau de polimerização *médio*, a fim de se ter um único índice.

Um método de se determinar massas moleculares médias (Fig. 7-3) utiliza a fração, em pêso, do polímero que está numa das muitas frações de dimensões. A *massa molecular média "ponderal"* $\overline{M}_w$ é calculada da forma seguinte:

$$\overline{M}_w = \frac{\Sigma(W_i)(MM)_i}{\Sigma W_i},\qquad(7\text{-}2)$$

onde W_i é a fração em pêso de cada fração de tamanho e $(MM)_i$ é a massa molecular média dessa fração de tamanho. A massa molecular média "ponderal" é particularmente significativa na análise de propriedades tal como a viscosidade, onde a massa das moléculas é importante.

Exemplo 7-1

Determinou-se que uma amostra de acetato de polivinila (ver Apêndice F) tem a distribuição molecular mostrada na Fig. 7-3. Qual é a massa molecular média "ponderal" e o grau de polimerização médio?

Resposta: Com base na Fig. 7-3,

Faixa de massas moleculares	$(MM)_i$	W_i fração	$W_i(MM)_i$
5.000-10.000	7.500	0,12	900
10.000-15.000	12.500	0,18	2.250
15.000-20.000	17.500	0,26	4.450
20.000-25.000	22.500	0,21	4.725
25.000-30.000	27.500	0,14	3.850
30.000-35.000	32.500	0,09	2.925
Σ		1,00	12.900

$$\overline{M}_w = \frac{\Sigma[(W_i)(MM)_i]}{\Sigma W_i}$$

$$= 19.200$$

Pêso do mero do acetato de vinila (Apêndice F):

$$C_4H_6O_2 = 48 + 6 + 32 = 86$$

$$GP = \frac{19.200}{86} = 224 \text{ meros/molécula.}$$

MATERIAIS ORGÂNICOS E SUAS PROPRIEDADES

Propriedades tais como resistência mecânica (Fig. 7-2a) são mais sensíveis ao número de moléculas em cada fração do que à massa. Portanto, uma *massa molecular média* "popu-

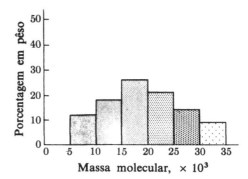

Fig. 7-3. Distribuição de dimensões das moléculas para um polímero (ver Exemplo 7-1).

lacional" $\overline{M}_n$ é mais significativa para correlação nesses casos:

$$\overline{M}_n = \frac{\Sigma[(X_i)(MM)_i]}{\Sigma X_i}, \quad (7\text{-}3)$$

O valor X_i é o número de moléculas em cada fração de dimensões e é calculado como mostra o Exemplo 7-2.

Exemplo 7-2

Determine a massa molecular média "populacional" para o polímero do Exemplo 7-1.

Resposta: Base de cálculo, 100 g de polímero

Faixa de massas moleculares	X_i moléculas	$(X_i)(MM)_i$
5.000-10.000	(12)(NA)*/7500	12(NA)
10.000-15.000	(18)(NA)/12500	18(NA)
15.000-20.000	(26)(NA)/17500	26(NA)
20.000-25.000	(21)(NA)/22500	21(NA)
25.000-30.000	(14)(NA)/27500	14(NA)
30.000-35.000	(9)(NA)/32500	9(NA)
Σ	(0,00624)(NA)	100(NA)

$$\overline{M}_n = \frac{100(\text{NA})}{(0,00624)(\text{NA})} = 16.010$$

* NA = Número de Avogadro.

Sempre que houver uma distribuição de tamanhos, a massa molecular média "populacional" será menor que a massa molecular "por pêso", em virtude do grande número de pequenas moléculas nas frações de menor massa molecular, se tôdas as moléculas tivessem o mesmo tamanho, as duas médias coincidiriam.

MECANISMOS DE POLIMERIZAÇÃO

7-3 INTRODUÇÃO. Os mecanismos, segundo os quais ocorre a polimerização, podem ser classificados em duas categorias geràis: *adição* e *condensação*. O protótipo da polimerização por adição está mostrado na Fig. 3-8, na qual meros sucessivos são adicionados à molécula a fim de aumentá-la. A polimerização por condensação talvez possa ser melhor descrita como uma polimerização de subprodutos, pois a reação produz como subprodutos pequenas moléculas, tais como H_2O, paralelamente ao crescimento da molécula polímera. Êsse mecanismo será discutido na Seção 7-5.

Funcionalidade — Como um monômero ou outra molécula pequena deve se juntar à molécula em crescimento, a fim de produzir moléculas poliméricas, cada monômero deve ter *dois ou mais* pontos de reação nos quais possam ser feitas as junções. Consideremos o etileno o qual já foi citado anteriormente (Fig. 3-8); quando a ligação dupla é rompida, duas ligações simples se tornam disponíveis para conexões:

$$\left(\begin{array}{c}|\\C=C\\|\end{array}\right) \rightarrow \left(\begin{array}{c}|\;\;\;|\\-C-C-\\|\;\;\;|\end{array}\right) \qquad (7\text{-}4)$$

Portanto, o etileno é considerado *bifuncional*. Outras moléculas com três ou quatro pontos de reação são denominadas respectivamente de tri e tetrafuncionais. Funcionalidades mais elevadas, embora teòricamente possíveis, não são encontradas em monômeros ou outras moléculas pequenas, em virtude de limitações de espaço. Por exemplo, uma molécula de fenol (Apêndice F) é apenas trifuncional em um polímero de condensação, pois, por razões geométricas, é impossível usar-se mais pontos de reação, embora teòricamente pudessem ser usados até seis pontos.

7-4 POLIMERIZAÇÃO POR ADIÇÃO. Nesse tipo de polimerização, a molécula origina seus pontos de reação pela ruptura de duplas ligações e formação de duas ligações simples [Eq. (7-4)]; portanto, a polimerização ocorre sem formação de subprodutos. Muitos dos nossos polímeros de adição comumente encontrados são do tipo do etileno (Tabela 7-1); desta forma, suas reações de polimerização são idênticos à Eq. (7-4).

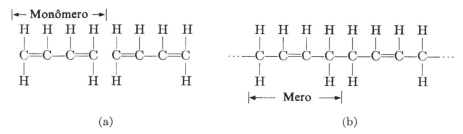

Fig. 7-4. Polimerização do butadieno na borracha não vulcanizada. A presença de duas ligações duplas em cada manômero altera muito levemente o processo de polimerização, em relação ao da fabricação do polietileno.

Uma reação de adição ligeiramente diferente ocorre na polimerização do *butadieno* que é um dos principais constituintes da borracha sintética. A Fig. 7-4 mostra as necessárias mudanças de ligações. Na molécula do butadieno há duas ligações duplas, mas como apenas uma é necessária para a reação de adição, a outra deve mudar de posição a fim de manter quatro ligações covalentes em tôrno de cada carbono. Essa segunda dupla ligação, conforme será explicado mais tarde, é necessária para a vulcanização da borracha. A regra geral para a polimerização por adição é que deve existir, pelo menos, uma ligação dupla no monômero.

MATERIAIS ORGÂNICOS E SUAS PROPRIEDADES

Tabela 7-1

Moléculas Tipo Etileno (Ver Apêndice F)

Compostos de vinila
$$\begin{pmatrix} H & H \\ | & | \\ C = C \\ | & | \\ H & R \end{pmatrix}$$

	R
Etileno	—H
Cloreto de vinila	—Cl
Álcool vinílico	—OH
Propileno	—CH$_3$
Acetato de vinila	—OCOCH$_3$
Acrilonitrilo	—C≡N
Estireno (vinil benzeno)	—⬡

Compostos de vinilideno
$$\begin{pmatrix} H & R'' \\ | & | \\ C = C \\ | & | \\ H & R' \end{pmatrix}$$

	R'	R''
Isobutileno	—CH$_3$	—CH$_3$
Cloreto de vinilideno	—Cl	—Cl
Metacrilato de metila	—CH$_3$	—COOCH$_3$

Tetrafluoroetileno
$$\begin{pmatrix} F & F \\ | & | \\ C = C \\ | & | \\ F & F \end{pmatrix}$$

Trifluorocloroetileno
$$\begin{pmatrix} F & Cl \\ | & | \\ C = C \\ | & | \\ F & F \end{pmatrix}$$

A simples colocação dos monômeros, uns próximos aos outros, não produz automàticamente uma reação de polimerização por adição. A reação deve ser acelerada pela aplicação de calor, luz, pressão ou um catalisador, da seguinte maneira:

$$n(C_2H_4) \xrightarrow[\text{luz ou catalisador}]{\text{calor, pressão}} \left(-\begin{array}{c} H & H \\ | & | \\ C-C- \\ | & | \\ H & H \end{array} \right)_n \tag{7-5}$$

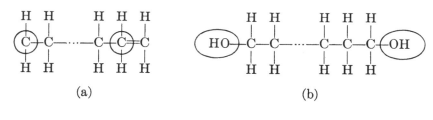

Fig. 7-5. (a) Êsse arranjo de um polímero por adição seria impossível. Haveria um carbono com apenas três ligações e outro com cinco. (b) H_2O_2 como iniciador e (c) Cl_2 como iniciador permitem que todos os carbonos tenham quatro ligações.

A necessidade de se ajudar o comêço do processo de polimerização resulta, em parte, da necessidade de romper as ligações duplas do manômero. Pela Tabela 3-1, temos que a energia necessária para romper cada ligação C = C é igual a 146.000 cal/6,02 × 10^{23} ligações. Embora o número de ligações seja grande, a energia necessária por ligação é comparável, em magnitude, à energia libertada por ligação, durante a queima do carvão. Se não fôsse pelo fato de que uma energia superior a essa é recuperada durante a polimerização, seria quase impossível fornecer energia para proceder à reação. Como duas novas ligações simples, C—C são formadas a partir de cada ligação dupla, 2(83.000)/6,02 × 10^{23}) cal são libertadas.

Pode-se perguntar, por que o processo de polimerização não continua indefinidamente, uma vez iniciado. Teòricamente, seria possível ligar-se todos os monômeros de um plástico em uma única cadeira longa. Uma razão pela qual isso não ocorre é que as moléculas devem estar à disposição, próximas às extremidades da cadeia e se isso não ocorrer é necessário difundi-las para as extremidades. A difusão é um processo relativamente simples até que, com o desenvolvimento da polimerização, vai se tornando cada vez mais difícil o movimento das moléculas.

Tal como a Fig. 7-5a mostra, ambas as extremidades de uma molécula polimérica, que cresceu simplesmente a partir dos meros originais, devem ser instáveis pois os átomos de carbono não apresentam quatro ligações covalentes. São necessários átomos ou radicais terminais para dar estabilidade (Figs. 7-5b e 7-5c). Como a reação de deformação de cadeia por adição não pode começar antes que uma das extremidades seja estabilizada, essa unidade terminal é denominada de *iniciador*. Normalmente, usa-se H_2O_2 que se dissocia em 2(OH) embora outras substâncias possam também ser usadas. Deve-se evitar adições excessivas de iniciador, pois o mesmo pode estabilizar a outra extremidade da molécula em crescimento, interrompendo a continuação da polimerização.

Co-polimerização — Nos polímeros considerados até agora, apenas uma espécie de mero foi usado no processo de adição. Um avanço importante na tecnologia dos plásticos ocorreu quando foi percebido que polímeros de adição, contendo dois ou mais meros diferentes, freqüentemente apresentam propriedades físicas e mecânicas melhores.

MATERIAIS ORGÂNICOS E SUAS PROPRIEDADES

Tabela 7-2

Co-polímeros de Cloreto e Acetato de Vinila.

Relação entre Massa Molecular e Aplicações*

Item	% em pêso de cloreto de vinila	N.° de meros de cloreto por mero de acetato	Faixa de massas moleculares médias	Aplicações típicas
Acetato de vinila	0	0	4.800-15.000	Uso limitado a adesivos
Co-polímeros de cloreto e acetato de vinila	85-87	8-9	8.500- 9.500	Laca para revestimento de latas de alimentos; suficientemente solúvel em solventes cetônicos para ser usado para proteger superfícies.
	85-87	8-9	9.500-10.500	Plásticos de boa resistência mecânica e a solventes; moldado por injeção.
	88-90	10-13	16.000-23.000	Fibras sintéticas feitas por fiação a sêco; excelente a resistência a solventes e a sais.
	95	26	20.000-22.000	Substituto da borracha no revestimento de condutores; pode ser plasticizado externamente, moldado por extrusão.
Cloreto de vinila	100	–	–	Aplicação comercial muito limitada *per se;* substituto não inflamável da borracha quando plasticizado externamente.

* A. Schmidt e C.A. Marlies, *Principles of High Polymer Theory and Practice.* New York: McGraw-Hill, 1948.

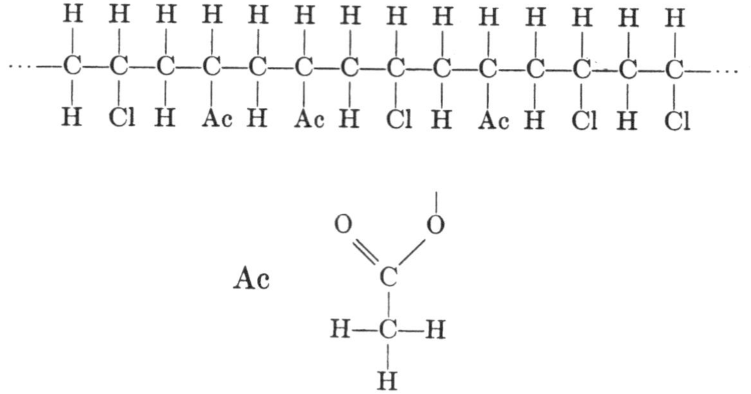

PRINCÍPIOS DE CIÊNCIA DOS MATERIAIS

Fig. 7-6. Co-polimerização do cloreto de vinila e do acetato de vinila. Êste processo é comparável à solução sólida nos cristais metálicos e cerâmicos.

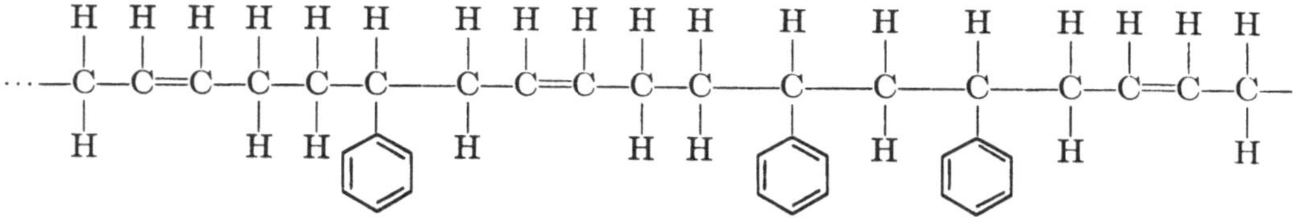

Fig. 7-7. Co-polimerização do butadieno e do estireno. Essa é a base de muitas das nossas borrachas sintéticas. (Omitiram-se os hidrogênios dos anéis benzênicos).

É possível, por exemplo, ter-se uma cadeia polimérica composta de meros de cloreto de vinila e de acetato de vinila (Fig. 7-6). A estrutura resultante, denominada *co-polímero*, é comparável a uma solução sólida em cristais (Seção 4-5). Um copolímero pode ter propriedades muito diferentes daquelas de qualquer um dos componentes. A Tabela 7-2 mostra a variação nas propriedades e nas aplicações de misturas de cloreto e acetato de vinila, com diferentes graus de co-polimerização. A faixa de variação é notável. Isso significa que o engenheiro pode fazer seus plásticos sob medida para uma grande variedade de aplicações.

A co-polimerização tem sido usada extensivamente no campo das borrachas sintéticas. Por exemplo, as borrachas *"buna-S"*, que ganharam grande importância durante e depois da II.ª Guerra Mundial, são co-polímeros de butadieno e estireno (Fig. 7-7).

7-5 POLIMERIZAÇÃO POR CONDENSAÇÃO.

Contrastando com as reações de adição, as quais são primàriamente uma soma de moléculas individuais para formar o polímero, as *reações de condensação* formam uma segunda molécula não-polimerizável, como subproduto. Usualmente, o subproduto é água ou alguma outra molécula simples como HCl ou CH_3OH. Um exemplo familiar de um polímero de condensação é o "dracon", o qual é formado como indica a Fig. 7-8. No caso do "dracon", anàlogamente ao polietileno, forma-se um polímero linear, pois as moléculas que se polimerizarem são bifuncionais. O arranjo atômico em um polímero complicado como o da Fig. 7-8 não precisa ser memorizado, mas deve ser lembrado que um subproduto é formado através da reação que rompe as ligações em cada uma das moléculas contribuintes. Neste caso, a extremidade (CH_3) de uma molécula e a (OH) da outra se combinam para formar álcool metílico (CH_3OH) como subproduto e o polímero se desenvolve através da união entre as ligações deixadas expostas.

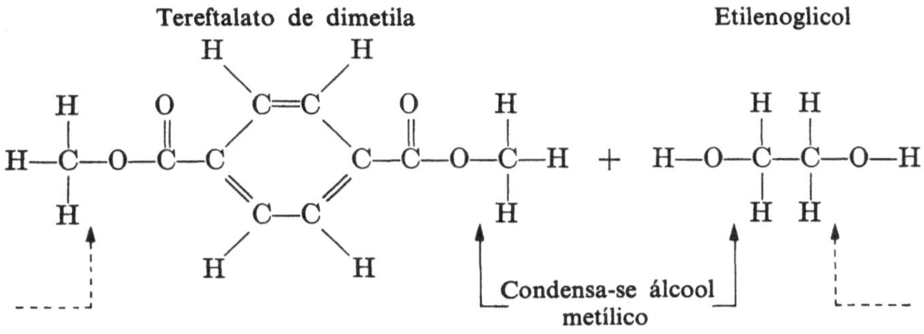

MATERIAIS ORGÂNICOS E SUAS PROPRIEDADES   173

Fig. 7-8. Condensação por polimerização do "dacron" ou mylar". Uma molécula pequena de CH_3OH e uma molécula grande se formam.

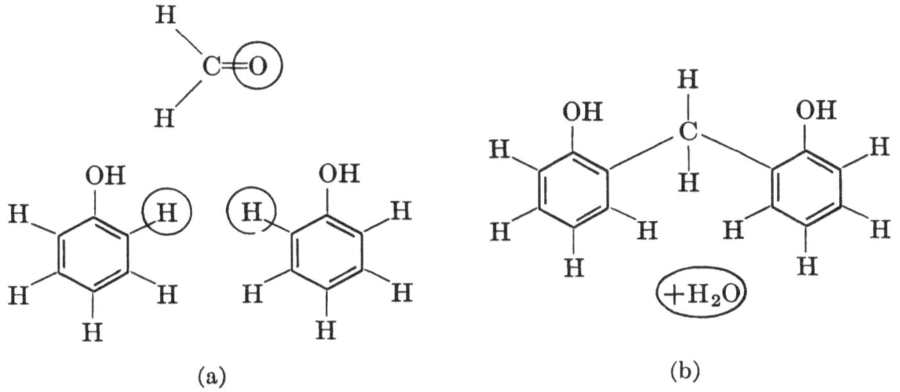

Fig. 7-9. Polimerização por condensação. Em contraste com a polimerização por adição a por condensação, se origina como sub-produto uma pequena molécula. Fenol = C_6H_5OH; formaldeído = CH_2O.

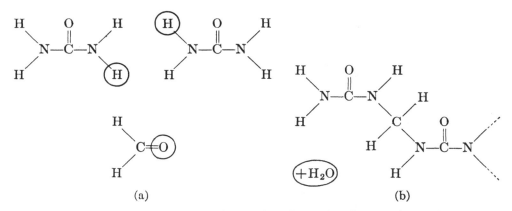

Fig. 7-10. Polimerização da uréia e do formaldeído. A uréia é tetrafuncional.

PRINCÍPIOS DE CIÊNCIA DOS MATERIAIS

Outro polímero de condensação familiar, que é conhecido por vários nomes registrados (Apêndice G), é formado a partir do formaldeído (CH_2O) e do fenol (C_6H_5OH). O arranjo atômico destas moléculas está mostrado na Fig. 7-9(a). Na temperatura ambiente, o formaldeído é um gás e o fenol um sólido de baixo ponto de fusão. A polimerização resulta da interação entre os dois compostos, mostrada na Fig. 7-9(b). O formaldeído fornece uma unidade CH_2 que serve de ponte entre dois anéis benzênicos de duas moléculas de fenol. Retirando-se dois hidrogênios dos anéis benzênicos e um oxigênio do formaldeído (a fim de permitir a conecção), forma-se água, a qual pode se volatilizar e deixar o sistema. A reação da Fig. 7-9 pode ocorrer em vários pontos ao redor da molécula de fenol; em virtude desta polifuncionalidade, forma-se um esqueleto molecular tridimensional ao invés de uma simples cadeia linear.

Exemplo 7-3

Um polímero comum é formado pela condensação de uréia e formaldeído. Êsses dois compostos têm as estruturas mostradas no Apêndice F. Mostre como estas substâncias podem se polimerizar.

Resposta: Ver a Fig. 7-10 para a reação. Forma-se uma molécula de H_2O para cada

$$\text{ponte} \quad \overset{\displaystyle H}{\underset{\displaystyle H}{-\overset{|}{\underset{|}{C}}-}} \quad \text{entre moléculas de uréia.}$$

As diferenças que se seguem entre os polímeros de adição e de condensação produzem importantes diferenças nas propriedades térmicas dêstes dois tipos de plásticos (ver Seções 7-14 e 7-15).

(1) Os *polímeros de adição* exigem monômeros insaturados e utilizam todos os reagentes no produto final:

$$n\text{A} \longrightarrow (\text{—A—})_n, \tag{7-6a}$$

ou

$$n\text{A} + m\text{B} \longrightarrow (-\text{A}_n\text{B}_m\text{—}). \tag{7-6b}$$

(2) Os *polímeros de condensação* sempre se formam a partir de reações que originam subprodutos e podem (Fig. 7-8) ou não (Fig. 7-9) ser lineares:

$$p\text{C} + p\text{D} \longrightarrow (\text{—E—}) + p\text{H}_2\text{O} \quad \text{(ou outra molécula similar)} \tag{7-7a}$$

7-6 DEGRADAÇÃO OU DESPOLIMERIZAÇÃO. Durante a polimerização, as condições são cuidadosamente controladas de forma que a reação se processe em um único sentido. Uma mudança nas vizinhanças pode causar a reversão da reação ou *despolimerização*. Por exemplo, essa degradação pode ocorrer com o plástico uréia-formaldeído mostrado na Fig. 7-10, se o mesmo fôr usado, durante longos períodos de tempo, na presença de vapor:

$$p\text{C} + p\text{D} \leftarrow (\text{—E—}) + p\text{H}_2\text{O} \tag{7-7b}$$

A degradação pode também ocorrer em qualquer plástico que esteja sendo moldado em temperaturas altas, pois as vibrações térmicas podem provocar a ruptura das ligações nas moléculas:

$$n\text{A} \leftarrow (\text{—A—})_n \tag{7-6c}$$

O processo de degradação nem sempre é nocivo. Por exemplo, a reação acima é usada comercialmente no craqueamento do petróleo, produzindo moléculas mais leves e mais combustíveis. Outros exemplos familiares de degradação são as carbonizações dos hidratos de carbono e da celulose. Nestes dois últimos exemplos, a estrutura molecular é rompida mais completamente que num simples processo de despolimerização. Após a ruptura, os produtos da degradação não são mais monômeros, mas moléculas inteiramente novas.

ESTRUTURA DOS POLÍMEROS

7-7 INTRODUÇÃO. A estrutura do polímero afeta o comportamento de um plástico de várias formas. Já observamos que monômeros bifuncionais produzem polímeros lineares (Fig. 7-11), enquanto que os trifuncionais e os tetrafuncionais formam arranjos tridimensionais (Fig. 7-12). Observaremos, mais tarde, que êste contraste tem um importante papel na deformação e na resistência dos plásticos. Entretanto, antes de considerarmos estas propriedades, estudaremos os vários tipos de estruturas poliméricas.

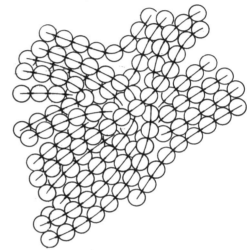

Fig. 7-11. Estrutura linear de monômeros bifuncionais (representação esquemática do polietileno). As únicas fôrças que ligam moléculas adjacentes são de van der Waals; portanto, pode ocorrer escorregamento entre moléculas. Por outro lado, pode-se observar que cadeias adjacentes podem se combinar de forma a haver uma cristalização local.

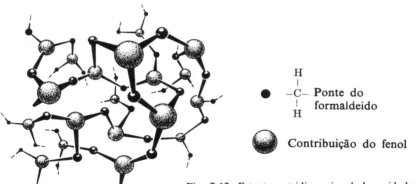

• —C— Ponte do formaldeído

⬤ Contribuição do fenol

Fig. 7-12. Estrutura tridimensional de unidades polifuncionais. O escorregamento não é tão fácil de ocorrer como nos polímeros lineares.

7-8 FORMA DAS MOLÉCULAS POLIMÉRICAS. As moléculas de polietileno são relativamente simples e uniformes (Fig. 7-13a). Por outro lado, uma molécula de cloreto de polivinila apresenta grandes "massas" periòdicamente ao longo de sua cadeia (Fig. 7-13b); daí resulta que (1) o movimento de uma molécula em relação às demais é mais restrito e (2) há fôrças de van der Waals de atração mais intensas, em virtude da polarização na molécula

(Seção 2-11). Conseqüentemente, o cloreto de polivinila é mais tenaz e resistente que o polietileno e se não fôssem possíveis outros ajustamentos, seria impossível usá-lo em aplicações que necessitassem de filmes flexíveis. O efeito da estrutura torna-se ainda mais significativo no poliestireno (Fig. 7-13c).

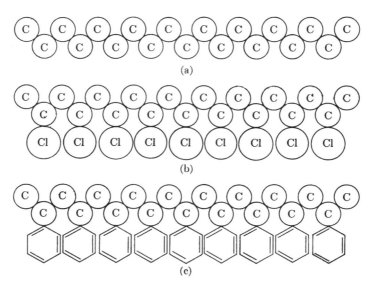

Fig. 7-13. Cadeias moleculares. Representação esquemática (a) do polietileno, (b) do cloreto de polivinila, (c) do poliestireno. A forma afeta as propriedades (Omitiram-se os pequenos átomos de hidrogênio).

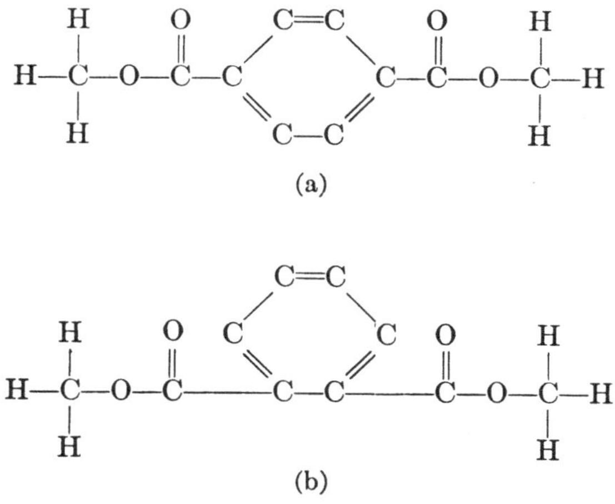

Fig. 7-14. Isômeros do ftalato de dimetila: (a) tereftalato, (b) ortoftalato. (Omitiram-se os hidrogênios dos anéis benzênicos).

Os exemplos citados acima envolvem uma mudança na composição do polímero a fim de mudarmos a sua estrutura. Resultados semelhantes podem ser conseguidos por mudanças nos arranjos intramoleculares. A Fig. 7-14 mostra dois isômeros do ftalato de dimetila, os

MATERIAIS ORGÂNICOS E SUAS PROPRIEDADES

quais diferem na simetria de suas estruturas em relação ao anel benzênico. Quando êsses dois isômeros são polimerizados por condensação com etileno-glicol, formam-se polímeros de mesma composição mas com estrutura diferentes. A estrutura simétrica do tereftalato origina um polímero linear conhecido comumente como "dracon" (uma fibra) ou "mylar" (um filme) (Figs. 7-8 e 7-15), os quais são plásticos resistentes mas flexíveis. O ortoftalato

Fig. 7-15. Uso de filme de "mylar" como isolante. Êsse polímero tem a estrutura mostrada na Fig. 7-8. (Du Pont).

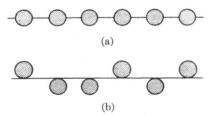

Fig. 7-16. Simetria de polímero tereftalato de dimetila ("dacron") e ortoftalato de dimetila. A molécula simétrica é muito mais flexível porque não apresenta grupos altamente polarizados que sejam atraídos pelas cadeias adjacentes.

assimétrico produz uma resina dura e, comparativamente, com pouca flexibilidade. É um importante constituinte de alguns revestimentos protetores. O contraste entre essas duas estruturas está mostrado esquemàticamente na Fig. 7-16.

7-9 ESTÉREO-ISOMERIA. A cadeia molecular da Fig. 7-17(a) mostra um elevado grau de regularidade ao longo do polímero. Não só há uma seqüência aditiva dos monômeros que formam o polímero linear, como também há um arranjo idêntico dos meros de propileno, de forma que os radicais estão sempre nas mesmas posições correspondentes dos meros. Tal arranjo é denominado *isotático*, em contraste com os arranjos *atático* (Fig. 7-17b) e *sindiotático* (Fig. 7-17c).

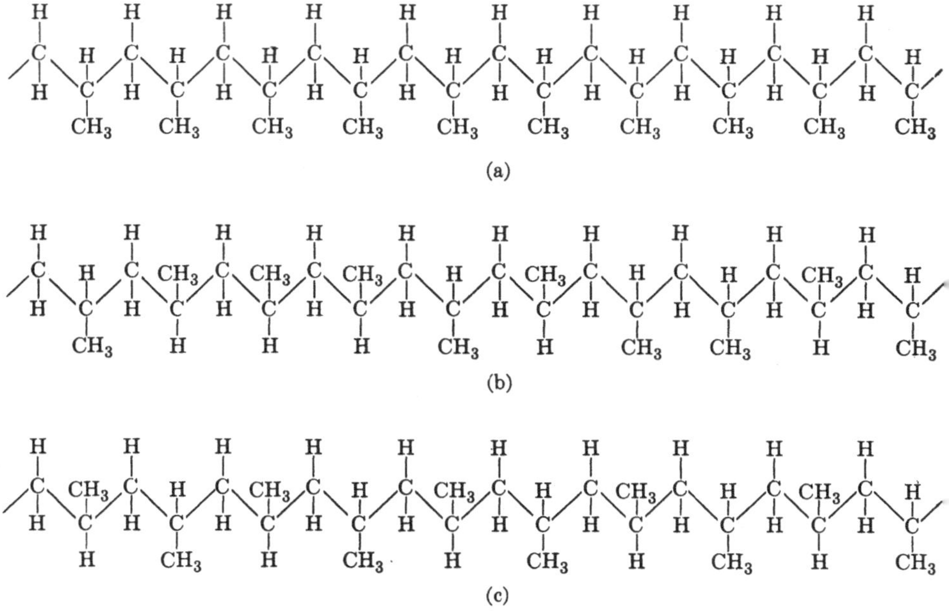

Fig. 7-17. Arranjos estereotáticos (polipropileno). (a) Isotático. (b) Atático. (c) Sindiotático.

Tabela 7-3

Moléculas do Tipo do Butadieno (Apêndice F)

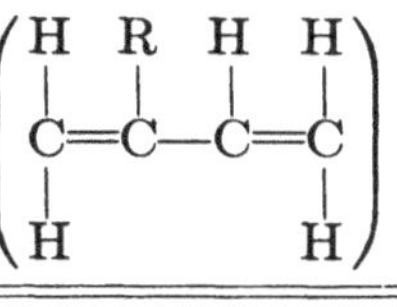

$$\begin{pmatrix} H & R & H & H \\ | & | & & | \\ C=C & -C=C \\ | & & & | \\ H & & & H \end{pmatrix}$$	
	R
Butadieno	—H
Cloropreno	—Cl
Isopreno	—CH_3

Um segundo exemplo de arranjo nos polímeros é o encontrado nas borrachas à base de moléculas do tipo do butadieno (Tabela 7-3). A borracha natural é isopreno polimerizado com

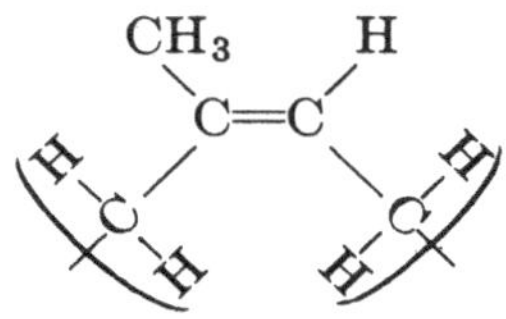

$$(7\text{–}8)$$

MATERIAIS ORGÂNICOS E SUAS PROPRIEDADES

como mero. No polímero resultante, as posições insaturadas (Seção 3-7) estão no mesmo lado da cadeia. Êsse posicionamento é denominado *cis* (mesmo lado) e tem importantes conseqüências no comportamento da cadeia. Uma outra modificação, trans tem as posições insaturadas em lados opostos da cadeia:

$$\left(\begin{array}{c} H \\ | \\ C \\ | \\ H \end{array} \begin{array}{c} CH_3 \\ | \\ C \\ \diagup \\ C \\ | \\ H \end{array} \begin{array}{c} H \\ | \\ C \\ | \\ H \end{array}\right) \qquad (7\text{-}9)$$

Os dois isômeros têm cadeias com estruturas diferentes. O poliisopreno cis tem a cadeia retorcida, em virtude da estrutura desbalanceada adjacente à ligação dupla do mero. O isômero trans, denominado de *gutapercha*, tem a cadeia com ligações em ângulo, a qual é mais típica dos plásticos prèviamente citados. Com efeito, as posições insaturadas se contrabalançam umas às outras através da ligação dupla. A não ser quando altamente tensionado, êstes contrastes persistem ao longo do polímero, pois a ligação dupla carbono-carbono é nìtidamente mais rígida que a ligação simples correspondente.

7-10 CRISTALIZAÇÃO. A forma ideal de cristalização de um polímero está mostrada na Fig. 3-36. A cristalização raramente é perfeita nos polímeros, porque: (1) apenas as fôrças de van der Waals, de baixa intensidade, atuam no sentido de alinhar as moléculas, e (2) um número muito grande de átomos deve ser posicionado corretamente. Na verdade, a cristalização na grande maioria dos casos é muito imperfeita* e, às vêzes, completamente ausente.

Muitos fatôres estruturais favorecem a cristalização. (1) Um polímero linear tem maior grau de cristalinidade que um com estrutura bi ou tridimensional pois podem ser feitos ajustamentos no posicionamento das fôrças de van der Waals. (2) Os polímeros isotáticos cristalizam mais fàcilmente que os atáticos porque é possível uma repetição combinada ao longo das cadeias adjacentes dos isotáticos. (3) Os polímeros trans se cristalizam melhor que os cis, pois êstes últimos tendem a se distorcer e a produzir desordem entre cadeias adjacentes.

7-11 LIGAÇÕES CRUZADAS. Uma variação comum no crescimento de um polímero, através de *ligações cruzadas*, une as cadeias moleculares entre si (Fig. 7-18). O efeito das ligações cruzadas é óbvio; criam-se grandes dificuldades ao movimento entre cadeias adjacentes e, desta forma, alteram-se profundamente as propriedades mecânicas.

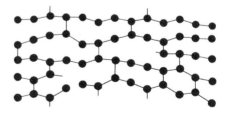

Fig. 7-18. Ligações cruzadas (esquemático). Cadeias adjacentes são ancoradas umas às outras; conseqüentemente, permite-se menor movimento entre as moléculas.

---

* Pode-se comparar um polímero linear com um feixe de macarrão tipo espaguete, no qual cada macarrão seria uma cadeia molecular. Cada cadeia está alinhada normalmente com as cadeias adjacentes; entretanto, como a cadeia não é reta, não se tem os mesmos vizinhos ao longo da cadeia (Ver Fig. 7-11).

A fim de que haja um grande número de ligações cruzadas, é necessário que se tenha numerosos átomos insaturados de carbono ao longo da cadeia na molécula polimerizada normalmente, já que é através dêstes átomos que as ligações se efetivam. A Fig. 7-19 mostra o mecanismo de formação de ligações cruzadas de duas moléculas de butadieno com átomos de oxigênio. Êsse exemplo, em particular, é típico do envelhecimento da borracha. A exposição ao ar ou outro meio oxidante, durante longos períodos de tempo, permite a formação de numerosas ligações cruzadas através do oxigênio, até que as moléculas estejam de tal forma ligadas umas às outras que a deformação elástica se torne impossível.

Nem sempre as ligações cruzadas são indesejáveis. A fim de verificarmos o seu valor em certas circunstâncias, consideremos as propriedades das moléculas discretas da borracha. A borracha natural (látex, constituído essencialmente de isopreno, polimerizado) é fraca nas temperaturas normais; ou seja, embora as moléculas individuais possam se distender elàsticamente, elas escorregam umas em relação às outras ao invés de se deformarem elàsticamente. Entretanto, um certo grau de ancoramento evita êsses movimentos intermoleculares e torna possível a deformação elástica sob tensão. Tais pontos fixos de ancoramento podem ser obtidos por vários métodos. O mais comum dêles é a vulcanização com enxôfre. A Fig. 7-20 é um diagrama estrutural dos resultados alcançados por Goodyear, no início da aplicação desta técnica. A Tabela 7-4 mostra as alterações provocadas nas propriedades físicas.

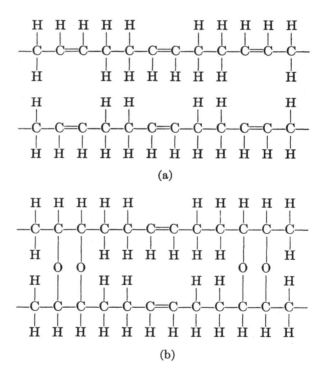

Fig. 7-19. Oxidação do polibutadieno. A elasticidade da borracha é reduzida através de ligações cruzadas.

Òbviamente, há um limite para a elasticidade obtida nas borrachas por ligações cruzadas. Em um pneu comum de automóvel, usa-se uma quantidade suficiente de enxôfre de forma a se obter um certo número de pontos fixos, mas não tão grande que restrinja inteiramente os movimentos intermoleculares. Para a borracha dura, a qual encontra aplicações, como

MATERIAIS ORGÂNICOS E SUAS PROPRIEDADES

por exemplo, na fabricação de caixas para baterias, necessita-se de uma vulcanização muito mais intensa. Um pneu vulcanizado contém de 3 % a 5 % de enxôfre, enquanto que a borracha dura pode chegar a conter até 40 %.

Exemplo 7-4

Quantos quilos de enxôfre por 100 kg de borracha vulcanizada são necessários para provocar tôdas as ligações cruzadas possíveis em uma borracha de butadieno?

Resposta: Cada mero de butadieno necessita de 1 átomo de S:

$$(4)(12) + (6)(1) = 54$$

$$\text{Fração de enxôfre} = \frac{32/6,02 \times 10^{23}}{(32/6,02 \times 10^{23}) + (54/6,02 \times 10^{23})} = 0,37$$

ou 37 kg S/100 kg de borracha vulcanizada

Exemplo 7-5

Que fração de butadieno (C_4H_6) apresenta ligações cruzadas em um produto que contém 18,5 % de enxôfre? (Admitir que todo o enxôfre é utilizado em ligações cruzadas).

Tabela 7-4

Propriedades da Borracha Natural Não-vulcanizada e Vulcanizada*

Propriedade	Não-vulcanizada	Vulcanizada
Limite de resistência, kgf/mm^2	0,21	2,10
Elongação (na ruptura), %	0,84	0,56
Deformação permanente	Grande	Pequena
Rapidez de retração	Boa	Muito boa
Ciclo de histerese na curva carga-elongação	Grande	Pequena
Absorção de água	Grande	Pequena
Inchamento em solventes à base de hidrocarbonetos	Infinita (solúvel)	Grande, mas limitada
Pegajosidade	Marcada	Pequena
Faixa de temperaturas de utilização	10 a 60°C	−40 a +100°C

* A. Schmidt e C.A. Marlies, *Principles of High Polymer Theory and Practice.* New York: McGraw-Hill, 1948.

Resposta: Baseia-se no fato de que 1 mero de butadieno necessita de um átomo de enxôfre. Portanto

$$\frac{54/6,02 \times 10^{23}}{1 - 0,185} = \frac{x}{0,185}$$

$$x = (12,25/6,02 \times 10^{23}) \; g \text{ de 5 por mero de butadieno;}$$

$$\text{Fração de ligações cruzadas} = \frac{12,25/6,02 \times 10^{23}}{32/6,02 \times 10^{23}} = 0,383.$$

[*Nota:* A resposta não pode ser obtida do Ex. 7-4 como 18,5/37].

7-12 RAMIFICAÇÃO. Além das ligações cruzadas, é também possível uma outra forma, aplicável em determinadas condições, de se obter moléculas tridimensionais, a partir das

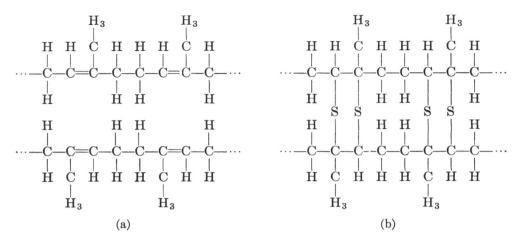

Fig. 7-20. Vulcanização da borracha natural com enxôfre. Deve-se controlar o teor de enxôfre, a fim de se obter o número desejado de pontos de ancoramento. A borracha dura tem um alto teor de enxôfre.

Fig. 7-21. Ramificação (esquemático). As cadeias laterais permitem um entrelaçamento maior da estrutura. Como conseqüência, a deformação se torna mais difícil.

cadeias poliméricas, pelo método da ramificação (Fig. 7-21), no qual a cadeia principal se bifurca em duas cadeias. A *ramificação controlada* de moléculas lineares é uma realização relativamente nova e importante na produção de plásticos. Sua importância reside no fato de que, se a quantidade de ramificações fôr grande, então os movimentos, entre moléculas adjacentes, serão restringidos pelo simples embaralhamento das moléculas entre si.

A ramificação de moléculas lineares não é uma reação espontânea, pois implica em aumento da energia total. Com efeito, a ramificação é conseguida removendo-se um átomo lateral da cadeia principal e introduzindo-se uma outra ligação C—C (Fig. 7-22). Embora não espontânea, esta reação ocorre com mais facilidade que a de formação de ligações cruzadas discutida acima, pois tirar um átomo lateral da cadeia principal é mais fácil que remover simultaneamente dois átomos de posições adjacentes em duas cadeias.

DEFORMAÇÃO DOS POLÍMEROS

7-13 DEFORMAÇÃO ELÁSTICA DE POLÍMEROS. O módulo de elasticidade dos metais, em geral, é superior a 10^4 kgf/mm^2. São exceções os metais moles e de baixo ponto de

MATERIAIS ORGÂNICOS E SUAS PROPRIEDADES

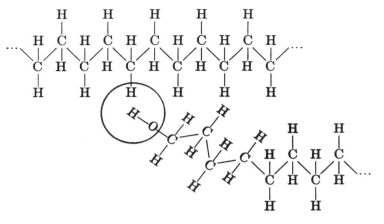

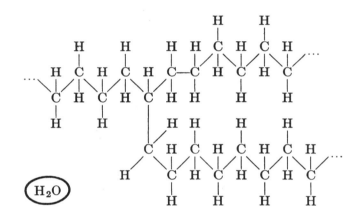

Fig. 7-22. Mecanismo de ramificação (simplificado). Deve-se fornecer energia para abrir um ponto de conecção na cadeia principal. (Compare com a Fig. 12-39).

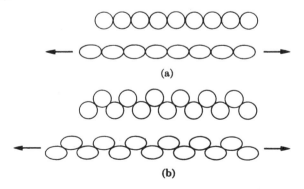

Fig. 7-23. Deformações elásticas (a) por aumento do comprimento das ligações, (b) por "endireitamento" das ligações. (Exagerado).

fusão, como por exemplo o chumbo (Apêndice E-1). Em contraposição, êsse mesmo módulo para os plásticos geralmente é inferior a 10^3 kgf/mm^2 e, em alguns casos, pode chegar até 10 kgf/mm^2 (Apêndice E-3). Uma das muitas razões para essa diferença está demonstrada na Fig. 7-23, na qual se pode ver que o tensionamento pode produzir um "endireitamento" nas ligações assim como um aumento no comprimento das mesmas; consequentemente, a deformação é apreciàvelmente maior.

A comparação dos módulos do Apêndice E-3 revela alguns contrastes. Materiais orgânicos contendo unidades polifuncionais têm os módulos mais elevados, por exemplo, uréia--formaldeído e melamina-formaldeído. As borrachas não-vulcanizadas possuem os menores módulos isto é, as maiores deformações por umidade de tensão. Estas diferenças podem ser explicadas com base na estrutura. Os polímeros polifuncionais têm uma estrutura tridimensional (Fig. 7-12), a qual é nìtidamente mais rígida que uma estrutura linear. A borracha,

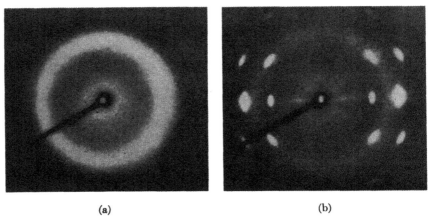

(a) (b)

Fig. 7-24. Cristalização por deformação da borracha natural (poliisopreno) revelada por difração de raios X. (a) Não deformada. (b) Deformada. (S. D. Gehman, *Chem. Revs.* **26**, 203, (1940).

em geral, contém uma estrutura do tipo cis com um grau elevado de retorcimento da cadeia. Com a aplicação da tensão, as cadeias são inicialmente endireitadas (nas borrachas não--vulcanizadas) antes de se iniciar o "endireitamento" das ligações e, eventualmente, o aumento no comprimento dos mesmos. Em virtude da quantidade extraordinàriamente elevada de deformação elástica que se consegue, tais polímeros são denominados *elastômeros*.

Cristalização por deformação — A cristalização é favorecida pela aplicação de tensões, pois as moléculas tendem a se alinhar melhor. Isso é evidenciado pelos elastômeros ou borrachas, pois quando não tensionados, êstes materiais são pràticamente amorfos (Fig. 7-24a). Entretanto, quando se tensiona, as moléculas se alinham e o material se torna cristalino (Fig. 7-24b). A borracha perde a sua cristalinidade pela retirada da tensão.

Exemplo 7-6

Verifique a cristalização de uma borracha por variação de temperatura.

Resposta: Essa é uma experiência simples que pode ser feita usando-se uma tira de borracha deformável. Seu lábio pode servir como um detetor para variações de temperatura. Coloque a tira em contato com seu lábio inferior. Estique-a ràpidamente e deixe-a voltar (sem soltar) para o comprimento original, repitindo êste ciclo muitas vêzes. Com um pouco de cuidado, pode-se perceber um aumento na temperatura ao se esticar e um abaixamento ao se voltar ao comprimento inicial. Essas variações de temperatura ocor-

MATERIAIS ORGÂNICOS E SUAS PROPRIEDADES

rem em virtude da libertação de energia de tira de borracha para o lábio durante a cristalização. A energia é absorvida (como entropia) durante a descristalização, quando a tensão é removida.

7-14 DEFORMAÇÃO PLÁSTICA DE POLÍMEROS. Os plásticos têm êsse nome em virtude de serem fàcilmente deformados plàsticamente. Êsse comportamento plástico é muito útil durante o processamento, pois um produto pode ser moldado de acôrdo com a forma desejada. Claro que é desejável que essa deformação seja permanente e que não ocorra deformação plástica durante o uso.

A deformação permanente ocorre através de um escorregamento entre moléculas adjacentes, em virtude das fracas. fôrças de atração. O mais simples tipo desta deformação se dá no caso especial, no qual tôdas as moléculas lineares estão alinhadas. A situação para moléculas orientadas ao acaso é análoga, já que continuam a ligar entre si apenas por fôrça de van der Waals. A deformação ocorre por escorregamento nos pontos fracos entre as moléculas ao invés de romper as ligações intramoleculares.

Resinas termoplásticas — As resinas (plásticas), com as características descritas acima, deformam-se fàcilmente sob pressão. Isto é especialmente verdadeiro em temperaturas altas, já que então as fôrças de van der Waals são fàcilmente superadas. Assim sendo, quando uma resina dêsse tipo, aquecida, é injetada sob pressão em um molde, elas tomam fàcilmente a forma do mesmo. Com o esfriamento, torna-se novamente rígida. Um polímero dêsse tipo é denominado de resina *termoplástica*, pois sua plasticidade aumenta com a temperatura. As resinas termoplásticas são largamente usadas na fabricação de artigos tais como paredes plásticas e pisos (cloreto de polivinila e poliestireno), refletores para luz fluorescentes (poliestireno) e lentes plásticas (polimetil metacrilato), apenas para enumerar uns poucos.

Resinas termofixas — A Fig. 7-12 mostra a estrutura esquemática de uma resina de fenol-formaldeído em três dimensões. Recordemos que na Fig. 7-11, cada molécula polimerizada era distinta e a deformação ocorria como um escorregamento entre as moléculas. Aqui, entretanto, a polimerização desenvolveu uma *estrutura tridimensional*, na qual escorregamentos entre moléculas não podem ocorrer. Com efeito, a estrutura tôda é uma molécula gigante, pois tôda ela é unida por ligações covalentes. Para tais polímeros, a plasticidade não aumenta com a temperatura. Na verdade, se a polimerização não está completa, temperaturas mais altas aceleram as reações e permitem uma deformação permanente; por isso, o têrmo *resina termofixa* é largamente usado.

Em geral, os plásticos termofixos são mais resistentes que os termoplásticos e, além disso, podem ser usados em temperaturas mais altas. As resinas termofixas são usadas, por exemplo, para aparelhos telefônicos, tomadas elétricas e cabos de dispositivos elétricos nos quais utiliza-se as propriedades isolantes elétricos e térmicas dos materiais covalentes orgânicos.

Pode-se concluir então que as resinas termofixas são sempre preferíveis às termoplásticas, mas isto nem sempre é verdade. Se as propriedades térmicas ou mecânicas são secundárias no produto acabado, então as resinas termoplásticas têm uma grande vantagem já que preenchem um molde intrincado com muito maior facilidade que um plástico termofixo. Adicionalmente, como as aparas de plástico termoplástico podem ser recirculadas, são econômicamente vantajosos.

COMPORTAMENTO DOS POLÍMEROS

7-15 COMPORTAMENTO TÉRMICO. Os polímeros termoplásticos (lineares) diferem dos termofixos (tridimensionais), pois nos termoplásticos, as fôrças intermoleculares são superadas, em temperaturas altas. Além disso, os plásticos termofixos, após o término da polimerização, podem eventualmente perder resistência, ao serem expostos em temperaturas altas, em virtude da ocorrência de degradação (Seção 7-6).

O efeito mais crítico do aumento da temperatura é o aumento na velocidade das reações químicas, o qual será considerado na Seção 7-18. A temperatura na qual os polímeros se tornam altamente suscetíveis a reações químicas corresponde à temperatura na qual se perde a resistência mecânica. Essa temperatura está abaixo do ponto de fusão dos polímeros lineares e corresponde ao começo de degradação dos polímeros tridimensionais.

7-16 COMPORTAMENTO MECÂNICO. Um polímero no estado de fusão é amorfo e possui as cadeias orientadas ao acaso. Se as moléculas são lineares, sua estrutura pode ser comparada com a de uma bola de algodão. Essa estrutura das moléculas em temperaturas mais altas pode ser preservada em temperaturas baixas através de um resfriamento brusco (Fig. 7-25a). A aplicação de tensão nesta massa produz uma deformação inicial e melhora o alinhamento das moléculas. Como resultado, a curva tensão-deformação não é análoga à dos metais, porque o módulo de elasticidade aumenta quando a tensão está aplicada diretamente sôbre a cadeia do polímero, após ter ocorrido o alinhamento (Fig. 7-25, curva II-IV).

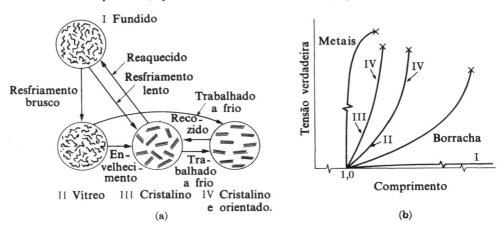

Fig. 7-25. Deformação de polímeros lineares. (a) Tratamentos térmicos e por deformação. (b) Relações comparativas tensão-deformação. Os números em (b) correspondem às estruturas em (a).

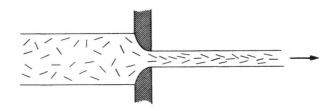

Fig. 7-26. Orientação molecular por extrusão. Aumenta-se o limite de resistência longitudinal com a orientação, pois necessita-se romper as fortes ligações inframoleculares antes da ruptura.

As relações tensão-deformação, mostradas na Fig. 7-25, sugerem meios através dos quais pode-se melhorar as propriedades dos polímeros. Por exemplo, o processo de extrusão que é usado na fabricação de fibras artificiais (Fig. 7-26) provoca um aumento adicional na resistência através da orientação molecular (e cristalização). Uma extensão da analogia que fizemos anteriormente nos leva a comparar êsse processo com a produção de um fio a partir de uma bola de algodão. Claro que a resistência na direção perpendicular ao eixo da fibra trefilada seria excepcionalmente fraca na ausência de ligações cruzadas, pois apenas atuariam as fôrças de van der Waals. Felizmente, nenhuma fibra é solicitada nesta direção; entretanto, o problema aparece em um filme ou lâmina de plástico. A produção de um filme plástico requer o estiramento do produto em duas direções ao mesmo tempo.* Isso é conseguido através de processos de sopramento ou de operações de laminação que alteram simultâneamente o comprimento e a largura.

Velocidade de deformação — Observamos na Seção 6-10 que os metais "fluem" quando solicitados por tensões abaixo do limite de escoamento por longos períodos de tempo. Os átomos se movem localmente nos pontos de concentração de tensões. Tanto o tempo como a temperatura são fatôres que determinam quando ambos os tipos de deformação, elástica e plástica aparecem. Períodos mais longos de tempo ou temperaturas mais elevadas dão aos átomos maiores oportunidades de se estabilizarem em novas posições na estrutura tensionada.

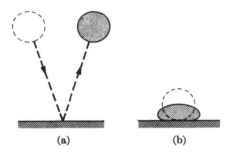

Fig. 7-27. Tempo *versus* escoamento para o asfalto. (a) Uma bola de asfalto se comporta elàsticamente, quando solicitada ràpidamente. (b) Submetido a uma tensão (no caso oriunda do pêso próprio) durante um intervalo de tempo prolongado, deforma-se plàsticamente, já que há tempo para as moléculas se rearranjarem e se ajustarem à tensão.

Os polímeros também estão sujeitos a fenômenos dependentes do tempo e, embora os movimentos moleculares sejam mais complicados que os átomos (em virtude do tamanho), as fôrças de ligação sendo fracas permitem o desenvolvimento de altas velocidades de fluência. O papel do tempo nestes fenômenos está ilustrado esquemàticamente na Fig. 7-27, para o asfalto. A aplicação instantânea de uma carga, provoca uma resposta puramente elástica, enquanto que uma solicitação prolongada, mesmo que por tensões fracas, provoca deformação plástica.

A Fig. 7-28 e a Tabela 7-5 apresentam dados mais quantitativos. Há uma diminuição na resistência, se houver oportunidade dos átomos se ajustarem à tensão aplicada.

⊙ *Relaxação de tensão* — Com o tempo, relaxam-se as tensões naquelas aplicações nas quais as mesmas foram inicialmente desenvolvidas por deformação elástica. O leitor, indubitàvelmente, já observou êste fenômeno, ao remover um elástico de borracha de uma pilha de papéis, após um certo tempo. O elástico não retorna ao seu comprimento original, indicando que uma parcela das tensões desapareceu.

* Pode-se admitir que a resistência da seção transversal de um filme é baixa.

Tabela 7-5

Velocidade de Deformação "versus" Resistência Mecânica para à Borracha Bruta (a 20°C)*

Velocidade de deformação, %/s	Tempo de ruptura, s	Limite de resistência kgf/cm²	Elongação elástica, %
50+	20	31,5	1.250
3+	300	10,2	1.020
0,02	14.400	2,2	300

* De V.P. Rosbaud e E. Schmid, *Z. Tech. Physik*, 9, 98 (1928).

O tempo necessário para o ajuste de tensões é denominado *tempo de relaxação*. Como a relaxação é um fenômeno contínuo, o tempo de relaxação é definido, matemàticamente, como sendo o tempo necessário para reduzir as tensões a $1/e$ (ou seja 1/2, 718) do seu valor original (Fig. 7-29). Essa é uma definição conveniente pois, sob condições de deformação constante,

$$d\sigma/dt = -\sigma/\lambda, \quad (7\text{-}10a)$$

ou

$$\sigma = \sigma_0 e^{-t/\lambda} \quad (7\text{-}10b)$$

onde σ_0 é a tensão inicial e λ o tempo de relaxação. Portanto, quando $t = \lambda$, $\sigma = \sigma_0(1/e)$.

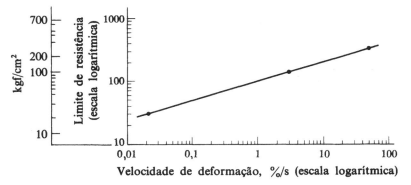

Fig. 7-28. Limite de resistência *versus* velocidade de deformação (borracha bruta). Velocidades menores dão mais tempo para o ajustamento plástico à tensão aplicada e, portanto, menor resistência à deformação. (Adaptado de V. P. Rosbaud e E Schmid, *Z. tech Physik*, 9, 98, 1928).

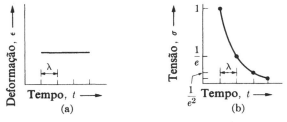

Fig. 7-29. Tempo de relaxação. Para uma deformação constante (a) a tensão diminui com o tempo (b). O tempo de relaxação λ é o tempo necessário para que a tensão seja $1/e$ do valor original ($e = 2.718...$).

Como a relaxação de tensão depende dos movimentos dos átomos ou moléculas, verificamos que o recíproco do tempo de relaxação varia exponencialmente com a temperatura:

$$1/\lambda = f(e^{-Q/RT}) \tag{7-11}$$

Com efeito, o tempo de relaxação é uma função dos mesmos fatôres que a difusão Eq. (4-9).

Exemplo 7-7

A fim de se distender uma tira de borracha de 10 cm para 14 cm, aplica-se de uma tensão de 1 kgf/mm². Após 42 dias, para o mesmo comprimento, a tira exerce uma tensão de apenas 0,5 kgf/mm². (a) Qual é o tempo de relaxação? (b) Que tensão seria exercida pela tira, para o mesmo comprimento distendido após 90 dias?

Resposta:

(a) $\ln \dfrac{0,5}{1} = -\dfrac{42}{\lambda}$, $\lambda = 61$ dias.

(b) $\sigma_{90} = e^{-90/61} = 0,26$ kgf/mm²

Resposta alternativa para o item (b), com 48 dias adicionais:

$$\sigma_{48} = 0,5 \; e^{-48/61} = 0,26 \text{ kgf/mm}^2.$$

7-17 PROPRIEDADES ELÉTRICAS DOS MATERIAIS ORGÂNICOS. Os plásticos encontram uma aplicação considerável como isolantes elétricos. Apresentam números e óbvias vantagens, tais como a possibilidade, quando são aplicados no fio na forma não-polimerizada ou parcialmente polimerizada, de formarem uma camada uniforme e que pode ser polimerizada *a posteriori*. Alguns plásticos já tendem naturalmente a formar filmes e são particularmente úteis como materiais elétricos (Fig. 7-15). Existe uma grande variedade de plásticos rígidos e flexíveis à disposição. É de particular importância o fato de que a predominância de ligações covalentes, em todos os polímeros, limita a condução elétrica.

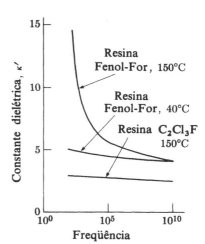

Fig. 7-30. Constante dielétrica *versus* freqüência. De uma maneira geral, freqüências mais elevadas e temperaturas mais baixas reduzem a constante dielétrica, já que é menor o tempo disponível para o alinhamento dos dipolos.

Constante dielétrica — As propriedades dielétricas dos polímeros dependem da polarização da estrutura. Essa polarização, e portanto, a constante dielétrica resultante, é muito

190 PRINCÍPIOS DE CIÊNCIA DOS MATERIAIS

maior naqueles polímeros com dipolos naturais nos quais o centro das cargas positivas não coincide com o das cargas negativas (Fig. 2-14). Em freqüências baixas, os dipolos acompanham as mudanças no campo elétrico. Entretanto, conforme aumenta a freqüência, chega-se a um ponto além do qual é impossível aos grupos polares das moléculas acompanharem o campo elétrico, e apenas passa a existir a polarização eletrônica (Fig. 2-15). Essa freqüência limite varia com as dimensões dos dipolos e com a temperatura (Fig. 7-30). A temperatura é importante porque a energia térmica suplementa a fôrça do campo elétrico no deslocamento dos átomos.

Exemplo 7-8

A capacidade de um capacitor de placas paralelas pode ser calculada da Eq. 1-9. As constantes dielétricas para o cloreto de polivinila (pvc) e para o polifluoroetileno (ptfe) são as seguintes:

Freqüência, ciclos/s	pvc	ptfe
10^2	6,5	2,1
10^3	5,6	2,1
10^4	4,7	2,1
10^5	3,9	2,1
10^6	3,3	2,1
10^7	2,9	2,1
10^8	2,8	2,1
10^9	2,6	2,1
10^{10}	2,6	2,1

(a) Coloque em gráficos a capacidade *versus* a freqüência para três condensadores com uma área efetiva de 2,5 cm × 125 cm cujas placas se acham separadas por 0,0025 cm de (1) vácuo, (2) pvc e (3) ptfe. (b) Justifique o decréscimo da constante dielétrica do pvc com o aumento da freqüência e a constância da constante dielétrica do ptfe.

Resposta: (a) Cálculo a 10^2 ciclos por segundo:

$$C_{vac} = \frac{(2,5)(125)(1)}{(11,32)(10^6)(0,0025)} = 0,0112F \qquad C_{pvc} = \frac{(2,5)(125)(6,5)}{(11,32 \times 10^6)(0,0025)} = 0,073F$$

Ver a Fig. 7-31(a) para os demais resultados

(b) A constante dielétrica do pvc é alta em freqüências baixas em virtude da polarização molecular do mesmo, pois o mero correspondente é assimétrico (Fig. 7-31b). Em frequências altas, os dipolos moleculares não conseguem se manter alinhados, com o campo alternado. Por outro lado, o ptfe possui um mero simétrico e, conseqüentemente, sua polarização é apenas eletrônica e atômica. Os dipolos podem acompanhar o campo, embora sejam fracos.

⊙ *Condução* — Embora os polímeros sejam inerentemente isolantes, suas composições podem ser ajustadas de forma a permitir uma certa condutividade. No caso de borrachas especiais, consegue-se a condutividade através da adição de grafita finamente pulverizada, a qual fornece um percurso através do qual os elétrons podem se mover. Dessa forma, a condutividade não é intrínseca ao polímero por si próprio, mas resulta da inclusão de uma segunda fase condutora. O polímero pode ser tratado de várias maneiras, de forma a adquirir uma condutividade intrínseca. Um dêstes métodos é tratar-se o polímero através de irradia-

MATERIAIS ORGÂNICOS E SUAS PROPRIEDADES

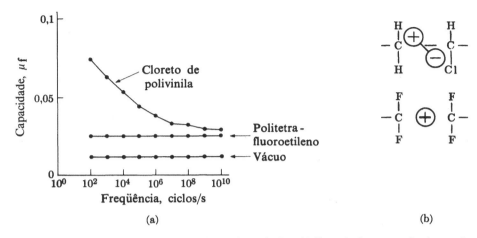

Fig. 7-31. Capacidade *versus* freqüência. (a) Ver Exemplo 7-8. (b) Simetria dos meros do cloreto de polivinila e do politetrafluoroetileno.

ções de raios γ ou através de degradação térmica parcial. Ambos os tratamentos destroem parcialmente, a estrutura e provocam irregularidades na cadeia que contém pontos doadores e/ou aceptores de elétrons (Seção 5-9). Já foram assinaladas resistividades tão baixas como 10^2 ohm·cm, as quais podem ser comparadas com as correspondentes do germânio e com os valôres superiores a 10^{10} ohm·cm para os polímeros normais (Fig. 5-1).

Um segundo método é produzir um polímero contendo radicais ao longo da cadeia. Êstes radicais originam tanto pontos aceptores como doadores. Desta forma, pode-se conseguir resistividades de até 10 ohm·cm, podendo ser mais baixas ainda, desde que se melhore a cristalização.

7-18 REAÇÕES QUÍMICAS DE MATERIAIS ORGÂNICOS. Durante as reações químicas há a ruptura e a recombinação de ligações. Embora sejam necessárias reações químicas para o processo de polimerização, reações subseqüentes em geral são consideradas indesejáveis (Seção 7-6). Alguns casos especiais de reações químicas de materiais orgânicos serão discutidas nesta seção.

Combustão — É comum associar-se substâncias orgânicas com materiais inflamáveis. Muitos dos nossos combustíveis são hidrocarbonetos semelhantes ao polietileno, apenas com moléculas menores. Na combustão completa, os hidrocarbonetos se dissociam e reagem com o oxigênio para formar CO_2 e H_2O:

$$C_xH_y + \left(x + \frac{y}{4}\right)O_2 \longrightarrow xCO_2 + \frac{y}{2}H_2O. \tag{7-12}$$

cada molécula-grama de CO_2, produzida a partir de carbono e oxigênio, fornece 94.600 cal e cada molécula-grama de vapor, produzido a partir de hidrogênio e oxigênio, 68.180 cal. Embora haja libertação de energia, através da formação de CO_2 e H_2O a partir dos elementos componentes, gasta-se energia para dissociar o combustível nos seus elementos. Um exemplo será ilustrativo.

PRINCÍPIOS DE CIÊNCIA DOS MATERIAIS

Exemplo 7-9

25 g de benzeno C_6H_6, são queimados com a quantidade adequada de ar. Quantas calorias são libertadas? Os calores de formação são:

C_6H_6 (líquido) 11.400 cal/mol
CO_2 94.600 cal/mol
H_2O (líquido) 68.800 cal/mol

Resposta:

$$C_6H_6 + 7\tfrac{1}{2} O_2 \longrightarrow 6CO_2 + 3H_2O$$

Base de cálculo: $= \dfrac{25}{78}$ ou 0,32 moles.

Calor necessário para dissociar C_6H_6 em C e $H_2 = (1) (0,32) (11.400)$.
Calor libertado na formação de CO_2 a partir de C e $O_2 = -(6)(0,32)(94.600)$
Calor libertado na formação de H_2O a partir de H_2 e $O_2 = -(3)(0,32)(68.800)$.
Energia libertada $= -241.000$ cal.

Admitiu-se que os reagentes e os produtos da combustão estejam sob temperatura ambiente.

O benzeno, do exemplo acima, desenvolve nitidamente mais calor ao se queimar que a maioria dos materiais orgânicos, o que aliás justifica o seu emprêgo como combustível (Tabela 7-6). Além disso, muitos materiais orgânicos usados como combustíveis têm alta pressão de vapor o que facilita a volatilização e permite uma mistura mais fácil com o oxigênio do ar, aumentando a velocidade de queima. Se o combustível não se volatiliza, êle deve ser ou nebulisado (por exemplo, em um carburador) ou pulverizado (por exemplo, carvão em uma caldeira) a fim de facilitar a mistura com o ar e aumentar a velocidade de queima.

Os materiais orgânicos, usados ordinàriamente pelo engenheiro para componentes nos seus projetos geralmente, não têm as características descritas acima para os combustíveis, parte por coincidência, parte de propósito. Por exemplo, como a molécula de polietileno é grande e tem uma pressão de vapor desprezível, êsse plástico é menos combustível que a parafina e a gasolina, embora o calor libertado seja de mesma ordem de grandeza. O polietileno não se volatiliza com facilidade e, conseqüentemente, sua reação com o oxigênio do ar é lenta.

Tabela 7-6

Calores de Combustão de Combustíveis Comuns
(Produtos da combustão sob temperatura ambiente)

		kcal/kg	kcal/m³
Hidrogênio	H_2	34.000	3.150
Monóxido de carbono	CO	2.420	3.150
Metano	CH_4	13.400	9.420
Propano	C_3H_8	11.800	23.500
Benzeno	C_6H_6	10.000	—
Metanol	CH_3OH	5.700	
Gás natural		—	~ 10.000
Gás de gasogênio			1.180
Gás de hulha		—	5.160
Carbono		8.100	
Madeira		~ 4.200	—
Carvão		~ 8.400	—

MATERIAIS ORGÂNICOS E SUAS PROPRIEDADES 193

A substituição do hidrogênio por outro elemento na cadeia também serve para reduzir a combustibilidade. Por exemplo, o cloreto de polivinila tem um calor de combustão mais baixo que o polietileno pois (grosseiramente) cada átomo de cloro (1) é incombustível e (2) faz com que um átomo de hidrogênio deixe de se combinar com oxigênio.

$$C_2H_3Cl + 2\tfrac{1}{2}O_2 \longrightarrow 2CO_2 + H_2O + HCl \tag{7-13}$$

O cloreto de vinilideno e o tetrafluoroetileno ("teflon") (Apêndice F) produzem polímeros que são menos combustíveis ainda, pois a quantidade de hidrogênio disponível é mais reduzida. Para que cada um mantenha a combustão, a temperatura deve ser suficiente para dissociar o polímero, remover os gases resultantes (HCl e F_2) da superfície e admitir o oxigênio para reagir com o carbono não volátil.

Explosivos — Obviamente, os materiais explosivos necessitam de uma quantidade pequena ou mesmo nula de energia para a dissociação e contêm oxigênio suficiente na sua estrutura para produzir "produtos de combustão". As estruturas do nitrato de celulose e da nitroglicerina, mostrados na Fig. 7-32, servem como ilustração. Essas substâncias contêm suficiente oxigênio, de forma a não necessitarem de uma fonte externa de ar. Uma detonação mecânica pode fornecer, a ambas, a energia de ativação para dissociá-las em moléculas, gasosas:

$$C_6H_7(ONO_2)_3O_2 \longrightarrow CO, CO_2, H_2O, NO, \tag{7-14}$$

$$C_3H_5(ONO_2)_3 \longrightarrow CO, CO_2, H_2O, NO, \tag{7-15}$$

Polieletrólitos — Até agora, consideramos os materiais orgânicos como sendo primàriamente covalentes (e tendo fôrças de van der Waals entre as moléculas), mas é possível

(a) (b)

7-32. Estruturas de esplosivos. (a) Nitrato de celulose e (b) nitroglicerina. Ver as Eqs. (7-14) e (7-15).

ionizar até um certo limite alguns compostos orgânicos. Por exemplo, o ácido acético, que é um ácido orgânico, pode produzir alguns cátions hidrogênio e ânions acetato:

$$\begin{array}{c} H \\ | \\ H-C-C-O-H \\ | \\ H \end{array} \rightleftarrows \left[\begin{array}{c} H \quad O \\ | \quad \| \\ H-C-C-O \\ | \\ H \end{array} \right]^{-} + H^{+}. \qquad (7-16)$$

Como a reação tende a ir para a esquerda, o ácido acético é um ácido fraco. Esta ionização, embora pequena, permite a formação de sais orgânicos. Por exemplo, a Fig. 33 mostra o estearato de cálcio que é o precipitado, que se forma quando se usa sabão com água dura.

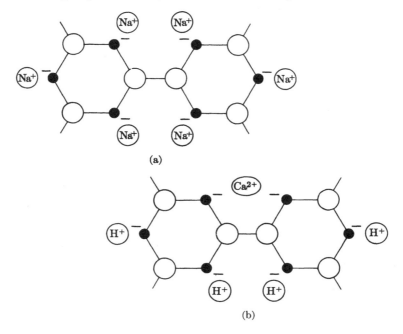

7-33. Estrutura do estearato de cálcio. A maior parte da estrutura é ligada por covalência; o íon cálcio é uma exceção.

7-34. Resinas trocadoras de íons (esquemático). Estão presentes tanto ligações iônicas como covalentes. Alguns dos íons podem ser trocados sem afetarem a estrutura covalente básica.

MATERIAIS ORGÂNICOS E SUAS PROPRIEDADES

Pode-se ter também alguma ionização presente nos sólidos poliméricos. A Fig. 7-34 ilustra um dêstes *polieletrólitos*, cujas características são bastante semelhantes às de vários materiais cerâmicos nos quais tem-se uma combinação de ligações covalentes e iônicas. Os polieletrólitos são condutores iônicos de eletricidade, mas a condução é limitada pelas pequenas velocidades de difusão dos íons. Em virtude de possuírem cátions trocáveis, êstes compostos são usados em aplicações onde se necessita desta característica, como por exemplo no "amolecimento" da água por troca iônica.

REFERÊNCIAS PARA LEITURA ADICIONAL

7-1. Barron, H., *Modern Plastics*. London: Chapman and Hall, 1949. Escrito de uma forma que o leigo pode entender. Mostra a versatilidade dos materiais poliméricos.

7-2. Battista, O. A., *Fundamentals of High Polymers*. New York: Reinhold, 1958. Escrito para o não-especialista que deseja um conhecimento básico do campo dos polímeros.

7-3. Billmeyer, F. W., Jr. *Textbook of Polymer Chemistry*. New York: Interscience, 1957. Introdução aos polímeros, para o estudante adiantado. Admite familiaridade com a nomenclatura orgânica.

7-4. Billmeyer, F. W., Jr., *Textbook of Polymer Science*. New York: Interscience, 1962. Dedica maior atenção às aplicações que o outro livro do autor (Referência 7-3).

7-5. Couzens, E. G., e V. E. Yarsley, *Plastics in the Service of Man*. Baltimore: Penguin, 1956. Brochura. Escrito para o leigo, também serve como uma introdução aos plásticos para o estudante.

7-6. D'Alelio, G. F., *Fundamental Principles of Polymerization*. New York: John Wiley & Sons, 1952. Os princípios são manejados, com base em física e química orgânica. Para o aluno adiantado e o instrutor.

7-7. Fisher, H. F., "Rubber", *Scientific American*, 195, 74, Novembro de 1956. Apresenta para o estudante, a estrutura e a química elementar das borrachas sintéticas.

7-8. Flory, P. J., *Principles of Polymer Chemistry*. Ithaca, N. Y.: Cornell University Press, 1953. Recomendado como uma leitura suplementar para o estudante adiantado que esteja interessado na química de polímeros.

7-9. "Giant Molecules", *Scientific American*, 197, Setembro de 1957. Êste é um número especial dedicado aos materiais poliméricos. Muitos artigos são leituras suplementares interessantes para o estudante.

7-10. Kinney, G. F., *Engineering Properties and Applications of Plastics*. New York: John Wiley & Sons, 1957. Usa-se um tratamento introdutório, com o mínimo possível de química orgânica. Recomendado como uma leitura suplementar dêste capítulo.

7-11. Marvell, E. N. e A. V. Logan, *Chemical Properties of Organic Compounds*. New York: John Wiley & Sons, 1955. O Cap. 2 dá uma explicação em nível elementar de "Valência, Ligação e Estrutura". O Cap. 21 introduz os polímeros. Recomendado para os estudantes que não tiveram química orgânica.

7-12. Rochow, E. G., *An Introduction to the Chemistry of Silicones*, 2.ª ed. New York: John Wiley & Sons, 1951. Para o estudante que tem interêsse especial nos materiais poliméricos-cerâmicos. Necessita de conhecimento prévio de química orgânica.

7-13. Schmidt, A. X. e C. A. Marlies, *Principles of High Polymer Theory and Practice*. New York: McGraw-Hill, 1948. A matéria contida nos Caps. 1 e 2 é semelhante à dêste Cap. 7. O Cap. 3 considera os efeitos das estruturas dos polímeros nas suas propriedades.

7-14. Winding, C. C. e G. D. Hiatt, *Polymeric Materials*. New York: McGraw-Hill, 1961. Princípios dos polímeros e produção de plásticos. Necessita de um conhecimento mínimo da nomenclatura orgânica.

PRINCÍPIOS DE CIÊNCIA DOS MATERIAIS

PROBLEMAS

7-1. A Eq. (3-2) é, muitas vêzes, usada na determinação dos pontos de fusão dos hidrocarbonetos parafínicos. Que ponto de fusão teria o polietileno com (a) um GP de 10? (b) um GP de 100? (c) um GP de 1000? [*Nota:* Mero = C_2H_4].

Resposta: (a) 35°C (b) 130°C (c) 142°C.

7-2. Os seguintes dados foram obtidos na determinação da massa molecular média de um polímero:

Massa Molecular	Massa (g)
30.000	3,0
20.000	5,0
10.000	2,5

Determinar a massa molecular média em pêso dêste polímero.

7-3. (a) Quantas moléculas por grama existem no polímero do Probl. 7-2? (b) Qual a massa molecular média "em número" dêste polímero?

Resposta: (a) $3,42 \times 10^{19}$ moléculas/g (b) 17.500

7-4. 0,2% em pêso de H_2O_2 foram adicionados ao etileno antes do mesmo se polimerizar. Admitindo-se que todo o H_2O_2 foi usado como terminais para as moléculas, qual o GP médio? (Mero = C_2H_4).

7-5. Se quisermos usar HCl como iniciador para o cloreto de polivinila, que proporção dêste composto deve ser adicionada, a fim de se ter uma massa molecular média de 6300? (Admita uma eficiência de 30% para o HCl).

Resposta: 2% HCl

7-6. Adiciona-se H_2O_2 a 280 kg de etileno, antes da polimerização. O grau de polimerização médio foi de 1000. Admitindo-se que todo o H_2O_2 foi usado nos grupos terminais, quantos quilos dêste composto foram usados? (Mero = C_2H_4).

7-7. Mostre como se pode obter um polímero de (a) propileno, (b) isobutileno, (c) acrilonitrilo (Apêndice F).

7-8. O "nylon" é um polímero de condensação de moléculas tais como ácido adípico $OH \cdot CO \cdot (CH_2)_4 CO \cdot OH$ e hexametilenodiamina $NH_2 \cdot (CH_2)_6 \cdot NH_2$ (a) Esquematize a estrutura destas duas moléculas. (b) Mostre como pode ocorrer a polimerização. (c) Qual é o subproduto de condensação?

7-9. (a) Mostre como se pode formar um plástico melamina-formaldeído. (Ver Apêndice F para a melamina). Faça a previsão das características dêste plástico (a) sob alta temperatura, (b) sob tensão.

7-10. Mostre como o dimetil-silanediol (Apêndice F) pode se polimerizar dando uma silicona.

7-11. Qual a porcentagem de enxôfre necessária para se ter tôdas as ligações possíveis (a) no poliisopreno? (b) no policloropreno?

Resposta: (a) 32% (b) 26,5% S

7-12. Uma borracha contém 91% de cloropreno polimerizado e 9% de enxôfre. Que fração das possíveis ligações cruzadas será efetivada durante a vulcanização? (Admitir que todo o enxôfre foi usado em ligações cruzadas).

MATERIAIS ORGÂNICOS E SUAS PROPRIEDADES   197

7-13. Uma borracha contém 54% de butadieno, 34% isopreno, 9% de enxôfre e 3% de negro de fumo. Que fração das possíveis ligações cruzadas será efetivada durante a vulcanização, admitindo que todo o enxôfre foi usado nas mesmas?

Resposta: 0,188

7-14. O divinil-benzeno tem a estrutura mostrada no Apêndice F. Durante a fabricação de plástico de poliestireno, pode-se adicionar 2 a 3% de divinol-benzeno. De que forma êste último alterará a estrutura e as propriedades do polímero?

7-15. (a) Uma borracha de butadieno se torna mais dura por simples exposição ao ar. Uma análise mostrou que parte da mesma se oxidou. Justifique as variações nas propriedades. (b) Uma exposição adicional indica que a borracha perde pêso e se torna friável. Justifique as variações nas propriedades.

7-16. Selecionar as resinas termofixas do Apêndice G.

7-17. Selecionar as resinas termoplásticas do Apêndice G.

7-18. As aparas de baquelite são inaproveitáveis enquanto as de cloreto de polivinila podem ser usadas novamente. Por quê?

7-19. Sabe-se que o tempo de relaxação de um plástico é 45 dias e o módulo de elasticidade 10^4 psi (ambos a 100°C). O plástico é comprimido de forma a se ter uma deformação de 0,05 cm/cm e deixando a 100°C. Qual é a tensão (a) inicialmente? (b) após 1 dia? (c) após 1 mês? (d) após 1 ano?

Resposta: (a) 500 psi (b) 490 psi (c) 260 psi (d) 0,15 psi.

⊙ 7-20. É necessária uma tensão inicial de 1 kgf/mm² para deformar um pedaço de borracha de 0,5 cm/cm. Após a deformação ter sido mantida constante por 40 dias, a tensão necessária é de apenas 0,5 kgf/mm². Qual será a tensão necessária para manter a mesma deformação após 80 dias?

7-21. Quantos m³ de gás etileno (20°C) deve ser necessário para se fazer 10 cm³ de polietileno para o qual o grau de polimerização médio é 10 000. (A densidade do polietileno é 0,95 g/cm³).

Resposta: 0,014 cm³

7-22. A gasolina tem aproximadamente a seguinte composição: 85% C, 14% H e 1% O. Quantos litros de água (admitindo-se que a mesma esteja condensada) saem através do cano de escapamento de um automóvel por litro de gasolina queimado. (Densidade da gasolina = = 0,7 g/cm³).

7-23. O propano produz, por combustão, 11.950 kcal/kg. (a) compare êste valor com o calor que seria despreendido, admitindo-se que o carbono produzisse 8000 kcal/kg e o hidrogênio 34.000 kcal/kg durante a queima (b) Justifique a diferença.

Resposta: (a) 12.800 kcal/kg (b) Usa-se energia para dissociar o C_3H_8.

7-24. Um gás combustível consistindo numa mistura de 30% Co, 15% H_2, 5% CO_2 e 50% N_2 (em volume, é queimado com 10% de excesso de ar (o ar contem 20,9% O_2 e 79,1% N_2 em volume). (a) Calcular o volume de ar necessário por 100 cm³ do gás combustível. (b) Determinar a composição dos gases queimados que saem na chaminé (porcentagem em volume) admitindo que tôda a água formada na combustão se condense na chaminé. (c) Determinar o volume de gases queimados secos por 100 m³ de gás combustível, ambos nas mesmas condições de pressão e temperatura.

⊙ Os problemas precedidos por um ponto são baseados, em partes em seções opcionais.

7-25. A reação básica do processo de fabricação do etileno é $C_2H_2 + H_2 \longrightarrow C_2H_4$. Imaginar um processo de fabricação para (a) cloreto de vinila, (b) cloreto de vinilideno, (c) estireno (Apêndice F).

Resposta: (a) $C_2H_2 + HCl \longrightarrow C_2H_3Cl$

7-26. Selecionar as resinas do apêndice G que são mais inflamáveis que o polietileno.

7-27. Mantendo-se os demais fatôres constantes, qual terá a *maior tenacidade:* (a) borracha submetida a baixas temperaturas e a uma velocidade alta impacto, (b) borracha submetida a temperaturas elevadas e a uma alta de impacto, (c) borracha submetida a temperaturas elevadas e a uma pequena velocidade de impacto (d) borracha submetida a baixas temperaturas e a uma pequena velocidade de impacto? Por quê?

CAPÍTULO 8

FASES CERÂMICAS E SUAS PROPRIEDADES

8-1 INTRODUÇÃO. Os *materiais cerâmicos* contêm fases que são *compostos de elementos metálicos e não-metálicos.* Relembremos da Seção 2-7 que os poucos elétrons de valência de um átomo metálico podem ser removidos e dados para átomos não-metálicos ou grupos de átomos, cujas últimas camadas estão quase completas e que os átomos não-metálicos podem também compartilhar elétrons por covalência.

Existem muitas fases cerâmicas pois (1) muitas são as combinações possíveis de átomos metálicos e não-metálicos e (2) podem existir vários arranjos estruturais diferentes para a mesma combinação. Em geral, as fases cerâmicas têm propriedades diferentes dos materiais metálicos (Cap. 6) e poliméricos (Cap. 7). Entretanto, há uma superposição considerável entre os materiais metálicos, cerâmicos e poliméricos, particularmente quando aparecem elementos semimetálicos.

FASES CERAMICAS

8-2 EXEMPLOS DE MATERIAIS CERÂMICOS. O têrmo *cerâmico* é mais familiar como um adjetivo para designar certos objetos de arte. Para o engenheiro, entretanto, os materiais cerâmicos[1] abrangem uma grande variedade de substâncias naturais e sintéticas tais como vidro, tijolos, pedras, concreto, abrasivos, vidrados para porcelana, isolantes dielétricos (Fig. 8-1), materiais magnéticos não-metálicos, refratários para altas temperaturas e muitas outras. A característica que todos êstes materiais têm em comum é que são constituídos por metais e não-metais. O composto MgO é um exemplo típico de um material cerâmico, é largamente usado como refratário pois pode suportar temperaturas muito elevadas (1650 a 2500°C) sem se dissociar ou fundir. A argila também é um material cerâmico comum só que

---

[1]N. do T. — Em inglês "ceramics"; às vêzes é traduzido por "cerâmica" e usado como substantivo sinônimo de "materiais cerâmicos"; êste último têrmo é preferível para evitar confusões.

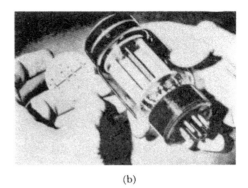

(a)

(b)

Fig. 8-1. Materiais cerâmicos de aplicação em engenharia. (a) Trocadores de calor de vidro para o resfriamento de líquidos corrosivos (Corning Glass Works). (b) Válvulas eletrônicas (*Ceramic Industry*).

mais complexo que o MgO. A argila[2] mais simples é $Al_2Si_2O_5(OH)_4$. Forma uma estrutura cristalina com quatro unidades diferentes: Al, Si, O e o radical (OH). Embora não sejam tão simples como os metais os materiais cerâmicos podem ser compreendidos em têrmos das estruturas daqueles.

8-3 COMPARAÇÃO ENTRE AS FASES CERÂMICAS E NÃO-CERÂMICAS.

A maior parte das fases cerâmicas, da mesma forma que os metais, são cristalinas. Entretanto, ao contrário dos metais, suas estruturas cristalinas não contêm um grande número de elétrons livres. Os elétrons estão sendo compartilhados por covalência ou são transferidos de um átomo para outro, formando uma ligação iônica; neste último caso, os átomos se tornam ionizados e transportam carga elétrica.

As ligações iônicas conferem aos materiais cerâmicos uma estabilidade relativamente alta. Como uma classe, têm uma temperatura de fusão, em média, superior à dos metais e materiais orgânicos. De uma maneira geral, são também mais duros e mais resistentes à alteração química. Da mesma forma que os materiais orgânicos, os materiais cerâmicos sólidos são, usualmente, isolantes. Em temperaturas elevadas, em virtude da maior energia térmica, conduzem a eletricidade, porém de forma muito menos intensa que os metais. Devido à ausência de elétrons livres, a maior parte dos materiais cerâmicos é transparente, pelo menos em seções delgadas, e conduzem mal o calor.

As características cristalinas podem ser observadas em muitos materiais cerâmicos. A mica, por exemplo, apresenta planos de clivagem, os quais permitem o esfolhamento com facilidade. Em alguns dos cristais mais simples, como, por exemplo o MgO, pode ocorrer um escorregamento plástico semelhante ao dos metais. Durante o crescimento, podem se desenvolver cristais limitados por faces planas como é o caso dos pequenos cubos do sal de cozinha comum. No amianto, os cristais têm uma acentuada tendência à linearidade; nas micas e argilas, os cristais têm uma estrutura bidimensional em camadas. Os materiais cerâmicos mais fortes e estáveis, geralmente, possuem estruturas tridimensionais, com ligações fortes nas três direções.

As estruturas cristalinas dos materiais cerâmicos, comparadas com as dos metais, são relativamente complexas. Esta complexidade e a maior resistência das ligações, que mantêm

---

[2] N. do T. — As argilas são materiais constituídos por argilo-minerais e outros minerais acessórios finamente divididos, tais como, quartzo e gibsita. A rigor, deveríamos empregar o têrmo "argilo-mineral". Entretanto, vamos usar "argila" para manter a coerência com o texto original.

FASES CERÂMICAS E SUAS PROPRIEDADES

os átomos unidos, tornam as reações cerâmicas lentas. Por exemplo, com as velocidades normais de resfriamento, o vidro não tem tempo de se rearranjar em uma estrutura cristalina complexa e, conseqüentemente, em temperatura ambiente, êle permanece como um líquido super-resfriado por tempo pràticamente infinito.

As propriedades de compostos, tais como os carbetos e nitretos refratários, caem entre as dos metais e as dos materiais cerâmicos. Entre êles, se incluem compostos como TiC, SiC, BN e ZrN, os quais contêm elementos semimetálicos e cujas estruturas resultam de uma combinação de ligações metálicas e covalentes. Os espinélios ferromagnéticos são um outro exemplo. Como não possuem elétrons livres, não são bons condutores de calor e de eletricidade; entretanto, os átomos podem ser orientados dentro da estrutura cristalina, de forma a produzir propriedades magnéticas geralmente associadas com o ferro e metais correlacionados (Cap. 5).

Entre os materiais cerâmicos e orgânicos, também existem classes de materiais de estrutura intermediária, como o grupo das siliconas. Mais adiante, neste capítulo, faremos analogias entre a cristalização dos silicatos e a polimerização dos materiais orgânicos.

ESTRUTURA CRISTALINA DAS FASES CERÂMICAS

8-4 INTRODUÇÃO. Muito embora cada fase cerâmica seja composta por mais de um tipo de átomo, a estrutura cristalina de cada fase pode acomodar diferentes espécies de átomos. A Fig. 3-10 mostra a estrutura do NaCl, a qual consta de metal sódio e do não-metal cloro; as Figs. 2-22(a) e 8-2 mostram a mesma estrutura para o MgO. Em ambos os casos, MgO e NaCl, a estrutura é tal que satisfaz as exigências relativas ao tamanho dos íons e ao número de elétrons.

Outros materiais cerâmicos podem incluir muitos tipos de átomos; entretanto, em cada caso, o balanceamento das cargas elétricas é um requisito fundamental; além disso, tem-se também exigências relativas à coordenação atômica, a qual envolve considerações tanto relativas ao empacotamento atômico como também à covalência.

Exemplo 8-1

A estrutura tridimensional da célula unitária do MgO está mostrada na Fig. 8-2 como uma projeção no plano da página. A terceira dimensão está indicada por frações que indicam a profundidade dos pontos de localização dos átomos na célula unitária.

Um esquema similar está mostrado na Fig. 8-3 para a célula unitária da fluorita (CaF_2). (a) Quantos átomos cada célula unitária possui? (b) Qual a massa de cada célula unitária?

Resposta: (a) Cálculo: $\frac{8}{8} + \frac{6}{2} = 4$ átomos célula unitária

Fluor: (todos dentro da célula) = 8 átomos célula unitária

Resposta: (b) $\dfrac{(8)(19,00) + (4)(40,08)}{6,02 \times 10^{23}} = 5,2 \times 10^{-22}$ g.

8-5 COMPOSTOS DE EMPACOTAMENTO FECHADO. *Compostos* AX. Recordemos que as estruturas cúbicas simples não são encontradas entre os metais porque o fator de empacotamento atômico é relativamente baixo; empacotamentos mais densos produzem estruturas metálicas mais estáveis (Seção 3-11). Entretanto, é possível encontrar-se compostos com estrutura cúbica simples. Por exemplo, se um átomo pequeno é colocado no centro de um cubo simples formado por oito átomos maiores, consegue-se um empacotamento relativamente eficiente. Sòmente um composto pode ter esta estrutura já que se necessita de átomos com dois tamanhos diferentes. O protótipo dêsse caso é o cloreto de césio (Fig. 8-4). A razão dos raios iônicos é 1,65/1,81 ou aproximadamente 0,9, o que favorece o número de

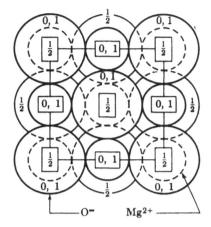

Fig. 8-2. Estrutura tridimensional do MgO. Os números assinalam a localização, em profundidade, dos átomos na célula unitária (0 = face superior, 1/2 = posição na metade da célula, 1 = face inferior). Compare com a Fig. 3-10 para o NaCl).

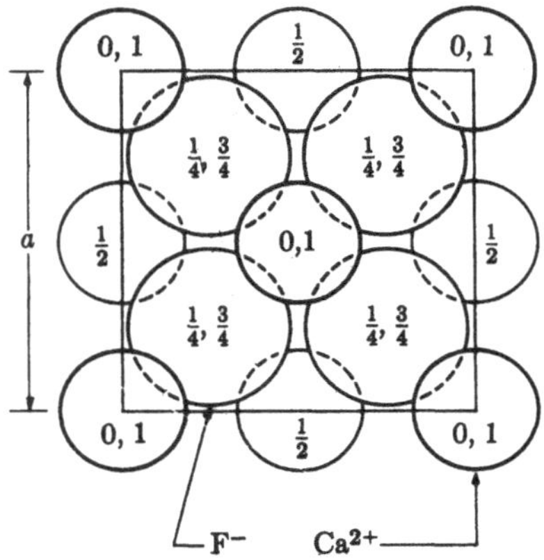

Fig. 8-3. Estrutura da fluorita (CaF_2). (Cf. Fig. 8-2).

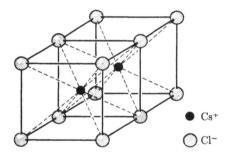

Fig. 8-4. Estrutura do CsCl. A continuação dessa estrutura coloca um Cl^- no centro de cada cubo de Cs^+ assim como um Cs^+ no centro de cada cubo de Cl^-. Como o composto é altamente iônico, a estrutura é governada pelo quociente de raios iônicos dando um NC de oito.

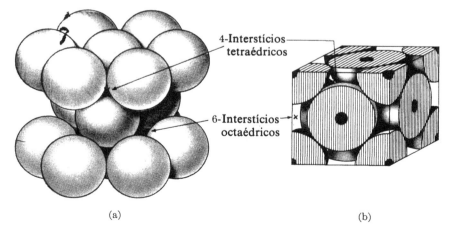

Fig. 8-5. Vazios intersticiais nas estruturas (a) hc e (b) cfc. Há o dôbro de vazios tetraédricos (isto é, com 4 átomos vizinhos) que de octaédricos (isto é, com 6 átomos vizinhos).

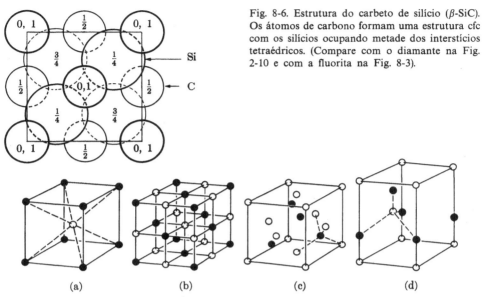

Fig. 8-6. Estrutura do carbeto de silício (β-SiC). Os átomos de carbono formam uma estrutura cfc com os silícios ocupando metade dos interstícios tetraédricos. (Compare com o diamante na Fig. 2-10 e com a fluorita na Fig. 8-3).

Fig. 8-7. Compostos tipo AX. (a) O CsCl tem um NC de oito tanto para os cátions como para os ânions. (b) No NaCl ou MgO, os NC são 6. (c) ZnS cúbico (esfalerita). (d) ZnS hexagonal (Wurtzita). Em ambas as formas polimórficas do ZnS, os CN são 4.

coordenação oito*. Há também um cátion A e um ânion X por célula unitária, respeitando-se dessa forma a estequiometria de um composto tipo AX.

Um segundo tipo de composto AX é o exemplificado pelo NaCl e MgO (Figs. 3-1 e 8-2). No caso do MgO, o qual é denominado periclásio, a razão entre os raios iônicos é 0,78/1,32 ou aproximadamente 0,6. Dessa forma, encontramos uma estrutura cfc de ânions com os cátions preenchendo os interstícios octaédricos. Essa estrutura possui quatro cátions e quatro ânions por célula unitária. Além do MgO, muitos outros compostos simples possuem essa estrutura (por exemplo LiF, MnS, CaO e AgCl).

Recordemos que um arranjo hc de átomos tem o mesmo fator de empacotamento atômico (0,74) e o mesmo número de coordenação (12) que uma estrutura cfc; a única diferença reside na seqüência de empilhamento (Seção 3-17) conseqüentemente, os vazios intersticiais são os mesmos e para cada posição equivalente da célula unitária há um interstício octaédrico nessas duas estruturas. O sulfeto de ferro (FeS) é um exemplo típico de uma estrutura na qual os ânions formam um arranjo hc e os cátions preenchem todos os interstícios octaédricos.

As estruturas cfc e hc, além de possuírem vazios octaédricos, possuem pequenos interstícios tetraédricos (Fig. 8-5). O número de vazios tetraédricos é o dobro de octaédricos; assim sendo, num composto AX, apenas metade dos primeiros está preenchida. Dois dos compostos cerâmicos mais comuns, que contêm átomos nos interstícios tetraédricos, são o ZnS (esfalerita) e o β-Sic. Êsse último está mostrado na Fig. 8-6, na qual podem ser feitas quatro observações: (1) Cada tipo de átomo forma, isoladamente, um arranjo cfc. (Deve-se estender a estrutura para ver êsse arranjo dos átomos de Si). (2) Metade dos interstícios tetraédricos está preenchida. (3) Não se tem um número de coordenação mais elevado, pois as ligações covalentes dão preferência a quatro vizinhos. (4) Essa estrutura é a mesma do diamante cúbico (Fig. 2-10), apenas temos átomos alternados de elementos diferentes. Estruturas com-

---

* A estrutura, mostrada na Fig. 8-4, *não* é cúbica de corpo centrado, pois o centro e os vértices do cubo estão ocupados por átomos diferentes e, portanto, não são posições equivalentes.

PRINCÍPIOS DE CIÊNCIA DOS MATERIAIS

paráveis hc de compostos AX com átomos em interstícios tetraédricos incluem a do BeO, a de uma segunda forma polimórfica do ZnS (Wurtzita) e a do ZnO (zincita). Embora seja fortemente iônica, o BeO tem o número de coordenação do cátion apenas igual a quatro em virtude do pequeno valor da relação dos raios iônicos, 0,34/1,32. Por outro lado, os dois compostos de zinco mantêm o NC de 4, em virtude de um certo caráter covalente nas suas ligações; as razões de raios iônicos permitem um NC igual a seis.

As estruturas dos compostos AX citadas acima estão resumidas na Fig. 8-8 e na Tabela 8-1.

Tabela 8-1

Empacotamento em Compostos Selecionados $A_m X_n$*

Estrutura	Arranjo aniônico	Posição intersticial do cátion	Posições preenchidas	Outros exemplos
CsCl	cs	NC = 8	Todas	
NaCl	cfc	octaédrica	Todas	MgO, MnS, LiF
NiAS	hc	octaédrica	Todas	FeS
Blenda (ZnS)	cfc	tetraédrica	$\frac{1}{2}$	β-SiC, CdS, AlP
Wurtizita (ZnS)	hc	tetraédrica	$\frac{1}{2}$	BeO, ZnO, AlN
Corundum (Al_2O_3)	hc	octaédrica	$\frac{1}{3}$	Cr_2O_3, Fe_2O_3, $MgTiO_3$
γ-Al_2O_3	cfc	octaédrica	$\frac{2}{3}$	γ-Fe_2O_3
Fluorita (CaF_2)	cs	NC = 8	$\frac{1}{2}$	(ver abaixo)

Estrutura	Arranjo catiônico	Posição do ânion	Posições preenchidas	Outros exemplos
Fluorita (CaF_2)	cfc	tetraédrica	Todas	ZrO_2, UO_2

* Van Vlack, L.H., *Physical Ceramics for Engineers*, Reading, Mass.: Addison Wesley, 1964.

Exemplo 8-2

O MnS normalmente possui a mesma estrutura que o MgO e o NaCl (Fig. 8-7b); entretanto, sob condições favoráveis, pode-se obter uma estrutura análoga ao ZnS cúbico (Fig. 8-7c). Determine a densidade do MnS em cada caso. [Admitir que o tamanho dos átomos, quando com NC = 4, é 94% do mesmo com NC = 6.]

Resposta: (a) MnS com estrutura tipo MgO: (Do Apêndice D),

$$r + R = 0,91 + 1,74 = 2,65 \text{ A}.$$

$$\text{Densidade} = \frac{[4(54,9 + 4(32,1)]/(0,602 \times 10^{24})}{[2(2,65 \times 10^{-8})]^3}$$

$$= 3,88 \text{ g/cm}^3$$

(b) MnS com estrutura do ZnS cúbico:

$$r + R = (0,94)(0,91 + 1,74)$$

$$= 2,50 \text{ Å}.$$

FASES CERÂMICAS E SUAS PROPRIEDADES

Na estrutura do ZnS cúbico, um átomo de enxôfre está em 0, 0, 0 e um átomo metálico está em $\frac{1}{4}, \frac{1}{4}, \frac{1}{4}$.

$$\text{Densidade} = \frac{[4(54,9) + 4(32,1)]/(0,602 \times 10^{24})}{[4(2,50 \times 10^{-8})/3]^3}$$

$$= 3,03 \text{ g/cm}^3$$

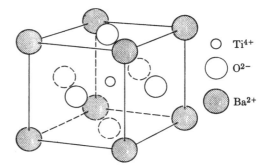

Fig. 8-8. Estrutura do BaTiO$_3$ cúbico. Essa estrutura é estável acima de 120°C e possui um íon Ti^{4+} no centro do cubo, íons Ba^{2+} nos vértices e íons O^{2-} nas faces do cubo.

Compostos A$_m$X$_n$. O mais simples com $m \neq n$ é o CaF$_2$ e (fluorita) que tem a estrutura mostrada na Fig. 8-3. Essa também é a estrutura básica do UO$_2$, que é usado nos elementos combustíveis nucleares, e uma das formas do ZrO$_2$, o qual é um óxido muito útil para aplicações em altas temperaturas. Essa estrutura possui um arranjo cfc de cátions com ânions ocupando todos os interstícios tetraédricos, dando para o cátion um NC de oito e para o ânion de quatro. Pode-se também imaginar essa estrutura como um arranjo cúbico simples de ânions com os cátions ocupando metade dos interstícios com NC de oito. Embora essa descrição seja útil, ela não é totalmente satisfatória pois nos deixa entre dois tipos de células cúbicas simples, um com e um sem cátions centrais.

Outros tipos de compostos A$_m$X$_n$ podem ser descritos com base nos seus arranjos (Tabela 8-1). O corindum (Al$_2$O$_3$-α) é provàvelmente o mais importante dêles. Possui um arranjo hc dos íons O^{2-} com os íons Al^{3+} em duas de cada três posições octaédricas, dando, dessa forma, a relação de 2 para 3 entre o número de cátions e de ânions.* Não se pode ficar surpreendido de se encontrar outra forma polimórfica cúbica da alumina, denominada Al$_2$O$_3$-γ, a qual possui um arranjo cfc dos ânions O^{2-} e onde também duas das três posições octaédricas estão ocupadas.

Compostos tipo AB$_m$X$_n$ — Embora a presença de três tipos de átomos venha aumentar a complexidade, muitos compostos AB$_m$X$_n$ têm suficiente interêsse para merecerem nossa atenção. O primeiro entre êles é o BaTiO$_3$, o protótipo dos materiais cerâmicos usados em aplicações tais como cabeças de toca-discos.

Acima de 120°C, o BaTiO$_3$ tem uma célula unitária com íons Ba^{2+} nos vértices do cubo, íons O^{2-} ocupando os centros das faces e um íon Ti^{4+} no centro da célula (Fig. 8-8).

Os materiais magnéticos não-metálicos são também compostos AB$_m$X$_n$ o mais comum dêles é o ferroespinélio (freqüentemente denominado de ferrita) com a composição MFe$_2$O$_4$ onde M é um cátion bivalente com raio 0,85 $\pm$ 0,01 Å. A estrutura dos espinélios corresponde a um arranjo cfc de íons O^{2-} com cátions seletivamente colocados nos interstícios octaédricos e tetraédricos. As características ferromagnéticas destas estruturas são influenciadas pelas posições dos cátions.

* A estrutura de Al$_2$O$_3$ não é realmente hc, pois uma de cada três posições catiônicas está vazia.

Soluções sólidas — Uma pequena atenção foi dedicada na Seção 4-4 às soluções sólidas em compostos iônicos. Foram citados os dois principais requisitos para que ocorra uma solução sólida: (1) compatibilidade nas dimensões, e (2) balanço da carga. Essas limitações não são tão rígidas como pode parecer, pois pode ser feita uma compensação de carga. Por exemplo, íons Li^+ podem substituir íons Mg^{2+} no MgO *se* simultâneamente um mesmo número de íons F^- substitui íons O^{2-}. Por outro lado, de forma análoga, o MgO também pode se dissolver no LiF. Encontramos também Mg^{2+} dissolvidos em LiF sem os correspondentes íons O^2; entretanto, neste caso, aparecem vazios catiônicos, ou seja, 2 Li^+ são substituídos por $(Mg^{2+} + \square)$.

Os ceramistas dependem muito de soluções sólidas, no caso anteriormente mencionado dos espinélios magnéticos, porque as propriedades magnéticas ótimas aparecem quando parte dos íons bivalentes são Zn^{2+} ($r = 0,83$ Å) e parcela restante é de íons ferromagnéticos, por exemplo, Ni^{2+} ($r = 0,78$ Å). Nesse caso, temos uma situação simples de substituição direta; entretanto, para certas aplicações, é desejável substituir $2M^{2+}$ por um par Li^+ Fe^{3+} ou então substituir $2Fe^{3+}$ por um par Mg^{2+} Ti^{4+}.

Exemplo 8-3

Uma ferrita tem a célula unitária com 32 íons oxigênio, 16 íons férricos e 8 íons bivalentes. (A célula unitária contém oito vêzes mais oxigênio que a do MgO a fim de que o reticulado cristalino se reproduza pela repetição da mesma). Se os íons bivalentes são Zn^{2+} e Ni^{2+} na proporção de 3:5, que porcentagens de ZnO, NiO e Fe_2O_3 devem ser misturadas durante o processamento?

Resposta: Base: 8 moles de Fe_2O_3

$$5 \, NiO + 3 \, ZnO + 8 \, Fe_2O_3 \longrightarrow (Zn_3, Ni_5)Fe_{16}O_{32}$$

$$
\begin{aligned}
5 \, NiO &= 5(58,71 + 16,00) &&= 373,5 = 19,7\,\% \\
5ZnO &= 3(65,37 + 16,00) &&= 244,1 = 12,9\,\% \\
8 \, Fe_2O_3 &= 8[2(55,85 + 3(16,00)] &&= \underline{1277,6} = 67,3\,\% \\
& && \quad\; 1895,2
\end{aligned}
$$

⊙ **8-6 ESTRUTURA DOS SILICATOS.** Muitos materiais cerâmicos contêm *silicatos*, em parte, porque os mesmos são abundantes e baratos e, em parte, porque possuem certas propriedades distintas que são úteis para o engenheiro. Provàvelmente, o silicato mais conhecido é o cimento "portland", o qual tem a grande vantagem de poder formar um ligante hidráulico nos agregados rochosos. Muitos outros materiais de construção tais como tijolos, telhas, vidro, vidrados, são também feitos de silicatos. Entre outras aplicações dos silicatos se incluem isolantes elétricos, materiais de laboratório e fibras de vidro.

Unidades tetraédricas silicato — A unidade estrutural dos silicatos é o *tetraedro* "SiO_4" (Fig. 8-9), no qual um átomo de silício é cercado, tetraèdricamente por quatro oxigênios. As fôrças que unem os átomos entre si nesse tetraedro são intermediárias entre as ligações covalentes e iônicas; conseqüentemente, êstes átomos estão fortemente ligados. Entretanto, tanto no mecanismo iônico como no covalente, cada oxigênio possui apenas sete elétrons, ao invés de oito, na sua camada eletrônica mais externa.

Existem duas formas dos átomos de oxigênio superarem essa deficiência de elétrons: (1) Um elétron pode ser obtido de outros átomos metálicos. Nesse caso, aparecem íons SiO_4^{4+} e Metal$^+$. (2) Cada oxigênio pode compartilhar um par de elétron com um segundo átomo de silício. Nesse caso, formam-se grupos múltiplos com coordenação quatro.

Estruturas de silicatos contendo SiO_4^{4-}. O mais simples exemplo de minerais contendo íons SiO_4^{4-} é a forsterita[3] (Mg_2SiO_4), um mineral usado na fabricação de refratários para

---

[3]N. do T. — Raro no Brasil.

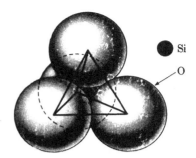

Fig. 8-9. Arranjo tetraédrico do SiO_4^{4-}. Compare com a Fig. 2-22(b). Cada íon SiO_4^{4-} deve obter quatro elétrons de fontes externas.

altas temperaturas, pois seu ponto de fusão é 1890°C. No Mg_2SiO_4, o íon SiO_4^{4-} recebeu quatro elétrons de quatro átomos adjacentes de magnésio. Cada átomo de magnésio fornece um segundo elétron para uma outra unidade SiO_4. Conseqüentemente, forma-se uma estrutura, muito forte na qual os íons Mg^{2+} funcionam como vínculos entre os íons SiO_4^{4-}. Como os grupos tetraédricos SiO_4^{4-} estão separados entre si, a estrutura é dita em "ilha". Quando a forsterita funde, o líquido contém íons Mg^{2+} e SiO_4^{4-}, os quais possuem alguma mobilidade, de forma que a condutividade é iônica. Deve-se observar que Mg_2SiO_4 não é uma molécula no sentido estrutural (Seção 3-1) já que tôdas as unidades são mantidas unidas por ligações iônicas e covalentes; não aparecem fôrças de van der Waals. A estrutura resultante é bastante próxima de um empacotamento fechado de íons oxigênio com os átomos de silício, ocupando parte dos interstícios tetraédricos, e os de magnésio, parte dos octaédricos.

Exemplo 8-4

Se o arranjo dos átomos de oxigênio na forsterita (Mg_2SiO_4) tem o mesmo número de interstícios tetraédricos e octaédricos que tem o MgO (Fig. 8-2), que fração dêstes interstícios está ocupada?

Resposta: Base: 100 átomos de oxigênio = 100 interstícios octaédricos = 200 interstícios tetraédricos

100 átomos de oxigênio = 50 íons Mg^{2+} = 0,50 dos interstícios octaédricos;
100 átomos de oxigênio = 25 átomos de Si = 0,125 das interstícios tetraédricos.

Unidades tetraédricas duplas — A segunda das formas de superar a deficiência de elétrons produz uma unidade tetraédrica dupla. Um dos oxigênio é compartilhado por dois tetraedros (Fig. 8-10a). A composição resultante desta unidade dupla é $Si_2O_7^{6-}$, onde os elétrons são obtidos de átomos metálicos adjacentes (Fig. 8-10b).

Tal como num cristal de NaCl (Fig. 3-10), as unidades SiO_4^{4-} e $Si_2O_7^{6-}$ são mantidas em posições rígidas em um sólido pela atração mútua com cátions metálicos.

Estruturas em cadeia — Imediatamente se percebe que, se um dos átomos de oxigênio pode ser compartilhado por dois tetraedros adjacentes, isso também é possível para os demais. As Figs 8-11 e 8-12 mostram exemplos nos quais os tetraedros SiO_4 estão arranjados segundo cadeias, simples e duplas, respectivamente. Essas estruturas *em cadeia*, teòricamente, podem ter um comprimento quase infinito e podem ser diretamente comparadas com a polimerização nos materiais orgânicos (Seção 7-4), com exceção de uma diferença fundamental. Nos materiais orgânicos, as cadeias adjacentes são normalmente ligadas entre si através de fôrças de van der Waals; entretanto, nos materiais cerâmicos, o que mantém unidas as cadeias são ligações iônicas, esquemàticamente mostradas na Fig. 8-13. Como as ligações iônicas entre as cadeias não são tão fortes como as parcialmente covalentes Si-O na cadeia,

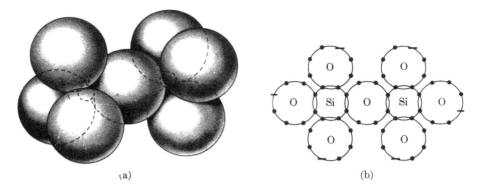

Fig. 8-10. Unidade tetraédrica dupla, $Si_2O_7^{6-}$. O oxigênio central recebe um elétron de cada silício adjacente.

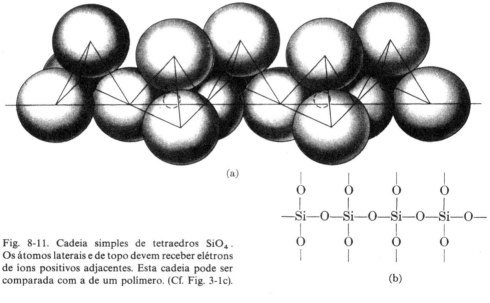

Fig. 8-11. Cadeia simples de tetraedros SiO_4. Os átomos laterais e de topo devem receber elétrons de íons positivos adjacentes. Esta cadeia pode ser comparada com a de um polímero. (Cf. Fig. 3-1c).

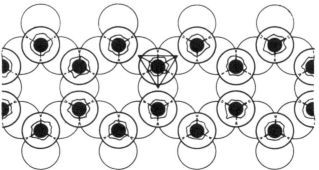

Fig. 8-12. Cadeia dupla de tetraedros SiO_4.

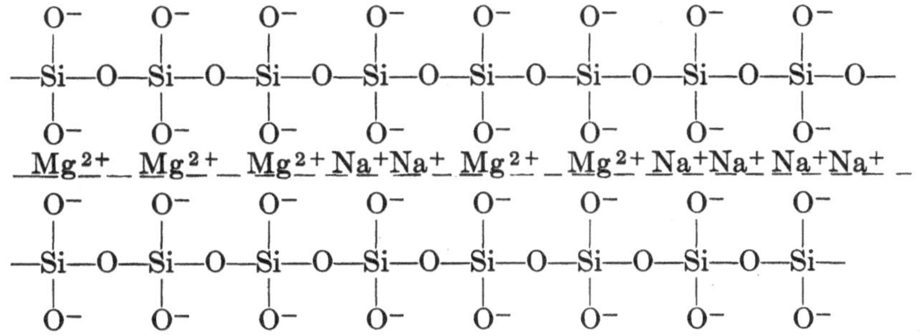

FASES CERÂMICAS E SUAS PROPRIEDADES

```
      O⁻    O⁻    O⁻    O⁻    O⁻    O⁻    O⁻    O⁻
      |     |     |     |     |     |     |     |
  —Si—O—Si—O—Si—O—Si—O—Si—O—Si—O—Si—O—Si—O—
      |     |     |     |     |     |     |     |
      O⁻    O⁻    O⁻    O⁻    O⁻    O⁻    O⁻    O⁻
      Mg²⁺  Mg²⁺  Mg²⁺ Na⁺Na⁺ Mg²⁺  Mg²⁺ Na⁺Na⁺ Na⁺Na⁺
      O⁻    O⁻    O⁻    O⁻    O⁻    O⁻    O⁻    O⁻
      |     |     |     |     |     |     |     |
  —Si—O—Si—O—Si—O—Si—O—Si—O—Si—O—Si—O—Si—
      |     |     |     |     |     |     |     |
      O⁻    O⁻    O⁻    O⁻    O⁻    O⁻    O⁻    O⁻
```

Fig. 8-13. Ligação iônica entre cadeias. Como as ligações iônicas são levemente mais fracas, elas proporcionam a clivagem nesses cristais.

ocorre fratura ou *clivagem* paralela à cadeia. Apresentam esta característica os minerais piroxênio e anfibólio. Além disso, o caráter fibroso do *amianto* (crisotila e anfibólio) está também associado com as ligações mais fracas entre as cadeias que as mais fortes no interior das mesmas.

⊙ Exemplo 8-5

Calcular o número de ligações iônicas entre cadeias adjacentes, por mícron de comprimento, na Fig. 8-13.

Resposta: A distância entre dois átomos adjacentes de silício é de aproximadamente 3 Å. O ângulo O-Si-O é de aproximadamente 120° (Fig. 8-14). A distância a da Fig. 8-14 é $(\sqrt{3}/2)$ (3 Å) = 2,6 Å. Há duas ligações iônicas por silício, em virtude dos dois oxigênios insatisfeitos por cada silício:

$$\frac{2 \text{ ligações}}{2,6 \text{ Å}} = \frac{x \text{ ligações}}{1 \text{ mícron}}$$

$$x = 7.700 \text{ ligações/mícron.}$$

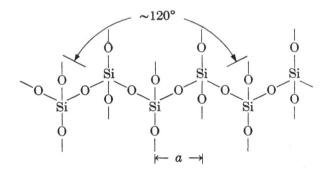

Fig. 8-14. Cálculo do número de ligações iônicas (ver Exemplo 8-5).

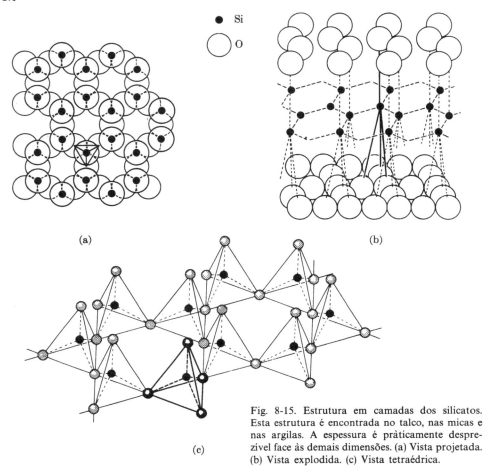

Fig. 8-15. Estrutura em camadas dos silicatos. Esta estrutura é encontrada no talco, nas micas e nas argilas. A espessura é pràticamente desprezível face às demais dimensões. (a) Vista projetada. (b) Vista explodida. (c) Vista tetraédrica.

Estruturas em camadas — O arranjo das unidades tetraédricas segundo um plano, ao invés de segundo uma linha, torna possível as estruturas de muitos minerais cerâmicos tais como argilas, micas e o talco. A estrutura em camadas das unidades tetraédricas está mostrada de três formas diferentes na Fig. 8-15. Na parte inferior da camada, cada oxigênio está completamente satisfeito, com oito elétrons, pois êsses oxigênios compartilham pares eletrônicos com os silícios adjacentes. Dessa forma, apenas ligações secundárias podem ser usadas para manter cada camada unida à adjacente. Como conseqüência dêsse arranjo estrutural, temos a clivagem da mica, a plasticidade das argilas (Fig. 8-20) e as características lubrificantes do talco.

Podemos ter estruturas em camadas a partir de outras combinações de átomos que não oxigênio e silício. A Fig. 8-16 mostra a estrutura do *hidróxido de magnésio*. Como nenhum lado da camada pode formar ligações primárias adicionais, o cristal de Mg(OH)$_2$ é essencialmente bidimensional com simetria hexagonal. Cada íon magnésio é circundado octaèdricamente por seis íons (OH), (Fig. 8-16b). Êsse arranjo, tornado possível pelo valor da razão dos raios iônicos, garante dois íons (OH)$^-$ para cada cátion Mg^{2+}.*

---

* A célula unitária esboçada tem três íons Mg^{++} e seis (OH)$^-$. Êsses ânions (OH)$^-$ estão desenhados como esferas, já que o hidrogênio é muito pequeno e está muito próximo do oxigênio.

FASES CERÂMICAS E SUAS PROPRIEDADES

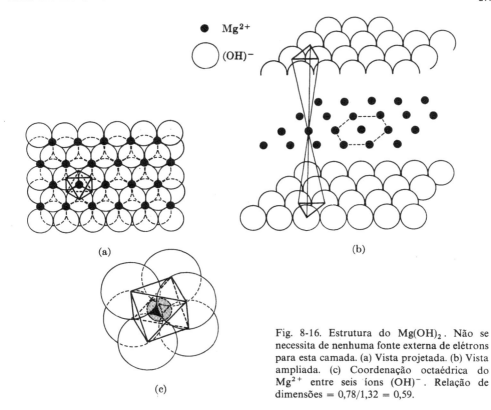

Fig. 8-16. Estrutura do $Mg(OH)_2$. Não se necessita de nenhuma fonte externa de elétrons para esta camada. (a) Vista projetada. (b) Vista ampliada. (c) Coordenação octaédrica do Mg^{2+} entre seis íons $(OH)^-$. Relação de dimensões $= 0,78/1,32 = 0,59$.

Fig. 8-17. Estrutura do $Al(OH)_3$ (vista projetada). A estrutura é a mesma que a do $Mg(OH)_2$, só que apenas dois terços das posições catiônicas estão ocupadas.

O $Al(OH)_3$ (Fig. 8-17) tem uma estrutura muito semelhante à do $Mg(OH)_2$, só que com uma diferença importante: cada alumínio fornece três elétrons. Desta forma, deve haver apenas um Al^{3+} para cada três íons $(OH)^-$; conseqüentemente, apenas dois terços dos interstícios estão preenchidos (cf. Fig. 8-16a).

A mais simples argila, a *caulinita*, possui uma camada dupla na qual cada um dos oxigênios insatisfeitos, mostrados na Fig. 8-15(b), substitui um dos íons $(OH)^-$ no $Al(OH)_3$ (Fig. 8-17). Dessa forma, os oxigênios passam a possuir oito elétrons, recebendo um do átomo de alumínio (Fig. 8-18). A estrutura resultante é essencialmente bidimensional (Fig. 8-19). Como não existem ligações primárias entre as camadas contíguas, há pouca restrição para o escorregamento de uma camada em relação às adjacentes.

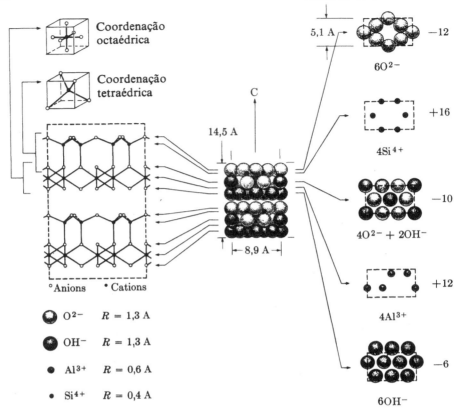

Fig. 8-18. Estrutura da caulinita. A estrutura desta argila é uma combinação daquelas mostradas nas Figs. 8-15 e 8-17. (F. H. Norton, *Elements of Ceramics*. Reading, Mass.: Addison-Wesley, 1952).

Fig. 8-19. Micrografia eletrônica de cristais de caulinita (33.000 ×). [W. H. East, "Fundamental Studies of Clay: X", *Journal American Ceramic Society*, **33**, 211, (1950)].

FASES CERÂMICAS E SUAS PROPRIEDADES

Estruturas tridimensionais — A repetição das unidades tetraédricas nas três direções produz uma estrutura tridimensional. Nessas estruturas, cada oxigênio está compartilhado por dois tetraedros adjacentes e, òbviamente, cada silício cercado por quatro oxigênios. A estrutura tridimensional mais simples é a da cristobalita, uma das formas polimórficas do SiO_2 (Fig. 8-21a). Essa estrutura é interessante porque pode ser comparada diretamente com a do silício metálico, o qual tem uma estrutura cúbica tipo diamante (Fig. 2-10). Por exemplo, poderíamos obter o silício, simplesmente removendo-se os átomos de oxigênio e aproximando os átomos de silício, até que êstes se tocassem, embora mantendo as suas posições relativas. Uma segunda comparação, também útil, pode ser feita com uma outra estrutura relacionada: se cada átomo de zinco e enxôfre do ZnS cúbico fôsse substituído por um átomo de silício e se, então, os oxigênios necessários fôssem colocados como pontes entre dois átomos de silício adjacentes, a estrutura resultante seria a da cristobalita.

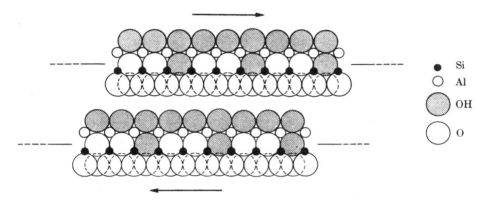

Fig. 8-20. Plasticidade da argila (esquemático). A plasticidade é o resultado do deslisamento fácil da argila. Há fortes atrações ao longo das camadas mas as interações entre as mesmas são fracas; desta forma, uma camada pode escorregar sôbre outra.

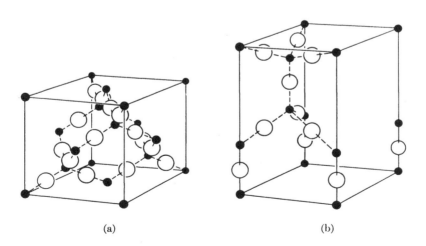

(a)   (b)

Fig. 8-21. Estruturas tridimensionais: (a) cristobalita, (b) tridimita. Estas estruturas podem ser comparadas com as duas formas polimórficas do ZnS [Fig. 8-7(c) e (d)].

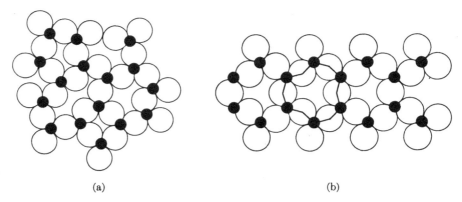

Fig. 8-22. Representação bidimensional (a) da sílica vítrea e (b) da sílica cristalina, em temperatura ambiente. Em ambos os casos, tem-se ordem à curta distância. Apenas a sílica cristalina tem ordem a longa distância. (O quarto oxigênio, acima ou abaixo do silício, não está mostrado).

A comparação acima entre a cristobalita (SiO_2) e o SnS cúbico leva a uma comparação, entre uma segunda forma polimórfica do SiO_2 (tridimita) e o ZnS hexagonal (Fig. 8-21b versus Fig. 8-7d). As estruturas da Fig. 8-21 possuem um fator de empacotamento atômico pequeno e densidades relativamente baixas (2,32 e 2,28 g/cm³ para a cristobalita e a tridimita respectivamente). Não é de se estranhar, portanto, que sejam conhecidas outras formas polimórficas do SiO_2 com fatôres de empacotamento mais elevados. O quartzo (SiO_2) é uma dessas formas e, na realidade, é a fase sólida mais abundante na superfície da Terra. É uma estrutura tridimensional de tetraedros SiO_4, entretanto, êsses estão arranjados de uma forma mais complexa que aquelas da Fig. 8-21. Não examinaremos essa estrutura com maiores detalhes e apenas diremos que tem uma densidade de 2,65 g/cm³.

Outros silicatos formam estruturas tridimensionais. Um dos feldspatos, por exemplo, é o K Al Si_3O_8, o qual pode ser comparado com Si_4O_8 (ou $4SiO_2$). Entretanto, um dos íons Si^{4+} foi substituído por um cátion Al^{3+}; a fim de fazer o balanceamento das cargas elétricas, necessita-se de um íon K^+ o qual ocupa vazios específicos dentro da estrutura. A estrutura do K Al Si_3O_8 é diferente das mostradas na Fig. 8-21; portanto, não se trata de uma simples solução sólida.

Exemplo 8-6

Comparar os fatôres de empacotamento atômico da cristobalita ($\rho = 2{,}32$ g/cm³) com o do quartzo ($\rho = 2{,}65$). (Admitir que os átomos sejam esféricos e que, na estrutura, suas dimensões coincidam com os raios iônicos).

Resposta: Base de cálculo: 1 cm³ de cada.

$$\text{Cristobalita: } 2{,}32 \text{ g/cm}^3 = \frac{2{,}32 \, (6{,}02 \times 10^{23})}{28{,}1 + 32{,}0} \, SiO_2/\text{cm}^3$$

$$= 2{,}31 \times 10^{22} \, SiO_2/\text{cm}^3$$

$$\text{FEA} = \frac{(2{,}31 \times 10^{22})(4\pi/3)(0{,}39 \times 10^{-8})^3 + 2(1{,}32 \times 10^{-8})^3}{1{,}0} = 0{,}455$$

$$\text{Quartzo: } 2{,}65 \text{ g/cm}^3 = \frac{2{,}65 \, (6{,}02 \times 10^{23})}{60{,}1} \, SiO_2/\text{cm}^3$$

$$= 2{,}64 \times 10^{22} \, SiO_2/\text{cm}^3$$

$$\text{FEA} = \frac{(2{,}64 \times 10^{22})(4\pi/3)(0{,}39 \times 10^{-8})^3 + 2(1{,}32 \times 10^{-8})^3}{1} = 0{,}52$$

Estruturas vítreas — O vidro é um *silicato vítreo*. Da mesma forma que um líquido, é um material amorfo (Seção 3,23), mas ao contrário dos líquidos mais comuns, o vidro tem uma estrutura tridimensional contendo ligações covalentes. Conseqüentemente é mais rígido (viscoso) que a maior parte dos líquidos.

Um *vidro de sílica* puro é composto de unidades SiO_4 mas quais cada oxigênio é compartilhado por dois tetraedros adjacentes (Fig. 8-22a). Seu arranjo *a curta distância*, ou seja

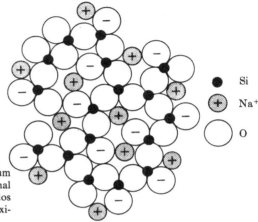

Fig. 8-23. Representação bidimensional de um vidro de sílica e soda. Essa estrutura tridimensional é mais iônica que a sílica vítrea, em virtude dos cátions sódio fornecerem um elétron para os oxigênios ligados a apenas um silício.

de átomo para átomo é idêntico ao da sílica cristalina (Fig. 8-22b). Por essa razão, o vidro de sílica é freqüentemente denominado de quartzo vítreo ou fundido. Entretanto, embora tenha o mesmo arranjo a curta distância, a sílica vítrea não possui ordem a longa distância, característica dos materiais cristalinos. A sílica vítrea pode ser comparada com um polímero tridimensional (Fig. 7-12), já que ambos estão ligados por ligações primárias e nenhum dêles tem cristalinidade.

A estrutura amorfa do vidro pode se ajustar fàcilmente à presença de outros átomos. A Fig. 8-23 mostra um vidro simples de sílica e soda. Cada átomo de sódio fornece um elétron a um oxigênio, o qual passa a pertencer a apenas um tetraedro. Dessa maneira, a quantidade de ligações iônicas fica maior que na sílica vítrea pura e as ligações Si-O ficam menos rígidas. Conseqüentemente, êsses vidros são menos viscosos que os de SiO_2 puro e podem ser moldados em temperaturas mais baixas. Além disso, os vidros contendo álcalis são parcialmente despolimerizados, de forma que cristalizam mais fàcilmente.

EFEITO DA ESTRUTURA NO COMPORTAMENTO DAS FASES CERÂMICAS

8-7 INTRODUÇÃO. As propriedades dos materiais cerâmicos, assim como a dos outros materiais, dependem de suas estruturas. Em primeiro lugar, entre essas propriedades está a condutividade elétrica baixa, a qual é conseqüência da imobilidade dos elétrons das ligações iônicas e covalentes. Como os materiais cerâmicos são comumente utilizados como isolantes, são importantes as suas propriedades dielétricas. Essas propriedades estão ìntimamente associadas com a estrutura dos cristais. Anàlogamente, as propriedades magnéticas dos materiais cerâmicos dependem do arranjo dos cátions e dos seus elétrons que não pertencem à camada de valência. As propriedades mecânicas resultam das várias combinações de ligações iônicas, covalentes e de van der Waals que existem nas estruturas.

8-8 MATERIAIS CERÂMICOS DIELÉTRICOS.

Usam-se materiais cerâmicos quer como isolantes elétricos quer como partes funcionais de um circuito elétrico. Quando são usados como isolantes, os materiais cerâmicos devem ser apenas elètricamente inertes e capazes de isolar dois condutores em diferentes potenciais. Quando usados como componentes funcionais, deve haver uma interação entre o campo elétrico e as cargas dentro da estrutura do material.

Isolantes elétricos — Materiais comumente considerados como isolantes podem falhar no isolamento, quando submetidos a altas voltagens. Geralmente, essa falha é um fenômeno de *superfície*. Por exemplo, as velas de um automóvel podem ser curto-circuitadas em uma manhã úmida, em virtude da condensação de umidade na superfície, que passa a permitir a passagem de corrente. Os isoladores são projetados de forma a terem os caminhos na superfície os mais longos possíveis (ver Fig. 8-24), a fim de diminuir a possibilidade de um curto-circuito através da superfície; como a presença de poros e fissuras facilita a condução, as superfícies são geralmente vitrificadas, a fim de torná-las não-absorventes. A falha de isolamento se dá através do corpo do material, apenas para gradientes de voltagens extremamente elevadas. Um campo elétrico muito forte pode ser suficiente para romper os dipolos induzidos no isolador, e, quando se atinge êsse valor, o material deixa de ser isolante.

Fig. 8-24. Falha superficial na isolação. A umidade absorvida e a presença de contaminantes facilitam o curto-circuito através da superfície. [F. Russel, *Brick and Clay Record*, pág. 52, (1957)].

Os isoladores elétricos possuem *constantes dielétricas relativas* nìtidamente superiores a um. Relembremos que a Fig. 4-19 mostrava o deslocamento dos íons em um campo elétrico, com os íons positivos se movèndo na direção do eletrodo negativo e os negativos na direção do eletrodo positivo. Quando apenas átomos singulares estão envolvidos, êsses deslocamentos podem ocorrer até freqüências de 10^{13} cps. Entretanto, a maior parte dos deslocamentos envolve grupos de átomos do interior do material. Dessa forma, há um limite na resposta de uma redução na constante dielétrica além de 10^5 cps. (Fig. 8-25).

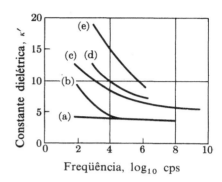

Fig. 8-25. Constante dielétrica *versus* freqüência. A constante dielétrica mais elevada em freqüências baixas é conseqüência do deslocamento de íons no campo elétrico. (a) Sílica fundida, 100°C; (b) sílida fundida, 400°C; (c) AlSiMag A-35, 150°C; (d) Porcelana de ZrO_2 ; (e) Al_2O_3 .

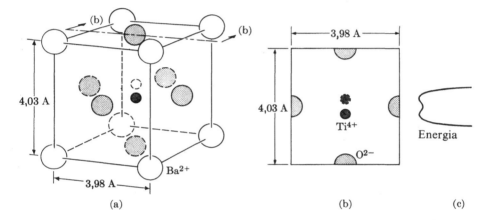

Fig. 8-26. $BaTiO_3$ tetragonal. Abaixo de 120°C, quando as vibrações térmicas são menos vigorosas, o íon Ti^{4+} permanece em uma das duas posições de baixa energia.

Materiais cerâmicos ferrelétricos — Todos os deslocamentos iônicos, mostrados na Fig. 4-19 e discutidos no parágrafo anterior, são reversíveis; pois após a retirada do campo elétrico, os íons voltam a vibrar em tôrno de suas posições originais. Isto não é verdade para todos os materiais. Consideremos, por exemplo, o $BaTiO_3$ na temperatura ambiente. Abaixo de 120°C, o $BaTiO_3$ passa de uma estrutura cúbica (Fig. 8-8) para uma tetragonal (Fig. 8-26), na qual o íon Ti^{4+} pode escolher entre duas posições. Como nenhuma das posições está no centro da célula unitária, o centro das cargas positivas não coincide com o das cargas negativas ou seja, tem-se um dipolo elétrico. Embora seja de apenas uma pequena fração de um angstrom, êsse deslocamento é muito maior que os deslocamentos iônicos na maior parte dos sólidos. Isso, associado com a carga 4^+ do íon, origina um momento dipolar muito grande para a célula unitária e uma constante dielétrica para o $BaTiO_3$ superior a 1000.

A barreira de energia entre as duas posições possíveis para o íon Ti^{4+} é suficientemente baixa, para que o mesmo possa se mover de uma para outra, sob ação de um campo elétrico. O campo elétrico não é necessàriamente externo, mas pode ser o campo dos dipolos da próxima célula unitária. É, pois comum encontrar-se células unitárias espontâneamente arranjadas, de forma a se ter as polaridades elétricas paralelas. Além disso, a polaridade de um grupo de células unitárias, que é denominado de um *domínio* (Fig. 8-27), pode ser mantida por um certo período de tempo, pois necessita-se de energia para se mover o íon Ti^{4+} de sua posição de baixa energia (Fig. 8-26c). Essa propriedade de alinhamento orientado dos dipolos elétricos recebe o nome de *ferreletricidade*.

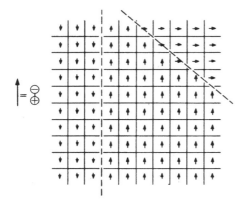

Fig. 8-27. Domínios ferrelétricos. As células unitárias adjacentes interagem de forma a possuírem polaridades semelhantes. (Cf. Fig. 5-24).

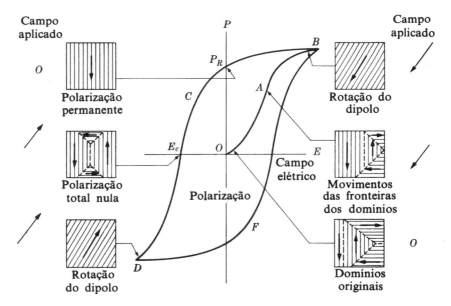

Fig. 8-28. Histerese ferrelétrica. O comportamento acima é chamado de ferrelétrico, em virtude da sua semelhança com o comportamento ferromagnético. (Veja o texto para uma explicação. Compare também com a Fig. 5-29).

Consideremos um material ferrelétrico contendo muitos domínios de alinhamento orientados ao acaso. Ao se aplicar um campo elétrico externo, as fronteiras entre os domínios vão se mover de forma que os orientados mais favoràvelmente se expandem e os orientados menos favoràvelmente se contraem. Isto origina uma polarização total não nula que aumenta ràpidamente, tal como mostra a parte *O-A* da curva no diagrama *P-E* da Fig. 8-28. Como o alinhamento tende a um máximo, atinge-se uma situação na qual um aumento adicional no campo elétrico apenas melhora ligeiramente a polarização preferencial; isto corresponde à parte *A-B* da curva da Fig. 8-28. A remoção do campo elétrico externo não elimina totalmente a polarização preferencial, de forma que uma polarização remanente, P_r, é mantida; até que se aplique um campo coercitivo, E_c, de polaridade oposta, o material não perde a sua polarização. A aplicação de campos cíclicos produz um *ciclo de histerese*, tal como o percurso *BCDFB* da curva *P-E* mostra.

No caso do $BaTiO_3$, tem-se um *ponto de Curie ferrelétrico* a 120°C, pois perde-se a polarização espontânea das células unitárias adjacentes, em virtude da passagem para a forma cúbica (Fig. 8-8). Embora se formem, espontâneamente, novos domínios ao se refriar o $BaTiO_3$ abaixo de 120°C, êsses não têm um alinhamento preferencial até que seja aplicado um campo elétrico.

Materiais cerâmicos piezelétricos — Os materiais cerâmicos piezelétricos estão entre aquêles cujos centros das cargas positivas e das negativas não coincidem. Êsse tipo de material, por exemplo, o quartzo, ou se alonga ou se contrai em um campo elétrico pois os comprimentos dos dipolos são alterados por gradientes de voltagem (Fig. 8-29). Essa é uma forma de se transformar energia elétrica em mecânica, pois o cristal vibra com a freqüência do campo

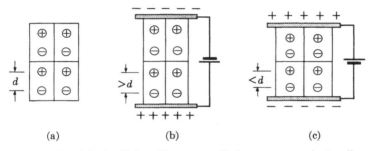

Fig. 8-29. Material piezelétrico. Um campo elétrico provoca variações dimensionais. Por outro lado, a deformação por pressão induz uma diferença de potencial.

alternado aplicado e em proporção ao diferencial de voltagem. Os dispositivos eletromecânicos resultantes, que são denominados de *transdutores*, são normalmente utilizados para produzir ondas sonoras de alta freqüência e na sintonização de circuitos elétricos.

O processo inverso, ou seja, a conversão de energia mecânica em elétrica, pode ser realizado pressionando-se um material dêste tipo. Os dipolos elétricos são, então, deslocados de suas posições de equilíbrio e o diferencial da carga ao longo do cristal é alterado. Dessa forma, pode-se transformar vibrações, ondas sonoras e outros movimentos mecânicos em potenciais elétricos. Além disso, como a quantidade de carga desenvolvida depende da distorção cristalina, é possível construir-se dispositivos de medida de pressão, nos quais a leitura pode ser feita por meio de um voltâmetro.

As interações eletro-mecânicas discutidas acima são denominadas de efeitos *piezelétricos*. Entre os materiais mais comumente utilizados em dispositivos piezelétricos, temos o $BaTiO_3$, o SiO_2 e o $PbZrO_3$.

⊙ **8-9 SEMICONDUTORES CERÂMICOS.** Embora os compostos cerâmicos sejam normalmente isolantes, êles podem se tornar semicondutores, se contiverem elementos multivalentes de transição. Um exemplo dêste tipo de semicondutor está mostrado na Fig. 5-11, onde os vazios eletrônicos carregam cargas elétricas movendo-se de um íon de ferro para outro. A magnetita (Fe_3O_4 ou $Fe^{2+}Fe_2^{3+}O_4$) é um semicondutor cerâmico com uma resistividade de 10^{-2} ohm·cm, a qual é comparável com a da grafita e do estanho cinzento (Fig. 5-1).

A origem da condutividade é idêntica à do FeO (Fig. 5-11); entretanto, o número de vazios eletrônicos é muito maior porque a fração de íons Fe^{3+} é mais elevada.

A resistividade pode ser aumentada por solução sólida, substituindo-se os íons multivalentes de ferro por outros íons. Isso está mostrado na Tabela 8-3 para as soluções sólidas de $MgCr_2O_4$ em $FeFe_2O_4$. Nem os íons Mg^{2+} nem os Cr^{3+} podem interagir com os elétrons ou vazios eletrônicos. Desta forma, pode-se ajustar a condutividade em níveis prefixados. O coeficiente de variação da resistividade com a temperatura é igualmente interessante para o engenheiro. Como se pode observar da Tabela 8-2, a variação da condutividade das soluções sólidas é sempre superior a 1 %/°C e, em outras soluções sólidas pode atingir valôres de até 4 %/°C. Essa sensibilidade é suficiente para medidas precisas de temperatura e levou à construção de dispositivos denominados *termistores* que são utilizados em medidas termo-

Tabela 8-2

Resistividades de Semicondutores Cerâmicos*

Composição mol %		Resistividade ohm·cm		$\Delta\rho/\Delta T$,
$FeFe_2O_4$	$MgCr_2O_4$	25°C	60°C	%/°C
100	0	0,005	0,0045	− 0,3
75	25	0,7	0,45	− 1,0
50	50	$1,8 \times 10^2$	75	− 1,6
25	75	4×10^4	$1,2 \times 10^4$	− 2,0
0	100	$> 10^{12}$	$> 10^{12}$	−

* Adaptado de E.J. Verwey, P.W. Haayman e F.C. Romeijn, "Physical Properties and Cation Arrangement of Oxides with Spinel Structures: II. Electronic Conductivity". *J. Chem. Phys*, 15 (4), 181 (1947).

métricas. Como os termistores possuem um coeficiente negativo de variação da resistividade com a temperatura, podem também ser usados para compensar variações positivas de resistência de componentes metálicos de um circuito.

8-10 MATERIAIS CERÂMICOS MAGNÉTICOS. Compostos cerâmicos contendo ferro, níquel ou cobalto podem ser magnéticos, desde que suas estruturas sejam tais que permitam que os íons tenham seus momentos magnéticos alinhados espontâneamente (cf. Seção (5-11). A estrutura do *espinélio* satisfaz esta condição e por isso é extensivamente usada.

Os espinélios são compostos $[AB_2X_4]$ (Seção 8-5) que possuem um arranjo cfc dos íons oxigênio com os cátions colocados em interstícios específicos tetraédricos e octaédricos. Os cátions A são bivalentes e os B, trivalentes; desta forma, a carga total é nula. Como a célula unitária do espinélio contém 32 íons O^{2-} (e conseqüentemente, seu parâmetro cristalino é aproximadamente o dôbro do FeO e MgO) existem 32 interstícios octaédricos e 64 tetraédricos. Nos espinélios magnéticos, oito dos 64 interstícios tetraédricos são ocupados por íons Fe^{3+} e 16 dos octaédricos pelos íons Fe^{3+} restantes e pelos íons divalentes que podem ser Fe^{2+}, Mn^{2+}, N^{2+}, Zn^{2+} ou outros de tamanho semelhante.

As vizinhanças dos interstícios tetraédricos são diferentes das dos octaédricos; conseqüentemente, não é de se surpreender que o alinhamento espontâneo dos íons magnéticos não oriente todos os momentos magnéticos na mesma direção, ou, mais especìficamente, os átomos nos interstícios tetraédricos se orientam numa direção e os nos interstícios octaédricos na direção oposta. Isto está mostrado, esquemàticamente, na Fig. 8-30 para o $[NiFe_2O_4]_8$; êste efeito é denominado de *ferrimagnetismo*. Embora os momentos magnéticos sejam parcialmente cancelados, os material ferrimagnéticos possuem muitas aplicações, pois são melhores isolantes elétricos que os magnetos metálicos comparáveis, e possuem um ciclo de histerese que é mais favorável para várias aplicações.

Fig. 8-30. Ferrimagnetismo. No $[NiFe_2O_4]_8$, os íons magnéticos estão orientados em duas direções. O efeito total é denominado de *ferrimagnetismo*. O têrmo *antiferromagnético* é usado para aquêles materiais que têm momentos magnéticos opostos iguais (como, por exemplo, o $MgFe_2O_4$).

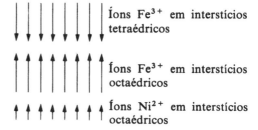

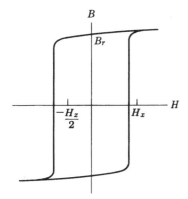

Fig. 8-31. Ciclo "retangular" de histerese. Pequenos anéis cerâmicos (~ 1 mm), com o ciclo de histerese da figura, podem ser usados como unidades de memória. (Ver o texto)

○ *Magnetos de ciclos "retangulares"* — Um dos ciclos de histerese mais úteis que os materiais magnéticos cerâmicos possuem é o ciclo "retangular", mostrado na Fig. 8-31. Um campo H_x pode magnetizar um pequeno anel ou filme em uma direção. A magnetização é estável até que seja aplicado um campo oposto superior a $-H_x/2$. Dessa forma, esta magnetização permite a construção de unidades de memória tipo "sim-não" de computadores que não são sensíveis aos campos pouco intensos ($< H_x/2$) que acompanham a operação de leitura.

8-11 COMPORTAMENTO MECÂNICO DOS MATERIAIS CERÂMICOS.

Com exceção de uns poucos materiais como, por exemplo, a argila, os materiais cerâmicos são caracterizados pela alta resistência ao cisalhamento e baixa resistência à tração (cf. Fig. 6-36). Conseqüentemente, êles comumente não apresentam fratura dúctil.

Fratura frágil — O contraste entre o escorregamento nas fases metálicas puras e nas fases cerâmicas está ilustrado na Fig. 8-32. O arranjo de coordenação nos metais é o mesmo antes e após a ocorrência de uma etapa completa de escorregamento. Uma etapa semelhante em um cristal biatômico produziria novos vizinhos com fôrças de atração e repulsão diferentes; êsse nôvo arranjo só seria atingido através da ruptura de ligações fortes entre os íons Mg^{2+} e O^{2-}. As duas etapas de escorregamento, necessárias para se atingir uma estrutura semelhante à original, teriam de se realizar passando por uma situação de alta energia, resultante das repulsões de íons negativos *versus* íons negativos e de íons positivos *versus* íons positivos. Na maioria dos materiais cerâmicos, êsse motivo é suficiente para que o escorregamento seja extremamente restrito.

A ausência pràticamente total de escorregamento nos materiais cerâmicos tem muitas conseqüências: (1) êstes materiais não são dúcteis, (2) podem ser solicitados por tensões de compressão muito elevadas, desde que não se tenha poros presentes (ver nota de rodapé na Seção 6-5) e, (3) existe a possibilidade teórica de se ter um limite de resistência à tração elevado. Na prática, freqüentemente, o limite de resistência à tração não é alto. Qualquer tipo de irregularidade produz concentração de tensões no material (Fig. 8-33); essa irregularidade pode ser uma fissura, um poro, um contôrno de grão ou mesmo um canto vivo

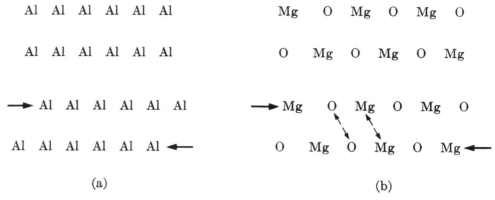

(a)   (b)

Fig. 8-32. Comparação entre mecanismos de escorregamento (esquema). (a) Metais monoatômicos (b) Materiais cerâmicos biatômicos. No caso do MgO, necessita-se de uma fôrça maior para deslocar os átomos, pois as fôrças repulsivas se tornam significativas.

interno do componente ou peça. Nos materiais dúcteis, essas concentrações podem ser aliviadas por deformação plástica (Fig. 8-34). Entretanto, nos materiais frágeis, êsse mecanismo de alívio de tensões não pode ocorrer e, ao invés disso, ocorrerá a fratura, desde que a concentração de tensões supere o limite de resistência à tração do material. Uma vez iniciada, a fratura se propaga fàcilmente sob tensão, pois a concentração de tensões é aumentada conforme a fratura progride. Por outro lado, sob compressão, um defeito do tipo fissura não é autopropagante; as solicitações podem ser transferidas através da fissura, sem que isso provoque um aumento nas tensões.

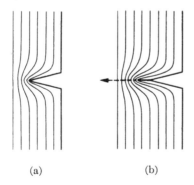 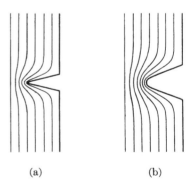

Fig. 8-33. (a) Concentração de tensões em um material frágil. Um material dêsse tipo não se ajusta a essas tensões. Portanto, embora a tensão média possa ser baixa, o limite de resistência à tração pode ser ultrapassado em pontos isolados, iniciando-se desta forma uma fissura. Esta última se propaga com facilidade (b).

Fig. 8-34. Concentração de tensões em um material dúctil. Através de deformações, há uma redução na concentração de tensões.

As fibras de vidro podem atingir limites de resistência à tração de até 700 kgf/mm^2. Essa vantagem marcante sôbre os metais é, parcialmente, uma conseqüência da impossibilidade de se ter escorregamento. Alguns ceramistas consideram que um fator adicional é

Fig. 8-35. Viga de concreto armado. Esta viga usa o material não-dúctil nas posições de compressão.

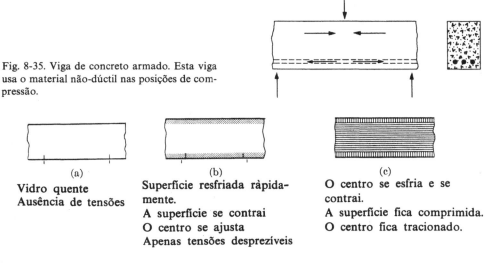

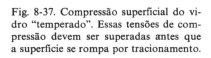

(a) Vidro quente Ausência de tensões

(b) Superfície resfriada ràpidamente. A superfície se contrai O centro se ajusta Apenas tensões desprezíveis

(c) O centro se esfria e se contrai. A superfície fica comprimida. O centro fica tracionado.

Fig. 8-36. Variações dimensionais em um vidro "temperado".

Fig. 8-37. Compressão superficial do vidro "temperado". Essas tensões de compressão devem ser superadas antes que a superfície se rompa por tracionamento.

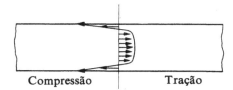

Compressão | Tração

a ausência quase completa de defeitos estruturais na superfície da fibra de vidro. É possível também que a resfriamento rápido, durante o estiramento da fibra, seja, em parte, responsável pelo aumento na resistência.

A relação entre a resistência à tração e à compressão dos materiais cerâmicos é importante para o engenheiro de projetos. Usualmente, os materiais cerâmicos são muito mais resistentes à compressão que à tração e essa característica tem de ser levada em conta na seleção de materiais de construção. O concreto, tijolos e outros materiais cerâmicos são bàsicamente usados em locais sujeitos à compressão (Fig. 8-35). Quando é necessário submeter materiais, tais como o vidro, à flexão (e portanto à tração), em geral, necessita-se de um aumento em certas dimensões. Por exemplo, o vidro da tela de um televisor pode ter até 1,8 cm de espessura.

Como os materiais cerâmicos são mais resistentes à compressão que à tração, o vidro "temperado" é usado para portas de vidro, vidros para automóveis e outras aplicações semelhantes que exigem uma grande resistência à tração. A fim de produzir vidro temperado, a placa de vidro é aquecida a uma temperatura suficientemente alta, de forma a permitir o ajustamento a tensões, através de movimentos atômicos; em seguida, é resfriada ràpidamente ou mergulhando-se em óleo ou através de um sôpro de ar (Fig. 8-36). A superfície se contrai em virtude da queda de temperatura e se mantém rígida enquanto o centro ainda está suficientemente quente, de forma a ajustar suas dimensões às contrações da superfície. Quando, logo em seguida, o centro se esfria e contrai, criam-se tensões de compressão na superfície (e tensões de tração no centro). As tensões que permanecem ao longo da seção transversal do vidro estão mostradas na Fig. 8-37. Antes que se consiga desenvolver tensões de tração na superfície, uma carga considerável deve ser aplicada, a fim de "anular" o estado de com-

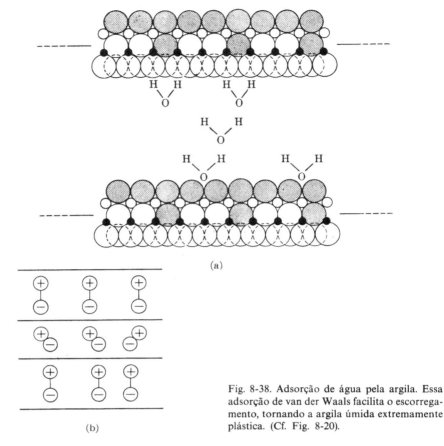

Fig. 8-38. Adsorção de água pela argila. Essa adsorção de van der Waals facilita o escorregamento, tornando a argila úmida extremamente plástica. (Cf. Fig. 8-20).

pressão da mesma; dessa forma, aumenta-se sensivelmente o valor da solicitação, necessária para produzir tensões de tração, de tal forma que seja possível o aparecimento de fissuras, já que as mesmas começam na superfície*.

⊙ *Deformação plástica das estruturas em camadas* — As argilas e os outros materiais com estruturas lamelares foram especìficamente excluídos da generalização de que os materiais cerâmicos têm maior resistência ao escorregamento que os metais. Já foi assinalado na Seção 8-6 que embora os cristais lamelares das argilas, micas e outros minerais semelhantes apresentam fortes ligações ao longo das camadas, estas são apenas fracamente ligadas entre si. Conseqüentemente, aplicando-se tensões de cisalhamento adequadamente alinhadas, pode-se provocar fàcilmente o escorregamento entre as camadas.

O escorregamento ao longo dos planos cristalinos pode ser acentuado pela adsorção de água (ou outra pequena molécula) na superfície das camadas do cristal (Fig. 8-38). A adsorção é possível em virtude da polarização da estrutura interna da camada. O resultado é que uma argila úmida se torna uma massa tão plástica que pode ser conformada com cargas muito pequenas. Embora essa característica das argilas seja indesejável, se o engenheiro está interessado sòmente em resistência, a plasticidade resultante é extremamente útil na moldagem de materiais de construção utilizáveis. Durante qualquer processo de extrusão, os

---

* Se uma fissura atravessar a camada comprimida e atingir a zona tracionada, ela se tornará ràpidamente autopropagante. O efeito total é o que se observa em um vidro quebrado de automóvel.

FASES CERÂMICAS E SUAS PROPRIEDADES

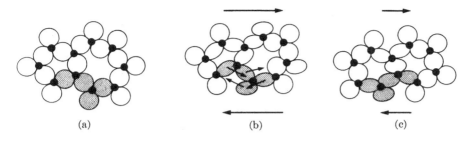

Fig. 8-39. Escoamento viscoso no vidro. Apenas algumas das ligações mais fortemente tensionadas são rompidas simultâneamente.

cristais se tornam orientados de forma a permitir o escorregamento de uma camada sôbre outra.

Após a secagem da água adsorvida, há um aumento na resistência ao escorregamento; o filme superficial "lubrificante" foi removido e as atrações de van der Waals entre as camadas se tornam mais efetivas. Dessa forma, a argila em um tijolo sêco, ou em um leito rodoviário estabilizado ou em um molde de fundição em areia, possui resistência suficiente para os fins a que se destina.

Deformação viscosa do vidro — O escorregamento plástico, que é comum aos metais e as argilas, implica no escorregamento de um plano cristalino sôbre outro. Como um grande número de átomos deve se mover simultâneamente de posições de baixa energia quando ocorre o escorregamento, torna-se necessário a aplicação de uma tensão inicial.

Entretanto, nos líquidos e nos sólidos amorfos não se tem planos ou outras regularidades de longa distância; portanto, muitas distâncias interatômicas não correspondem à posição de menor energia de um átomo em relação a seus vizinhos. Apenas uma tensão de cisalhamento muito pequena já é suficiente para romper a maior parte das ligações altamente tensionadas e provocar um rearranjo que resulta em uma pequena deformação permanente. Êsse movimento, denominado *escoamento viscoso*, não necessita de uma tensão inicial mensurável.

O escoamento viscoso pode ser ilustrado pelo comportamento do vidro em altas temperaturas. No vidro, a aplicação inicial de tensões de cisalhamento para iniciar o escoamento viscoso provoca a ruptura apenas daquelas ligações que já estão deformadas (Fig. 8-39b). O rearranjo resultante permite um movimento gradual que submete outras ligações a tensões mais elevadas e essas tensões de cisalhamento intensificadas provocam novos rearranjos e mais movimentos. A velocidade de escoamento viscoso está diretamente relacionada com a tensão de cisalhamento aplicada.

Tem-se também uma maior probabilidade de que as ligações tensionadas sejam rompidas quando se superpõe às tensões de cisalhamento vibrações térmicas intensas provocadas por temperaturas altas; desta forma, necessita-se de fôrças externas menos intensas para iniciar o escoamento. Por exemplo, a viscosidade dos líquidos (por exemplo, asfalto e alcatrão) diminui conforme os mesmos são aquecidos, e a fluidez do vidro e de outros sólidos amorfos aumenta com a elevação na temperatura. A velocidade de escoamento do vidro em temperatura ambiente é extremamente pequena.

REFERÊNCIAS PARA LEITURA ADICIONAL

8-1. Burke, J. E. (editor), *Progress in Ceramic Science*, Vol. I. New York: Pergamon Press, 1961. Uma série de artigos de revisão sôbre (1) resistência do vidro, (2) vaporização de óxidos, (3) química da hidratação do cimento, (4) deformação e fratura dos cristais iônicos, (5) aproximação pela química de problemas do estado vítreo. Para o estudante adiantado.

8-2. Burke, J. E. (editor), *Progress in Ceramic Science*, Vol. II. New York: Pergamon Press, 1962. Uma série de artigos de revisão. (1) Discordâncias em cristais não-metálicos, (2) Cristalização catalizada do vidro, (3) Danificações produzidas por radiação, (4) Condutividade térmica de dielétricos cerâmicos. Para o estudante avançado.

8-3. Eitel, W., *The Physical Chemistry of the Silicates*. Chicago: The University of Chicago Press, 1954. Um livro de referência detalhado sôbre a química de materiais cerâmicos. Para o professor e o especialista em cerâmica.

8-4. Grim, R. E., *Clay Mineralogy*. New York: McGraw-Hill, 1953. Um livro adiantado sôbre a estrutura e as propriedades dos argilominerais.

8-5. Hauth, W. F., "Crystal Chemistry in Ceramics", *Bulletin American Ceramic Society*, 30, 1951. A Parte 3 discute as estruturas dos silicatos; a Parte 5 os minerais com estruturas lamelares; a Parte 6, as argilas e as micas; a Parte 7, o polimorfismo e a Parte 8, a química estrutural do vidro. Bibliografia inclusa.

8-6. Iler, R. V., *The Colloid Chemistry of Silica and the Silicates*. Ithaca, N. Y.: Cornell University Press, 1955. Um livro adiantado que trata das características submicroscópicas dos materiais silicosos.

8-7. Kingery, W. D., *Introduction to Ceramics*. New York: John Wiley & Sons, 1960. O livro de texto padrão sôbre cerâmica; para os estudantes adiantados e o professor.

8-8. Klingsberg, C., *Physics and Chemistry of Ceramics*. New York: Gordon and Breach, 1963. Para o professor; esta é uma publicação de um simpósio sôbre as novas aplicações da teoria física e química na pesquisa cerâmica.

8-9. National Bureau of Standards, *Mechanical Behavior of Crystalline Solids*. Monografia 59 do National Bureau of Standard, 1963. Uma série de seis conferências sôbre a relação entre as propriedades dos materiais cerâmicos e as suas estruturas cristalinas. Especializado mas introdutório.

8-10. Norton., F. H., *Ceramics for the Artist and Potters*. Reading, Mass.: Addison-Wesley, 1956. Não é técnico embora completo. É dado ênfase na produção de objetos artísticos.

8-11. Norton, F. H., *Elements of Ceramics*. Reading, Mass.: Addison-Wesley, 1958. Uma apresentação introdutória dos materiais cerâmicos para o estudante que já teve química. Dá-se ênfase tanto na produção dos materiais cerâmicos como nas suas propriedades.

8-12. Phillips, C. J., *Glass, Its Industrial Applications*. New York: Reinhold, 1960. Escrito para o engenheiro. Não é necessário nenhum conhecimento anterior sôbre vidro.

8-13. Ryshkewitch, E., *Oxide Ceramics*. New York: Academic Press, 1960. Apresenta a físicoquímica e a tecnologia dos materiais cerâmicos iônicos. Especializado, mas pode ser seguido com facilidade pelo engenheiro.

8-14. Stanworth, J. E., *Physical Properties of Glass*. Oxford: Clarendon Press, 1950. Para o estudante adiantado e o professor. As propriedades são correlacionadas com a estrutura.

8-15. Van Vlack, L. H., *Physical Ceramics for Engineers*. Reading, Mass.: Addison-Wesley, 1964. Seqüência dêste texto; pode, entretanto, ser estudado simultâneamente.

PROBLEMAS

8-1. O periclásio (MgO) tem uma estrutura cfc de íons O^{2-}, com todos os interstícios octaédricos ocupados por íons Mg^{2+}. (a) Sabendo-se que os raios iônicos são, respectivamente, 1,32 Å e 0,78 Å, qual é o fator de empacotamento atômico? (b) Qual seria êste fator se a relação r/R fôsse igual a 0,414?

Resposta: (a) 0,63 (b) 0,79

FASES CERÂMICAS E SUAS PROPRIEDADES   227

8-2. A estrutura do CsCl corresponde a um arranjo cúbico simples de ânions Cl^- com os cátions Cs^+ ocupando todos os interstícios de número de coordenação igual a 8. (a) Sabendo-se que os raios iônicos são respectivamente 1,81 Å e 1,65 Å, qual é o fator de empacotamento atômico? (b) Qual seria êste fator se a relação r/R fôsse 0,732?

8-3. A estrutura da fluorita (CaF_2) pode ser descrita como um arranjo cfc de íons Ca^{2+}, com os íons F^- ocupando todos os interstícios octaédricos. (a) Sabendo-se que os raios iônicos são, respectivamente, 1,0 Å e 1,33 Å, qual é o fator de empacotamento atômico? (b) Para que se tenha o maior empacotamento atômico nesta estrutura, que valor (valôres) de r/R devemos ter?

Resposta: (a) 0,58 (b) Quando $r/R = 0,732$, FEA $= 0,63$; quando $r/R = 0,225$, FEA $= 0,75$.

8-4. Calcular a densidade do ZnS cúbico (esfalerita) sabendo-se que sua estrutura corresponde a um arranjo cfc dos átomos de enxôfre com os átomos de zinco ocupando metade dos interstícios tetraédricos. (Ver o Ex. 8-2 para NC = 4).

8-5. Calcular a densidade do $Al_2O_3 - \gamma$, o qual possui uma estrutura cfc de íons O^{2-} com os íons Al^{3+} ocupando dois terços dos interstícios octaédricos.

Resposta: 4,1 g/cm³

8-6. Calcular a densidade do corindum ($Al_2O_3 - \alpha$) o qual possui uma estrutura hc de íons O^{2-} com os íons Al^{3+} ocupando dois terços dos interstícios octaédricos.

8-7. A forma cúbica do ZrO_2 é possível quando um íon Ca^{2+} é adicionado, na forma de solução sólida, para cada seis íons Zr^{4+}. Dessa forma os cátions formam uma estrutura cfc, com os íons O^{2-} ocupando os interstícios tetraédricos. (a) Quantos íons O^{2-} existem para cada 100 cátions? Que fração dos interstícios tetraédricos está ocupada?

Resposta: (a) 185,7 íons O^{2-} (b) 92,9 %

8-8. (a) Que tipo de vazios, aniônicos ou catiônicos seriam necessários a fim de dissolver $Mg F_2$ em LiF? (b) Que tipo seria necessário para dissolver LiF em $Mg F_2$?

8-9. Uma solução sólida contém 30 % em moles de MgO e 70 % em moles de LiF. (a) Quais as porcentagens em pêso de Li^+, Mg^{2+}, F^- e O^{2-}? (b) Qual é a densidade?

Resposta: (a) Li^{2+}, 16 % em pêso; Mg^{2+}, 24 % em pêso; F^-, 44 % em pêso; O^{2-}, 16 % em pêso (b) 2,63 g/cm³.

8-10. Calcular a densidade da solução sólida ZrO_2-CaO do Probl. 8-7.

8-11. Se as dimensões da célula unitária do $BaTiO_3$ cúbico fôssem determinadas pelos íons Ba^{2+} e O^{2-}, qual seria o raio do interstício central (isto é, o interstício onde se localiza o íon Ti^{4+})?

Resposta: 0,625 Å

⊙ 8-12. Pela hidratação do MgO, obtém-se brucita [$Mg(OH)_2$]. Qual é o ganho de massa, em porcentagem?

⊙ 8-13. Calcina-se gibsita [$Al(OH)_3$] de forma que todo o hidrogênio é eliminado, na forma de água. Qual é a perda de massa, em porcentagem?

Resposta: 34,6 %

⊙ Problemas precedidos por um ponto são baseados, em parte em seções opcionais.

PRINCÍPIOS DE CIÊNCIA DOS MATERIAIS

Tabela 8-3

Momento Magnético de Alguns Íons

Íon	Elétrons 3-d	Momento magnético Magnetons de Bohr*
V^{3+}	2	2
V^{5+}	0	0
Cr^{3+}	3	3
Fe^{3+}	5	5
Fe^{2+}	6	4
Mn^{2+}	5	5
Mn^{4+}	3	3
Ni^{2+}	8	2
Co^{2+}	7	3
Cu^{+}	10	0
Cu^{2+}	9	1
Mg^{2+}	0	0
Zn^{2+}	10	0
0^{2-}	0	0

* Magnetons de Bohr = ⌒·↟ − ◂·⌒ (ver Fig. 5-23).

⊙ 8-14. Calcina-se caulinita (Fig. 8-18) de forma a liberar-se água. Qual é a máxima perda de massa, em porcentagem?

⊙ 8-15. A coesita, forma polimórfica de alta pressão do SiO_2, tem uma densidade de 2,9 g/cm³. Qual é o seu fator de empacotamento atômico?

Resposta: 0,57

8-16. A Tabela 8-3 mostra os momentos magnéticos de vários cátions. Qual é o momento magnético de uma célula unitária de $[Co\ Fe_2O_4]_8$? (cf. Fig. 8-30).

8-17. Qual é o momento magnético de uma célula unitária de magnetita $[Fe_3O_4$ ou $Fe^{2+} Fe_2^{3+} O_4]_8$? Os oito íons nos interstícios tetraédricos são Fe^{3+} e estão alinhados numa mesma direção. Os demais íons ocupam posições octaédricas e estão alinhados na direção oposta.

Resposta: 32 magnetons de Bohr

8-18. Qual é o momento magnético de uma célula unitária de $[MgFe_2O_4]_8$? Os íons Fe^{3+} ocupam as mesmas posições que no $(NiFe_2O_4)_8$.

8-19. A magnesita ($MgCO_3$) é uma matéria-prima utilizada na obtenção de MgO, o qual é utilizado na fabricação de tijolos refratários para altas temperaturas (> 1650°C). Qual a massa de MgO que se obtém a partir de 1t de magnesita?

Resposta: 476 kg

⊙ 8-20. O $AlPO_4$ pode formar as mesmas estruturas que o SiO_2. Justificar.

8-21. A composição da mulita é aproximadamente $Al_6Si_2O_{13}$. Esta é freqüentemente escrita na forma $3Al_2O_3$, $2SiO_2$. Qual é a porcentagem de (a) Al_2O_3? (b) SiO_2? (c) Al? (d) Si? (e) O?

Resposta: (a) 71,8 % (b) 28,2 % (c) 38 % (d) 13 % (e) 49 %.

CAPÍTULO 9

MATERIAIS POLIFÁSICOS
RELAÇÕES DE EQUILÍBRIO

9-1 INTRODUÇÃO. Os três capítulos precedentes consideram sucessivamente as fases metálicas, orgânicas e cerâmicas e a dependência de suas propriedades da estrutura da fase. Em cada capítulo, apenas se consideraram os materiais monofásicos. Entretanto, embora muitos dos materiais de interêsse da engenharia sejam essencialmente monofásicos, um número muito maior dêles é composto por duas ou mais fases; por exemplo, os aços, a solda, o cimento comum, rebolos, tintas e plásticos reforçados com vidro. A mistura de duas ou mais fases em um material permite uma interação entre as mesmas, de forma que, usualmente, as propriedades resultantes são diferentes das fases isoladas. É também freqüentemente possível modificar as propriedades, alterando-se tanto a forma como a distribuição das fases (ver Cap. 11).

RELAÇÕES QUALITATIVAS DE FASE

9-2 SOLUÇÕES "VERSUS" MISTURAS HETEROGÊNEAS. Um certo material pode ser o resultado da combinação de diferentes componentes, quer por meio de formação de *soluções*, quer de misturas *heterogêneas*. As soluções sólidas já foram discutidas nas Seções 4-2, 6-5 e 8-5 e todos nós estamos familiarizados com as soluções líquidas. A composição das soluções pode variar muito, porque (1) um átomo pode substituir outro no reticulado cristalino da fase ou (2) podemos ter átomos ocupando os interstícios da estrutura. O soluto não altera o arranjo estrutural do solvente. Por outro lado, uma mistura heterogênea contém mais de uma fase. Como exemplo dessas misturas podemos citar: água e areia, borracha com carbono como reforçador e carbeto de tungstênio com níquel como aglomerante. Em cada um dêstes agregados tem-se duas fases diferentes, cada uma com o seu arranjo atômico próprio.

Òbviamente, é possível ter-se uma mistura heterogênea, formada a partir de duas soluções diferentes. Por exemplo, em uma liga para solda chumbo-estanho, uma fase é uma solução sólida de estanho no chumbo cfc e a outra possui a estrutura do estanho (tetragonal de corpo centrado). Em temperaturas elevadas, os átomos de chumbo podem substituir um número limitado de átomos na estrutura do estanho. Dessa forma, uma liga comum para solda 60-40 (60% Sn – 40% Pb), contém duas fases, cada uma das quais é uma solução sólida.

9-3 SOLUBILIDADE. A Fig. 9-1 mostra a *solubilidade* do açúcar comum na água; a curva da figura é uma *curva de solubilidade*. Tôdas as composições, à esquerda da curva, correspondem a uma única fase, pois todo o açúcar está dissolvido na fase líquida. Com porcentagens mais elevadas de açúcar, que correspondem ao lado direito da curva, é impossível dissolver completamente o açúcar; logo, teremos uma mistura de duas fases, açúcar sólido

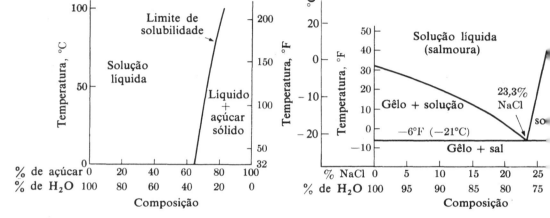

Fig. 9-1. Solubilidade do açúcar na água. O limite de solubilidade do açúcar na água é mostrado pela curva de solubilidade. Observar que a soma dos teores de água e açúcar em qualquer ponto da abscissa é 100%.

Fig. 9-2. Solubilidade do NaCl (curva superior à direita) e da água (curva superior esquerda) em uma solução aquosa de sal.

e um "xarope" líquido. Êsse exemplo mostra a variação da solubilidade com a temperatura e também demonstra um método simples de colocar em gráfico a temperatura (ou outra variável qualquer) como uma função da composição. Da esquerda para a direita, a abscissa da Fig. 9-1 indica a porcentagem de açúcar. A porcentagem de água pode ser lida diretamente da direita para a esquerda, pois a soma das porcentagens de ambos os componentes deve ser, òbviamente, 100%.

A Fig. 9-2 mostra um outro sistema de dois componentes que possui maior importância prática que o primeiro. Aqui, os extremos da abscissa são 100% de H₂O e 30% de NaCl. Observe na figura (1) que a solubilidade do NaCl na solução aumenta com a temperatura, (2) que a solubilidade da H₂O na solução também aumenta com a temperatura e (3) que as composições intermediárias têm temperaturas de fusão inferiores quer à da água pura (0°C ou 32°F) quer do sal puro (800°C ou 1473°F). Os fatos (1) e (3) são bem conhecidos e o (2) ou seja, a solubilidade limitada do gêlo no líquido aquoso que é menos familiar pode ser verificado através de uma experiência simples. Uma solução de água e sal, por exemplo, água do mar com 1,5% NaCl, pode ser resfriada a menos de 32°F (0°C) e, de acôrdo com a Fig. 9-2, ainda estará inteiramente líquida até 30,5°F (– 0,8°C). Isso está de acôrdo com as observações em qualquer mar ártico salino.* Quando um líquido salino, nestas condições,

---

* Podemos ter pequenas variações, se a porcentagem de sal não fôr exatamente 1,5%.

MATERIAIS POLIFÁSICOS RELAÇÕES DE EQUILÍBRIO   231

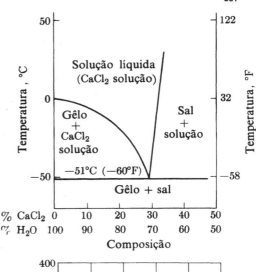

Fig. 9-3. Solubilidade do $CaCl_2$ e do gêlo numa solução aquosa de $CaCl_2$. A temperatura mais baixa de líquido corresponde à temperatura do ponto eutético. Neste ponto, as duas curvas de solubilidade se encontram.

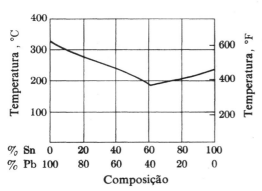

Fig. 9-4. Solubilidade do Pb e do Sn em ligas para solda fundidas. A composição do eutético (60% Sn e 40% Pb) é freqüentemente empregada, devido a sua baixa temperatura de fusão.

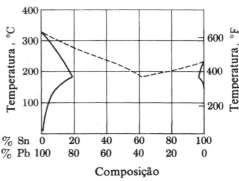

Fig. 9-5. Solubilidade sólida. Solubilidade do estanho na estrutura cfc do chumbo sólido (curva à esquerda). Solubilidade do chumbo na estrutura tetragonal de corpo centrado do estanho sólido (curva à direita).

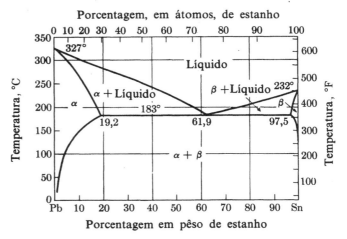

Fig. 9-6. Diagrama Pb-Sn. Um diagrama dêste tipo indica a composição e a quantidade das fases de qualquer mistura estanho-chumbo, em qualquer temperatura (ASM *Handbook of Metals*. Cleveland: American Society for Metals, 1948).

é resfriado abaixo de 30,5°F (– 0,8°C), formam-se cristais de gêlo e, como a solução não contém mais de 98,5% de água, êstes cristais devem separar-se do líquido. A 0°F (– 18°C), a máxima quantidade de água possível em uma solução de NaCl é 79%, como pode ser verificado fazendo-se uma salmoura nestas temperatura e separando-se o gêlo do líquido, o gêlo separado será água pura.

Um outro exemplo de importância prática é o sistema de H_2O e $CaCl_2$ (Fig. 9-3). Em climas muito frios, o cloreto de cálcio é mais usado que o cloreto de sódio para remover o gêlo das rodovias. A razão se torna óbvia ao se comparar as Figs. 9-3 e 9-2. Uma solução aquosa de cloreto de cálcio permanece líquida até temperaturas tão baixas como –51°C enquanto que uma solução análoga de NaCl se congela a –21°C. A temperatura mais baixa, à qual uma solução resiste permanecendo completamente líquida, é a *temperatura eutética* e a composição que a solução possui nesse ponto é *composição eutética*. A composição eutética para o sistema H_2O-NaCl da Fig. 9-2 é 76,7% de H_2O e 23,3% NaCl. Da Fig. 9-3, a composição do eutético do sistema $CaCl_2$-H_2O é 71%, H_2O e 29% $CaCl_2$. A interseção das curvas de solubilidade, nestes diagramas, corresponde à composição do eutético para os dois componentes da solução líquida.

Essas relações entre a fusão e a solidificação são muito comuns em todos os tipos de combinações de dois componentes. A Fig. 9-4 mostra as curvas de solubilidade para o chumbo e o estanho. A liga "60-40" de baixa temperatura de fusão é usada em muitas soldas, pois sua composição, sendo a do eutético, permite a formação de junções metálicas com um mínimo de aquecimento. Se a solda contiver mais chumbo (por exemplo 70% Pb e 30% Sn), durante o resfriamento o metal líquido se torna saturado com chumbo a uma temperatura acima do eutético e haverá precipitação de parte do chumbo, a partir da solução metálica líquida. Tal como na solução de cloreto de sódio e o gêlo da Fig. 9-2, há uma faixa de temperatura na qual tem-se a coexistência de líquido e sólido. A experiência demonstrou que a 260°C (500°F), 19% (12% em pêso) dos átomos de chumbo na fase sólida podem ser substituídos por átomos de estanho.*

A Fig. 9-5 mostra as curvas de solubilidade do estanho na estrutura do chumbo sólido e do chumbo no estanho *sólido*. No caso particular dessas ligas, a temperatura de 183°C é a do eutético e representa (1) a temperatura mais baixa na qual pode existir líquido (2) a temperatura na qual a solubilidade sólida é máxima e (3) a temperatura acima da qual qualquer excesso em relação ao limite de solubilidade sólida é líquido e abaixo da qual, êsse excesso é sólido.

9-4 DIAGRAMA DE FASES.

A Fig. 9-6 é um *diagrama de fases* ou *diagrama de equilíbrio* completo para o sistema estanho-chumbo. Êste diagrama pode ser usado como um "mapa" a partir do qual se pode determinar as fases presentes, para qualquer temperatura e composição, desde que a liga esteja em equilíbrio.

Por exemplo a 100°C, o "mapa" indica que uma liga com 50% de estanho possui solução sólida de chumbo contendo um pouco de estanho e fase β, que é estanho pràticamente puro com muito pouco chumbo dissolvido. A 200°C, uma liga com 10% de estanho e 90% de chumbo cai no campo da fase α. É uma solução sólida de estanho em chumbo. À mesma temperatura, mas para 30% de estanho e 70% de chumbo, o "mapa" indica que se tem uma mistura da solução sólida α com líquido; se esta última composição fôr aquecida a uma temperatura de 300°C, ela se tornará completamente líquida.

---

* Como os átomos de chumbo são mais pesados que os de estanho, 19% de átomos de estanho representa apenas 12% do pêso. A convenção estabelecida na Seção 4-3 será seguida. *A menos que haja menção em contrário, as composições dos líquidos e sólidos são expressas em porcentagens em pêso e a dos gases em porcentagem em volume.* A abscissa inferior de diagramas de fase está sempre expressa em porcentagem em pêso, a menos que haja menção em contrário; às vêzes, por conveniência inclui-se na parte superior uma abscissa em porcentagem atômica.

MATERIAIS POLIFÁSICOS RELAÇÕES DE EQUILÍBRIO

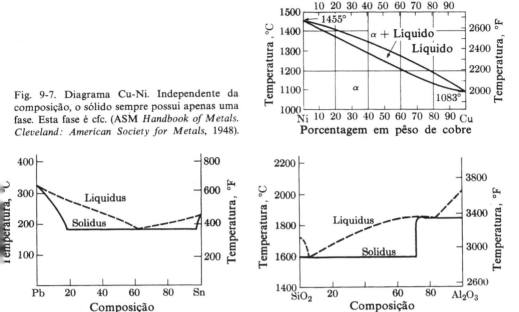

Fig. 9-7. Diagrama Cu-Ni. Independente da composição, o sólido sempre possui apenas uma fase. Esta fase é cfc. (ASM *Handbook of Metals*. Cleveland: American Society for Metals, 1948).

Fig. 9-8. "Liquidus" e "Solidus". (a) Para o sistema Pb-Sn (Ver Fig. 9-6) (b) Para o sistema SiO_2-Al_2O_3. (Ver Fig. 9-9).

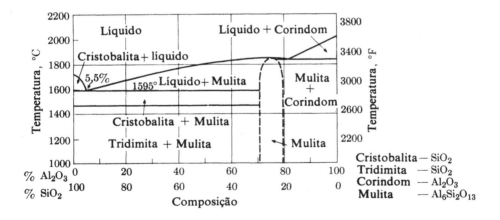

Fig. 9-9. Diagrama SiO_2-Al_2O_3. Os diagramas de equilíbrio para sistemas não-metálicos são usados da mesma forma que para os metais. A única diferença é o tempo maior necessário para se atingir o equilíbrio. [Adaptado de S. Aramaki e R. Roy *Journal of the American Ceramic Society*, **42**, 644. (1959)]. Alguns estudos recentes propõem que a temperatura do eutético seja 1547°C. [(Majumbar, A. J. e J. H. Welch, Trans. Britsh Ceramic Society **62**, 603, (1963)].

Os campos das fases nos diagramas de equilíbrio dependem certamente de cada sistema em particular. O diagrama para o sistema cobre-níquel está mostrado na Fig. 9-7. Êsse "mapa" é comparativamente simples, já que se tem apenas duas fases presentes. Na parte inferior do diagrama, tôdas as composições formam apenas uma solução sólida e, portanto, uma única estrutura cristalina. Tanto o cobre como o níquel têm estrutura cúbica de faces centradas. Como os átomos de ambos têm aproximadamente o mesmo tamanho, é possível a substituição de níquel por cobre na estrutura cristalina, em qualquer proporção. Quando se aquece uma liga contendo 60% de cobre, a mesma permanece sólida até a temperatura de aproximadamente 1200°C; acima desta temperatura e abaixo de 1270°C, tem-se a coexistência das soluções sólida e líquida e finalmente, acima de 1270°C, tem-se apenas uma fase líquida.

9-5 FAIXAS DE SOLIDIFICAÇÃO. Tal como mostrado nos diagramas de fases precedentes, o intervalo de temperatura no qual ocorre a solidificação varia com a composição da liga. Êste fato leva, por exemplo, o encanador a escolher uma liga com alto teor de chumbo para a solda, quando êle necessita de um material que não se solidifique completamente em uma dada temperatura. Se êle escolher uma liga 80% Pb-20% Sn, a faixa de solidificação ocorre de 280°C a 183°C, a qual é muito maior que a de uma 60% Pb-40% Sn (190 a 183°C).

São usadas freqüentemente as expressões *"liquidus"*, para designar o lugar geométrico das temperaturas acima das quais tem-se sòmente líquido e *"solidus"* para indicar o lugar geométrico das temperaturas abaixo das quais tem-se sòmente sólido. Todo diagrama de fases para dois ou mais componentes deve possuir uma linha de "liquidus" e uma de "solidus", com uma faixa de solidificação entre as mesmas (Fig. 9-8). Quer os componentes sejam metálicos quer não-metálicos (Fig. 9-9), existem determinados pontos no diagrama de fases onde as linhas de "liquidus" e "solidus" se encontram. Para um componente puro, êsse ponto cai sôbre uma das bordas do diagrama. Durante o aquecimento, o mesmo permanece sólido até que se atinja o seu ponto de fusão, a temperatura permanece constante até que haja a fusão total e sòmente depois disso é que elas começam a subir novamente.

As linhas de "solidus" e "liquidus" podem também se encontrar em um eutético. Na Fig. 9-6, a liga com 61,9% de estanho e 38,1% de chumbo está inteiramente sólida abaixo da temperatura eutética e completamente líquida acima da mesma.

9-6 EQUILÍBRIO. Os diagramas de fases, salvo algumas exceções especiais, são sempre diagramas de equilíbrio, ou seja, êles indicam que fases estarão presentes, desde que os componentes estejam em equilíbrio entre si. Nessas condições, cada fase está inteiramente saturada, mas não supersaturada com tôdas as outras fases que estão presentes. Na prática, é sempre necessário um certo tempo para atingir o equilíbrio; êsse problema será estudado no próximo capítulo. Um diagrama de equilíbrio é extremamente útil, pois indica (1) que fases estarão presentes sob determinadas condições de equilíbrio, e (2) em que direção as reações tendem a ocorrer, se ainda não se atingiu o equilíbrio. Por exemplo, aquecendo-se uma liga de chumbo e estanho, contendo 90% Pb e 10% Sn a 200°C, produz-se apenas uma fase, uma solução sólida do estanho no chumbo cfc. Se essa solução é resfriada ràpidamente até a temperatura ambiente, sem que a fase β tenha oportunidade de se precipitar a partir da fase α, teremos apenas uma única fase. Entretanto, com o tempo, a fase β se precipitará e as duas fases estarão presentes simultâneamente, tal como indica o diagrama de fases.

Exemplo 9-1

Uma prata de lei, uma liga contendo aproximadamente 92,5% de prata e 7,5% de cobre (Fig. 9-10), é aquecida lentamente da temperatura ambiente até 1100°C. Quais fases estarão presentes durante o aquecimento?

Resposta: Temperatura ambiente até 760°C   α + β
760°C a 800°C   Sòmente α
900°C a 900°C   α + líquido
900°C a 1100°C   Sòmente líquido

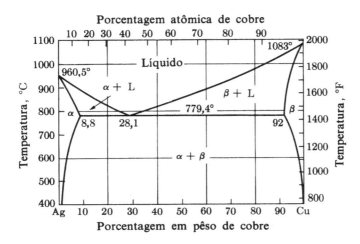

Fig. 9-10. Diagrama Ag-Cu. (ASM, *Metals Handbook*. Cleveland: American Society for Metals, 1948).

Exemplo 9-2

Uma mistura de 90% SiO_2 e 10% Al_2O_3 é fundida a 1800°C e, em seguida, resfriada muito lentamente até 1400°C. Quais fases estarão presentes durante o resfriamento?

Resposta: 1800°C a 1660°C   Sòmente líquido
1660°C a 1595°C   Líquido + Mulita
1595°C a 1470°C   Mulita + cristobalita
< 1470°C   Mulita + tridimita

O resfriamento deve ser extremamente lento, pois o processo de mudança das fortes ligações Si-O de uma estrutura para outra é muito vagaroso.

RELAÇÕES QUANTITATIVAS DE FASES

9-7 COMPOSIÇÕES DE FASE. Além de servir simplesmente como um "mapa", um diagrama de equilíbrio permite a determinação das *composições químicas* das fases presentes sob determinadas condições de equilíbrio. Em um campo monofásico, a determinação da composição da fase é automática, pois a mesma coincide com a composição do material.

Em um campo bifásico, as duas fases estarão mùtuamente saturadas e a composição das mesmas vai, portanto, depender das curvas de solubilidade do diagrama de fases. Por exemplo, a Fig. 9-11 mostra o diagrama de fases para o sistema fenol (C_6H_5OH)-água. A 25°C, para uma combinação 50-50 de água e fenol tem-se dois líquidos presentes. Como a fase rica em água está saturada com fenol, sua composição será 92% H_2O e 8% C_6H_5OH

e como a fase rica em fenol está saturada com água, sua composição será 71% C₆H₅OH. Qualquer combinação entre *a* e *b*, a 25°C, será composta de uma mistura dos dois líquidos cujas composições foram descritas acima. Um grupo análogo de dados pode ser determinado para as duas fases, a 50°C (122°F). Uma vez que a temperatura esteja acima da curva de solubilidade, restará apenas uma fase, cuja composição coincide com a composição global da mistura.

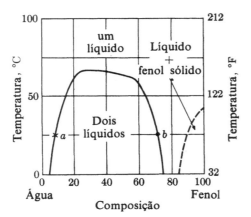

Fig. 9-11. Diagrama fenol (C₆H₅OH) – água (H₂O). Tem-se a coexistência de dois líquidos para as composições e temperaturas indicadas.

Exemplo 9-3

67 g de água são misturadas com 21 g de fenol. Qual a composição das fases a 30°C, 60°C e 70°C?

Resposta:

$$\frac{67}{21+67} = 76,1\% \text{ água}, \quad \frac{21}{21+67} = 23,9\% \text{ fenol}$$

Temperatura	Composição da fase rica em água	Composição da fase rica em fenol
30°C	91% H₂O; 9% C₆H₅OH	30% H₂O; 70% C₆H₅OH
60°C	80% H₂O; 20% C₆H₅OH	40% H₂O; 60% C₆H₅OH
70°C	76,1% H₂O; 23,9% C₆H₅OH	

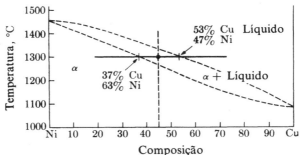

Fig. 9-12. Isoterma a 1300°C no sistema Ni-Cu (cf. Fig. 9-7).

MATERIAIS POLIFÁSICOS RELAÇÕES DE EQUILÍBRIO

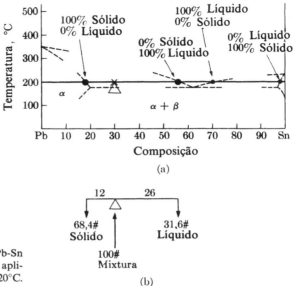

Fig. 9-13. Isoterma a 200°C no sistema Pb-Sn (cf. 9-6). (b) Regra da alavanca invertida aplicada à composição 70 Pb-30 Sn a 20°C.

Exemplo 9-4

Uma liga típica para componentes de aeronaves contém 92 kg de magnésio e 8 kg de alumínio. Quais são as composições das fases presentes a 650°C, 530°C, 420°C, 310°C e 200°C? (Ver Fig. 9-38 para o diagrama de fase).

Resposta:

Temperatura, °C	Fases	Composição
650	Líquido	L − 92% Mg, 8% Al
530	Líquido + ε	L − 81% Mg, 19% Al
		ε − 94% Mg, 6% Al
420	ε	ε − 92% Mg, 8% Al
310	δ + ε	δ − 57% Mg, 43% Al
		ε − 94% Mg, 6% Al
200	δ + ε	δ − 57% Mg, 43% Al
		ε − 96% Mg, 4% Al

9-8 QUANTIDADES RELATIVAS DE FASES. Na Seção 9-4, discutimos a forma de se determinar que fases estão presentes em um material em equilíbrio e na 9-7, a forma de se determinar as *composições químicas* dessas fases. Nesta seção, mostraremos como determinar as *quantidades* relativas das fases presentes em uma dada temperatura.

A composição química de uma fase é usualmente expressa como a porcentagem do componente *A* ou *B*. Por exemplo, no Ex. 9-4, a *composição química* de δ a 200°C é 43% Al e 57% Mg.

As Figs. 9-12 e 9-13 ajudarão na compreensão do procedimento que se usa na determinação das quantidades relativas de cada fase presente a uma certa temperatura. Na Fig. 9-12, a 1300°C, a solução sólida existe sòmente para misturas contendo menos de 37% de cobre. Para misturas contendo mais de 53% de cobre, tem-se apenas uma fase líquida. Na região de duas fases entre essas composições, a quantidade relativa das fases irá variar. É

PRINCÍPIOS DE CIÊNCIA DOS MATERIAIS

de se esperar que no ponto médio entre essas duas composições (ou seja, a 45% de cobre) tenha-se 50% de sólido e 50% de líquido. Isso é o que realmente ocorre e ocorrerá sempre que se tiver uma liga numa temperatura tal que a composição da mesma caia justamente no ponto médio entre 100% de sólido e 100% de líquido.

A argumentação acima sugere um método de se calcular as quantidades relativas das duas fases que existem em qualquer campo bifásico de um diagrama de fase. No diagrama Pb-Sn da Fig. 9-6, na isoterma de 200°C (isolada na Fig. 9-13), há apenas uma fase entre a extremidade rica em chumbo e 18% de estanho; até êsse ponto, tem-se apenas sólido. Aumentando-se o teor de estanho, teremos quantidades crescentes de líquido até que com 56% de estanho, tem-se apenas líquido. Entre 18% e 56% de estanho, a quantidade de líquido aumenta de 0 a 100% e a de sólido diminui de 100% a 0. Subtraindo-se 18 de 56, vê-se que a adição de 38 unidades de porcentagem de estanho provoca a alteração completa nas quantidades de cada uma das fases. A 30% de estanho, que está 12 unidades além do ponto em que há líquido, deverá existir 12/38 ou 31,6% de líquido. Anàlogamente com 30% de estanho e 70% de chumbo a 200°C, deveremos esperar (56-30)/38 ou 68,4% de sólido.

A regra da alavanca — A assim chamada *regra da alavanca* é uma ferramenta muito útil para se determinar quantidades relativas de fases. Por exemplo, no sistema Pb-Sn da Fig. 9-6 ou 9-13, as quantidades relativas de sólido e de líquido de uma liga com 30% de estanho e 70% de chumbo a 200°C podem ser calculadas considerando-se 30% de estanho como o ponto de apoio de uma alavanca. A quantidade de sólido presente, que neste caso contém 18% de estanho, é necessàriamente maior que a de líquido, que contém 56% de estanho. Na nossa analogia, a quantidade de sólido é proporcional à distância entre o ponto de apoio e a extremidade, marcando a composição do líquido. Anàlogamente, a quantidade de líquido é proporcional à distância do ponto de apoio à outra extremidade, que corresponde à composição do sólido. Essa relação *inversa* que toma o ponto de apoio e a composição total como o "centro de gravidade" entre as fases, funciona como uma regra simples para calcular as quantidades relativas de fases em equilíbrio.

Exemplo 9-5

Determine as quantidades relativas das fases em uma liga 92% Mg-8% Al a 650°C 530°C, 420°C, 310°C, 200°C. (Compare com o Ex. 9-4).

Resposta:

Temperatura, °C	Fases	Quantidades de cada fase	
650	Líquido	100% líquido	
530	Líquido + ε	$\dfrac{94-92}{94-81} = 15,4\%$ líquido;	$\dfrac{92-81}{94-81} = 84,6\%\varepsilon$
420	ε	100% ε	
310	$\delta + \varepsilon$	$\dfrac{94-92}{94-57} = 5,4\%\ \delta;$	$\dfrac{92-57}{94-57} = 94,6\%\ \varepsilon$
200	$\delta + \varepsilon$	$\dfrac{96-92}{96-57} = 10,3\%\ \delta;$	$\dfrac{92-57}{96-57} = 89,7\%\ \varepsilon$

Balanço de material — A validade dos cálculos acima se torna mais clara, se forem feitos alguns *balanços de material*. Em um balanço de material, a soma da quantidade de cada componente nas várias fases deve dar a quantidade total dêsse componente. Esta verificação também oferece uma excelente oportunidade para verificar a exatidão dos cálculos.

MATERIAIS POLIFÁSICOS RELAÇÕES DE EQUILÍBRIO

Exemplo 9-6

Faça o balanço de material da distribuição do chumbo e do estanho em uma liga Pb-Sn de composição eutética a 100°C. A base é:

$$100 \text{ g de liga} = 61,9 \text{ g Sn e } 38,1 \text{ g Pb (da Fig. 9-6).}$$

Resposta:

Fase	Composição química	Quantidades de cada fase	Pb	Sn	Verificação
α	96 % Pb 4 % Sn	$\dfrac{100-61,9}{100-4} = 39,7 \dfrac{\text{g de } \alpha}{100 \text{ g solda}}$	38,1 g	1,6 g	39,7 g
β	0 % Pb 100 % Sn	$\dfrac{61,9-4}{100-4} = 60,3 \dfrac{\text{g de } \beta}{100 \text{ g solda}}$	0 g	60,3 g	60,3 g
Verificação		100 g liga	38,1 g Pb	61,9 g Sn	100 g liga

Um balanço de material análogo pode ser feito para qualquer composição e temperatura em um campo bifásico. Òbviamente, em um campo monofásico, tais cálculos são desnecessários, já que a quantidade total da fase é 100 % e a composição da mesma coincide com a composição global da liga.

9-9 EQUILÍBRIO. As transformações de uma fase para outra ou a variação de composição de uma certa fase, involvem o rearranjo dos átomos do material. O tempo necessário para essas alterações depende da temperatura e da complexidade da alteração. As transformações polimórficas (Seção 3-18) de um metal puro involvem um rearranjo pequeno e podem ocorrer ràpidamente. No ferro, os átomos passam simplesmente de uma estrutura cúbica de faces centradas para uma cúbica de corpo centrado (ou vice-versa). O deslocamento envolvido não é grande e a energia necessária para romper as ligações originais é aproximadamente igual à libertada devido à formação de novas ligações. Por outro lado o rearranjo das estruturas poliatômicas implica em movimentos atômicos maiores e na ruptura de ligações mais fortes, o que diminui consideràvelmente a velocidade da transformação.

Para a fusão ou solidificação de qualquer combinação de dois componentes, também se tornam necessários movimentos atômicos. A Fig. 9-14, que é um detalhe ampliado da Fig. 9-7, mostra sucessivamente as composições das fases sólidas e líquidas que estão em equilíbrio no começo, durante e no final da faixa de solidificação de uma liga 50 %-50 % de cobre e níquel. A 1315°C (2400°F), quando se inicia a solidificação, o sólido em equilíbrio contém apenas 35 % de cobre. Conseqüentemente, conforme se processa a solidificação, os átomos de níquel em excesso devem se difundir para fora dos cristais sólidos, enquanto que os átomos de cobre devem se mover em sentido contrário. A 1290°C (2355°F) e em condições de equilíbrio, os átomos devem ter se movido, de forma a se ter um líquido com 55 % de cobre e um sólido com 38 %. Ao se atingir a linha de "solidus", a pequena quantidade restante de líquido contém 66 % de cobre e apenas 34 % de níquel. Como a composição do sólido passa de 35 %, a 50 % de cobre e de 65 % a 50 % de níquel, conforme, se desce da linha de "liquidus" para a de "solidus", o níquel deve se mover através do sólido a fim de permitir a entrada de átomos de cobre, para se manter o equilíbrio. A seqüência global está esquematizada na Fig. 9-15.

Pode restar uma segregação de átomos no sólido se a velocidade de resfriamento fôr suficientemente baixa para permitir a difusão no líquido (onde ocorre bastante ràpidamente), mas muito rápida para que houvesse tempo de se completar a difusão no sólido* (Fig. 9-16).

---

* A difusão em um líquido é sempre mais rápida que num sólido, pois os átomos estão mais fortemente ligados neste último.

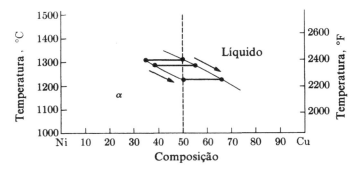

Fig. 9-14. Alteração da composição durante a solidificação (Ni-Cu). O teor de cobre na fase sólida aumenta conforme a solidificação progride.

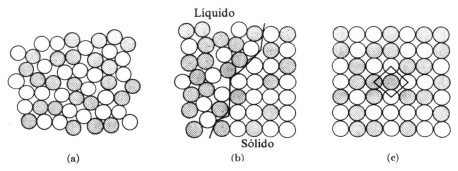

Fig. 9-15. Alteração da composição durante a solidificação. (a) Líquido, 49% B (sombreado); (b) líquido 64% B e sólido 33% B; (c) sólido, 49% B.

Fig. 9-16. Segregação de solidificação (latão 70-30). 100×. A segregação pode ter sido causada por uma solidificação muito rápida, durante a qual o tempo disponível para a difusão foi pequeno, não permitindo que se atingisse o equilíbrio. As áreas mais claras *no interior* dos grãos dendritas ricas em cobre, as quais são circundadas por áreas (mais escuras) ricas em zinco (D. K. Crampton, Chase Brass and Copper Co.).

MATERIAIS POLIFÁSICOS RELAÇÕES DE EQUILÍBRIO

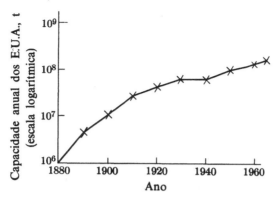

Fig. 9-17. Produção de aço nos Estados Unidos. Em média, cada engenheiro destina o uso de mais de uma tonelada por dia.

Exemplo 9-7

Descreva as etapas de difusão necessárias para a solidificação em equilíbrio de um material fundido contendo 75% SiO_2 e 25% Al_2O_3 (Fig. 9-9).

Resposta: A fase líquida acima de 1750°C tem uma estrutura amorfa composta de tetraedros SiO_4 e octaedros AlO_6 (Figs. 8-9), 8-16c e 8-17).

Abaixo da linha de "liquidus", os átomos de alumínio, silício e oxigênio devem se segregar nas razões de 6,2 e 13 respectivamente, a fim de formar a estrutura cristalina de mulita. O líquido remanescente vai se empobrecendo de alumina e se enriquecendo em sílica, até atingir a composição do eutético, a 1595°C. Nessa temperatura, a fim de manter o equilíbrio, os átomos restantes de alumínio e alguns átomos de silício e oxigênio formam mulita. O excesso de silício e oxigênio forma cristobalita. Como as fortes ligações Si-O e Al-O devem ser quebradas, o processo de difusão é extremamente lento.

LIGAS FERRO-CARBONO

9-10 INTRODUÇÃO. Os aços, que são essencialmente ligas ferro-carbono, oferecem exemplos da maioria das reações e microestruturas disponíveis para o engenheiro, a fim de ajustar as propriedades dos materiais. Além disso, as ligas ferro-carbono se tornaram o material estrutural predominante. A produção atual dos Estados Unidos supera a casa de 120 000 000 t por ano[1] (Fig. 9-17), o que corresponde a cêrca de 400 t por ano por engenheiro daquele país. É pràticamente certo que, em alguma ocasião cada engenheiro deverá fabricar, especificar ou utilizar aço de uma forma ou de outra.

A versatilidade dos aços como materiais estruturais é evidenciada pelos muitos tipos de aço que são manufaturados. De um lado, temos os aços doces usados em aplicações que exigem estampagem profunda, como para-lamas de automóveis e portas de geladeiras. De outro lado temos os aços duros e tenazes usados na fabricação de engrenagens e esteiras para tratores. Alguns aços possuem uma resistência à corrosão anormalmente elevada. Aços para certas aplicações elétricas, como, por exemplo, placas de transformadores, devem ter características magnéticas especiais, de forma que possam ser magnetizados muitas vêzes por segundo com perdas e potências baixas. Outros aços devem ser completamente não-

---

[1]N. do T. — O Instituto Brasileiro de Siderurgia, publica um boletim mensal, no qual aparecem periòdicamente dados sôbre a produção brasileira de aço.

-magnéticos para aplicações tais como componentes de relógios e detetores de minas. Os diagramas de fase podem ser usados para ajudar a explicar cada uma das características descritas acima.

9-11 O DIAGRAMA DE FASES Fe-C. O ferro puro sofre uma mudança na sua estrutura cristalina, de cúbica de corpo centrado para cúbica de faces centradas, quando é aquecido além de 910°C (1970°F). Essa transformação e uma subseqüente a 1400°C (2550°F) estão indicadas na Fig. 9-18 e são comparadas com as mudanças de fase da água.

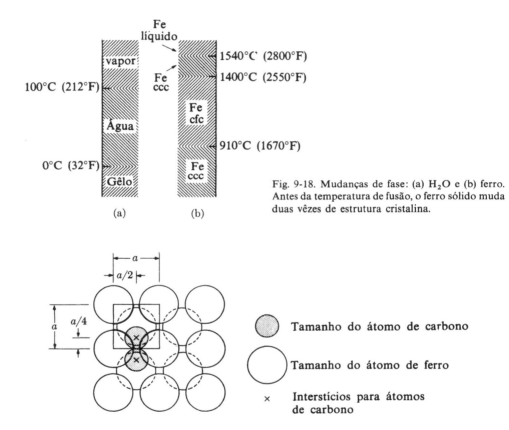

Fig. 9-18. Mudanças de fase: (a) H$_2$O e (b) ferro. Antes da temperatura de fusão, o ferro sólido muda duas vêzes de estrutura cristalina.

Fig. 9-19. Solução de carbono na ferrita ccc. A maior abertura no cristal de ferro ccc é apreciàvelmente menor que o átomo de carbono. Conseqüentemente, a solubilidade do carbono na ferrita é baixa.

Ferrita[2] *ou ferro-α* — A modificação estrutural do ferro puro em temperatura ambiente, é denominada *ferrita ou ferro-α*. A ferrita é muito mole dútil; na pureza que é encontrada comercialmente, seu limite de resistência é inferior a 32 kgf/mm^2 (45.000 psi). É um material ferromagnético em temperaturas abaixo de 766°C (1414°F).

Como a ferrita possui uma estrutura cúbica de corpo centrado, os espaços interatômicos são pequenos e pronunciadamente alongados, de forma que não podem acomodar com faci-

[2]N. do T. — Não confundir com as ferritas magnéticas que são materiais cerâmicos.

MATERIAIS POLIFÁSICOS RELAÇÕES DE EQUILÍBRIO

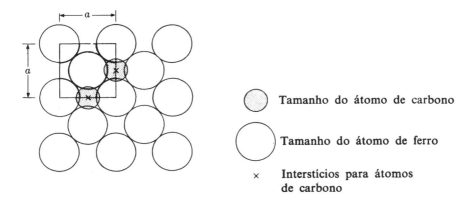

Fig. 9-20. Solução de carbono na austenita cfc. O maior interstício no ferro cfc tem quase o tamanho de um átomo de carbono. Conseqüentemente, pode-se dissolver até 2% em pêso (9% em átomos) de carbono [plano (100)].

lidade mesmo pequenos átomos esféricos como o de carbono. O átomo de carbono é muito pequeno para formar uma solução sólida substitucional e muito grande para formar uma intersticial (Seção 4-3).

Austenita ou ferro-γ — A modificação cúbica de faces centradas do ferro é denominada *austenita* ou *ferro-γ*. É a forma estável do ferro puro entre 910°C (1670°F) e 1400°C (2550°F). Fazer uma comparação direta entre as propriedades mecânicas da austenita e da ferrita é difícil, pois devem ser comparadas em temperaturas diferentes. Entretanto, na faixa de temperaturas na qual é estável, a austenita é mole e dútil e, conseqüentemente se presta bem para processos de fabricação. Muitos aços são laminados ou forjados em temperaturas de 1100°C (2000°F) ou acima, com o ferro na forma cúbica de faces centradas. A austenita não é ferromagnética em nenhuma temperatura.

A estrutura cúbica de faces centradas do ferro (Fig. 9-20) possui espaços interatômicos maiores que a ferrita. As Figs. 9-19 e 9-20 permitem uma comparação direta entre a possibilidade de solução sólida intersticial na ferrita e na austenita. Mesmo assim, na estrutura cfc, os vazios são ligeiramente menores que os átomos de carbono, de forma que a dissolução de carbono na austenita introduz deformações na estrutura. Isso faz com que nem todos os vazios possam ser preenchidos simultaneamente. A solubilidade máxima é de apenas 2% (8,7% em átomos) de carbono (Fig. 9-21). Por definição, os aços contêm menos de 2% de carbono; conseqüentemente todo o carbono dos aços acha-se dissolvido na austenita, em temperaturas elevadas.

Ferro-δ — Acima de 1400°C (2550°F), a austenita deixa de ser a forma mais estável, pois a estrutura volta a ser novamente cúbica de corpo centrado, denominado *ferro-δ*. O ferro-δ é análogo ao ferro-α, com exceção da faixa de temperatura na qual é estável, por isso, muitas vêzes é chamado ferrita-δ. A solubilidade do carbono na ferrita-δ é pequena, embora seja apreciàvelmente maior que no ferro-α, em virtude da temperatura ser mais elevada.

Em virtude das energias livres relativas* da ferrita e da austenita, a primeira tem duas faixas de temperaturas de estabilidade, o que a faz um caso único entre os materiais comuns. A forma mais estável de qualquer material é a de energia livre mínima (ver a Seção 10-6 para

---

* A energia livre é a que pode entrar em uma reação química.

Fig. 9-21. Solubilidade do carbono na austenita (ferro-γ).

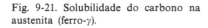

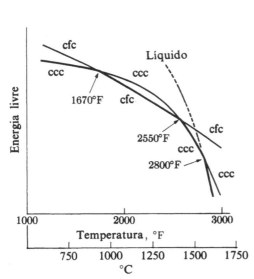

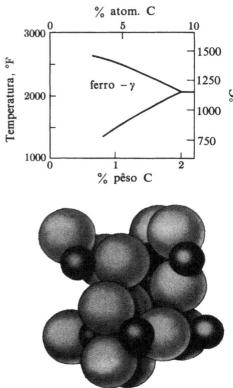

Fig. 9-22. Energia livre da ferrita e da austenita (esquemático). A ferrita é ferro ccc e a austenita, ferro cfc. A fase com a menor energia livre é estável (Ver Fig. 10-8).

Fig. 9-23. Estrutura do Fe$_3$C. A célula unitária é ortorrômbica, com 12 átomos de ferro e quatro átomos de carbono. (R. W: Wycoff, *Crystal Structure*. New York: Interscience Publishers, 1948).

uma explicação mais completa). A Fig. 9-22 mostra a energia livre da ferrita e da austenita. Acima de 910°C (1670°F) e abaixo de 1400°C (2550°F), a forma cúbica de faces centradas tem uma energia livre mais baixa que a cúbica de corpo centrado.

Cementita ou carbeto de ferro — Nas ligas ferro-carbono, o excesso de carbono em relação ao limite de solubilidade deve formar uma segunda fase, a qual é mais freqüentemente o carbeto de ferro* (cementita). A composição da cementita corresponde à fórmula Fe₃C. Isto não significa que existam moléculas Fe₃C, mas, simplesmente, que o reticulado cristalino contém átomos de ferro e de carbono na proporção de 3 para 1. O Fe₃C tem uma célula unitária ortorrômbica com 12 átomos de Fe e 4 de C por célula; isto corresponde a um teor de carbono de 6,67%.

Quando comparada com a austenita e a ferrita, a cementita é muito dura. A presença, em um aço de carbeto de ferro junto à ferrita, aumenta muito a resistência do mesmo (Seção 11-4). Entretanto, como o carbeto de ferro puro é frágil e, portanto, relativamente fraco, êle não pode se ajustar às concentrações de tensão. (Comparar com os materiais cerâmicos na Seção 8-11).

---

* Ver a Seção 11-11 para uma exceção

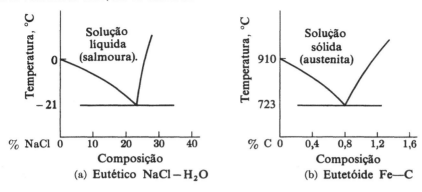

Fig. 9-24. Soluções líquidas *versus* sólidas.

A reação eutetóide — Na Fig. 9-24, faz-se uma comparação entre a adição de sal comum à água e a adição de carbono à austenita. Em ambos os casos, a adição do soluto diminui a temperatura, abaixo da qual a solução fica instável. Êsses dois exemplos diferem apenas num aspecto: no sistema gêlo-sal, existe uma *solução líquida* acima da temperatura do eutético; no sistema ferro-carbono, tem-se uma *solução sólida* de forma que, aumentando o resfriamento, não ocorre uma reação eutética verdadeira. Entretanto, em virtude da analogia dessa reação com a eutética, ela é denominada *eutetóide*.

$$\text{Eutética: } L \underset{aquec.}{\overset{resfriam.}{\rightleftarrows}} S_1 + S_2 \qquad (9\text{-}1)$$

$$\text{Eutetóide: } S_A \underset{aquec.}{\overset{resfriam.}{\rightleftarrows}} S_B + S_C \qquad (9\text{-}2)$$

A temperatura eutetóide para as ligas-carbono é 723°C (1.333°F). A composição eutetóide corresponde a 0,80% de carbono. A Fig. 9-25 mostra o diagrama completo ferro-carbono para a faixa de composições normalmente encontrada e na Fig. 9-26 pode-se ver a região eutetóide ampliada.

Exemplo 9-8

Colocar em gráfico a porcentagem de ferrita, austenita e cementita para uma liga com 0,60% e 99,40% de Fe em função da temperatura.

Resposta: A 724°C:

$$\% \text{ de ferrita} = \frac{0,80 - 0,60}{0,80 - 0,025} = 26\%$$

A 722°C:

$$\% \text{ de ferrita} = \frac{6,67 - 0,60}{6,67 - 0,025} = 91\%$$

9-12 PERLITA. A reação eutetóide do sistema Fe-C envolve a formação simultânea de ferrita e cementita a partir da austenita com composição eutetóide. Há cêrca de 12% de cementita e 88% de ferrita na mistura resultante. Como se formam simultâneamente, a ferrita e a cementita estão intimamente misturadas. A mistura é caracteristicamente lamelar, isto é, composta de camadas alternadas de ferrita e cementita (Fig. 9-28). A microestrutura resultante, denominada perlita, é muito importante na tecnologia do ferro e do aço, pois pode ser formada em quase todos os aços por meio de tratamentos térmicos adequados.

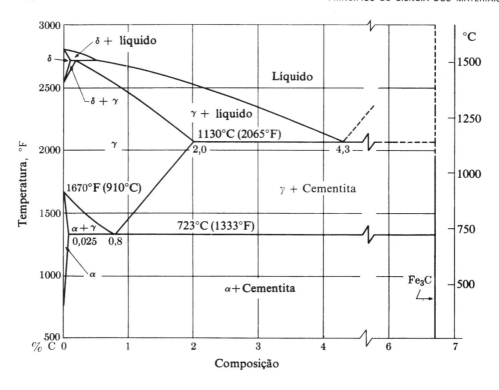

Fig. 9-25. O diagrama Fe-C. Observe que êste é uma composição das Figs. 9-21 e 9-24 (b).

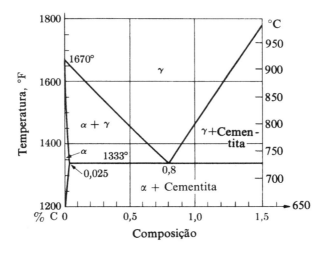

Fig. 9-26. Região eutetóide do diagrama Fe-C. O tratamento térmico do ferro depende destas relações de fase.

MATERIAIS POLIFÁSICOS RELAÇÕES DE EQUILÍBRIO

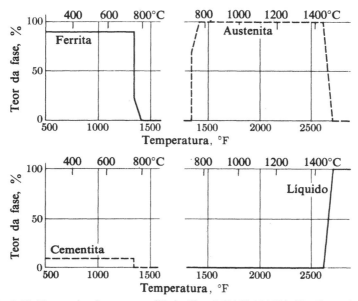

Fig. 9-27. Teores das fases no equilíbrio (liga 0,6%-99,4% Fe). Ver Exemplo 9-8.

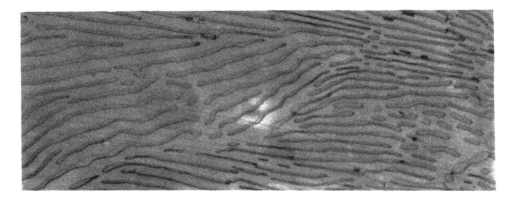

Fig. 9-28. Perlita, 2500×. Essa microestrutura é uma mistura lamelar de ferrita (matriz clara) e cementita (mais escura). A perlita se forma a partir da austenita com composição da perlita são as mesmas que do eutetóide (J. R. Vilella, U. S. Steel Corp.).

A perlita é uma mistura específica de duas fases, formada pela transformação da austenita, de composição eutetóide, em ferrita e cementita. Essa distinção é importante, pois podemos ter a formação de ferrita e cementita também por outras reações. Entretanto, a microestrutura resultante destas reações não será lamelar (Compare as Figs. 11-13 e 9-28) e, conseqüentemente, as propriedades serão diferentes (Ver Seção 11-4).

Como a perlita resulta da austenita de composição eutetóide, a quantidade presente da mesma é igual à da austenita eutetóide transformada (Fig. 9-29).

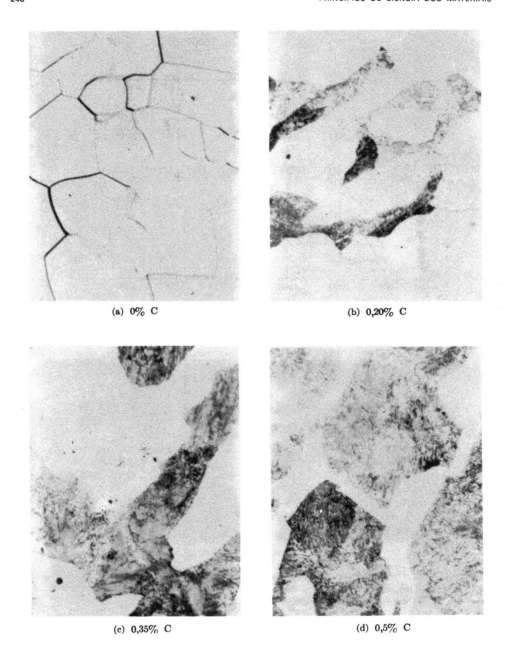

(a) 0% C (b) 0,20% C

(c) 0,35% C (d) 0,5% C

Exemplo 9-9

Determinar a quantidade de perlita em uma liga 99,6% Fe-0,4% C, a qual foi resfriada lentamente, a partir de 860°C. Base: 100 kg da liga.

Resposta: De 860°C a 804°C: 100 kg de austenita com 0,4% C.

MATERIAIS POLIFÁSICOS RELAÇÕES DE EQUILÍBRIO

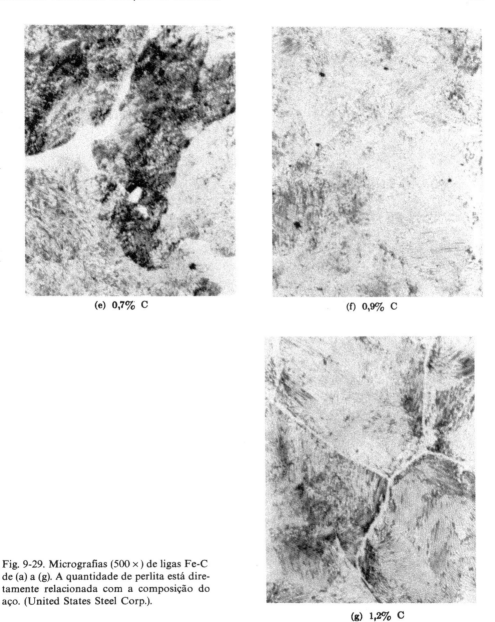

Fig. 9-29. Micrografias (500 ×) de ligas Fe-C de (a) a (g). A quantidade de perlita está diretamente relacionada com a composição do aço. (United States Steel Corp.).

De 804°C a 722°C (+): separa-se ferrita da austenita e o teor de carbono desta última aumenta.

A 722°C (+): composição da ferrita = 0,025 % C
quantidade de ferrita = 51,6 kg
composição da austenita = 0,80 %
quantidade de austenita = 48,4 %

250 PRINCÍPIOS DE CIÊNCIA DOS MATERIAIS

A 722°C (–): quantidade de perlita = 48,4 kg. A perlita substitui a austenita de composição eutetóide.

Cada um dos cálculos acima admite que haja tempo suficiente para se atingir o equilíbrio.

Exemplo 9-10

A partir dos resultados do exemplo acima, determinar a quantidade de ferrita e cementita na liga considerada (a) a 720°C e (b) em temperatura ambiente. Base: 100 kg da liga. (Alguns dados procedem do Ex. 9-9).

Resposta: (a) a 720°C

$$\text{Quantidade de cementita} = 48,4 \; \frac{0,8 - 0,025}{6,67 - 0,025} = 5,7 \; \text{kg/100 kg aço}$$

Quantidade de ferrita:

$$48,4 - 5,7 = 42,7 \; \text{kg de ferrita formada com a perlita}$$

$$\underline{51,6} \; \text{kg de ferrita formada antes da perlita}$$
$$94,3 \; \text{kg de ferrita/100 kg aço}$$

Outra forma de se calcular:

$$\text{Quantidade de cementita} = \frac{0,4 - 0,025}{6,67 - 0,025} = 5,7 \; \text{kg/100 kg aço}$$

$$\text{Quantidade de ferrita} \quad = \frac{6,67 - 0,4}{6,67 - 0,025} = 94,3 \; \text{kg/100 kg aço}$$

(b) Temperatura ambiente (para êstes cálculos, a solubilidade do carbono na ferrita, em temperatura ambiente, pode ser considerada igual a zero):

$$\frac{0,4 - 0}{6,67 - 0} = 6,0 \; \text{kg cementita/100 kg aço}$$

$$\frac{6,67 - 0,4}{6,67 - 0} = 94,0 \; \text{kg ferrita/100 kg aço}$$

A quantidade adicional de cementita se originou da ferrita abaixo do ponto eutetóide, pois a solubilidade do carbono na ferrita cai para pràticamente zero. Êsse carbeto adicional não faz parte da perlita (Os cálculos feitos acima admitem que se tenha atingido o equilíbrio).

9-13 NOMENCLATURA DOS AÇOS. A importância do carbono no aço tornou desejável que se dispusesse de uma forma para designar os diferentes tipos de aço, na qual se pudesse indicar o teor de carbono. Usa-se um conjunto de quatro algarismos, no qual os dois últimos indicam o número de centésimos de porcento, correspondente ao teor de carbono (Tabela 9-1). Por exemplo, um aço 1040 possui 0,40 % de carbono (mais ou menos uma pequena faixa de variação). Os dois primeiros algarismos indicam o tipo do elemento de liga adicionado ao ferro e carbono. A classificação (10xx) é reservada para os aços-carbono comuns, com um mínimo de outros elementos de liga.

Essas designações são aceitas como padrão pelo AISI ("American Iron and Steel Institute") e pela SAE ("Society of Automotive Engineers")[3]. Muitos dos aços comerciais não se incluem nesta classificação, quer em virtude das composições não se encaixarem nos tipos previstos,

[3]N. do T. – Para o caso brasileiro, consultar a NB-82 – "Classificação por composição química de aços para construção mecânica" da ABNT.

MATERIAIS POLIFÁSICOS RELAÇÕES DE EQUILÍBRIO

Tabela 9-1

Nomenclatura AISI e SAE para Aços

Número AISI ou SAE	Composição
10xx	Aço-Carbono simples
11xx	Aço-Carbono (resulfurizado para boa usinabilidade)
13xx	Manganês (1,5 a 2,0%)
23xx	Níquel (3,25 a 3,75%)
25xx	Níquel (4,75 a 5,25%)
31xx	Níquel (1,10-1,40%), cromo (0,55-0,90%)
33xx	Níquel (3,25-3,75%), cromo (1,40-1,75%)
40xx	Molibdênio (0,20-0,30%)
41xx	Cromo (0,40-1,20%), molibdênio (0,08-0,25%)
43xx	Níquel (1,65-2,00%), cromo (0,40-0,90), molibdênio (0,20-0,30%)
46xx	Níquel (1,40-2,00%), molibdênio (0,15-0,30%)
48xx	Níquel (3,25-3,75%), molibdênio (0,20-0,30%)
51xx	Cromo (0,70-1,20%)
61xx	Cromo (0,70-1,00%), vanádio (0,10%)
81xx	Níquel (0,20-0,40), cromo (0,30-0,55%), molibdênio (0,08-0,15)
86xx	Níquel (0,30-0,70%), cromo (0,40-0,85%), molibdênio (0,08-0,25)
87xx	Níquel (0,40-0,70%), cromo (0,40-0,60), molibdênio (0,20-0,30%)
92xx	Silício (1,80-2,20%)

xx — teor de carbono, 0,xx%
Mn — Todos os aços contêm cêrca de 0,50%

B — Prefixo para aço Bessemer
C — Prefixo para aço Siemens-Martin
E — Prefixo para aço de forno elétrico

quer por envolverem faixas menores de variação dos teores dos elementos de liga. Comumente, entretanto, êstes aços têm aplicações mais especializadas e não são mantidos em estoque pelos fornecedores.

DIAGRAMA DE FASES PARA SISTEMAS COM MAIS DE DOIS COMPONENTES

⊙ **9-14 DIAGRAMAS TERNÁRIOS.** Muitos materiais usados comumente possuem mais de dois componentes. Por exemplo, a maioria dos aços possui um terceiro elemento tal como manganês, níquel, molibdênio ou crômio, além do ferro e carbono. Um magneto cerâmico pode conter Fe_2O_3, MnO e NiO. Uma borracha para pneu usualmente contém borracha, enxôfre e um reforçador, em geral carbono.[4]

O comportamento encontrado em um sistema de três componentes é o que seria de se prever com base na experiência com sistemas binários. As soluções sólidas possuem dois solutos ao invés de um; continua a existir o limite de solubilidade e nos pontos de interseção dos limites de solubilidade temos eutéticos. Portanto, podemos ter *eutéticos ternários* (e eutetóides ternários).

---

[4]N. do T. — O carbono acha-se na forma de "negro de fumo"; freqüentemente, além do negro de fumo, adiciona-se caulim.

PRINCÍPIOS DE CIÊNCIA DOS MATERIAIS

É difícil se apresentar um sistema com três componentes com tanto detalhe quanto de um sistema binário, pois passamos a ter uma variável a mais. Isto é, para que possamos fixar a composição de um sistema ternário, precisamos conhecer o teor de dois componentes; enquanto que num sistema binário, bastava conhecer a de um dêles. Conseqüentemente, se pretendemos apresentar as relações de fase de um sistema ternário na forma de gráficos bidimensionais, devemos fixar uma das três variáveis. Isso pode ser feito (1) fixando-se uma fase (2) fixando-se a temperatura (cortes isotérmicos) ou (3) fixando-se a porcentagem de um dos três componentes. Discutiremos ràpidamente os dois últimos.

Cortes isotérmicos — A composição de um material, dentro de um sistema de três componentes, pode ser indicada usando-se o seguinte princípio da geometria plana: "*a soma das distâncias de qualquer ponto de um triângulo equilátero aos três lados do mesmo é constante e igual à altura do triângulo*". Portanto, se a altura do triângulo da Fig. 9-30 representa 100 % e cada vértice é um dos três componentes, então a distância *a* representa a porcentagem do componente *A*, *b* a de *B* e *c* a de *C*. De acôrdo com a regra da alavanca, discutida na Seção 9-8, a composição total se localiza no "centro de gravidade" dos três componentes.

Um diagrama triangular dêste tipo é muito útil para indicar muitos tipos de dados e propriedades. A Fig. 9-31, por exemplo, mostra o índice de refração para vários vidros de três componentes. A Fig. 9-32 nos dá o calor de combustão de misturas combustíveis. A Fig. 9-33 mostra as fases, em temperatura ambiente, dos aços inoxidáveis compostos de Fe-Cr-Ni (está mostrado apenas o vértice rico em ferro).

Pseudobinários — A Fig. 9-34 mostra ainda diagramas Fe-C, cada um com um teor diferente de crômio. Apenas o primeiro dêles é um binário verdadeiro, pois todos os demais contém crômio; os demais são denominados de *pseudobinários* e são usados como diagramas binários.

Da Fig. 9-11 pode-se perceber que, conforme se aumenta o teor de crômio no aço (Fig. 9-35), o teor de carbono da composição eutetóide diminui progressivamente e a temperatura do eutetóide também se altera. A Fig. 9-36 apresenta uma compilação dos efeitos de outros elementos de liga na composição e na temperatura do eutetóide.

Exemplo 9-11

Admitir que a Fig. 9-29(d) seja a microestrutura de um aço, contendo 0,4 % de Mo e 99,6 % de Fe e C. Estimar o teor de carbono dêste aço.

Resposta: Cêrca de 3/4 dêste aço é perlita e 1/4 ferrita isolada. A Fig. 9-36 indica que o eutetóide corresponde a 0,6 % de carbono na presença de 0,40 % de molibdênio. Base: 100 kg de aço:

$$75 \text{ kg de perlita com } 0,6\% \text{ C} = 0,45 \text{ kg carbono}$$
$$25 \text{ kg de ferrita com } 0\% = \underline{0 \quad \text{ kg carbono}}$$
$$0,45 \text{ kg carbono/100 kg aço}$$

⊙ **9-15 REGRA DAS FASES.** Nas discussões precedentes, não se fêz qualquer tentativa de se considerar outras variáveis externas que não a temperatura. A variável adicional que se considera mais comumente é a pressão; além dessa, pode-se também levar em conta os campos elétricos e magnéticos. Condições como essas, envolvendo muitos parâmetros, levam-nos a considerar uma relação básica conhecida como *regra das fases:*

$$F = C + E - V \tag{9-3a}$$

A regra acima afirma que o número de fases *F*, que pode coexistir em equilíbrio, é igual à soma do número de componentes. *C* com o de variáveis externas *E*, menos a variança *V* do sistema. Na Seção 3-24, definiu-se *fase* como uma parte estrutural homogênea de um

MATERIAIS POLIFÁSICOS RELAÇÕES DE EQUILÍBRIO

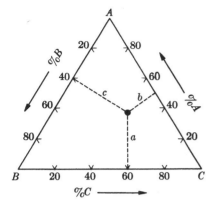

Fig. 9-30. Diagrama de três componentes. Qualquer composição de A, B e C pode ser representada por um ponto neste diagrama.

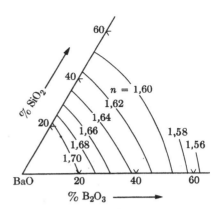

Fig. 9-31. Índice de refração de vidros BaO-B_2O_3-SiO_2. [Adaptado de E. M. Levin e G. Ugrinic, *J. Research Natl. Bur. Standards*, 51, 55, (1953)].

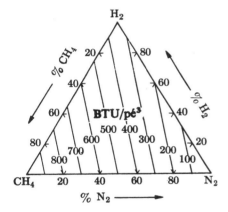

Fig. 9-32. Calor de combustão para misturas CH_4-H_2-N_2. Esta mistura é gasosa, logo a composição está expressa em porcentagem em volume.

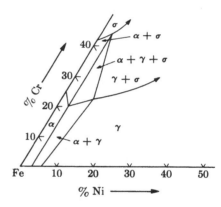

Fig. 9-33. Corte isotérmico (Ligas Fe-Cr-Ni, em temperatura ambiente). Um dos aços inoxidáveis mais comuns contém 18% Cr e 8% Ni; logo, é austenítico.

sistema material. Os *componentes* podem ser elementos como o Pb e o Sn, na Fig. 9-6, ou compostos como SiO_2 e Al_2O_3, na Fig. 9-9. O requisito essencial é que os mesmos não se dissociem nas condições que estão sendo consideradas.

Pode-se considerar quantos *fatôres externos* se desejar. Portanto, se apenas se leva em conta a temperatura, a Eq. (9-3a) fica:

$$F + V = C + 1 \tag{9-3b}$$

Se se considerar tanto a temperatura como o campo magnético, teremos:

$$F + V = C + 2 \tag{9-3c}$$

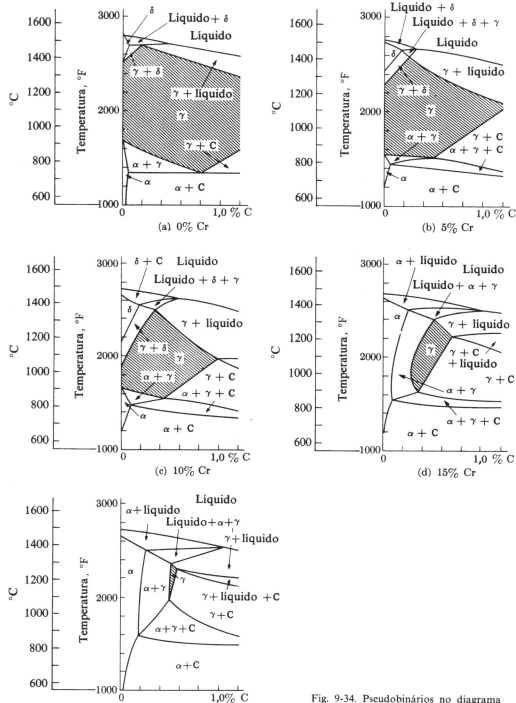

Fig. 9-34. Pseudobinários no diagrama Fe-Cr-C. (C = cementita).

MATERIAIS POLIFÁSICOS RELAÇÕES DE EQUILÍBRIO

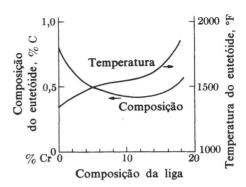

Fig. 9-35. Temperatura e composição do eutetóide nas ligas Fe-Cr-C. A adição de cromo altera tanto a temperatura como a composição. (Cf. Fig. 9-34).

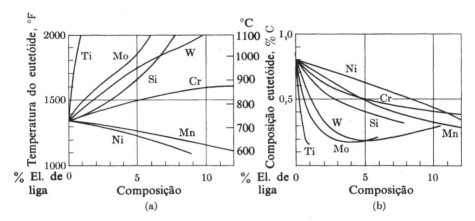

Fig. 9-36. Temperatura e composição do eutetóide em ligas Fe-X-C. Efeito do elemento de liga (a) na temperatura e (b) na composição. (Adaptado de dados da ASM).

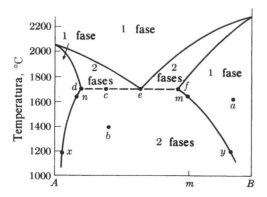

Fig. 9-37. Variança em equilíbrios de fases. A Eq. (9-3b) indica que $V = 3 - F$ para êste sistema binário. (Ver texto).

Esta última forma da Eq. (9-3) é a utilizada quando se considera a temperatura e a pressão como fatôres externos.

A *variança*, ou *número de graus de liberdade*, refere-se ao número de variáveis não assinaladas. Pode ser entendida mais fàcilmente através de um exemplo. Consideremos a Fig. 9-37 para a qual se aplica a Eq. (9-3b). Os pontos *a*, *b* e *c* correspondem respectivamente a uma, duas e três fases em equilíbrio, respectivamente. Em um campo monofásico, $V = C + 1 - P = 2$, logo a temperatura e a composição podem ser fixadas independentemente uma da outra. Em um campo bifásico, a nossa liberdade de escolha é limitada; se fixarmos a temperatura, por exemplo em 1200°C, não haverá escolha na composição das fases, pois a mesma já está fixada em *x* e em *y*, respectivamente. Anàlogamente, se necessitarmos de uma dada composição em um equilíbrio bifásico, por exemplo *m*, não há escolha na temperatura, pois a mesma deve ser 1650°C, finalmente, para se ter três fases em equilíbrio em um sistema binário, tanto a temperatura como as composições estão prefixadas, ou seja, a variança é zero, pois a temperatura deve ser a do eutético e as composições devem ser *d*, *e* e *f*.

A regra das fases pode ser usada para formular certas regras que se aplicam aos diagramas de fases. Essas estão enumeradas na Tabela 9-2 e são excelentes auxiliares na preparação de diagramas de equilíbrio (Ver Figs. 9-38 a 9-50).

A regra das fases se torna particularmente útil quando, ao se trabalhar com sistemas de muitos componentes, se deseja saber se as microestruturas (Cap. 11) estão ou não em equilíbrio.

Tabela 9-2

Limites nos Diagramas de Fases

I. Diagramas Binários

   (a) Campos (ou composições) monofásicos são separados por regiões bifásicas e campos bifásicos por regiões (ou composições) monofásicas. Isto origina uma seqüência 1-2-1-2-1 ... ao longo de uma isoterma do diagrama.

   (b) Regiões monofásicas só se encontram em temperaturas invariantes.

   (c) As temperaturas invariantes envolvem o término de três regiões bifásicas.

   (d) A extrapolação de uma curva de solubilidade cai sempre em uma região bifásica.

   (e) Um campo monofásico encontra uma temperatura invariante onde duas curvas de solubilidade se cruzam.

   (f) A região bifásica, que cai entre duas temperaturas invariantes de três fases, possui as duas fases que são comuns às duas reações invariantes.

   (g) Fases que sofrem uma transformação congruente[3] podem ser consideradas como sistemas monocomponentes no seu ponto de transformação.

II. Diagramas Ternários

   (a) Exceto em condições invariantes, quatro regiões devem se encontrar em um ponto de um corte isotérmico (ou de um diagrama pseudobinario).

   (b) As quatro regiões em volta do ponto contêm 1, 2, 3 e 2 fases, nesta seqüência.

DIAGRAMAS DE FASE ADICIONAIS (Ver pág. 264 para a localização dos diferentes diagramas).

[3]N. do T. — Transformação congruente é aquela em que há identidade em composição química entre as fases inicial e final.

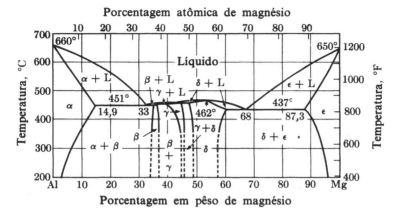

Fig. 9-38. **Al-Mg.** Metals Handbook, pág. 1163, Cleveland: American Society for Metals, 1948.

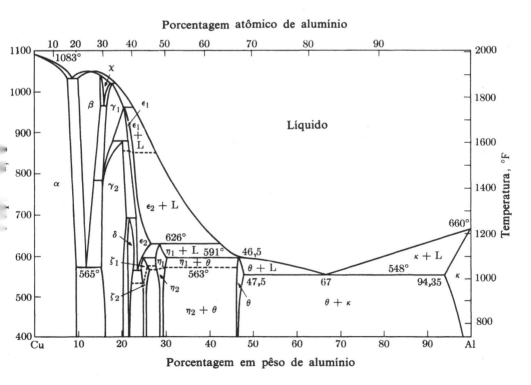

Fig. 9-39. **Al-Cu.** Metals Handbook, pág. 1159, Cleveland: American Society for Metals, 1948.

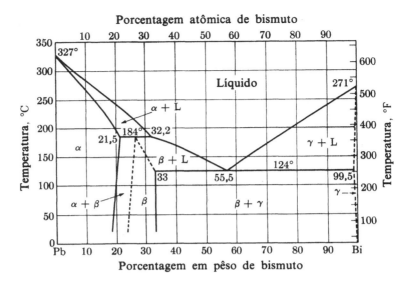

Fig. 9-40. **Bi-Pb**. *Metals Handbook*, pág. 1179, Cleveland: American Society for Metals, 1948.

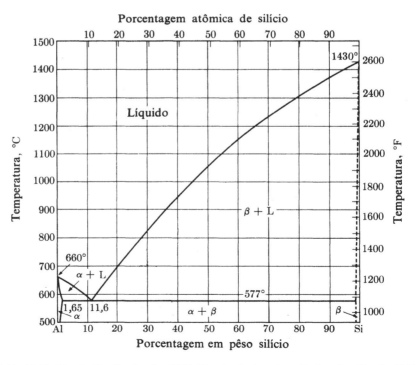

Fig. 9-41. **Al-Si**. *Metals Handbook*, pág. 1166, Cleveland: American Society for Metals, 1948.

MATERIAIS POLIFÁSICOS RELAÇÕES DE EQUILÍBRIO

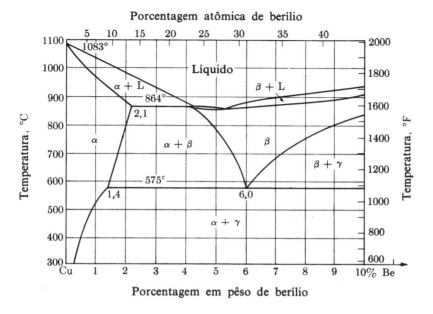

Fig. 9-42. **Be-Cu.** *Metals Handbook*, pág. 1176, Cleveland: American Society for Metals, 1948.

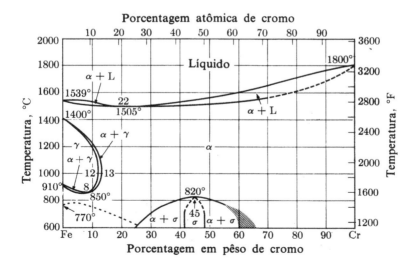

Fig. 9-43. **Cr-Fe.** *Metals Handbook*, pág. 1194, Cleveland: American Society for Metals, 1948.

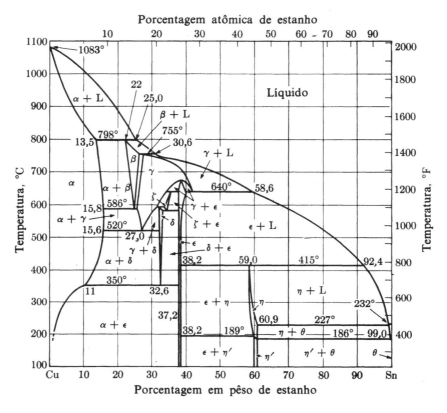

Fig. 9-44. **Cu-Sn.**Metals Handbook, pág. 1204. Cleveland: American Society for Metals, 1948.

MATERIAIS POLIFÁSICOS RELAÇÕES DE EQUILÍBRIO

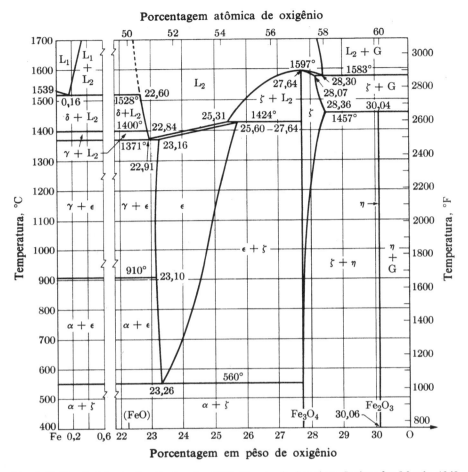

Fig. 9-45. **Fe-O**. *Metals Handbook*, pág. 1212, Cleveland: American Society for Metals, 1948.

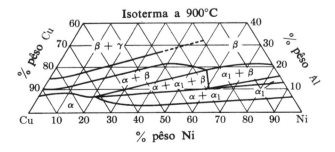

Fig. 9-46. **Al-Cu-Ni**. *Metals Handbook*, pág. 1243, Cleveland: American Society for Metals, 1948.

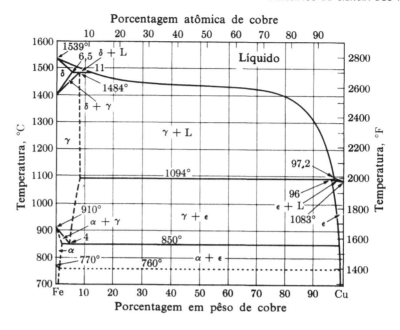

Fig. 9-47. **Cu-Fe**. *Metals Handbook*, pág. 1196, Cleveland: American Society for Metals, 1948.

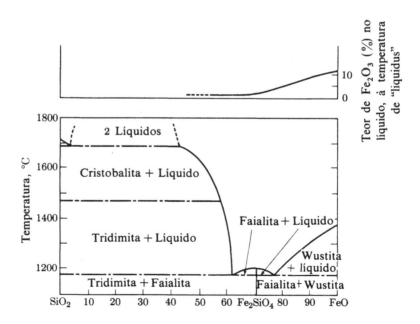

Fig. 9-48. **FeO-SiO$_2$**. N. L. Bowen e J. F. Schairier, *American Journal of Science*, 5th Series, 24, 200, (1932).

MATERIAIS POLIFÁSICOS RELAÇÕES DE EQUILÍBRIO

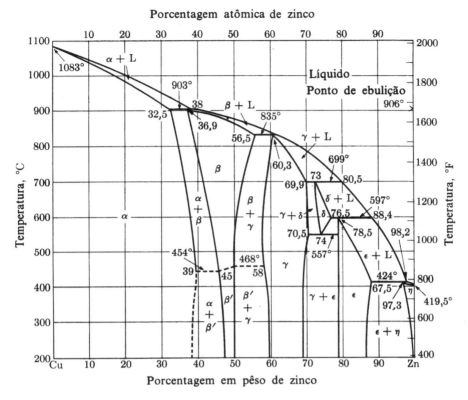

Fig. 9-49. **Cu-Zn**. *Metals Handbook*, pág. 1206, Cleveland: American for Metals, 1948.

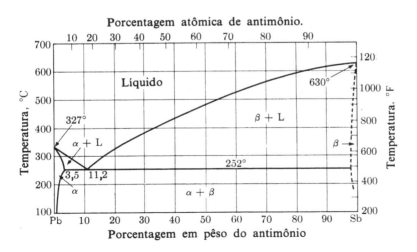

Fig. 9-50. **Pb-Sb**. *Metals Handbook*, pág. 1237, Cleveland: American Society for Metals, 1948.

REFERÊNCIAS PARA LEITURA ADICIONAL

9-1. Guy, A. G., *Elements of Physical Metallurgy*, Reading, Mass.: Addison-Wesley, 1959. O Cap. 6 é recomendado como uma leitura complementar, para o estudante que deseja considerações mais completas, sôbre os diagramas de fases, que a apresentada no texto.

9-2. Guy, A. G., *Physical Metallurgy for Engineers*. Reading, Mass.: Addison-Wesley, 1962. Os Caps. 4 e 5 apresentam os diagramas de fases na forma como são aplicados aos metais. Para o estudante.

9-3. Keyser, C. A., *Material for Engineering*. Englewood Cliffs, N. J.: Prentice Hall, 1956. Os diagramas de fases binários são apresentados no Cap. 8. Êsse livro dedica maior atenção às microestruturas do que muitos outros autores. Para o estudante.

9-4. Levin, E. M., C. R. Robbins e H. F. Mc Murdie, *Phase Diagrams for Ceramists*. Columbus, Ohio: American Ceramic Society, 1964. A primeira seção apresenta uma discussão geral dos diagramas de fase no nível de um estudante adiantado. O restante do livro é dedicado à apresentação de mais de 2000 diagramas de fases de materiais cerâmicos.

9-5. *Metals Handbook*. Cleveland: American Society for Metals, 1948. As últimas 125 páginas da edição de 1948 dêste manual contêm a coleção mais fàcilmente acessível de diagramas de equilíbrio para metais.

9-6. Rogers, B. A., *The Nature of Metals*. Ames, Iowa: Iowa State University Press e Cleveland: American Society for Metals, 1951. O Cap. 4 usa o sistema Pb-Sn como o protótipo dos diagramas de fase. O Cap. 8 faz uma apresentação elementar do diagrama Fe-C.

9-7. Rhines, F. N., *Fhase Diagrams in Metallurgy*. New York: McGraw-Hill, 1956. Para o estudante adiantado e o professor. É escrito particularmente para metalurgistas. As ilustrações dos sistemas com muitos componentes são excepcionalmente boas.

9-8. Van Vlack, L. H. *Physical Ceramics for Engineers*. Reading, Mass.: Addison-Wesley, 1964. O Cap. 6 é dedicado aos diagramas ternários. Para o estudante.

9-9. Wulff, J. *et al.*, *Structure and Properties of Materials*. Cambridge, Mass.: M. I. T. Press, 1963. O Cap. 9 introduz os diagramas de fases em um nível comparável com êste texto.

PROBLEMAS

Localização dos diagramas de fases

Ag-Cu	Fig. 9-10	Cu-Ni	Fig. 9-7
Al-Cu	Fig. 9-39	Cu-Sn	Fig. 9-44
Al-Mg	Fig. 9-38	Cu-Zn	Fig. 9-49
Al-Si	Fig. 9-41	Fe-O	Fig. 9-45
Al_2O_3-SiO_2	Fig. 9-9	FeO-SiO_2	Fig. 9-48
Be-Cu	Fig. 9-42	Pb-Sb	Fig. 9-50
Bi-Pb	Fig. 9-40	Pb-Sn	Fig. 9-6
C-Fe	Fig. 9-25 (e 9-26)	Al-Cu-Ni	Fig. 9-46
Cr-Fe	Fig. 9-43	C-Cr-Fe	Fig. 9-34
Cu-Fe	Fig. 9-47	Cr-Fe-Ni	Fig. 9-33

9-1. A solubilidade do estanho no chumbo sólido, a 200°C, é de 18 % Sn. A solubilidade do chumbo no metal líquido, à mesma temperatura, é de 44% Pb. Qual é a composição de uma liga contendo 40% de líquido e 60% de sólido α, a 200°C?

Resposta: 66,8 % Pb; 33,2 % Sn

MATERIAIS POLIFÁSICOS RELAÇÕES DE EQUILÍBRIO   **265**

9-2. Uma grade de chumbo para bateria contém 92% Pb-8% Sb. (a) Qual é a composição da última porção de líquido que se solidifica? (b) Que quantidade de β está presente a 200°C?

9-3. (a) Em que temperatura um metal monel (70% Ni, 30% Cu) conteria $\frac{2}{3}$ de líquido e $\frac{1}{3}$ de sólido e (b) qual seria a composição dêste líquido e dêste sólido?

Resposta: 1370°C (b) líquido 34% Cu-66% Ni, sólido 22% Cu-78% Ni.

9-4. Uma liga, formada a partir de 50 g de Cu e 30 g de zinco, é fundida e resfriada lentamente. (a) Em que temperatura haverá 40 g de α e 40 g de β? (b) 50 g de α e 30 g de β? (c) 30 g de α e 50 g de β?

9-5. (a) Fazendo-se uso da Fig. 9-10, que fases existem em equilíbrio em uma liga de prata contendo 92,5% Ag e 7,5% Cu, conforme a mesma seja progressivamente resfriada a partir de 1000°C? (b) Se essa liga fôsse resfriada com rapidez suficiente de forma e não haver precipitação da fase rica em cobre, a liga seria mais ou menos resistente que a prata 100% pura? Justificar.

Resposta: (a) 1000°C a 900°C, líquido; 900°C a 800°C, líquido $+ \alpha$; 800°C a 760°C, sòmente α; abaixo de 1400°C, $\alpha + \beta$; (b) Mais resistente, solução sólida.

9-6. Um bronze 90 Cu-10 Sn é resfriado lentamente a partir do estado líquido até a temperatura ambiente. Em intervalos de 100 em 100°C, (b) qual a composição da fase α, e (b) aproximadamente, qual a quantidade de α presente?

9-7. Fazer o balanço de material para uma liga 92% Ag 8% Cu a 500°C (em condições de equilíbrio).

Resposta: 93,8 kg α, 98% Ag-2% Cu; 6,2 kgβ, 1% Ag-99% Cu.

9-8. (a) Quais as composições das fases presentes em uma liga 10% Mg-90% Al a 600°C, 400°C, 200°C? (b) Quais os teores dessas fases em cada uma das temperaturas da parte (a)? (c) Faça um balanço de material para a distribuição do magnésio e do alumínio na liga acima, a 600°C.

9-9. Uma liga com 95,5 Al e 4,5% Cu é aquecida a 540°C. (a) Se a mesma fôr resfriada muito ràpidamente, que fases estarão presentes? Por quê? (b) Se a mesma fôr resfriada com a lentidão suficiente para se atingir o equilíbrio, que fases estarão presentes? (c) Onde ocorreria o primeiro precipitado na parte (b)? Por quê?

Resposta: (a) sòmente κ (b) $\kappa + \theta$ (c) contornos de grão.

9-10. Um bronze de berílio contém 98% Cu-2% Be. Faça o balanço de material a 600°C.

9-11. Faça um balanço de material para uma liga 90% Mg 10% Al a 200°C. (Admita que a liga esteja em equilíbrio).

Resposta: 84,6 kg ε, 96% Mg-4% Al; 15,4 kg δ, 57% Mg-43% Al

9-12. Que quantidade de mulita deve estar presente em um tijolo 60% SiO_2-40% Al_2O_3 nas seguintes temperaturas, em condições de equilíbrio: (a) 1400°C, (b) 1593°C (c) 1600°C?

9-13. Um tijolo 60% Al_2O_3-40% SiO_2 contém 75% de mulita. Êste tijolo contém mais ou menos mulita que a quantidade de equilíbrio a 1400°C?

Resposta: Menos (85% mulita)

9-14. Uma liga de 95% Al e 5% Si, fundida sob pressão, é resfriada de forma a conter α primário e uma mistura eutética de $(\alpha + \beta)$. Qual a fração da fase α primária na liga?

9-15. (a) Determinar as composições das ligas Al-Si que conteriam $\frac{1}{3}$ de líquido e $\frac{2}{3}$ sólido quando em equilíbrio a 600°C. (b) Dê a composição dos líquidos.

Resposta: (a) 96% Al-4% Si, 70% Si-30% Al (b) 91% Al-9% Si, 87% Al-13% Si.

266 PRINCÍPIOS DE CIÊNCIA DOS MATERIAIS

9-16. Baseado nas Figs. 9-6 e 9-27, fazer um gráfico para uma liga contendo 80% Pb e 20% Sn mostrando (a) a fração de líquido *versus* temperatura, (b) a fração de α *versus* temperatura, e (c) a fração de β *versus* temperatura.

9-17. As seguintes observações foram feitas durante o estudo dos equilíbrios de fases a várias temperaturas no sistema Xm-Yz. Com base nestes dados, desenhar o diagrama de equilíbrio para o sistema Xm-Yz.

Composição total	Temperatura	Estrutura e Comparação das Fases em Equilíbrio
10% Xm	275°C	Cfc, 8% Xm; Liq. 13% Xm
	250	Cfc, 10% Xm
	100	Cfc, 10% Xm
20% Xm	225°C	Cfc, 17% Xm; Liq. 26% Xm
	150	Cfc, 20% Xm
	50	Cfc, 19% Xm; Hex, 25% Xm
30% Xm	200°C	Liq. 30% Xm
	185	Cfc, 22% Xm; Hc, 27% Xm; Liq. 32% Xm
	175	Hex, 28% Xm; Liq. 38% Xm
	100	Hex, 30% Xm
40% Xm	150°C	Hex, 30% Xm; Liq. 47% Xm
	125	Hex, 33% Xm; Liq. 56% Xm; Romb. 99,5%Xm
	50	Hex, 32,5% Xm; Romb. 99,9% Xm
70% Xm	200°C	Liq, 70% Xm
	150	Liq, 64% Xm; Romb. 99,6% Xm
	125	Hex, 33% Xm; Liq, 56% Xm; Romb, 99,5% Xm
	100	Hex, 32,8%; Romb. 99,7% Xm
	Xm puro funde a 271°C e Yz puro a 327°C	

Resposta: Ver diagrama Bi-Pb

9-18. Esquematizar o diagrama de equilíbrio para o sistema *A-B*, a partir dos seguintes dados:

Ponto de fusão de *A*	700°C
Ponto de fusão de *B*	1000°C
Temperatura eutética	500°C
Composição do líquido em equilíbrio na temperatura eutética	30% *A*
	70% *B*
Solubilidades a 500°C	*B* em *A* = 15%
	A em *B* = 20%
Solubilidades a 70°C	*B* em *A* = 15%
	A em *B* = 8%

9-19. Fazendo uso do diagrama Fe-C, calcular a quantidade de α e de cementita existente a 700°C em um metal contendo 2% C e 98% Fe.

Resposta: cêrca de 30% de cementita e 70% de ferrita.

9-20. Descrever as mudanças de fases que ocorrem durante o aquecimento, a partir da temperatura ambiente até 1200°C de um aço com 0,20% de carbono.

MATERIAIS POLIFÁSICOS RELAÇÕES DE EQUILÍBRIO

9-21. Calcular a porcentagem de ferrita, cementita e perlita, a temperatura ambiente das seguintes ligas ferro-carbono: (a) 0,5% C (b) 0,8% C (c) 1,5% C.

Resposta: (a) 7,5% cementita, 92,5% α 62% perlita; (b) 12% cementita, 88% α, 100% perlita; (c) 22,5% cementita, 77,5% α, 88% perlita.

9-22. (a) Determinar as fases presentes, a composição e a quantidade relativa de cada uma delas, para um aço carbono com 1,2% C a 880°C, 760°C e 700°C (Admita o equilíbrio). (b) Qual a quantidade de perlita presente em cada uma das temperaturas acima?

⊙ 9-23. Um aço contém 98,5% Fe, 0,5% C e 1,0% Si. (a) Qual é a temperatura eutetóide? (b) Qual a quantidade de perlita que pode se formar? (c) Além da perlita, o que mais se forma?

Resposta: (a) 750°C (b) 76% de perlita (c) ferrita isolada.

⊙ 9-24. Modificar a Fig. 9-26 para um aço contendo (a) 1% Mn, (b) 1% Cr, (c) 1% W, (d) 1% Ni. (As novas curvas de solubilidade permanecem essencialmente paralelas às originais).

⊙ 9-25. Determinar as quantidades das fases, para intervalos de 50°C, desde 650°C até 900°C, para os seguintes aços: (a) 0,8% de carbono, 99,2% de ferro; (b) 1,2% carbono, 98,8% de ferro; (c) 0,6% de carbono, 0,6% molibdênio e 98,8% de ferro.

9-26. Dar a designação SAE para o aço cuja composição é a seguinte: C 0,38, Mn 0,75, Cr 0,87, Mo 0,18, Ni 0,03.

9-27. Dar a designação SAE para o aço cuja composição é a seguinte: C 0,21, Mn 0,69, Cr 0,87, Mo 0,18, NiO, 61.

Resposta: SAE 8620

9-28. Com base neste capítulo, você escolheria um aço de alto ou baixo carbono para fabricar pára-lamas de automóveis? Justificar.

9-29. Um líquido contendo 90% Ni e 10% Cu é resfriado com relativa rapidez (de forma a haver tempo para a difusão no líquido mas não no sólido) do fundo para a parte superior do recipiente no qual está contido. Descreva as diferenças na composição do sólido final.

⊙ 9-30. (a) Localizar, em um diagrama ternário H-C-Cl, a composição do cloreto de polivinila. Localizar também o ponto correspondente (b) ao cloreto de vinilideno e (c) ao etileno. (Use porcentagens em pêso).

⊙ 9-31. Localizar em um diagrama ternário a composição (a) da acetona, (b) da melamina e (c) do fenol. (Use percentagem em pêso).

Resposta: (a) 62,1% C, 10,3% H, 27,6% O (b) 28,6% C, 4,8% H, 66,6% N (c) 76,7% C, 6,4% H, 17,0% O.

9-32. O latão β é uma solução sólida ccc; na fase β, o arranjo dos átomos é ao acaso enquanto que na β' o arranjo é ordenado. Que precauções devem ser tomadas ao se laminar ou extrudir essa liga?

9-33. Mostrar a seqüência das fases em equilíbrio, quando a composição de uma liga passa de 100% Cu a 100% de Al (a) a 700°C, (b) a 450°C, (c) a 900°C.

Resposta: (c) A 900°C: α, α + β, β, β + γ₁, γ₁, γ₁ + ε₁, ε₁, ε₁ + L, L.

9-34. Mostrar a seqüência das fases em equilíbrio, quando a composição de uma liga passa de 100% Mg a 100% Al (a) a 300°C (b) a 500°C, (c) a 445°C.

9-35. (a) Formule uma regra geral sôbre o *número* das fases em equilíbrio na seqüência dos Probls. 9-33 e 9-34. (b) Verifique esta regra em outros diagramas de fases.

⊙ Os problemas precedidos por um ponto são baseados em parte em seções opcionais.

PRINCÍPIOS DE CIÊNCIA DOS MATERIAIS

9-36. Se os átomos de carbono fôssem forçados a ocupar os "buracos" maiores da estrutura do ferro cfc (Fig. 9-20), qual tipo comum de estrutura que resultaria? (cf. Fig. 8-5).

⊙ 9-37. Que fases estão presentes a 900°C em uma liga de (a) Cu-40% Ni? 60% Cu-25% Ni-15% Al? (c) 60% Cu-10% Ni-30% Al.

Resposta: (a) α (b) $\alpha + \beta$ (c) $\beta + \gamma$

⊙ 9-38. Que fases estão em equilíbrio em temperatura ambiente, nos seguintes aços inoxidáveis: (a) 18 Cr-8 Ni-74 Fe? (b) 18 Cr-4 Ni-77 Fe? (c) 18 Cr-1 Ni-81 Fe?

⊙ 9-39. Que fases estão em equilíbrio (a) em temperatura ambiente, (b) a 1100°C em um aço inoxidável com 88 Fe-12 Cr? 17 Cr-83 Fe?

Resposta: (a) $\alpha + (\sigma?)$, $\alpha + \sigma$ (b) $\alpha + \gamma$, α.

⊙ 9-40. Que fases estão presentes a 1100°C nos seguintes aços inoxidáveis: (a) 15% Cr-0,5% C-84,5% Fe, (b) 18% Cr-0,5% C-81,5% Fe, (c) 18% Cr-0,1% C-81,9% Fe?

⊙ 9-41. Citar as temperaturas invariantes (a) do sistema Cu-Sn; (b) do sistema Cu-Fe; (c) do sistema Cu-Zn.

Resposta: (c) Quando C = 2: 903°C, 935°C, 699°C, 597°C, 557°C, 424°C; quando C = 1: 1083°C, 419,5°C.

CAPÍTULO 10

REAÇÕES NO ESTADO SÓLIDO

10-1 INTRODUÇÃO. As reações químicas que produzem novas fases em sólidos, freqüentemente possuem importante significado prático. Muitas vêzes, como veremos no Cap. 11, certas reações são desejáveis, enquanto que outras devem ser evitadas. Em primeiro lugar, classificaremos algumas das reações mais importantes no estado sólido e, em seguida, como estas reações não são instantâneas, nos preocuparemos com o tempo necessário para que as mesmas ocorram. Finalmente, estudaremos as fases metaestáveis e de transição. A contribuição destas reações para as propriedades dos materiais será estudada nos Caps. 11 e 12.

REAÇÕES NO ESTADO SÓLIDO

10-2 TRANSFORMAÇÕES POLIMÓRFICAS. Os materiais puros podem sofrer transformações de fase de uma forma polimórfica para outra.

$$\text{Transformação polimórfica: Sólido } A \rightleftarrows \text{Sólido } B \qquad (10\text{-}1)$$

O nosso protótipo desta reação, que foi discutido na Seção 9-11, é a transformação $\alpha \rightleftarrows \gamma$ do ferro a 910°C (1670°F). Muitas outras transformações polimórficas são familiares, como por exemplo, a transformação $\alpha \leftrightarrows \beta$ do titânio e as quartzo $\rightleftarrows$ tridimita $\rightleftarrows$ cristobalita da sílica. Estas transformações resultam de mudanças de temperatura. A transformação grafite $\rightleftarrows$ diamante é conseqüência de variações de pressão.

Como, em geral, as diferentes estruturas polimórficas não possuem o mesmo fator de empacotamento atômico, essas transformações de fase são acompanhadas por variações de volume e de densidade. No caso do ferro, os fatôres de empacotamento atômico para as formas ccc e cfc são respectivamente 0,68 e 0,74; portanto, há uma variação dimensional perceptível a 910°C (Fig. 10-1a). Entretanto, para que estas transformações ocorram exatamente na temperatura de transformação, o aquecimento deve ser suficientemente lento.

A temperatura de transformação foi definida na Fig. 9-22 como a temperatura na qual ambas as fases possuem a mesma quantidade de energia disponível para reagir quìmicamente. Assim, abaixo de 910°C, a austenita é mais reativa que a ferrita, pois possui uma energia livre maior; conseqüentemente, a austenita é instável e a ferrita estável. Imediatamente acima de 910°C, passa a valer o oposto, então a austenita é estável e a ferrita instável.

As transformações polimórficas envolvem apenas pequenos movimentos atômicos, pois as composições do reagente e do produto coincidem [Eq. (10-1)]. Mesmo assim, é necessário romper as ligações existentes e rearranjar os átomos segundo uma nova estrutura.

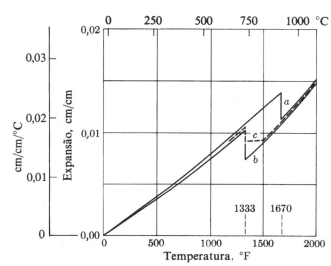

Fig. 10-1. Alterações dimensionais com as transformações de fase do ferro e de ligas ferro-carbono. (a) Ferro puro. (b) 99,2% Fe, 0,8%. (c) 99,6% Fe, 0,4%C. Variações muito pequenas na temperatura permitem o equilíbrio, com a transformação ocorrendo na temperatura indicada pelo diagrama de fases.

10-3 REAÇÕES EUTETÓIDES. A temperatura de equilíbrio entre duas fases polimórficas é alterada quando uma delas dissolve um segundo componente melhor que a outra. Usemos novamente a transformação ferrita − austenita como exemplo e recorramos à Fig. 9-25. Pelas razões citadas na Seção 9-11, o carbono é mais solúvel na austenita que na ferrita. Dessa forma, na presença de carbono, a faixa de temperaturas na qual a austenita é estável fica aumentada, sendo o limite inferior mais baixo e o superior mais elevado que no ferro puro. As Figs. 9-25 e 9-26 mostram que o limite inferior cai de 910°C para o ferro puro para 722°C para uma liga com 0,8% de carbono. Presumìvelmente, essa temperatura seria mais baixa ainda para porcentagens mais elevadas de carbono; entretanto, isso não ocorre devido à formação de cementita. No Cap. 9, essa temperatura mínima foi denominada de eutetóide e neste mesmo capítulo, verificamos que êsse limite envolve (em uma liga binária) uma reação eutetóide de três fases:

$$\text{Eutetóide:} \qquad \text{Sólido } A \xrightleftharpoons[Aquec.]{Resf.} \text{Sólido } B + \text{Sólido } C. \qquad (10\text{-}2)$$

Os materiais com composição eutetóide se transformam completamente em uma temperatura fixa (Fig. 10-1b), quer durante o aquecimento quer durante o resfriamento, se o tempo fôr suficiente. As outras composições (Fig. 10-1c) necessitam de uma faixa de temperaturas, mesmo em condições de equilíbrio.

A transformação da austenita em perlita contendo ferrita e cementita é típica de muitas reações no estado sólido que começam nos contornos dos grãos e caminham para o interior dos mesmos (Fig. 10-2a). É de se esperar essa seqüência de reação já que, na Seção 4-9 e Fig. 4-15, vimos que os átomos nos contornos possuem energia mais elevada que os do interior dos grãos. Conseqüentemente, os átomos ao longo do contôrno necessitam de menos energia adicional para romper as ligações e formar uma nova estrutura.

Entretanto, os contornos de grão não são os únicos pontos de átomos com mais energia. Aquêles átomos ao redor de defeitos de ponto e de linha (Seções 4-7 e 4-8) também possuem

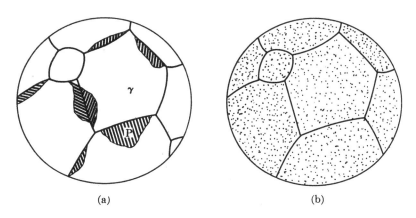

Fig. 10-2. Transformações de fase. (a) Nucleação nos contornos de grão ($\gamma \to \alpha$ + cementita no aço). (b) Nucleação nas imperfeições do interior dos cristais ($\kappa \to \kappa + \theta$, em uma liga Cu-Al).

uma energia extra e podem servir como pontos de nucleação de reações (Fig. 10-2b). A importância dêsses pontos aumenta com o abaixamento da temperatura.

Uma reação eutetóide necessàriamente exige difusão, já que a composição dos produtos não coincide com a do reagente. Isso está mostrado na Fig. 10-3 para a formação da perlita, pois os átomos de carbono devem se difundir das áreas que irão formar ferrita para as que originarão cementita. É óbvio que êsse processo necessita de mais tempo para se completar.

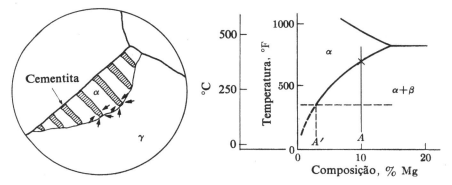

Fig. 10-3. Formação de perlita. O carbono deve se difundir da austenita eutetóide (0,8% C) para formar cementita (6,6% C). A ferrita que se forma simultâneamente tem um teor desprezível de carbono.

Fig. 10-4. Solubilização e precipitação. Uma fase se dissolve na outra, em temperaturas elevadas. O resfriamento origina uma reação de precipitação (Liga 90 Al-10 Mg).

10-4 SOLUBILIZAÇÃO E PRECIPITAÇÃO EM SÓLIDOS. Essas duas reações são opostas entre si e estão ilustradas na Fig. 10-4. Em temperaturas abaixo de 380°C, uma liga com 90% Al e 10% Mg contém duas fases, α e β. Acima de 380°C, todo o Mg pode se dissolver na fase α cfc; conseqüentemente, conforme o metal é aquecido, o sólido β *se dissolve* no sólido α. Quando esta liga é resfriada até a região de duas fases, após ter sido *solubilizada* a 380°C, ocorre a *precipitação* da fase β. A precipitação é útil pois possibilita o envelhecimento de ligas (Seção 11-7). As equações seguintes descrevem adequadamente essas reações no caso das ligas binárias. Observe que, em ambos os casos, apenas duas fases estão envolvidas; entretanto, a composição da solução passa de A para A', ao se ultrapassar o limite de solubilidade.

$$\text{Tratamento de solubilização: Sólido } A' + \text{Sólido } B \xrightarrow{aquec.} \text{Sólido } A \qquad (10\text{-}3)$$

$$\text{Precipitação: Sólido } A \xrightarrow{resf.} \text{Sólido } A' + \text{Sólido } B \qquad (10\text{-}4)$$

Da mesma forma que as eutetóides, as reações acima necessitam de difusão. Consideremos, por exemplo, a liga com $95,5\%$ Al e $4,5\%$ Cu, que é uma das ligas de alumínio mais comuns. Tal como se pode concluir, a partir da Fig. 9-39, abaixo de 500°C tem-se duas fases em equilíbrio θ e κ. A fase θ corresponde ao CuAl₂, de forma que o teor de cobre da mesma é apreciàvelmente maior que o da fase K. Durante o tratamento de solubilização, os átomos de cobre da θ devem se difundir através de K para formar uma solução sólida substitucional ao acaso; durante a precipitação, os átomos de cobre devem se concentrar nos pontos onde vai se formar o $CuAl_2$ (isto é, a fase θ).

A precipitação, tal como as transformações de fase, é nucleada nos contornos de grão e outras imperfeições no interior do material. Aqui, como antes, a precipitação nos contornos de grão é a predominante nas temperaturas logo abaixo do limite de solubilidade quando os átomos podem se difundir mais fàcilmente, enquanto que a precipitação intragranular é comum em temperaturas mais baixas quando as velocidades de difusão são menores.

VELOCIDADE DE REAÇÃO

10-5 INTRODUÇÃO. As velocidades das reações variam desde as pràticamente instantâneas até aquelas tão lentas que, para todos os efeitos práticos, podem ser consideradas como inexistentes. Nenhuma reação é *instantânea* e mesmo aquelas que consideramos como tais, na realidade se realizam num intervalo finito de tempo. A queima da mistura ar-combustível em um motor de combustão interna é tìpicamente uma reação rápida; entretanto, se o tempo necessário para se completar a queima não fôsse de alguns milisegundos, o motor explodiria.

A cristalização do vidro é um exemplo de uma reação muito lenta. O vidro é um líquido super-resfriado e, da mesma forma que os outros materiais, deveria ser cristalino abaixo do seu ponto de fusão. Entretanto, a velocidade de cristalização em temperatura ambiente é tão pequena que ainda temos amostras de vidros não-cristalinos de mais de 3000 anos. Por essa razão, considera-se o vidro uma fase *metaestável*.

10-6 EFEITO DA TEMPERATURA NA VELOCIDADE DE REAÇÃO. As reações necessitam de tempo, porque (1) as ligações existentes devem ser rompidas, (2) os átomos devem se rearranjar e (3) tôda vez que uma nova fase é nucleada, necessita-se formar um nôvo contôrno. Cada uma das etapas acima necessita de um suprimento de energia; isto nos permite prever que as mesmas devem ser sensíveis à temperatura do material.

Quando se precisa considerar apenas as duas primeiras das etapas acima, a velocidade da reação ($=$ ao recíproco do tempo $1/t$) obedece à seguinte relação exponencial com a temperatura:

$$\text{Velocidade} = \frac{1}{t} = Ae^{-Q/RT}, \qquad (10\text{-}5)$$

onde: A é a constante de velocidade da reação; T a temperatura absoluta (°K), R é a constante

REAÇÕES NO ESTADO SÓLIDO

Fig. 10-5. Vaso de vidro (1400 A.C.). Êsse vidro não se cristalizou durante um período de tempo tão longo, embora seja um líquido super-resfriado. (Corning Glass Works).

dos gases (1,987 ca/mol · °K; e Q uma energia de ativação (cal/mol). Essa equação é análoga àquelas da Seção 4-12; isto é fàcilmente compreensível, pois também aqui temos movimentos atômicos. Como $\ln x = 2,3 \log_{10} x$, a Eq. (10-5) pode ser reescrita:

$$\log_{10} \frac{1}{t} = \log_{10} A - \frac{Q}{2,3RT}, \qquad (10\text{-}6a)$$

ou

$$\log \frac{1}{t} = \log A - \frac{Q}{4,575\ T}. \qquad (10\text{-}6b)$$

A Fig. 10-6 mostra gràficamente a relação da Eq. (10-6). Existe uma dependência linear quando se coloca $1/T$ versus $\log(1/t)$ em um gráfico semilogarítmico.

Exemplo 10-1

A 100°C, o primeiro precipitado de CuAl₂, que se forma a partir de uma solução sólida supersaturada de cobre em alumínio, foi detectado depois de três minutos e a 21°C, depois de três horas. Deseja-se diminuir a velocidade da reação, de forma que não se observe precipitação antes de três dias. A que temperatura o metal deve ser resfriado?

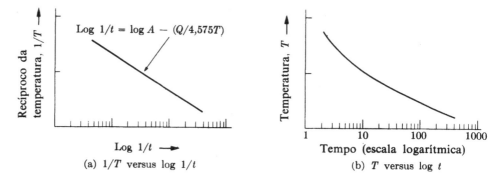

Fig. 10-6. Tempo de reação *versus* temperatura. Estão mostrados dois métodos comuns de apresentação.

Resposta:

Temperatura	Tempo
100°C = 373°K	180 s (3 minutos)
210°C = 294°K	10.800 s (3 horas)
T = x	259.200 s (3 dias)

$$\log \frac{1}{180} = \log A - \frac{Q}{4{,}575(373)} = -2{,}255,$$

$$\log \frac{1}{10.800} = \log A - \frac{Q}{4{,}575(294)} = -4{,}033$$

Resolvento o sistema de equações acima, temos:

$$\log A = 4{,}36$$

$$Q = 11.400 \text{ cal/mol},$$

$$\log \frac{1}{259.200} = 4{,}36 - \frac{11.400}{4{,}575T} = -5{,}42,$$

$$x = 255°K = -18°C$$

Também se poderia resolver gràficamente, colocando-se em gráfico $1/T$ versus $1/t$ em um papel semilogarítmico.

A relação geral, resumida nas Eqs. (10-6), não é aplicável para aquelas transformações nas quais é necessário se *nuclear uma nova fase* próximo à temperatura de transformação, já que, nesse caso, o tempo de reação pode ser bem mais longo (Fig. 10-7), havendo um desvio em relação ao valor calculado. A superfície de qualquer fase tem associada a si uma energia extra em virtude dos átomos ao longo da interface serem menos fortemente ligados que os do interior da fase. Quando uma nova fase deve ser nucleada, é preciso uma energia adicional

REAÇÕES NO ESTADO SÓLIDO

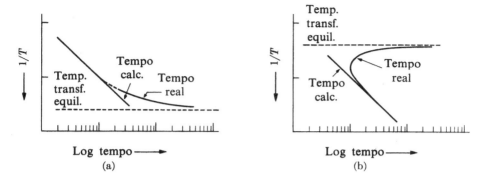

Fig. 10-7. Atraso da reação por nucleação de uma nova fase. (a) Reações durante o aquecimento. (b) Reações durante o resfriamento. Ocorre um desvio em relação ao tempo calculado para as transformações próximas à temperatura de transformação (Nota: Ambas as direções coordenadas estão invertidas em relação à Fig. 10-6a).

a fim de formar a interface entre a nova fase e a que lhe deu origem. Como, na temperatura de equilíbrio, essa energia não é disponível, a reação será infinitamente lenta nesta temperatura.

Super-resfriamento — O atraso de uma reação, devida à nucleação (Fig. 10-7b), pode ser explicado em têrmos mais precisos que os utilizados no parágrafo anterior. A variação de energia que é importante em uma reação química é a diminuição da *energia livre*. Essa é denominada de *fôrça motriz* ΔF, e está mostrada na Fig. 10-8 para o gêlo e a água.

$$\Delta F = F_{Prod.} - F_{reag} \qquad (10\text{-}7)$$

A fôrça motriz favorece a formação de gêlo abaixo de 0°C pois ΔF é negativo, havendo a libertação de energia durante a reação $H_2O_{liq} \to H_2O_{sol}$.

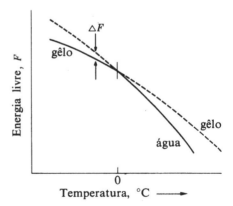

Fig. 10-8. Energia livre da água e do gêlo. Acima de 0°C, o gêlo possui uma energia livre superior à da água líquida. O gêlo liberta essa energia, transformando-se na forma de menor energia livre (água líquida). (Ver Fig. 9-22).

A energia libertada durante a nucleação de uma partícula de uma nova fase de raio r é $\frac{4}{3}\pi r^3 F_v$, onde A F_v é a variação de energia livre por unidade de volume. Entretanto, necessita-se de energia para produzir a interface entre a fase nucleada e a original; essa vale $4\pi r^2 \gamma$, onde γ é a energia de interface por unidade de área. Portanto, a variação total de energia livre ΔF, para uma partícula de raio r é:

$$\Delta F_r = 4\pi r^2 \gamma + \tfrac{4}{3}\pi r^3 \Delta F_v \qquad (10\text{-}8)$$

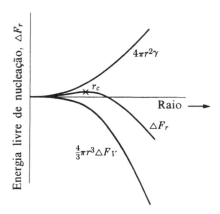

Fig. 10-9. Raio crítico do núcleo, ×. A nucleação de qualquer fase nova exige um aumento na energia total. (Cf. Eq. 10-8).

Embora para tôda reação espontânea ΔF_v seja negativa, γ é sempre positivo; assim sendo, podemos colocar em gráfico a Eq. (10-8), como mostra a Fig. 10-9. Abaixo de um raio crítico do núcleo r_c, necessita-se de energia para a nucleação da nova fase, a qual, portanto, não é espontânea. Resfriando abaixo da temperatura de transformação, ou seja, fazendo o *super--resfriamento*, aumenta o valor de ΔF e, portanto, ocorre uma acentuada redução, tanto no raio crítico como na energia máxima de nucleação (Fig. 10-10). Portanto, aumenta a probabilidade do número necessário de átomos receber a quantidade apropriada de energia de alguma fonte local como um contôrno de grão ou imperfeições cristalinas. Dessa forma, uma reação que levaria um tempo pràticamente infinito na temperatura de equilíbrio, ocorre

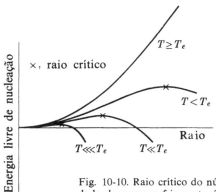

Fig. 10-10. Raio crítico do núcleo × como uma função da temperatura. A intensidade de super-resfriamento é a diferença entre a temperatura da transformação em equilíbrio T_e e a temperatura real T. Quanto maior o super-resfriamento, menor o raio crítico e, portanto, maior a probabilidade de nucleação.

em muito menos tempo com super-resfriamento (Fig. 10-7b). Òbviamente, temperaturas muito baixas restringem os movimentos atômicos de forma que o tempo de reação aumenta mesmo na presença de núcleos.

Exemplo 10-2

Considere a transformação polimórfica, $A \rightleftarrows B$. A energia de interface entre A e B é 500 erg/cm² e os valôres de ΔF_v para $A \to B$ são: -100 cal/cm³ a 1000°C e -500 cal/cm³

REAÇÕES NO ESTADO SÓLIDO

a 900°C. ($1\ cal/cm^3 = 4,185 \times 10^7\ erg/cm^3$). (a) Determinar o raio crítico para a nucleação de B em A em ambas as temperaturas. (b) Calcular a energia que deve ser fornecida para que a reação comece em ambos os casos.

Resposta:

(a)
$$r_c = \text{raio para } \frac{d\Delta F_r}{dr} = 0$$

$$\Delta F_r = 4\pi r^2\ \gamma + \tfrac{4}{3}\pi r^3\ \Delta F_v,$$

$$\frac{d\Delta F_r}{dr} = 0 = 8\pi r\gamma + 4\pi r^2\ \Delta F_v,$$

$$r_c = \frac{-2\gamma}{\Delta F_v}$$

A 1000°C, $\quad r_c = \dfrac{-2(500)}{-4,185 \times 10^9} = 24\ \text{Å}.$

A 900°C, $\quad r_c = \dfrac{-2(500)}{-20,925 \times 10^9} = 4,8\ \text{Å}$

(b)
$$\Delta F_r = 4\pi r^2 \left(\gamma + r\frac{\Delta F_v}{3} \right)$$

A 1000°C, $\Delta F_r = 4\pi(2,4 \times 10^{-7})^2 \left[500 + \dfrac{(2,4 \times 10^{-7})(-4,185 \times 10^9)}{3} \right]$

$$\Delta F_r = 1,2 \times 10^{-10}\ \text{erg}$$

A 900°C, $\Delta F_r = 4\pi(0,48 \times 10^{-7})^2 \left[500 + \dfrac{(0,48 \times 10^{-7})(-20,925 \times 10^9)}{3} \right]$

$$\Delta F_r = 0,048 \times 10^{-10}\ \text{erg}$$

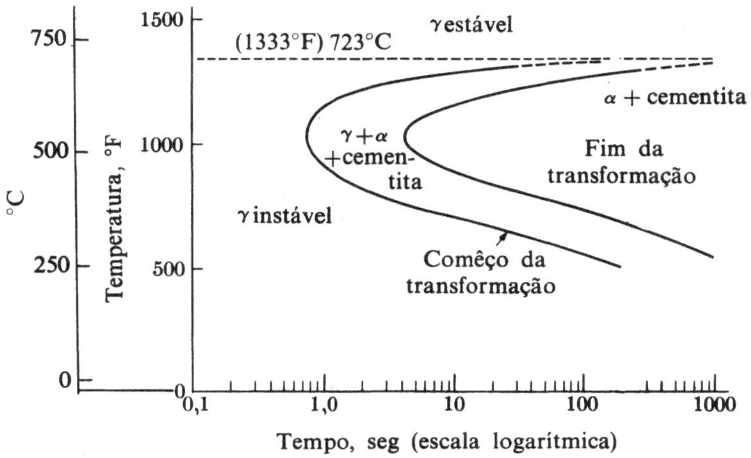

Fig. 10-11. Curvas T-T-T para a transformação $\gamma \rightarrow \alpha$ + cementita (aço eutetóide): (Adaptado de dados da U.S. Steel Corp.).

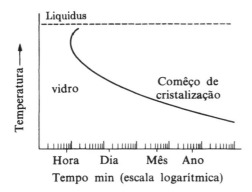

Fig. 10-12. Curva *T-T-T* para a cristalização do vidro (esquemático).

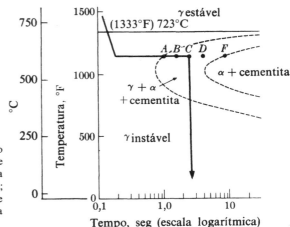

Fig. 10-13. Têmpera interrompida (aço eutetóide). Essa técnica é usada para se construir as curvas *T-T-T*. A têmpera inicial é feita em um banho aquecido; deixa-se a amostra no mesmo durante um tempo determinado, antes da segunda têmpera até a temperatura ambiente.

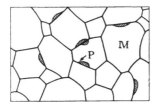

Fig. 10-14. Começo de transformação a 620°C. ($\gamma \to \alpha$ + cementita). M é o aço ainda não transformado. P é perlita. (Ponto *A* na Fig. 10-13).

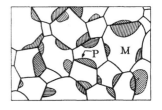

Fig. 10-15. Transformação 25% completa a 620°C. (Ponto *B* na Fig. 10-13).

REAÇÕES NO ESTADO SÓLIDO

Fig. 10-16. Transformação 75% completa a 620°C
(Ponto D na Fig. 10-13).

Nucleação em superfícies — É preciso uma energia menor se se dispõe de uma superfície já existente. Se, por exemplo, já existe uma superfície plana da fase produto, a transformação pode transcorrer sem qualquer aumento de área. Freqüentemente, partículas de impurezas estão presentes (por acaso ou de propósito) e suas superfícies podem servir como nucleadoras. Se a impureza e a fase produto têm estruturas semelhantes e, portanto, energias de interface comparáveis, a primeira pode servir como base para a transformação. Nessas condições, necessita-se de uma energia superficial menor e a transformação pode transcorrer mais ràpidamente.

10-7 TRANSFORMAÇÃO ISOTÉRMICA. O efeito combinado da temperatura e da energia livre disponível sôbre uma transformação é comumente mostrado através das *curvas T-T-T* (isto é Temperatura-Tempo-Transformação) também denominadas, em virtude da forma, de *curvas em C* (Figs. 10-11 e 10-12). Os dados para a Fig. 10-11 foram obtidos da seguinte forma: Pequenas amostras de aço foram aquecidas na faixa de temperaturas da austenita, durante um tempo suficientemente longo, para que a transformação em austenita fôsse completa; essas amostras foram então resfriadas bruscamente até uma temperatura mais baixa (por exemplo, 620°C) e nela deixadas durante diferentes intervalos de tempo antes de serem, de nôvo, resfriadas ràpidamente até a temperatura ambiente (Fig. 10-13). A transformação $\gamma \to \alpha$ + cementita não foi observada nas amostras deixadas a 620°C durante menos de um segundo e a transformação completa para α + cementita só foi verificada para amostras que permaneceram mais de 10 segundos a 620°C (Figs. 10-14 a 10-16). Dados semelhantes foram obtidos para outras temperaturas, até se obter o diagrama completo mostrado na Fig. 10-11.

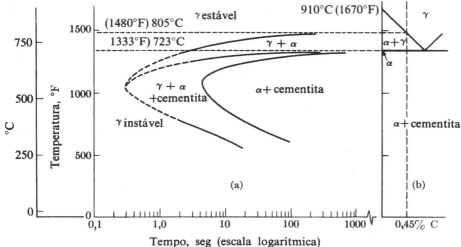

Fig. 10-17. Diagrama *T-T-T* para um aço SAE 1045. A reação é mais rápida que para um aço autetóide (Fig. (10-11). (Adaptado de dados da U. S. Steel Corp.)

O diagrama *T-T-T* mostra que as reações são lentas tanto em temperaturas relativamente baixas como nas próximas à temperatura de transformação. Na região intermediária, as reações são mais rápidas pois (1) a variação de energia livre é suficiente para ajudar a nucleação de novas fases e (2) a difusão térmica é ainda bastante rápida. Com um resfriamento extremamente rápido, é muitas vêzes possível evitar o "joelho" da curva de transformação, de forma que o aço atinge a temperatura ambiente sem se transformar em α + cementita. De fato, êsse é o objetivo do tratamento térmico do aço denominado têmpera (Seção 11-9).

O exemplo da Fig. 10-11 corresponde à transformação de um aço eutetóide para o qual não ocorre a separação sòmente de ferrita antes de haver a formação de α + cementita. A Fig. 10-17(a) mostra a curva *T-T-T* para um aço SAE 1045. Duas características distinguem êsse diagrama da Fig. 10-11. (1) Pode ocorrer a separação de ferrita acima da temperatura eutetóide. Isso pode ser previsto a partir do diagrama de fases mostrado no lado direito da figura. (2) A transformação isotérmica do aço com 0,45% de carbono ocorre mais ràpidamente que a do aço eutetóide. A comparação entre a posição dos "joelhos" mostra essa diferença. O aço de teor mais elevado de carbono começa a se transformar após cêrca de 1 segundo, enquanto que, no aço 0,45% C, a reação começa mais cedo. De fato, nesse último caso, a reação é tão rápida que não conseguimos medir a velocidade no "joelho" da curva com a técnica descrita anteriormente. Teores mais baixos de carbono permitem velocidades ainda maiores, pois uma parte da reação está associada ao movimento de átomos de carbono.

O tempo necessário para a transformação nos aços pode ser comparado com o da cristalização do vidro (Fig. 10-12). As curvas em C são muito semelhantes, com exceção da escala nas abscissas. As menores velocidades para o vidro são conseqüência direta das ligações mais fortes e de um arranjo mais complicado dos átomos; essa combinação faz com que seja menor a probabilidade dos átomos se rearranjarem de uma estrutura vítrea em uma cristalina (Fig. 8-22). Conseqüentemente, pode-se reter a estrutura vítrea em temperatura ambiente, sem necessidade de velocidades elevadas de resfriamento.

Por definição, as curvas *T-T-T não são diagramas de equilíbrio*. Elas indicam variações que ocorrem com o tempo como variável. Um diagrama de equilíbrio não se altera com o tempo.

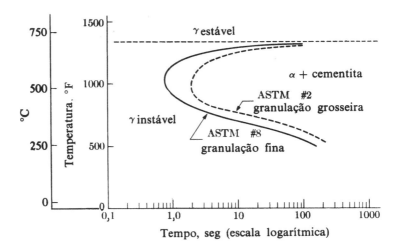

Fig. 10-18. Nucleação no contôrno do grão. Efeito do tamanho de grão no *começo* da transformação da austenita, para aços eutetóides. O aço de granulação mais fina possui uma área de contôrno de grão maior.

10-8 CONTRÔLE DAS VELOCIDADES DE REAÇÃO. Muitas vêzes, não é necessário exercer qualquer contrôle na velocidade de uma reação. Por exemplo, o óleo de linhaça pode ser usado como veículo para tintas e deixado ao ar para que ocorra a formação de ligações cruzadas, através da oxidação pelo oxigênio do ar, conforme êste último é absorvido pela camada de tinta. Na prática, o tecnologista é muitas vêzes solicitado a influenciar a velocidade de uma reação; muitos são os meios que êle pode escolher para acelerar ou retardar determinado processo. O método de contrôle mais comum é através da temperatura, conforme foi descrito nas seções precedentes. Pode-se também ajustar a velocidade das reações (1) controlando o número de núcleos ou (2) modificando as velocidades de difusão.

Contrôle através do tamanho de grão — Como uma reação muitas vêzes se inicia nos contornos dos grãos, um método de se controlar a velocidade é através de um ajuste dessas superfícies. Isso é feito na manufatura do cimento "portland" de pega rápida, moendo-se êste mais finamente que o cimento comum de forma a se ter uma área superficial maior e a hidratação ser mais rápida. Anàlogamente, um aço com grãos austeníticos de granulação fina se transforma mais ràpidamente que um aço de granulação mais grosseira. No primeiro, a área dos contornos de grão, onde a reação se inicia, é maior de forma que formam-se mais núcleos durante um dado intervalo de tempo, diminuindo o tempo para o processo total (Fig. 10-18).

Contrôle através do retardamento da difusão. O têrmo *retardador* é auto-descritivo. O efeito mais significativo da adição de elementos de liga nos aços é retardar a reação $\gamma \to \alpha +$ + cementita, através da redução na velocidade de difusão dos átomos de carbono. Êsse efeito está mostrado na Fig. 10-19 para dois aços que diferem entre si apenas pelo pequeno teor de molibdênio de um dêles. Com uma ou duas exceções, a adição de qualquer elemento de liga a um aço retarda essa transformação. Essa é uma conseqüência da maior importância pois, como veremos nas seções que se seguem, a finalidade da têmpera é resfriar um aço

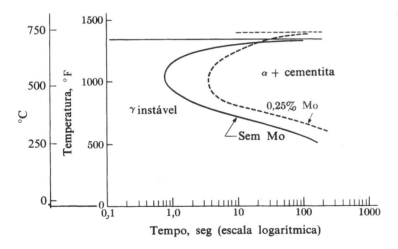

Fig. 10-19. Retardamento da transformação. O molibdênio, da mesma forma que outros elementos de liga, retarda o *comêço* da transformação da austenita.

com suficiente rapidez, de forma a *evitar* a reação $\gamma \to \alpha$ + cementita. Dessa forma, usam-se elementos de liga para deslocar as curvas *T-T-T* para a direita (isto é, no sentido de aumentar o tempo) e deixar mais tempo para a remoção do calor de seções mais largas.

FASES METASTÁVEIS

10-9 INTRODUÇÃO. Muitos dos materiais de uso comum contêm fases que são *metastáveis*, ou seja, fases que não se transformam na fase de equilíbrio, embora tenham mais energia que esta. O vidro, que foi citado como uma fase dêste tipo na Seção 10-5, não se cristaliza em virtude da energia necessária para iniciar esta transformação.

Pode-se fazer uma analogia com a caixa de Fig. 10-20 para a qual a posição da direita deve ser considerada mais estável que a da esquerda, já que o centro de gravidade (e portanto

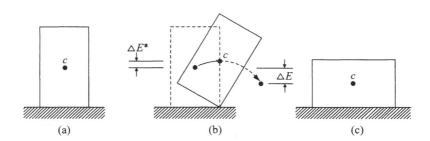

Fig. 10.20. Estabilidade. A posição (a) é metastável, pois possui uma energia potencial maior que a (c). Necessita-se de uma energia de ativação ΔE^* para que a caixa possa atingir a posição estável. (C = = centro de gravidade).

a energia potencial) é mais baixo. Necessita-se de uma energia adicional ΔE^*, para que a caixa possa passar da posição metastável para a estável; esta energia a mais que deve ser fornecida é que origina a metastabilidade da caixa na posição da esquerda.

A energia adicional ou de ativação, que deve ser fornecida para cristalizar o vidro, é usada para romper as ligações antes dos átomos poderem se rearranjar. Embora, em virtude da formação das novas ligações, seja devolvida uma energia maior que a de ativação, esta última não está disponível no início da reação. Logo, o vidro permanece amorfo até que alguma fonte externa, calor ou radiações de alta intensidade, forneça esta energia.

Os materiais também podem ser metastáveis em relação às suas vizinhanças. Por exemplo, devia-se esperar que o ferro reagisse com o oxigênio do ar para dar Fe_2O_3, havendo libertação da energia e, portanto, tornando-se mais estável; entretanto, isto não ocorre mesmo para períodos de tempo bastante longos. Uma metastabilidade semelhante ocorre para outros metais, para a borracha e para todos os plásticos, já que todos êstes materiais também libertariam energia para oxidação. Aqui da mesma forma que no vidro, a metastabilidade do material é garantida pela energia necessária para a romper as ligações antes da oxidação.

Um outro exemplo de metastabilidade nos é dado pelas fases de transição, as quais são muito comuns nos materiais. Essas fases possuem uma energia menor que a da fase inicial, embora maior que a da forma estável. Desta forma pode-se formar espontaneamente, desde que as condições sejam apropriadas, mas, por outro lado, podem eventualmente se transformar em fases ainda mais estáveis.

10-10 MARTENSITA. UMA FASE DE TRANSIÇÃO. As curvas T-T-T para um aço eutetóide (Fig. 10-11) e para um aço SAE 1045 (Fig. 10-17) mostram que quanto mais baixa é a temperatura, maior o tempo necessário para transformação. Além disso, conforme a temperatura diminui, a diferença de energia livre entre a austenita cfc e a combinação de

REAÇÕES NO ESTADO SÓLIDO

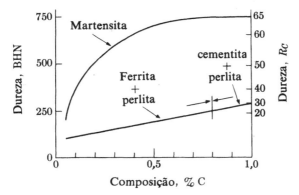

Fig. 10-21. Dureza de ligas recozidas de ferro e carbono (α + cementita) e da martensita *versus* o teor de carbono. Essa diferença na dureza é que justifica a têmpera dos aços.

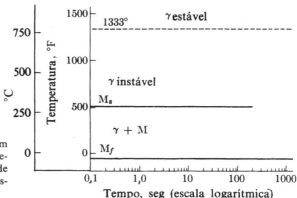

Fig. 10-22. Formação de martensita em um aço 1080. Estão mostrados as temperaturas de início (linha superior) e de fim (linha inferior) da transformação austenita → martensita.

ferrita ccc e cementita torna-se cada vez maior; conseqüentemente, a austenita se torna mais instável. Em uma temperatura suficientemente baixa, mas, em geral, ainda superior à ambiente, a estrutura cúbica de faces centradas se transforma em uma de corpo centrado, embora todo o carbono presente permaneça em solução. Em virtude disto, a estrutura de corpo centrado resultante que recebe o nome de *martensita* é tetragonal e não cúbica.

Como a martensita não possui estrutura cúbica e todo o carbono permanece em solução sólida, o escorregamento não ocorre fàcilmente e portanto a martensita é dura, resistente e não-dúctil. A Fig. 10-21 mostra uma comparação da dureza da martensita com a de ligas contendo perlita, em função do teor de carbono. Êsse aumento na dureza é da maior importância em engenharia, já que permite a obtenção de um aço extremamente resistente à abrasão e deformação.

A Fig. 10-22 mostra a temperatura M_s na qual a austenita começa a se transformar em martensita em um aço 1080. Conforme a temperatura cai, mais e mais austenita se transforma em martensita até que, em temperatura ambiente, o teor de austenita remanescente é relativamente pequeno (Fig. 10-23). Essa reação pràticamente não sofre atraso* já que não ocorre difusão de carbono. Como todo êle permanece em solução, a martensita é monofásica.

⊙ As medidas indicam que o tempo necessário, em uma dada temperatura, é de apenas uma fração de segundo.

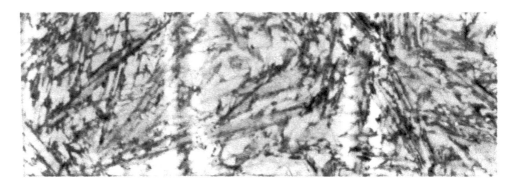

Fig. 10-23. Martensita (1000 ×). Os grãos individuais são cristais na forma de placas com a mesma composição da austenita original. (J. R. Vilella, U. S. Steel Corp.).

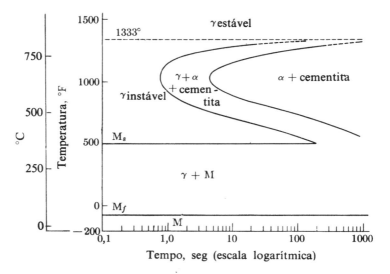

Fig. 10-24. Diagrama T-T-T completo para um aço 1080.

A Fig. 10-24 combina as Figs. 10-22 e 10-11. É evidente que se deseja obter martensita, a austenita deve ser resfriada com rapidez suficiente, de forma a não haver tempo para a transformação em ferrita e cementita em temperaturas mais altas. A 540°C, o limite de tempo para um aço é menor que um segundo. O modo usual de se obter martensita em um aço 1080 é temperá-lo em água. Mesmo assim, é impossível formar-se martensita no centro de uma peça muito grande, já que o calor não pode ser removido com rapidez suficiente. Isso está mostrado na Fig. 10-25. Por outro lado, uma seção fina de aço 1080 pode ser completamente transformada em martensita por têmpera em óleo. É muito importante a conecção que existe entre a têmpera de um aço e a presença de elementos de liga. Como a maior parte dos elementos de liga retarda a transformação α + cementita, tem-se mais tempo para resfriar o aço sem haver a transformação em ferrita e cementita*. Períodos de resfriamento

* Os elementos de liga *não reduzem* a velocidade de resfriamento, mas sim a velocidade de transformação.

REAÇÕES NO ESTADO SÓLIDO

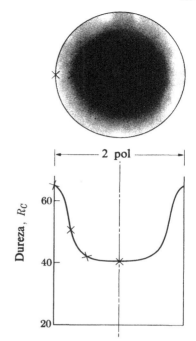

Fig. 10-25. Dureza ao longo da seção transversal (barra de duas polegadas de aço 1080 temperada em água). A superfície foi resfriada com rapidez suficiente de forma a evitar a transformação da austenita em ferrita e cementita. Conseqüentemente, forma-se martensita dura (Fig. 10-21) na superfície. Conforme se caminha para o centro, os teores crescentes de ferrita e cementita causam uma diminuição na dureza.

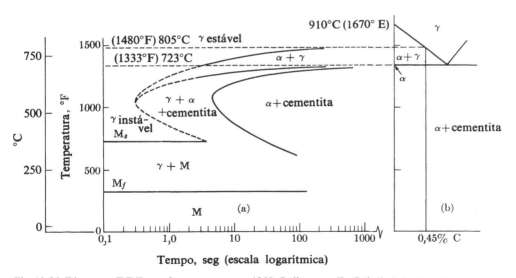

Fig. 10-26. Diagrama T-T-T completo para um aço 1045. O diagrama Fe-C (à direita) só é aplicável após as reações se completarem.

mais longos permitem uma redução menos brusca na temperatura com a conseqüente diminuição das tensões térmicas, a partir das quais podem se originar fissuras. Além disso, com aços ligados pode-se obter martensita em profundidades maiores sem têmpera severa.

A temperatura de formação de martensita varia com o teor de carbono e dos elementos de liga. Isto se evidencia ao se comparar as Figs. 10-24 e 10-26. A Fig. 10-27 sumaria o efeito

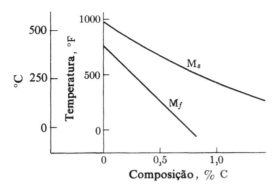

Fig. 10-27. Teor de carbono *versus* transformação martensítica (aços carbono-laminados). M_s é a temperatura de início de transformação M_f é a temperatura na qual a transformação virtualmente se completou.

do teor de carbono na temperatura de comêço de transformação (M_s) e na temperatura na qual a transformação austenita → martensita pràticamente terminou (M_f). Em geral, sempre se tem um pouco de austenita retida, mesmo em temperaturas muito baixas.

10-11 MARTENSITA REVENIDA. A existência da martensita, como uma fase metastável que contém carbono em solução sólida em uma estrutura tetragonal de corpo centrado, não altera o diagrama de fases ferro-carbono (Fig. 9-25). Com um aquecimento durante um intervalo de tempo suficiente, a uma temperatura logo abaixo do eutetóide, a solução supersaturada de carbono em ferro se transforma em ferrita e cementita (Eq. 10-9). Êsse processo é conhecido comercialmente sob a designação de *revenido*.

$$\underset{(martensita)}{M} \longrightarrow \underset{\substack{(martensita \\ revenida)}}{\alpha + \text{cementita}} \qquad (10\text{-}9)$$

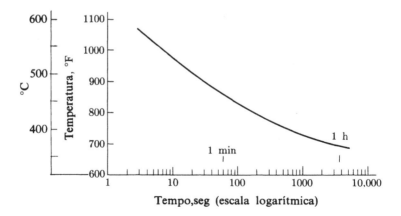

Fig. 10-28. Temperatura *versus* tempo de revenido. Tempo necessário para amolecer a martensita ($R_c = 65$) para martensita revenida ($R_c = 50$) em um aço 1080. Quanto maior a temperatura, menor o tempo necessário.

REAÇÕES NO ESTADO SÓLIDO

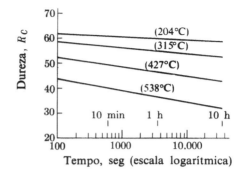

Fig. 10-29. Dureza *versus* tempo de revenido (aço 1080 temperado até a máxima dureza). A diminuição da dureza é causada pela transformação $\gamma \to \alpha$ + cementita (martensita revenida). Ver Fig. 11-2.

A estrutura resultante não é lamelar como a perlita (Fig. 9-29), mas contém numerosas partículas dispersas de cementita, pois, em um aço martensítico têm-se muitos pontos de nucleação. Essa martensita revenida* é mais mole e mais tenaz que a martensita metastável.

A extensão em que estas propriedades são alteradas depende do tamanho das partículas de cementita dispersas na motriz de ferrita, e, portanto, as propriedades mecânicas podem ser controladas e ajustadas por meio de revenido (Seção 11-9). Tal como na maior parte das reações, o tempo necessário para o amolecimento diminui com o aumento da temperatura. A Fig. 10-28 mostra o tempo necessário para a martensita dura ($R_C = 65$) de um aço 1080 ser revenida a $R_C = 50$; a Fig. 10-29 mostra a variação da dureza com o tempo, para o mesmo aço.

Como a transformação M $\to \alpha$ + cementita de nucleação, difusão e crescimento de grão, a relação velocidade *versus* temperatura para a mesma é análoga às mostradas pelas Eqs. (10-5) e (10-6) e na Fig. 10-6.

Exemplo 10-3

(a) Um pequeno bloco de aço 1045 é aquecido a 830°C, temperado a 640°C, deixado nesta temperatura por 5 segundos e finalmente temperado a 20°C. Que fases estão presentes em cada etapa? (b) Um pequeno bloco de aço 1080 é aquecido a 790°C, temperado a 175°C, reaquecido a 290°C e deixado nesta temperatura 1 minuto. Que fases estão presentes em cada etapa?

Resposta:

(a) A 830°C: $\gamma_{estável}$
     Após 5 segundos a 640°C: $\gamma_{instável} + \alpha$ + cementita
     Após têmpera a 20°C: M + α + cementita**
(b) A 790°C: $\gamma_{estável}$
     Após têmpera a 175°C: $\gamma_{instável}$ + M
     Após 1 minuto a 290°C: $\gamma_{instável}$ + M

[*Nota:* Após um tempo mais longo a 290°C, tanto γ como M se transformarão em α + cementita].

---

* Observe que a martensita revenida não possui a estrutura cristalina da martensita. Pelo contrário, é uma microestrutura formada por duas fases, α + cementita.
** As reações da Eq. (10-9) e da Fig. 10-22 *não* são reversíveis abaixo da temperatura eutetóide.

PRINCÍPIOS DE CIÊNCIA DOS MATERIAIS

REFERÊNCIAS PARA LEITURA ADICIONAL

10-1. Birchenall, C.E., *Physical Metallurgy*. New York: McGraw-Hill, 1959. Os Caps. 11 a 13 discutem as reações no estado sólido mais profundamente que êste texto. Nível de estudante adiantado.

10-2. Chalmers, B., *Physical Metallurgy*. New York: John Wiley & Sons, 1959. O Cap. 8 discute de forma muito completa as transformações no estado sólido. Para o estudante adiantado.

10-3. Kingery, W.D., *Introduction to Ceramics*. New York: John Wiley & Sons, 1960. O Cap. 10 apresenta o nucleação, o crescimento dos cristais e as relações no estado sólido do ponto de vista da ceramista. Para estudantes adiantados.

10-4. Mason, C.W., *Introductory Physical Metallurgy*. Cleveland: American Society for Metals, 1947. O Cap. 7 usa o ferro e o aço para ilustrar as transformações de fase e as microestruturas resultantes.

10-5. Norton, F.H., *Elements of Ceramics*. Reading, Mass.: Addison Wesley, 1952. O Cap. 13 possui seções sôbre reações no estado sólido e as velocidades correspondentes na queima de produtos cerâmicos. O Cap. 14 apresenta as propriedades dos materiais cerâmicos típicos. O Cap. 15 discute as transformações termoquímicas.

10-6. Rogers, B.A., *The Nature of Metals*. Ames, Iowa: Iowa State University Press, e Cleveland: American Society for Metals, 1951. O Cap. 9 discute o endurecimento do aço, particularmente com respeito às velocidades de resfriamento.

10-7. Schmidt, A.X. e C.A. Marlies, *Principles of High Polymer Theory*. New York: McGraw-Hill, 1948. As Seções 226 a 230 discutem os fatôres que controlam o equilíbrio e a velocidade das transformações. Considera-se a energia de ativação como uma barreira de potencial. A Seção 804 discute os catalisadores, inibidores e promotores.

10-8. Smoluchowski, R. *et al.*, *Phase Transformations in Solids*. New York: John Wiley & Sons, 1951. Para o professor e o estudante adiantado. Apresenta a maior parte dos tipos das reações no estado sólido.

10-9. Wulff, J., *et al.*, *Structure and Properties of Materials*. Cambridge, Mass.: M.I.T. Press, 1962. O Cap. 10 do Vol I apresenta as transformações de fase sem equilíbrio. O Cap. 4 do Vol. II apresenta as velocidades das reações para sólidos. Introdutório, mas com tratamento mais rigoroso que o do texto.

PROBLEMAS

10-1. (a) Citar a reação eutetóide no sistema Fe-O (Fig. 9-45). (b) Qual a relação $Fe^{3+}:Fe^{2+}$ no óxido de composição eutetóide? (c) Qual o teor de ferro no produto básico abaixo da temperatura eutetóide?

Resposta: (a) $\varepsilon \xrightarrow{resfriam.} \alpha + \zeta$ (b) 0,13   (c) 16,0 %

10-2. Localize e cite a reação correspondente (no resfriamento) para as quatro transformações eutetóides do sistema Cu-Sn.

10-3. Que quantidade de $CuAl_2$ (θ) precipitará a partir da liga 95 % Al-5 % Cu solubilizada, por resfriamento de 400°C até a temperatura ambiente?

Resposta: 6 %

10-4. O primeiro indício de cristalização no vidro é encontrado após 12 h a 1100°C e após $2\frac{1}{2}$ dias a 800°C. (a) Após quanto tempo, teremos o mesmo grau de cristalização a 500°C? (b) A 250°C?

REAÇÕES NO ESTADO SÓLIDO

10-5. Austenita é super-resfriada a 230°C e deixada nesta temperatura por 100 segundos até que se possa detectar o início de transformação. A 430°C, o tempo necessário para iniciar a transformação é de 1 segundo. Determinar o tempo necessário para se iniciar a transformação a 360°C. [*Nota:* 430°C está abaixo do "joelho" da curva T-T-T].

Resposta: 4 segundos

10-6. Os seguintes dados são aplicáveis para uma certa transformação no estado sólido $(A \rightarrow B)$:

Temperatura de transformação	Tempo	Velocidade
380°C	10 seg	0,1 seg^{-1}
315°C	100 seg	0,01 seg^{-1}

A que temperatura essa mesma reação se completaria após 1 segundo?

10-7. (a) Admitindo-se que a Fig. 10-20 represente um tijolo de 4 kg com dimensões 20 cm × 10 cm, qual é a energia de ativação necessária para movimentá-lo para a posição de menor energia? (b) Qual a energia que será libertada pela reação?

Resposta: (a) 0,047 (kgf × m)   (b) – 0,20 (kgf × m)

10-8. Um corpo de prova de aço 1045 é aquecido a 845°C, resfriado bruscamente até 705°C, deixado nesta temperatura por 5 segundos e então temperado a 20°C. Que fases estarão presentes após êste tratamento? [*Sugestão:* Verifique o método de se construir as curvas T-T-T].

10-9. Um corpo de prova de aço 1080 é aquecido a 790°C, temperado a – 55°C, reaquecido a 315°C e mantido nesta temperatura por 10 segundos. Que fase estarão presentes após êste tratamento?

Resposta: Martensita (talvez em parte transformada em α + cementita).

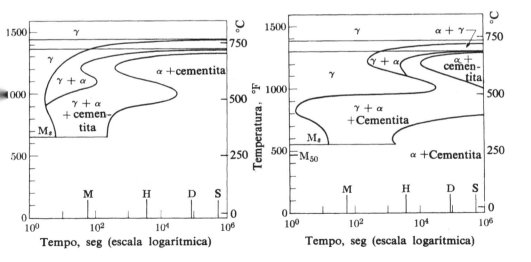

Fig. 10-30. S. A. E. 4140.   Fig. 10-31. S. A. E. 4340.

10-10. Um fio de aço 1045 é submetido a um tratamento composto das seguintes etapas sucessivas:

(1) Aquecimento a 870°C durante 1 h.
(2) Resfriamento brusco até 260°C, deixado nesta temperatura por 2 segundos.
(3) Temperado a 20°C e deixado por 100 segundos.
(4) Reaquecido a 540°C durante 1 h.
(5) Temperado a 20°C.

Descreva as fases ou estruturas presentes *após cada etapa* dêste tratamento térmico.

10-11. (a) Repetir o Probl. 10-10 com as etapas (1), (2), (5) (b) Repita o Probl. 10-10 com as etapas (1), (3), (4), (5). (c) Repita o Probl. 10-10 com as etapas (1), (2), (4), (5).

10-12. Esquematizar o diagrama T-T-T para um aço com 1,0% Cr e 99% Fe.

10-13. Esquematizar o diagrama T-T-T para um aço 1020.

Resposta: $M_s = 455°C$, $M_f = 290°C$; $\alpha + \gamma$ são estáveis, após longo período de tempo, entre 723°C e 857°C; a 540°C, a curva está mais para a esquerda que a de um aço 1045.

10-14. Um corpo de prova de aço 4140 Fig. 10-30) é temperado a partir do campo austenítico até 650°C, deixada nesta temperatura por 1 h e temperado a 540°C. Que fases estarão presentes após essas operações?

10-15. Um corpo de prova de aço 4140 (Fig. 10-30) é aquecido a 820°C por tempo suficiente para se atingir o equilíbrio, temperado a 370°C, deixado por 10 min nesta temperatura e então reaquecido a 540°C. Que fases estarão presentes após estas operações?

Resposta: α + cementita [*Nota:* A reação não forma γ abaixo da temperatura autetóide].

10-16. Um corpo de prova de aço 4340 (Fig. 10-31) é aquecido a 715°C até se atingir o equilíbrio e temperado a 240°C. Que fases estarão presentes? Quanto de cada? (O eutetóide para os aços 4300 contém 0,65% C.).

10-17. Um aço 4140 (Fig. 10-30) é aquecido a 715°C até se atingir o equilíbrio, temperado a 565°C e deixado nesta temperatura por 1 min. Que fases estarão presentes? Quanto de cada? (Ver a nota do Probl. 10-15).

Resposta: 94% α 6% cementita. [*Nota:* A ferrita não se transforma em austenita].

10-18. Por que as Figs. 10-24 e 10-26(a) não são diagramas de equilíbrio?

10-19. Explicar, com suas próprias palavras, por que a formação de martensita não depende do tempo.

10-20. Compare (a) a perlita, (b) a martensita e (c) a martensita revenida.

CAPÍTULO 11

MODIFICAÇÕES DE PROPRIEDADES ATRAVÉS DE ALTERAÇÕES NA MICROESTRUTURA

11.1 INTRODUÇÃO. Como as fases e as microestruturas de um material podem ser alteradas, isso permite que o engenheiro escolha a combinação de propriedades mais adequada para uma dada aplicação. Recordemos do Cap. 6, que as microestruturas dos metais monofásicos podem ser ajustadas (1) por deformação plástica e (2) por recristalização; estas alterações, por sua vez, modificam as propriedades. Além disso, ainda para os materiais monofásicos, podemos escolher (3) a solução sólida ou a composição do copolímero mais adequada e (4) a orientação cristalina ou molecular.

As propriedades dos materiais polifásicos podem ser controladas e modificadas através dos mesmos métodos citados acima. Entretanto, além dêsses, podemos usar outros específicos para os materiais polifásicos: (1) As *quantidades relativas das fases* podem ser variadas. (2) O *tamanho de grão das várias fases* pode ser variado. (3) A *forma e a distribuição das fases* podem ser modificadas. Cada uma destas três variações microestruturais possibilita meios de se modificar as propriedades dos materiais. As microestruturas resultantes, seu relacionamento com as propriedades e os procedimentos de contrôle serão discutidos neste capítulo. Considerável atenção será dada aos aços, pois, em virtude do seu uso generalizado, têm sido extensivamente estudados, além de servirem como um protótipo adequado para outras microestruturas.

11-2 MICROESTRUTURAS POLIFÁSICAS. Já dedicamos atenção específica à perlita como uma microestrutura polifásica (Fig. 9-28). Nesse caso, a microestrutura se compõe de uma *mistura* de ferrita e cementita, de aspecto lamelar, pois o crescimento se processa do contôrno para o interior dos grãos austeníticos (Fig. 10-2a). Entretanto, nem tôdas as microestruturas formadas por ferrita e cementita têm êsse mesmo aspecto. Isso pode ser observado na Fig. 11-1(a), na qual a ferrita está presente em duas formas, geradas diferentemente. A ferrita inicial forma-se antes da austenita de composição eutetóide se transformar em perlita. Por isso, muitas vêzes é denominada *ferrita proeutetóide*, em contraste com a da perlita, que é chamada *ferrita eutetóide*. (Ver Ex. 9-10).

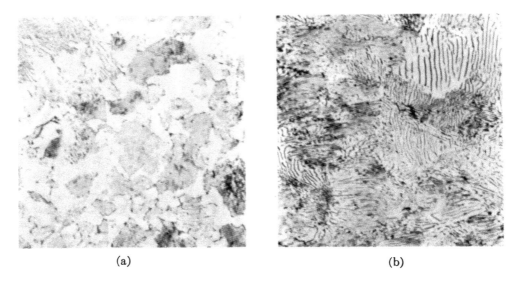

(a)   (b)

Fig. 11-1. Microestrutura de aços perlíticos, 500 ×. (a) 0,40 % de carbono. As áreas claras de ferrita do aço com 0,40 % de carbono se formam antes da reação eutetóide produzir a ferrita lamelar da perlita (cinzenta). O aço com 0,80 % de carbono contém apenas ferrita eutetóide. (Compare com as Figs. 9-26 e 9-28) (J. R. Vilella, United States Steel Corp.).

    Uma segunda modificação estrutural envolve a espessura das lamelas de ferrita e cementita na perlita. A difusão, mostrada na Fig. 10-3, pode se proceder para distâncias maiores, conforme a temperatura é aumentada ou a velocidade de resfriamento é diminuída. Portanto, êsses fatôres gerarão lamelas mais espêssas de perlita que as formadas pela transformação em temperaturas mais baixas. O efeito dessa variável nas propriedades será discutida mais tarde neste capítulo.
    Nem sempre as estruturas formadas por ferrita e cementita são lamelares. A martensita revenida (Fig. 11-2) possui uma dispersão de partículas de cementita em uma matriz de ferrita. Essa dispersão se origina em virtude da martensita original (Fig. 10-23) formar muitos pontos de nucleação nos quais a transformação pode começar. É importante notar que temperaturas mais elevadas permitem o crescimento das partículas com a conseqüente diminuição na dureza. Êsse crescimento, que não altera as quantidades relativas de cementita e ferrita, se dá através da precipitação do carbono da ferrita nas partículas maiores de cementita e uma simultânea dissolução das partículas menores de cementita na ferrita.
    Outros materiais, além do aço, possuem microestruturas análogas; por exemplo, certas ligas de alumínio contêm uma dispersão de pequenas partículas de Cu Al$_2$ em uma matriz mole de Al. No ferro fundido cinzento, a grafita está presente na forma de flocos dispersos em uma matriz de ferrita + cementita. As microestruturas semelhantes dos materiais não--metálicos, vão desde os plásticos reforçados com fibras de vidro e borrachas contendo partículas coloidais de carbono até as argilas tornadas plásticas pela água entre as partículas.
    Os *poros* constituem uma das características microestruturais de muitos materiais e podem ser considerados como uma fase de composição igual a zero. Nos materiais cerâmicos elétricos e magnéticos, são indesejáveis e devem ser evitados. Entretanto, são necessários em outros materiais, tais como isolantes térmicos e mancais fabricados pela metalurgia do pó. Mesmo quando são desejáveis, a quantidade, o tamanho, a forma e a distribuição dos mesmos devem ser controlados a fim de produzir materiais com propriedades ótimas.

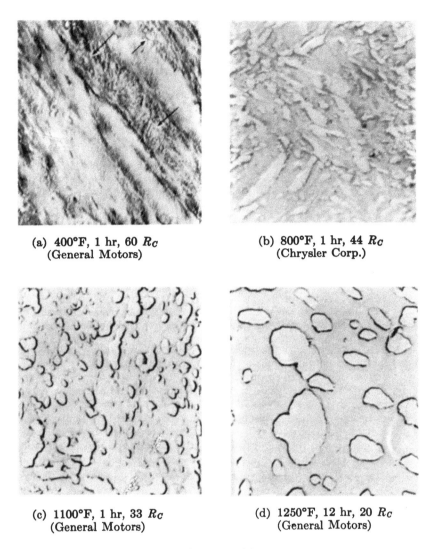

Fig. 11-2. Micrografias eletrônicas de martensita de revenido (11.000 ×). Em todos os casos, tem-se um aço eutetóide, o qual prèviamente fôra temperado até a máxima dureza (65 R_c). (*Electron Microstructure of Steel*. Philadelphia, American Society for Testing Materials, 1950).

PROPRIEDADES "VERSUS" MICROESTRUTURAS

11-3 PROPRIEDADES ADITIVAS. Duas fases nunca têm propriedades completamente idênticas, pois, como já vimos, têm estruturas diferentes. Essa generalização também se aplica às propriedades dos materiais polifásicos. Algumas destas propriedades são aditivas e podem ser determinadas pela média (levando-se em conta pesos adequados) das propriedades de cada uma das fases individuais. Outras propriedades são interativas, pois o comportamento de cada fase depende da natureza da adjacente.

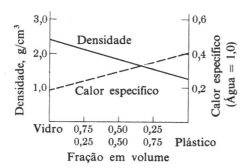

Fig. 11-3. Propriedades aditivas para materiais compostos pela mistura de plásticos e fibras de vidro. A Eq. (11-1) é aplicável.

A densidade de uma microestrutura polifásica pode ser calculada diretamente a partir da densidade ρ de cada uma das fases e da fração em volume f correspondente:

$$\rho_{material} = f_1\rho_1 + f_2\rho_2 + f_3\rho_3 + \ldots . \qquad (11\text{-}1)$$

Quando se tem apenas duas fases, a densidade é uma função linear da fração em volume presente (Fig. 11-3). No caso de se ter poros, o produto $f\rho$ é zero, já que para essa fase a densidade é nula.

O calor específico de uma microestrutura polifásica pode ser determinado por uma expressão semelhante, na qual também entra a fração em volume. A média dessas propriedades, densidade e calor específico depende do volume, já que a contribuição de uma fase não afeta a da adjacente. Anàlogamente, essas propriedades não dependem da granulometria da mistura de fases.

As condutividades elétrica e térmica dos materiais polifásicos também são aditivas. Entretanto, a escolha dos pesos é mais complexa, pois tanto a forma como a distribuição das fases, são importantes. Os três exemplos simplificados, que podem ser citados, estão mostrados na Fig. 11-4; embora êstes exemplos se apliquem tanto para a condutividade térmica como para a elétrica, nas equações que se seguem obedeceremos as notações térmicas.

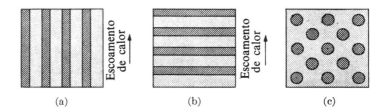

Fig. 11-4. Condutividade *versus* distribuição das fases (idealizado). (a) Condutividade em paralelo [Eq. (11-2)]. (b) Condutividade em série [Eq. (11-4)]. (c) Condutividade através de um material com uma fase dispersa [Eq. (11-5)].

A *condução em paralelo* se aplica no primeiro caso; logo

$$k_m = f_1k_1 + f_2k_2 + \ldots , \qquad (11\text{-}2)$$

MODIFICAÇÕES DE PROPRIEDADES ATRAVÉS DE ALTERAÇÕES NA MICROESTRUTURA 295

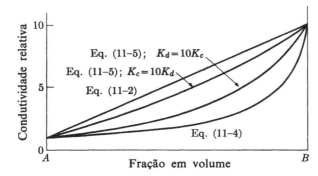

Fig. 11-5. Condutividade *versus* fração em volume. (Adaptado de Kingery, W. D., *Introduction to Ceramics*. New York: John Wiley & Sons, 1960, pág. 502).

e a condutividade térmica do material k_m é a soma da contribuição em volume de tôdas as fases. No caso da Fig. 11-4(b), tem-se *condução em série*, portanto

$$\frac{1}{k_m} = \frac{f_A}{k_A} + \frac{f_B}{k_B} + \ldots, \qquad (11\text{-}3)$$

ou, para o caso de duas fases:

$$k_m = \frac{k_A k_B}{f_A k_B + f_B k_A} \qquad (11\text{-}4)$$

Nesse caso, a condutividade térmica do material é menor que a obtida pela interpolação linear entre as duas fases (Fig. 11-5).

Se uma fase está dispersa em outra, como aliás é comum, tem-se uma interpolação ainda mais complicada:

$$k_m = k_c \frac{1 + 2f_d \dfrac{1 - k_c/k_d}{2k_c/k_d + 1}}{1 - f_d \dfrac{1 - k_c/k_d}{2k_c/k_d + 1}} \qquad (11\text{-}5)$$

Nesta equação, o subscrito c se refere à fase contínua e o d à fase dispersa. A equação acima está colocada em gráfico para dois casos: $k_c/k_d = 10$ e $k_d/k_c = 10$. Os resultados caem entre as duas curvas definidas pelas Eqs. (11-2) e (11-4). Kingery* estudou a condutividade térmica para misturas $MgO - Mg_2SiO_4$ e encontrou uma concordância bastante boa com a Eq. (11-5). Entretanto, não se deve esquecer que, conforme o teor de uma fase passa de 0 a 100%, ela passa de dispersa a dispersante. Logo, sua curva experimental passa de uma curva de dispersão, da Fig. 11-5, para a outra.

Exemplo 11-1

50% de SiO_2 em pó é adicionado a uma resina fenol-formaldeído como enchimento. (a) Qual a densidade da mistura? (b) Qual a sua condutividade térmica?

---

* Ver a referência na Fig. 11-5.

Resposta: Do Apêndice E

$$\rho_{SiO2} = 2,65 \text{ g/cm}^3, \quad \rho_r = 1,3 \text{ g/cm}^3$$
$$k_{SiO2} = 0,03 \text{ cal·cm/°C·cm}^2\text{·s},$$
$$k_r = 0,0004 \text{ cal·cm/°C·cm}^2\text{·s}.$$

(Base: 100 g)

(a)

$$50 \text{ g SiO}_2 = 18,8 \text{ cm}^3 \text{ SiO}_2; f_{SiO2} = 0,33$$
$$50 \text{ g res.} = 38,4 \text{ cm}^3 \text{ res.}; \quad f_r = \underline{0,67}$$
$$1,0$$

Pela Eq. (11-1),

$$\rho_m = (0,33)(2,65) + (0,67)(1,3) = 1,75 \text{ g/cm}^3.$$

(b) Pela Eq. (11-5)

$$k_m = 0,0004 \; \frac{1 + 2(0,33)\dfrac{1 - 0,0004/0,03}{2(0,0004)/(0,03) + 1}}{1 - 0,33 \dfrac{1 - 0,0004/0,03}{2(0,0004)/(0,03) + 1}}$$

$$= 0,0009 \text{ cal·cm/°C·cm}^2\text{·s}.$$

(b) Alternativa: Como

$$k_r \ll k_{SiO2}, \quad k_m \cong k_c \left(\frac{1 + 2f_d}{1 - f_d}\right),$$

$$k_m \cong 0,0004 \left[\frac{1 + 2(0,33)}{1 - 0,33}\right] = 0,001 \text{ cal·cm/°C·cm}^2\text{·s}.$$

11-4 PROPRIEDADES INTERATIVAS. Propriedades tais como dureza e resistência não podem ser interpoladas entre as das fases contribuintes, pois o comportamento de cada fase depende da natureza da adjacente. Por exemplo, uma dispersão de partículas finas, de uma fase dura, inibe o escorregamento e evita o cisalhamento de uma matriz dúctil.

Essa interdependência das propriedades mecânicas das fases torna possível obter-se materiais mais resistentes pela adição de "reforçadores". Por exemplo, a adição de carbono à borracha, de areia à argila, de areia ao asfalto ou de serragem aos plásticos, aumenta a resistência dêstes materiais à deformação. O efeito na resistência no último exemplo está

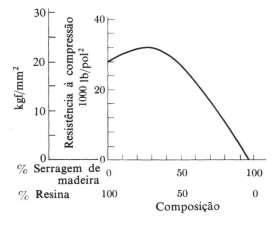

Fig. 11-6. Resistência de misturas (serragem de madeira como reforçador de uma resina fenol-formaldeído). A mistura de serragem com a resina é mais resistente que cada um dos componentes isoladamente. A serragem evita o escorregamento na resina; a resina liga as partículas de serragem.

MODIFICAÇÕES DE PROPRIEDADES ATRAVÉS DE ALTERAÇÕES NA MICROESTRUTURA 297

mostrado gràficamente na Fig. 11-6. Embora uma resina fenol-formaldeído isolada seja bastante resistente, ela é suscetível à ruptura por cisalhamento; a incorporação de uma segunda fase produz uma resistência adicional à deformação. No outro extremo da faixa de composições, a resistência da serragem isolada é nula; não existem fôrças que mantenham as partículas de celulose na forma de uma massa coerente. A resina adicionada age como um cimento, unindo essas partículas. A resistência máxima é conseguida em uma composição intermediária, na qual cada fase age como reforçadora da outra.

A construção de estradas nos dá um outro exemplo do uso de misturas de fases. Por razões óbvias, leitos rodoviários compostos sòmente por argila seriam insatisfatórios, da mesma forma que os compostos sòmente por areia ou por pedregulho. Entretanto, uma combinação adequada de argila e pedregulhos, produz um leito rodoviário estabilizado (Fig. 11-7). A argila é tornada mais resistente pelos pedregulhos e êstes são ligados entre si pela argila, numa forma coerente que resiste a cargas concentradas.

As misturas de ferrita e cementita no aço são menos óbvias, mas igualmente comuns. A cementita é mais dura que a ferrita que a acompanha, de forma que aumenta a resistência do aço à deformação. A Fig. 11-8 mostra, gràficamente, a *dureza* de aços carbono recozidos (isto é, resfriados lentamente a partir da temperatura austenítica, a fim de formar perlita de granulação grosseira). As microestruturas estão mostradas na Fig. 11-1. O aço com 0,40% de carbono contém cêrca de 50% de perlita (6% de cementita); o aço com 0,80% de carbono

Fig. 11-7. Leito rodoviário estabilizado. A mistura de pedregulho e argila é mais durável que o pedregulho como a argila, isoladamente.

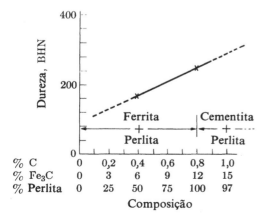

Fig. 11-8. Dureza *versus* teor de carbono. Os aços contêm misturas de perlita grosseira e ferrita. A dureza depende da quantidade de cementita. (Adaptado de E. C. Bain, *Alloying Elements in Steel*. Cleveland, American Society for Metals, 1939).

é totalmente perlítico (12% de cementita). O escorregamento ocorre mais fàcilmente no primeiro que no último.

Além de serem mais duros, os aços com teor mais elevado de carbono são mais resistentes. Tanto o *limite de escoamento* como o de *resistência à tração* estão mostrados na Fig. 11-9. Observe que as curvas dessa figura não podem ser extrapoladas para valôres próximos a 100% de cementita, pois o carbeto de ferro por si só é muito fraco, em virtude de não ser dúctil e não poder se ajustar a concentrações de tensões. Por essa razão, a curva da Fig. 11-9 cai para 3,5 kgf/mm^2 a 100% de cementita.

A Fig. 11-10 mostra o efeito do carbeto de ferro na *ductilidade*. Como é de se esperar, a ductilidade diminui com o aumento do teor de carbono. Dessa forma, na manufatura de pára-lamas de automóvel, deve-se escolher um aço com carbono muito baixo, que possa ser laminado na forma de chapas finas e se sujeite à estampagem profunda para adquirir as curvaturas necessárias. Por outro lado, as matrizes e as tesouras usadas na conformação e no corte dêsses pára-lamas são feitas com aços de alto carbono, por serem duros e resistentes.

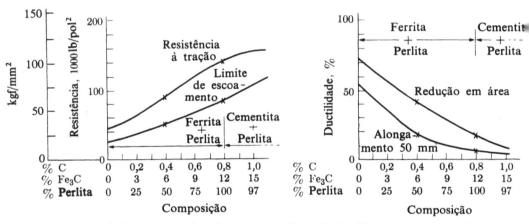

Fig. 11-9. Resistência *versus* teor de carbono para aços recozidos (Cf. Fig. 11-1).

Fig. 11-10. Ductilidade *versus* teor de carbono para aços recozidos. (Cf. Fig. 11-1).

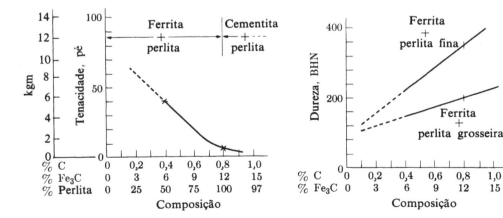

Fig. 11-11. Tenacidade *versus* teor de carbono para aços recozidos. (Cf. Fig. 11-1).

Fig. 11-12. Efeito do tamanho de grão na dureza de aço. A perlita mais fina e mais dura resulta de um resfriamento mais rápido.

A *tenacidade* de um aço é também importante ao se projetar ou utilizar equipamentos sujeitos a impactos, já que um aço frágil se romperá sob golpes comparativamente mais fracos. As fraturas se propagam mais fàcilmente em aços de alto carbono já que se tem mais cementita ao longo da qual as fissuras podem se propagar (Fig. 11-11).

Efeito da granulometria nas propriedades mecânicas. A granulometria da microestrutura de um material afeta diretamente suas propriedades mecânicas. A adição de areia muito fina ao asfalto produzirá uma mistura mais viscosa que a obtida pela adição de pedregulho, mantida a mesma porcentagem em pêso (ou volume). Da mesma forma, um aço com uma estrutura mais fina de ferrita e cementita será mais duro e resistente que um outro com o mesmo teor de carbono, mas com uma granulometria mais grosseira. Uma comparação é feita na Fig. 11-12. O conjunto de dados mais baixos foi obtido para um aço que foi resfriado lenta-

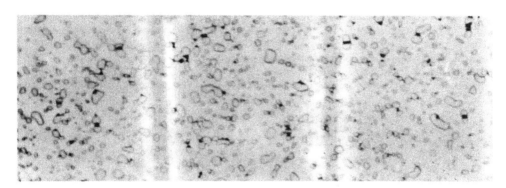

Fig. 11-13. Cementita esferoidizada, 1000×. Essa estrutura que, às vêzes, é conhecida como *esferoidita* ou *perlita coalescida*, contém α + cementita. Pode ser formada a partir de perlita através de um longo tratamento térmico. Nessa estrutura, tem-se uma superfície euterfacial menor que na perlita. Também pode-se obter perlita coalescida partindo-se da martensita revenida [Fig. 11-2(d)]. (J. R. Vilella, U. S. Steel Corp).

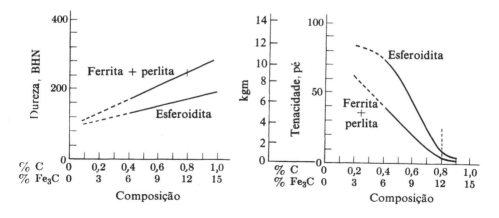

Fig. 11-14. Efeito da forma das partículas na dureza. A esferoidita (Fig. 11-13) transmite menor resistência ao escorregamento que a perlita lamelar (Fig. 9-28).

Fig. 11-15. Efeito da forma das partículas na tenacidade. Na esferoidita, as fissuras não podem progredir muito ao longo da cementita frágil, sem encontrar ferrita. (Cf. Figs. 11-13 e 9-28).

mente, a fim de produzir uma estrutura grosseira de perlita; os dados mais elevados foram obtidos para um aço resfriado mais ràpidamente a fim de formar perlita mais fina.

A mesma variação de propriedades é observável nos aços martensíticos revenidos em temperaturas diferentes. O revenido inicial produz partículas muito finas de cementita, dispersas em uma matriz ferrítica (Fig. 11-2a). As Figs. 11-2(b), (c) e (d) mostram amostras revenidas em temperaturas mais elevadas, possibilitando o crescimento das partículas de cementita. Os valôres da dureza na legenda indicam o grau de amolecimento. Quando as partículas mais duras estão aglomeradas, existem áreas maiores de ferrita, nas quais o escorregamento pode ocorrer sem restrições.

Efeitos da forma e da distribuição das fases nas propriedades mecânicas. A forma e a distribuição das fases na microestrutura também afetam as propriedades de um material. Por exemplo, na perlita, a cementita é lamelar. Entretanto, se um aço perlítico fôr deixado logo abaixo da temperatura eutetóide, por um período de tempo longo, as partículas se *coalescerão** (isto é, assumirão uma forma próxima à esférica); desenvolve-se, dessa forma, a estrutura mostrada na Fig. 11-13. O efeito do coalescimento na dureza está mostrado na Fig. 11-14; a dureza diminui, pois as partículas esféricas reforçam menos o metal. A forma das fases também afeta marcadamente a tenacidade da mistura (Fig. 11-15). Uma estrutura coalescida é mais tenaz, pois as fissuras no carbeto não conseguem se propagar muito, antes de atingirem ferrita.

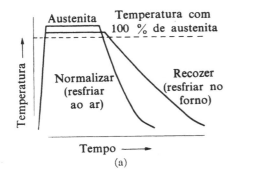 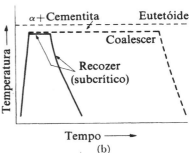

Fig. 11-16. Tratamentos de amolecimento e enrijecimento. (a) Recozimento e normalização. (b) recozimento subcrítico e coalescimento. (Exemplo: aço eutetóide).

CONTRÔLE DE MICROESTRUTURAS

11-5 INTRODUÇÃO. O método mais comum de se alterar microestruturas é através dos vários *tratamentos térmicos*, cada qual destinado a produzir uma estrutura específica. Os tratamentos térmicos mais comuns para materiais metálicos estão resumidos na Tabela 11-1. Embora, para os materiais não metálicos, êstes tratamentos não estejam tão desenvolvidos, êles têm despertado um interêsse industrial cada vez maior.

---

* A área de contato entre duas fases (ou grãos) é uma zona de maior energia que o reticulado pròpriamente dito, pois os átomos nesta região não estão bem alinhados como os do interior do cristal (Fig. 4-15 e Seção 4-9). Em virtude desta energia mais elevada, as regiões de contato tendem espontâneamente a serem eliminadas, se a mobilidade atômica é suficiente. A área de contato é reduzida pelo crescimento dos grãos (Fig. 11-2) ou pela formação de partículas esféricas (Fig. 11-13). Temperaturas elevadas favorecem ambos os processos, que recebem o nome de coalescência comum também às emulsões.

MODIFICAÇÕES DE PROPRIEDADES ATRAVÉS DE ALTERAÇÕES NA MICROESTRUTURA 301

11-6 TRATAMENTOS DE RECOZIMENTO.

O têrmo *recozimento* é usado tanto para designar um tratamento de amolecimento como aquêle para aumentar a tenacidade. Na Seção 6-8, a palavra *recozimento* foi usada para indicar o amolecimento que acompanha a recristalização de metais encruados. O tecnologista de vidro usa *recozimento* para designar o tratamento térmico destinado a remover tensões residuais, a fim de diminuir a probabilidade de desenvolvimento de trincas no vidro frágil. A palavra *recozimento* tem uma conotação específica quando utilizada para designar um tratamento térmico para os aços, o qual é feito aquecendo-se o aço até o campo austenítico e, em seguida, resfriando-o lentamente (Fig. 11-16a). Êsse processo produz uma microestrutura muito mole, já que a pequena velocidade de resfriamento permite a formação de *perlita grosseira* (Fig. 11-12).

Recozimento subcrítico (ou intermediário). Muitas vêzes, tem-se interêsse em se aliviar as tensões em um aço que foi trabalhado a frio (por exemplo, em artefatos de arame), sem formação de austenita. O processo utilizado, denominado *recozimento subcrítico ou intermediário*, envolve o aquecimento do aço a uma temperatura logo abaixo da eutetóide (Fig. 11-16b). Se a única finalidade fôr o alívio de tensões, necessita-se de um pequeno período de aquecimento.

Coalescimento. Êsse tratamento térmico de recozimento é utilizado para se atingir o máximo de ductilidade em aços ou em qualquer metal contendo duas fases. Pode ser realizado de duas formas, sendo que ambas não passam de um recozimento subcrítico extendido por um período de tempo suficiente para permitir a aglomeração dos carbetos em partículas esféricas maiores (Fig. 11-13). Se a cementita da perlita deve ser coalescida, então o período de tempo necessário é considerável. Geralmente, necessita-se de 12 a 15 horas, em temperaturas próximas ao eutetóide. Por outro lado, a martensita revenida necessita de apenas uma ou duas horas para coalescer, dependente da temperatura.

Normalização. O tratamento térmico de recozimento mais simples consiste no aquecimento do aço, até formação de austenita, seguido pela sua remoção do forno para que se resfrie ao ar. Êsse processo, denominado *normalização*, é semelhante ao recozimento comum, diferindo apenas na velocidade de resfriamento que, no primeiro caso, é maior (Fig. 11-16a), originando uma estrutura mais fina. A velocidade de resfriamento depende do tamanho da peça de aço que está sendo tratada. É claro que peças maiores resfriam mais lentamente, pois o calor a ser removido, por unidade de área, é maior. Êsse processo é usado para homogenizar aço na faixa de temperaturas de estabilidade da austenita.

11-7 TRATAMENTOS DE PRECIPITAÇÃO (OU ENVELHECIMENTO).

Observa-se que um notável aumento na dureza pode ocorrer durante os *estágios iniciais de precipitação* a partir de uma solução sólida supersaturada [Seção 10-4 e Eq. (10-4)]. Na verdade, o começo de precipitação, no Ex. 10-1, foi detetado por êsse aumento na dureza. Êsse endurecimento é comumente chamado de *envelhecimento*, pois aparece com o tempo (É também chamado de *endurecimento por precipitação*). O principal requisito, que uma liga deve satisfazer para ser envelhecível é que a solubilidade diminua com a temperatura, de forma a ser possível obter-se uma solução sólida supersaturada. Numerosas ligas metálicas possuem essa característica.

O processo de envelhecimento envolve um tratamento de solubilização [Eq. (10-3)], seguido por uma têmpera para supersaturar a solução sólida. Geralmente, esta é feita até uma temperatura na qual a velocidade de cristalização é extremamente pequena. Em seguida, a liga é reaquecida a uma temperatura intermediária na qual a precipitação se inicia dentro de um período de tempo razoável. Essas etapas correspondem a XA e AB, na Fig. 11-17.

Um exemplo interessante da utilidade do envelhecimento é a forma pela qual é usado na construção de aviões. Os rebites de alumínio são mais fáceis de colocar e se ajustam melhor se forem moles e dúcteis; entretanto, nestas condições, não possuem a resistência necessária. Para superar êste problema, escolhe-se uma liga de alumínio que forme solução

Tabela 11-1

Tratamentos Térmicos mais Comuns

Tratamento	Exemplo	Finalidade	Procedimento
Recozimento	Metais trabalhados a frio (Seção 6-8)	Remover o encruamento e aumentar a dutilidade	Aquecer acima da temperatura de recristalização.
Recozimento	Vidro	Aliviar tensões residuais	Aquecer acima do ponto de recozimento, de forma que os átomos possam se ajustar às tensões.
Recozimento	Aço (Seção 11-6)	Amolecer	Aquecer 30°C acima da temperatura máxima de estabilidade da ferrita e resfriar lentamente (no forno).
Normalização	Aço (Seção 11-6)	Homogenização e alívio de tensões	Aquecer 60°C dentro do campo austenítico e resfriar ao ar.
Recozimento Subcrítico	Aço de baixo carbono (Seção 11-6)	Remover encruamento e aumentar a dutilidade	Aquecer por um período curto, a uma temperatura logo abaixo da eutetóide.
Coalescimento	Aço de alto carbono (Seção 11-6)	Amolecer e aumentar a tenacidade	Aquecer por um tempo suficientemente longo, logo abaixo da temperatura eutetóide, a fim de coalescer os carbetos.
Têmpera	Aço (Seção 11-9)	Endurecer	Resfriar bruscamente do campo austenítico para o martensítico. (É seguido pelo revenido).
Revenido	Aço temperado (Seção 10-11)	Aumentar a tenacidade	Temperar. Aquecer em temperatura alta durante um período curto ou em temperatura baixa para começar a reação $M \rightarrow \alpha$ + cementita.
Têmpera	Vidro (Seção 11-8)	Aumentar a resistência	Aquecer acima do ponto de deformação. Temperar em óleo, a fim da superfície ficar sob compressão.
Austêmpera	Aço (Seção 11-8)	Endurecer sem formação de martensita frágil	Temperar do campo austenítico até uma temperatura abaixo do "joelho" da curva T-T-T mas, acima da de formação de martensita. Manter nessa temperatura até que a formação de bainita se complete.

MODIFICAÇÕES DE PROPRIEDADES ATRAVÉS DE ALTERAÇÕES NA MICROESTRUTURA

Processo	Material	Objetivo	Procedimento
Martêmpera (Têmpera interrompida)	Aço (Seção 11-9)	Endurecer sem formação de trincas de têmpera	Temperar do campo austenítico até uma temperatura abaixo do "joelho" da curva T-T-T mas acima da de formação da martensita. Manter aí até homogenizar a temperatura. Resfriar lentamente até martensita. (É seguido pelo revenido).
Solubilização	Aço inoxidável (Seção 10-4)	Produzir uma liga monofásica	Aquecer acima da curva de solubilidade (e portanto dentro de um campo monofásico) e resfriar ràpidamente até a temperatura ambiente.
Envelhecimento artificial (endurecimento por precipitação)	Ligas de alumínio (Seção 11-7)	Endurecer	Solubilizar. Resfriar ràpidamente a fim de se ter supersaturação. Reaquecer a uma temperatura intermediária até que se *inicie* a precipitação. Resfriar até a temperatura ambiente.
Maleabilização	Ferro fundido maleável (Seção 11-11)	Aumentar a dutilidade de uma peça fundida	Formar ferro fundido branco, por solidificação rápida. Reaquecer para dissociar os carbetos.
Queima (sinterização por formação de fase vítrea)	Tijolos (Seção 13-6)	Aglomeração	Aquecer acima da temperatura eutética, para formar uma fase vítrea unindo os grãos.
Sinterização sólida	Metais pulverizados (Seção 13-6)	Aglomeração	Aquecer a uma temperatura logo abaixo do ponto de fusão, a fim de que a difusão sólida possa consolidar o material na forma de uma massa integrada.

MATERIAIS (Tabela 11-1) — O.V. — 23-III-70 — 3,00 hs.

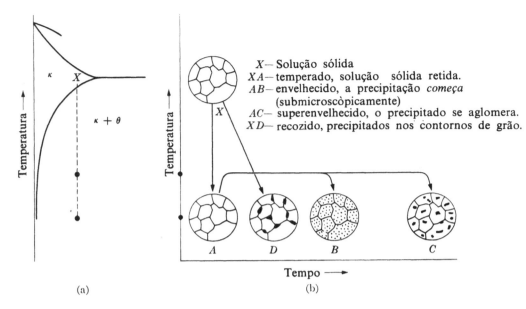

Fig. 11-17. Tratamento de envelhecimento (liga 95,5% Al-4,5% Cu). Ver Tabela 11-2. Na dureza máxima, o precipitado ainda é submicroscópico.

sólida supersaturada ao ser resfriada bruscamente, mas que envelhece em temperatura ambiente. Os rebites são usados enquanto estão moles e dúcteis e endurecem após terem sido fixados. Como o envelhecimento é razoàvelmente rápido à temperatura ambiente, existe o problema prático de se atrasar o processo, quando os rebites não vão ser utilizados imediatamente após o tratamento de solubilização. Neste caso, tira-se vantagem do efeito da temperatura na velocidade da reação. Após o tratamento de solubilização, os rebites são armazenados em uma geladeira, pois, em virtude da temperatura mais baixa, o envelhecimento se dá de forma muito lenta.

Tabela 11-2
Propriedades de uma Liga Envelhecível (95,5% Al-4,5% Cu)

Tratamento (Ver Fig. 11-17)	Limite de resistência kgf/mm^2	Limite de escoamento kgf/mm^2	Ductilidade (% em 50 mm)
A Solubilizada	24	11	40
B Envelhecida	42	31	20
C Superenvelhecida	~17	~7	~20
D Recozida	17	7	15

Estudos detalhados levaram à seguinte interpretação do fenômeno de endurecimento por envelhecimento. Os átomos supersaturados (átomos de Cu no Ex. 10-1 e na Fig. 11-17) tendem a se acumular ao longo de planos cristalinos específicos, na forma indicada na Fig. 11-18(b). A concentração de átomos de cobre (soluto) nessas posições diminui a concentração nos outros pontos, produzindo uma supersaturação menor e, portanto, uma estrutura

• Átomo do soluto   o Átomo do solvente

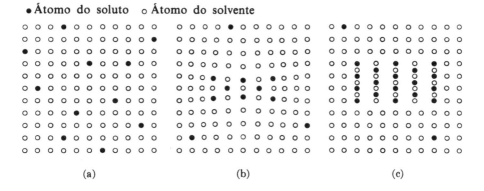

Fig. 11-18. Mecanismo de endurecimento por precipitação: (a) solução sólida α. (b) Envelhecido; a precipitação de β está apenas iniciada. Como, neste estágio, as duas estruturas são coerentes, existe um campo de tensões ao redor do precipitado. (c) Superenvelhecido. Tem-se duas fases distintas e não coerentes, α e β. Um número limitado de átomos soluto interferem ao máximo com o movimento das discordâncias na situação (b). (Guy, A. G. *Elements of Physical Metallurgy*. Reading, Mass.: Addison-Wesley, 1959, pg. 448).

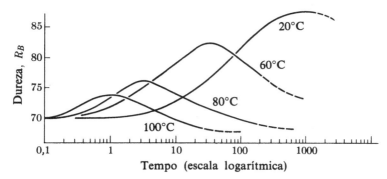

Fig. 11-19. Superenvelhecimento. Os precipitados são carbetos e nitretos (observe a escala R_B). (Adaptado de Davenport e Bain, "The Aging of Steel" *Trans. A. S. M.*, **23**, 1061, 1935).

cristalina mais estável. Nesse estágio, os átomos de cobre ainda não formaram uma fase completamente distinta; existe uma coerência dos espaçamentos atômicos ao longo da fronteira entre as duas estruturas. O movimento das discordâncias, ao longo destas regiões de distorção, fica dificultado e, conseqüentemente, o metal se torna mais duro e mais resistente à deformação.

Superenvelhecimento. A continuação do processo de segregação, por longos períodos de tempo, leva a uma precipitação verdadeira; o metal amolece e diz-se que foi *superenvelhecido*. Por exemplo, o desenvolvimento de uma estrutura verdadeiramente estável em uma liga com 96% de alumínio e 4% de cobre em temperatura ambiente, envolve a separação quase completa do cobre, o qual originàriamente se encontrava dissolvido no alumínio cfc. Pràticamente, todos os átomos de cobre formam $CuAl_2$ (θ na Fig. 11-17a). Como o crescimento da segunda fase implica no aparecimento de áreas relativamente grandes, que não conseguem resistir ao escorregamento, observa-se um amolecimento marcante.

A Fig. 11-19 mostra dados relativos ao envelhecimento e superenvelhecimento de aços para mancais, de baixo carbono e nitretados. Todo o nitrogênio presente consegue se dissolver no aço a 650°C; entretanto, a solubilidade dêste na ferrita cai pràticamente a zero em temperaturas mais baixas, de forma que a precipitação começa. O endurecimento inicial é seguido por um amolecimento, o qual resulta da aglomeração do precipitado. Dois efeitos da temperatura de envelhecimento podem ser observados: (1) a precipitação, e portanto, o endurecimento, começa mais ràpidamente em temperaturas mais altas; (2) o superenvelhecimento, e portanto o amolecimento, também ocorre tanto mais rápido quanto maior a temperatura. A superposição dêsses dois efeitos afeta a dureza máxima que pode ser atingida. Temperaturas mais baixas permitem a obtenção de durezas mais elevadas, embora para isso se necessite de períodos de tempo mais longos.

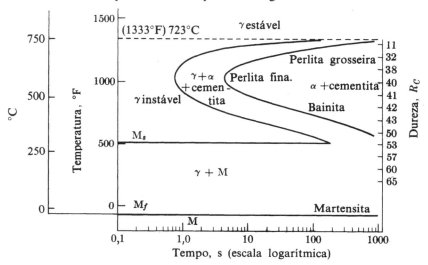

Fig. 11-20. Temperatura de transformação isotérmica *versus* dureza (aço eutetóide). Microestruturas mais grosseiras e, portanto, aços mais moles, são originadas em temperaturas mais elevadas.

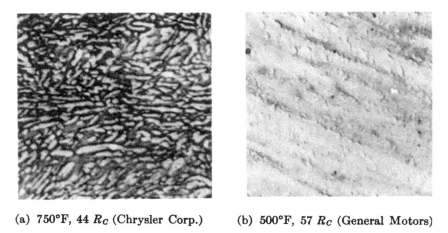

(a) 750°F, 44 R_C (Chrysler Corp.)   (b) 500°F, 57 R_C (General Motors)

Fig. 11-21. Micrografias eletrônicas de bainita. Em ambos os casos, o aço é eutetóide. Compare com a Fig. 11-2 (*Electron Microstructure of Steel*. Philadelphia: American Society for Testing Materials, 1950).

MODIFICAÇÕES DE PROPRIEDADES ATRAVÉS DE ALTERAÇÕES NA MICROESTRUTURA 307

Endurecimento combinado. Ocasionalmente, é desejável combinar-se dois métodos de endurecimento. A deformação a frio de uma liga prèviamente envelhecida aumenta ainda mais a dureza. Entretanto, existem algumas dificuldades práticas nesse processo. O endurecimento por envelhecimento aumenta a resistência ao escorregamento e, portanto, a energia necessária para a deformação a frio, além de diminuir a ductilidade tornando mais provável a ruptura durante essa etapa. Uma outra alternativa, é o trabalho a frio antes do tratamento de envelhecimento. O metal é então moldado mais fàcilmente e a reação de envelhecimento se dá em temperaturas mais baixas, pois os planos de escorregamento atuam como núcleos para a precipitação. Entretanto, a temperatura durante essa última etapa alivia parte do encruamento e causa uma leve perda de dureza. Embora não se consiga durezas tão elevadas como as obtidas na ordem inversa, a dureza final é superior à obtida por qualquer dos dois processos isoladamente (Tabela 11-3).

Tabela 11-3

Limites de Resistência para uma Liga Encruada e/ou Envelhecida (98 % Cu-2 % Be)

Recozida (880°C)	24 kgf/mm^2
Solubilizada (880°C) e resfriada ràpidamente	50 kgf/mm^2
Envelhecida	122 kgf/mm^2
Encruada (37 %)	75 kgf/mm^2
Envelhecida depois encruada	140 kgf/mm^2 (trinca)
Encruada depois envelhecida	136 kgf/mm^2

11-8 PROCESSOS DE TRANSFORMAÇÃO ISOTÉRMICA.

Se as amostras usadas como exemplos na Seção 10-7 fôssem testadas, haveria uma correlação definida entre a dureza de um lado e a temperatura de transformação do outro. Essa correlação está apresentada gràficamente (ordenada da direita) na Fig. 11-20. As *transformações isotérmicas* em temperaturas elevadas produzem estruturas de perlita grosseira; logo, as propriedades são bastante próximas daquelas obtidas por recozimento. Quando se trabalha em temperaturas mais baixas, obtém-se perlita mais fina, já que a agitação térmica menor não facilita tanto a difusão do carbono das áreas que formarão ferrita para as de formação de cementita.

Bainita. Se a transformação isotérmica ocorrer a uma temperatura inferior à do "joelho" da curva T-T-T, não se obtém perlita. Ao invés de se obter uma estrutura lamelar, a cementita fica finamente dispersa na matriz de ferrita, formando a microestrutura conhecida como *bainita* (Fig. 11-21).

A bainita e a martensita de revenido (Fig. 11-2) possuem estruturas bastante parecidas; suas propriedades são semelhantes. A microestrutura e as propriedades de ambas variam com a temperatura de transformação. Temperaturas elevadas produzem partículas maiores de cementita e, portanto, aços com maior ductilidade.

A bainita pode ser desenvolvida através de um processo comercial denominado *austêmpera.* A Fig. 11-22 mostra esquemàticamente êsse tratamento térmico. O resfriamento, que deve ser suficientemente rápido para evitar a formação de perlita, é usualmente feito em chumbo fundido ou em um banho de sais fundidos mantido a uma temperatura logo acima da de começo de formação de martensita. Êsse processo possui a grande vantagem de não possibilitar o desenvolvimento de martensita frágil nos aços com alto carbono; conseqüentemente, a suscetibilidade às trincas, devidas à diferença de contração entre a superfície e o centro da peça, diminui. Lamentàvelmente, o tempo necessário para a transformação isotérmica pode ficar muito ampliado na presença de elementos de liga.

○ *Formação de bainita.* As partículas de cementita da bainita (Fig. 11-21) são nucleadas em vários pontos no interior dos grãos austeníticos originais, ao contrário da perlita, para a qual a nucleação se dá ao longo dos contornos de grão. Estudos detalhados mostraram que a austenita também pode se transformar em ferrita através de um deslocamento por cisalhamento dos átomos de ferro cfc para um arranjo ccc. Conforme esta transformação se processa, isso se dá ao longo de planos cristalinos específicos do grão austenítico; as partículas de cementita se precipitam em muitos pontos dessa trajetória. Isso significa que as curvas de transformação isotérmica da Fig. 11-20 são, na verdade, dois conjuntos de curvas (Fig. 11-23): um, que indica o tempo necessário para a difusão dos átomos de carbono e ferro (formação de perlita) e outro que mostra o tempo necessário para a transformação por cisalhamento combinada com a precipitação de cementita (formação de bainita). Em um aço eutetóide, acima de 530°C, a perlita se forma mais ràpidamente que a bainita, pois a velocidade de difusão é suficientemente elevada para permitir o movimento dos átomos de carbono ao longo de distâncias relativamente elevadas (Fig. 10-3). Abaixo de 530°C, quando a transformação por cisalhamento produz muitos pontos de nucleação ao longo dos vários planos de cisalhamento, o carbono não consegue percorrer (por difusão) distâncias muito grandes e a bainita se forma ràpidamente.

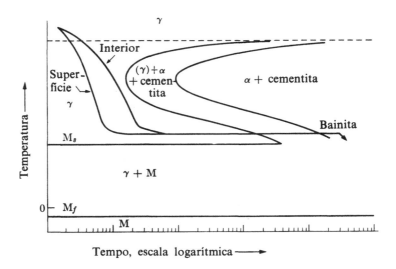

Fig. 11-22. Austêmpera. Êsse tratamento térmico transforma isotèrmicamente a austenita em bainita (α + cementita). As propriedades da bainita são pràticamente idênticas às da martensita revenida.

Êsses dois conjuntos de curvas de transformação são mais nítidos em um aço 4340 (Fig. 11-23b) que num 1080, pois as curvas não são tangentes entre si. Os elementos de liga de um aço 4340 (1,8 % Ni, 0,75 % Cr e 0,25 % Mo) reduzem a velocidade de transformação para perlita mais que a de transformação em bainita. Indubitàvelmente, isto é um reflexo do efeito dos elementos de liga no coeficiente de difusão do carbono.

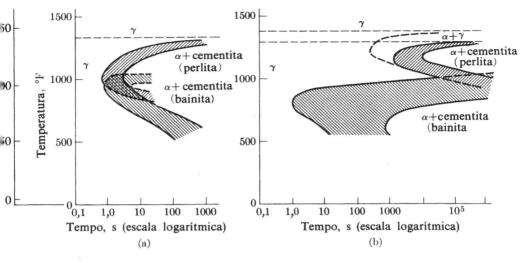

Fig. 11-23. Formação de perlita e bainita: (a) aço eutetóide, (b) aço 4340. A perlita se forma mais ràpidamente que a bainita, acima de 540°C; abaixo de 540°C dá-se o contrário.

11-9 TRATAMENTO DE TÊMPERA E REVENIDO. Os tratamentos de têmpera e de revenido podem ser resumidos através da seguinte reação esquemática:

$$\underset{(\text{instável})}{\gamma} \xrightarrow[\text{normal}]{\text{transformação}} \alpha + \text{cementita} \quad (11\text{-}6)$$

$$\searrow_{\text{tempera}} \quad M \quad \nearrow^{\text{revenido}}$$
$$\text{(transição)}$$

Na Fig. 11-24, o processo de têmpera e de revenido estão esquematizados no diagrama T-T-T. O intervalo de tempo entre a têmpera e o revenido pode ser qualquer um compatível com as necessidades de produção.

Transformação com resfriamento contínuo. A curva de transformação isotérmica na Fig. 11-24 é apropriada, desde que o resfriamento seja suficientemente rápido para esfriar tanto a superfície como o centro da peça, em um tempo menor que o necessário para iniciar a transformação no "joelho" da curva. Entretanto, em um aço carbono comum, a têmpera só se dá com essa rapidez para peças extremamente pequenas. Portanto, a fim de se levar em conta o efeito integrado do tempo *e* da temperatura na reação de transformação, necessitamos modificar a curva de transformação. Isso está feito na Fig. 11-25, para um aço eutetóide; pode-se observar que a curva de *transformação com resfriamento contínuo* acha-se deslocada para baixo e para a direita em relação à curva de transformação isotérmica correspondente.

Existem duas velocidades de resfriamento importantes em uma transformação com resfriamento contínuo, as quais estão incluídas na Fig. 11-25. A primeira corresponde à velocidade mínima para se obter sòmente martensita; a segunda é a velocidade máxima que produz apenas perlita. A 700°C, estas velocidades valem, respectivamente, cêrca de 330°C/s e 110°C/s, para um aço 1080. Essas velocidades críticas são menores para aços contendo elementos de liga. (Mais uma vez, deve-se lembrar que os elementos de liga não reduzem a velocidade de retirada de calor; apenas diminuem a velocidade crítica de resfriamento para a formação de martensita).

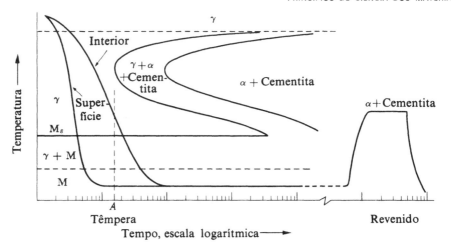

Fig. 11-24. Têmpera e revenido. Êsse é o tratamento térmico mais antigo para endurecer e enrigecer o aço. Entretanto, a formação de martensita frágil possibilita a fissuração durante a têmpera.

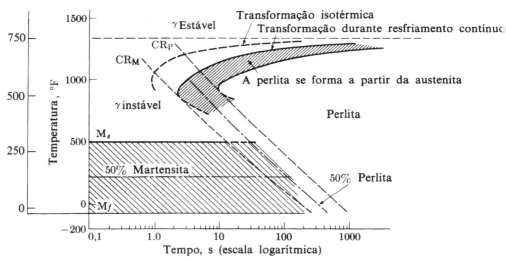

Fig. 11-25. Curva de transformação durante resfriamento contínuo (aço eutetóide). Os tempos e as temperaturas de transformação acham-se deslocados em relação à curva de transformação isotérmica para o mesmo aço (Cf. Fig. 10-24). CR_M = velocidade mínima de resfriamento para 100% de martensita. CR_P = velocidade máxima de resfriamento para 100% de perlita.

◎ *Martêmpera.* Como há um atraso da queda de temperatura do centro da peça em relação à da superfície, o aço no interior se transforma, quer em perlita quer em martensita, após a superfície já se ter transformado em martensita frágil. Dessa forma, podem aparecer fissuras na superfície, em virtude da expansão do centro durante a transformação (Fig. 12-37). Isto é particularmente importante nos aços de alto carbono, os quais possuem tenacidade baixa (Fig. 11-11) e nas peças que possuem entalhes ou curvas de pequeno raio de curvatura, pois nesses pontos haverá concentração de tensões.

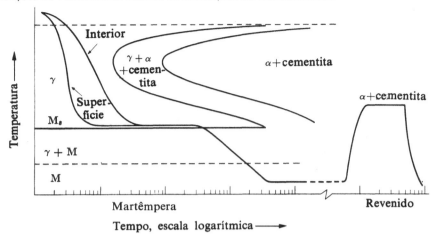

Fig. 11-26. Têmpera interrompida ou martêmpera (esquemático). Êsse tratamento térmico evita tensões severas na martensita não-dúctil, pois o centro e a superfície se transformam simultâneamente. O gradiente de temperatura na têmpera inicial não é importante, ainda mais que a austenita é dúctil.

O perigo de fissuramento pode ser parcialmente eliminado através de uma variação do processo de têmpera, denominada de *martêmpera* ou *têmpera interrompida*. A variação de temperatura nesse tratamento térmico está mostrada na Fig. 11-26. Tal como na austêmpera, o aço é temperado em um banho cuja temperatura está acima de M_s. Após haver a homogenização da temperatura, o aço é resfriado lentamente para formar martensita. Nessas condições, não aparecem tensões importantes na martensita frágil. Da mesma forma que após a têmpera, à martêmpera deve-se seguir um tratamento de revenido. (O têrmo *martêmpera* também é aplicado a esta etapa. Entretanto, a diferença propriamente dita está no estágio de têmpera e não no de revenido).

Na prática, a fim de se utilizar os benefícios do processo de têmpera interrompida, devem ser adicionados elementos de liga ao aço pois, de outra forma, a velocidade crítica de resfriamento é tão grande que não se consegue obter martensita em peças grandes ou mesmo de tamanho médio.

⊙ *"Ausforming"*[1]. Em certos aços ligados, o resfriamento pode ser interrompido por um período de tempo suficientemente longo, de forma a permitir trabalho mecânico na faixa de temperaturas 530-420°C. Quando isso pode ser feito a austenita é deformada plàsticamente antes de ser transformada em martensita. A combinação do encruamento e da têmpera, seguida por um revenido breve, permite obter-se produtos extremamente resistentes (210 kgf/mm²) que são do maior interêsse em engenharia.

11-10 ENDURECIBILIDADE. É importante distinguir-se entre *endurecibilidade* e *dureza*: esta é uma medida da resistência à deformação plástica. A *endurecibilidade* ou *temperabilidade* é a maior ou menor facilidade com que se pode conseguir dureza.

A Fig. 11-27 mostra a máxima *dureza* possível nos aços, em função do teor de carbono; êsse valor máximo só é atingido quando se tem 100% de martensita. Um aço, que se transforma ràpidamente de austenita para ferrita mais cementita, possui pequena *temperabilidade*, pois êsses produtos de transformação em alta temperatura se formam às expensas de mar-

---

[1] N. do T. — "Ausforming" é um dos assim chamados tratamentos termomecânicos. Não foi encontrada uma tradução adequada.

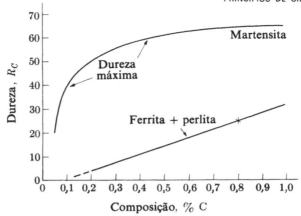

Fig. 11-27. Dureza máxima *versus* teor de carbono de aços carbono comuns, mostrando a máxima dureza oriunda da martensita comparada com a desenvolvida por microestruturas perlíticas. A fim de produzir a dureza máxima, deve-se evitar a reação α + cementita durante a têmpera.

Fig. 11-28. Ensaio Jominy de temperabilidade. (A. G. Guy, *Elements of Physical Metallurgy*. Reading, Mass.: Addison-Wesley, 1959).

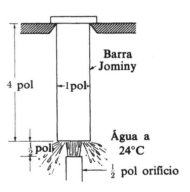

(a)

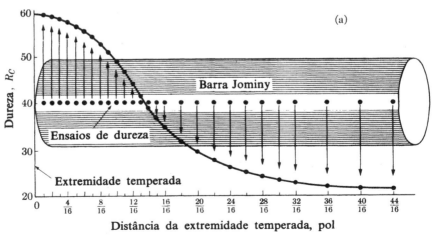

(b)

MODIFICAÇÕES DE PROPRIEDADES ATRAVÉS DE ALTERAÇÕES NA MICROESTRUTURA 313

tensita. Por outro lado, um aço para o qual essa transformação se dá lentamente, possui uma grande temperabilidade. Durezas próximas ao valor máximo podem ser obtidas com resfriamentos menos severos, usando-se aços de elevada temperabilidade, além de se conseguir durezas mais elevadas nos centros das peças mesmo que, aí, a velocidade de resfriamento seja menor.

Ensaio Jominy. Existe um ensaio padronizado, comumente denominado ensaio Jominy, para se determinar a temperabilidade de um aço. Uma barra redonda, de tamanho determinado, é aquecida a fim de formar austenita e então uma de suas extremidades é temperada com uma corrente de água de vazão e pressão especificadas, conforme indica a Fig. 11-28. Determina-se então os valôres da dureza ao longo do comprimento da barra, o qual foi submetido a um gradiente de velocidades de resfriamento; constrói-se, em seguida, uma *curva de temperabilidade.*

A extremidade temperada é resfriada muito ràpidamente, de forma que aí se atinge a dureza máxima possível, de acôrdo com o teor de carbono do aço. Conforme se caminha ao longo do comprimento, tem-se velocidades de resfriamento cada vez menores, de forma que a dureza vai diminuindo. A Fig. 11-29 mostra a velocidade de resfriamento como uma função da distância à extremidade temperada. Essa curva é válida para todos os *aços carbono comuns ou de baixa liga**. Como a temperatura, o tamanho e forma do corpo de prova, o método e as demais variáveis são padronizadas, a velocidade de resfriamento para um certo ponto é pràticamente independente do tipo de aço.

Tabela 11-4

Velocidades de Resfriamento para Barras de Aço a 723°C
(Diâmetro: 75 mm)

Posição	Têmpera em água agitada, °C/s	Têmpera em óleo agitado, °C/s
Superfície	105	20
$\frac{3}{4}$ raio	25	11
$\frac{1}{2}$ raio	15	8
$\frac{1}{4}$ raio	12	7
Centro	11	6

Cálculos de temperabilidade. As curvas de temperabilidade possuem grande valor prático pois (1) se se conhecer a velocidade de resfriamento de um aço em uma têmpera, a dureza pode ser lida diretamente a partir da curva de temperabilidade do aço e (2) se fôr medida a dureza em qualquer ponto, a velocidade de resfriamento correspondente pode ser obtida a partir da curva de temperabilidade.

A Fig. 11-30 apresenta a curva de temperabilidade para um aço 1040 com o tamanho de grão e composição indicados**. A extremidade temperada possui a máxima dureza para um aço com 0,40 % de carbono, pois o resfriamento foi suficientemente rápido para se ter

---

* As propriedades de aço que alterariam a velocidade de resfriamento são condutividade térmica calor específico e densidade. Nos *aços carbono e de baixa liga*, essas variam tão pouco que se tem apenas variações muito pequenas na velocidade de resfriamento. Aços de alta liga, do tipo inoxidável, são exceções. Entretanto, êsses aços são raramente temperados a fim de se endurecerem.

** Êstes dados se aplicam para essa composição (e tamanho) do aço 1040. Uma pequena variação é possível na composição química de qualquer aço (por exemplo, em um aço 1040, C = 0,37 – 0,44 Mn = 0,60 – 0,90, S = 0,05, P = 0,04 e Si 0,15 – 0,25). Como conseqüência, dois aços 1040 distintos podem possuir curvas de temperabilidade ligeiramente diferentes.

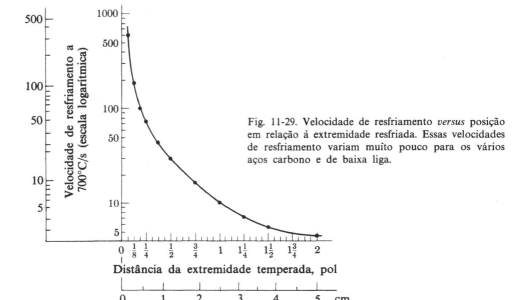

Fig. 11-29. Velocidade de resfriamento *versus* posição em relação à extremidade resfriada. Essas velocidades de resfriamento variam muito pouco para os vários aços carbono e de baixa liga.

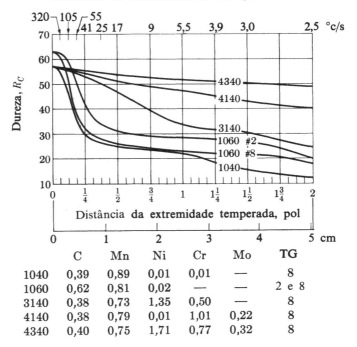

	C	Mn	Ni	Cr	Mo	TG
1040	0,39	0,89	0,01	0,01	—	8
1060	0,62	0,81	0,02	—	—	2 e 8
3140	0,38	0,73	1,35	0,50	—	8
4140	0,38	0,79	0,01	1,01	0,22	8
4340	0,40	0,75	1,71	0,77	0,32	8

Fig. 11-30. Curvas de temperabilidade para seis aços diferentes, com as composições e os tamanhos de grão austenítico indicados. O intervalo de variação das especificações químicas normais produz alguma variação na temperabilidade. (Adaptado de dados da U. S. Steel Corp).

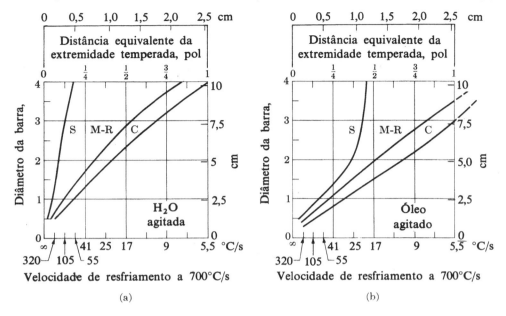

Fig. 11-31. Velocidade de resfriamento em barras redondas temperadas em (a) água e (b) óleo. Abscissa inferior, velocidades de resfriamento a 700°C; a abscissa superior, posições equivalentes na barra do ensaio Jominy. (C, centro; M-R, metade do raio; S, superfície).

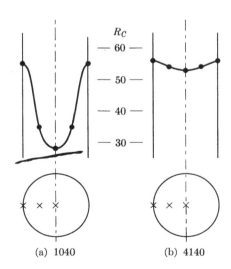

Fig. 11-32. Durezas ao longo da seção transversal. Ver Exemplo 11-2.

(a) 1040 (b) 4140

100% de martensita. Entretanto, logo atrás dessa extremidade, a velocidade não foi suficientemente rápida para evitar a formação de alguma ferrita e cementita, de forma que não se atinge a dureza máxima neste ponto. (Compare a dureza máxima da Fig. 11-30, com a indicada para êste aço na Fig. 11-27).

É também possível determinar-se as velocidades de resfriamento no interior de barras de aço. A Tabela 11-4, por exemplo, mostra as velocidades de resfriamento na temperatura eutetóide para a superfície, o centro e pontos situados a uma profundidade de três quartos metade e um quarto do raio, respectivamente. Essas velocidades foram determinadas através de pares termelétricos colocados no interior das barras durante a têmpera. Dados semelhantes foram obtidos para barras de outros diâmetros. Êsses dados estão sumariados na Fig. 11-31.

Através do uso dos dados da Fig. 11-31 e de uma curva de temperabilidade, pode-se predizer a dureza de um aço após têmpera. Por exemplo, o centro de uma barra de 75 mm de diâmetro resfria-se à razão de 6°C/seg. Como êste ponto se resfria com a mesma velocidade de um situado a 25 mm de distância da extremidade temperada de uma barra Jominy, a dureza no centro será a mesma que a do ponto de 25 mm no ensaio Jominy. Se o aço da barra fôr 1040 (Fig. 11-30), então a dureza no centro será 22 R_c. A Fig. 11-30 mostra que as seguintes durezas devem ser esperadas nos centros de barras de diferentes aços, quando resfriados a 6°C/s:

SAE	1040	4140	3140	4340	1060 (TG-8)	1060 (TG-2)
R_c	22	47	34	52	23	29

Exemplo 11-2

Colocar em gráfico a dureza ao longo da seção transversal de duas barras redondas de aço temperadas em água; ambas têm diâmetro de 1,5 pol e são feitas de aço SAE 1040 e 4140 respectivamente.

Resposta:

Posição	Veloc. aprox. de resfriam. a 715°C	Veloc. de resfriam. a 715°C	SAE 1040	SAE 4140
Superfície	330°C/s	330°C/s	55 R_C	56 R_C
½ raio	55°C/s	55°C/s	35 R_C	54 R_C
Centro	35°C/s	35°C/s	28 R_C	53 R_C

A dureza ao longo da seção transversal para os dois aços do Ex. 11-2 está mostrada na Fig. 11-32. Embora a dureza na superfície seja pràticamente a mesma para ambos os aços, a diferença entre suas temperabilidades faz com que se tenha uma dureza no centro muito maior para a barra de aço SAE 4140. Como êsse aço possui um teor mais elevado de elementos de liga, êsses retardam a transformação de austenita para ferrita e cementita. Conseqüentemente, forma-se mais martensita.

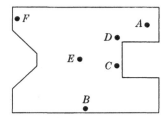

Fig. 11-33. Dureza *versus* posição em uma barra em V.

Exemplo 11-3

A Fig. 11-33 mostra alguns pontos da seção transversal de uma barra de aço SAE 3140, de perfil irregular, para os quais foram obtidas as seguintes durezas após têmpera em óleo. Que durezas deveríamos esperar para uma barra de mesma forma mas de aço SAE 1060 (TG-8)?

Resposta:

Ponto	SAE 3140 Da Fig. 11-30		SAE 1060 (TG-8) Da Fig. 11-30	
	Dureza	Vel. aprox. de resf. a 1300°F	Vel. de resf. de 1300°F	Dureza
A	53 R_C	70°F/s	70°F/s	32 R_C
B	52 R_C	60°F/s	60°F/s	30 R_C
C	51 R_C	45°F/s	45°F/s	28 R_C
D	48 R_C	35°F/s	35°F/s	27 R_C
E	47 R_C	30°F/s	30°F/s	26 R_C
F	56 R_C	600°F/s	600°F/s	60 R_C

⊙ **11-11 PROCESSOS DE GRAFITIZAÇÃO.** Os carbetos no ferro e no aço parecem ser muito estáveis. Entretanto, medidas muito precisas mostram que o carbono na forma de grafita é mais estável no ferro e aço que na forma de carbetos. A cementita se *dissociará* em ferro e grafita se o tempo fôr suficiente e/ou na presença de catalisadores adequados, ou seja:

$$Fe_3C \rightarrow 3Fe + C_{(gr)} \quad (11\text{-}7)$$

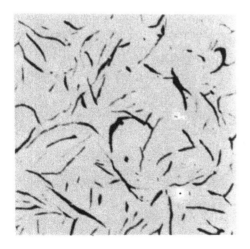 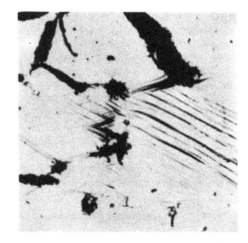

Fig. 11-34. Ferro fundido cinzento, 100×. O carbono se apresenta na forma de lamelas de grafita. O alto teor de carbono permite uma fundição fácil, mas, reduz a resistência e a ductilidade. (J. E. Rehder, Canada Iron Foundries).

Fig. 11-35. Propagação de uma fissura no ferro fundido cinzento, 350×. As tensões se concentram nas extremidades dos flocos de grafita. (R. A. Flinn e P. K. Trojan, University of Michigan).

PRINCÍPIOS DE CIÊNCIA DOS MATERIAIS

Entretanto, na maior parte dos aços, essa transformação não é fácil. Portanto, para todos os efeitos práticos, o carbeto de ferro é uma fase metastável, tal como o vidro (Seção 10-5), e persistirá quase que indefinidamente em temperatura ambiente.

Embora a dissociação da cementita em ferro e carbono não seja usualmente detectável, existem métodos de acelerá-la. Por exemplo, temperaturas elevadas e a presença de silício como um catalisador positivo aumentam a velocidade da reação consideràvelmente. A reação de dissociação pode ser escrita como se segue:

$$Fe_3C \xrightarrow[Calor]{Si} 3\,Fe + C_{(gr)}. \qquad (11-8)$$

Quase todos os ferros fundidos contém silício. Com menos de 1% de silício presente, a solidificação em geral é suficientemente rápida para que a dissociação do Fe_3C não tenha tempo de ocorrer. Quantidades crescentes de silício tornam cada vez mais fácil ocorrer a decomposição.

Ferro fundido cinzento. A maior parte dos ferros fundidos contém silício suficiente (mais de 1,5%) para que se forme grafita durante o processo de solidificação. A grafita dá à superfície fraturada do metal uma côr cinzenta, daí o nome *ferro fundido cinzento.* O carbono se acha na forma de lamelas no interior do metal (Fig. 11-34). O efeito dessas lamelas nas propriedades mecânicas é muito marcado. Como a grafita pràticamente não possui resistência, as lamelas atuam como vazios na estrutura, reduzindo a área efetiva da seção transversal da peça. Além disso, durante a solicitação, as tensões de tração se concentram nas extremidades destas lamelas, como mostrado na Fig. 11-35, tornando mais fácil a ruptura. A fissura se propaga fàcilmente de uma lamela para outra. Portanto, a presença de lamelas de grafita reduz marcadamente, não apenas, a resistência à tração como, também, a ductilidade e as outras propriedades relacionadas.

A despeito dêsses defeitos, as peças de ferro fundido cinzento são muito utilizadas, em virtude das qualidades que possuem, algumas das quais serão discutidas a seguir. Por exemplo, a baixa temperatura de "liquidus" do ferro cinzento facilita o enchimento de *moldes intrincados.* Além disso, a grafita torna o metal fàcilmente usinável, tornando baixo o custo global. Uma vantagem menos evidente do ferro fundido cinzento é a sua *capacidade de amortecimento.* Como existem "vazios" em sua estrutura, a transferência total de vibrações através do metal não é possível. Sòmente êsse fato já justifica o uso do ferro fundido cinzento em certas aplicações, como por exemplo, bases de máquinas pesadas.

Ferro fundido nodular. A adição de quantidades extremamente pequenas de magnésio (ou césio) ao ferro no estado de fusão, imediatamente antes do vazamento, produz grafita *nodular* ao invés de lamelar (Fig. 11-36). A razão para essa diferença na forma ainda não está esclarecida e tem sido intensamente estudada. Uma explicação possível é que o magnésio afeta a energia interfacial entre a grafita que está se cristalizando e o ferro líquido, controlando assim as características de crescimento.

Qualquer que seja a explicação, o resultado é importante para o engenheiro. Em virtude da forma esférica dos nódulos, não se produz concentrações de tensão tão intensas como a grafita lamelar e tem-se uma ductilidade muito maior no ferro nodular (Tabela 11-5). Essa

Tabela 11-5

Ductilidade de Materiais Ferríticos

Tipo de ferro	Porcentagem de alongamento (50mm)
Aço ferrítico	50
Ferro nodular ferrítico	15 a 20
Ferro maleável ferrítico	± 15
Ferro cinzento ferrítico	1

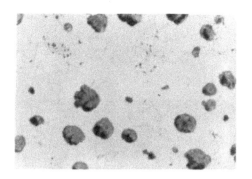

Fig. 11-36. Ferro fundido nodular, 100 ×. O carbono se apresenta como *nódulos* de grafita. Ao contrário do ferro fundido cinzento, o ferro nodular é ductil (Tabela 11-5). Tanto o ferro fundido cinzento como o nodular produzem a grafita *durante* a solidificação. (G. A. Colligan, Dartmouth).

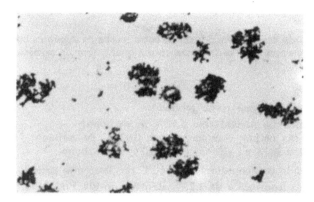

Fig. 11-37. Ferro fundido maleável, 100 ×. O carbono se apresenta na forma de aglomerados (*grafita de recozimento*). Desta forma, consegue-se alguma ductilidade. (Tabela 11-5). A grafita de recozimento se forma pela reação no estado sólido $Fe_3C \rightarrow 3Fe + C$. (*Metals Handbook Supplement 1-A*. Cleveland: American Society for Metals, 1954).

ductilidade de 15 a 20% permite um dobramento considerável e mesmo algum trabalho mecânico, o que era impossível com o ferro fundido cinzento. É claro que o ferro fundido nodular não possui uma ductilidade tão elevada como a de um aço, o qual não apresenta grafita. Por outro lado, o primeiro pode ser fundido mais fàcilmente que o aço em virtude de sua temperatura de fusão inferior (Fig. 9-25). O ferro nodular pode ser empregado em aplicações que exigem baixa temperatura de fusão e ductilidade moderada.

Ferro fundido branco. Os dois tipos acima de ferro fundido contêm silício suficiente para provocar a decomposição do carbeto de ferro durante a solidificação. Quando o teor de silício é menor (cêrca de 1%), o resfriamento rápido pode inibir a dissociação e produzir carbetos. Sem a presença de grafita, a superfície fraturada do ferro fundido se apresenta com côr branca, daí o nome *ferro fundido branco*. O alto teor de cementita torna o ferro fundido branco um material não-dúctil, muito frágil e com uma superfície resistente à abrasão em virtude das partículas duras. Êsse material é usado em aplicações do tipo freios para vagões ferroviários, que devem resistir à abrasão.

Ferro fundido maleável. A cementita do ferro fundido branco pode se decompor no estado sólido através de um tratamento em temperatura elevada, durante um período de tempo

PRINCÍPIOS DE CIÊNCIA DOS MATERIAIS

suficiente para que a reação ocorra. Acima da temperatura eutetóide, a cementita se decompõe em austenita e grafita:

$$Fe_3C \xrightarrow{Si} 3Fe_{(\gamma)} + C_{(gr)} \qquad (11\text{-}9)$$

Abaixo da temperatura eutetóide, a reação é:

$$Fe_3C \xrightarrow{Si} 3Fe_{(\alpha)} + C_{(gr)} \qquad (11\text{-}10)$$

Quando o carbono do ferro fundido se forma por dissociação do Fe_3C na peça sólida, aparecem "aglomerados" de grafita (Fig. 11-37)*. A microestrutura resultante origina alguma ductilidade em contraste com a inicial, pràticamente nula, daí o nome *ferro fundido maleável*. A ductilidade de cêrca de 15% que se pode obter nos ferros maleáveis, adequadamente tratados, resulta da remoção quase total dos carbetos frágeis e da ausência de lamelas de grafita.

⊙ **Exemplo 11-4**

Um ferro fundido branco com 3% de carbono recebe os seguintes tratamentos térmicos. Que fases estão presentes após cada tratamento e qual o teor de carbono de cada fase?

Resposta:

(a) Ferro fundido branco como recebido:
   (1) cementita (na perlita) com $6,67\%$ de carbono;
   (2) ferrita (na perlita) com menos que $0,025\%$ de carbono;
   (3) cementita (não na perlita) com $6,67\%$ de carbono.

(b) Ferro fundido branco aquecido a $860°C$ por um curto período de tempo:
   (1) austenita com cêrca de $1,25\%$ de carbono (da Fig. 9-26);**
   (2) cementita com $6,67\%$ de carbono.

(c) Ferro fundido branco aquecido a $860°C$ por um longo período de tempo:
   (1) austenita com aproximadamente $1,25\%$ de carbono;
   (2) grafita (na forma de grafita recozida) com 100% de carbono.

(d) Ferro fundido branco aquecido a $760°C$ por um longo período de tempo:
   (1) austenita com aproximadamente $0,9\%$ de carbono (da Fig. 9-26);
   (2) grafita (na forma de grafita recozida) com 100% de carbono.

(e) Ferro fundido branco aquecido a $760°C$ por um longo período de tempo e então resfriado ràpidamente (não temperado) até a temperatura ambiente:
   (1) ferrita (na perlita proveniente da austenita) com $0,02\%$ de carbono;
   (2) cementita (na perlita proveniente da austenita) com $6,67\%$ de carbono;
   (3) grafita (na forma de grafita recozida) com 100% de carbono.

O tratamento térmico (e) produz *ferro maleável perlítico*.

(f) Uma pequena peça de ferro fundido branco aquecida a $760°C$ por um longo período de tempo e então temperada até a temperatura ambiente:
   (1) martensita (proveniente da austenita) com aproximadamente $0,9\%$ de carbono;

---

* Comumente denominados de *grafita de recozimento* em virtude de serem obtidos através de tratamento térmico.

** Na presença de grafita, a solubilidade do carbono na austenita é levemente menor, embora não cativamente, que na presença de Fe_3C.

MODIFICAÇÕES DE PROPRIEDADES ATRAVÉS DE ALTERAÇÕES NA MICROESTRUTURA

(2) grafita (na forma de grafita recozida) com 100% de carbono.

(g) Ferro fundido branco aquecido por um longo período de tempo a 700°C:

(1) ferrita com 0,02% de carbono (da Fig. 9-26);

(2) grafita (na forma de grafita recozida) com 100% de carbono.

Os tratamentos térmicos (g) ou (e), seguidos por resfriamento lento formam *ferro maleável ferrítico*.

A dissociação do carbeto de ferro deve ocorrer no estado sólido, para produzir a estrutura mostrada na Fig. 11-37. Portanto, o *ferro fundido maleável deve começar como ferro fundido branco*. Entretanto, a não ser com técnicas especiais, uma peça grande (diâmetro maior que 7 ou 10 centímetros) não pode ser resfriada com rapidez suficiente para evitar a formação de grafita durante a solidificação, tendo ao mesmo tempo suficiente silício para permitir a subsequente decomposição da cementita no sólido. Por essa razão, usualmente, a aplicação do ferro maleável está limitada a peças pequenas.

REFERÊNCIAS PARA LEITURA ADICIONAL

11-1. Birchenall, C.E., *Physical Metallurgy*. New York: McGraw-Hill, 1959. Os Caps. 11-13 apresentam as modificações microestruturais resultantes de tratamentos térmicos. Material suplementar para êste texto.

11-2. Clark, D.S e W.R. Varney, *Physical Metallurgy for Engineers*, 2. edição. New York: D. Van Nostrand, 1962. Os Caps. 8 e 9 discutem os tratamentos térmicos do aço e as funções dos elementos de liga, respectivamente. O Cap. 8 apresenta métodos empíricos de calcular temperabilidade e amolecimento por revenido. Para estudantes.

11-3. Grossman, M.A., *Elements of Hardenability*. Cleveland: American Society for Metals, 1952. O Cap. 1 discute vários ensaios de temperabilidade em um nível introdutório. O Cap. 2 considera as alterações microestruturais que acompanham o endurecimento do aço. Os Caps. 3 e 4 apresentam métodos empíricos para se estimar a temperabilidade a partir da análise química e dos tamanhos de grão.

11-4. Guy A.G., *Elements of Physical Metallurgy*. Reading, Mass.: Addison-Wesley, 1959. Os Caps. 12 e 14 dão uma apresentação completa dos tratamentos térmicos. Para estudantes adiantados.

11-5. Guy, A.G., *Physical Metallurgy for Engineers*. Reading, Mass.: Addison-Wesley, 1962. Os Caps. 8-10 contêm uma excelente discussão, para estudante, de microestruturas e propriedades.

11-6. Keyser, C.A., *Materials of Engineering*. Englewood Cliffs, N.J.: Prentice Hall, 1956. O Cap. 10 discute as ligas de ferro e os vários tratamentos térmicos para modificar microestruturas. Também estão incluídos os aços e os ferros fundidos. O Cap. 9 considera o envelhecimento. Introdutório.

11-7. Kingery, W.D., *Introduction to Ceramics*. New York: John Wiley & Sons, 1960. O Cap. 13 caracteriza e discute as variações em microestruturas de materiais cerâmicos.

11-8. National Bureau of Standards, *Microstructure of Ceramic Materials*. NBS Miscellaneous Publications 257, 1964. Washington, D.C.: U.S. Government Printing Office. Uma série de seis conferências sôbre microestruturas de materiais cerâmicos e seu efeito nas propriedades.

11-9. Smith, C.S., "Grains, Phases, and Interfaces: An Interpretation of Microstructure". *Trans. A.I.M.E.*, 175, 15, 1948. Uma discussão profunda, mas fàcilmente compreensível dos fatôres que còntrolam as microestruturas e, portanto, algumas propriedades dos metais.

PRINCÍPIOS DE CIÊNCIA DOS MATERIAIS

11-10. Van Vlack, L.H., *Physical Ceramics for Engineers.* Reading, Mass.: Addison-Wesley, 1964. O Cap. 7 descreve as microestruturas de materiais cerâmicos.

PROBLEMAS

11-1. Calcular a densidade de um plástico fenol-formaldeído reforçado com 15 % de vidro. (Usou-se, para as fibras, vidro à base de borossilicatos).

11-2. Sabendo-se que um aço 1080 tem densidade igual a 7,84 g/cm³, estimar a densidade da cementita. (A densidade da ferrita é igual a 7,87 g/cm³).

11-3. Estimar a condutividade térmica do plástico reforçado do Probl. 11-1. (Admita que o vidro está disperso ao acaso).

Resposta: 0,0005 cal·cm/°C·cm²·s.

11-4. Na prática comercial, um aço a ser normalizado é aquecido durante uma hora, 60°C acima da temperatura correspondente ao limite inferior de estabilidade da austenita. Indicar a temperatura de normalização para um aço 1040, 1080 e com 1 % de carbono.

11-5. Na prática comercial, um aço a ser recozido é aquecido durante uma hora, 30°C acima do limite superior de estabilidade da ferrita α. Indicar a temperatura de recozimento para os seguintes aços: 1040, 1080 e com 1 % de carbono.

1-6. Explicar por que as seguintes ligas podem (ou não) ser endurecidas por envelhecimento. (a) 97 % Al – 3 % Cu. (b) 97 % Cu – 3 % Zn. (c) 97 % Ni – 3 % Cu. (d) 97 % Cu – 3 % Ni. (e) 97 % Al – 3 % Mg. (f) 97 % Mg – 3 % Al.

1-7. Explicar por que uma liga 92 % Cu – 8 % Ni podem (ou não) ser endurecida por envelhecimento.

Resposta: A supersaturação é impossível.

11-8. Um fabricante de aviões recebe um lote de rebites de liga de alumínio já envelhecidos. Êles podem ser recuperados? Justificar.

11-9. Pode-se notar um ligeiro envelhecimento, quando um aço (99,7 % Fe – 0,3 % C) é temperado de 700°C até a temperatura ambiente e reaquecido durante três horas a 100°C. Justificar êsse endurecimento.

Resposta: A solubilidade do carbono na ferrita diminui.

11-10. A extremidade temperada de uma barra, submetida ao ensaio Jominy, tem uma dureza de 44 R_c. Qual o teor de carbono no aço? Justificar.

11-11. Que dureza terá a extremidade temperada de um aço? 4620?

Resposta: 50 R_c aproximadamente.

11-12. Uma barra de aço 1040 possui uma dureza superficial de 41 R_c e de 28 R_c no centro. Qual a velocidade de resfriamento na superfície e no centro a 700°C?

11-13. Que dureza deve se esperar no centro de uma barra redonda de 5 cm de aço 1040, se a mesma fôr temperada (a) em óleo levemente agitado? (b) em água levemente agitada?

11-14. Colocar em gráfico a dureza ao longo da seção transversal de uma barra redonda de aço 3140 com 2,5 cm de diâmetro (a) temperada em óleo, (b) temperada em água.

11-15. Uma barra redonda de 6,25 cm de diâmetro de aço 1040 é temperada em óleo agitado. Faça uma estimativa da dureza 2,5 cm abaixo da superfície da mesma. (Justifique).

11-16. Como variaria a dureza ao longo da seção transversal da barra de aço 1040 da Fig. 11-32 se (a) ela fôsse temperada em óleo sem agitar? (b) ela fôsse temperada em água parada? (c) se tivesse um tamanho de grão austenítico maior?

11-17. Colocar em gráfico a dureza ao longo da seção transversal para duas barras redondas de 7,5 cm de diâmetro que foram (a) temperada em óleo agitado (b) temperada em água agitada, respectivamente.

Resposta: (a) S, 48 R_c; M-R 38 R_c; C, 33 R_c (b) S, 55 R_c; M-R, 46 R_c; C, 42 R_c.

11-18. Duas barras de aço de 7,5 cm de diâmetro são temperadas: uma em óleo agitado e outra, em água agitada. Obtém-se as seguintes durezas ao longo da seção transversal:

Distância da superfície, cm	Água (R_C)	Óleo (R_C)
0	57	39
0,9	46	35
1,9	36	32
2,8	34	31
3,8	33	30

A partir dêstes dados, construir (por pontos) a curva de temperabilidade que seria obtida, se êste aço fôsse submetido a um ensaio Jominy.

11-19. As durezas no centro de seis barras do mesmo aço são as indicadas abaixo. A partir dêstes dados, construir a curva de temperabilidade para o aço. (TA = Temperada em água; TO = Temperada em óleo).

2,5 cm TA	58 R_c	5,0 cm TO	47 R_c
2,5 cm TO	57 R_c	10,0 cm TA	34 R_c
5,0 cm TA	54 R_c	10,0 cm TO	30 R_c

Resposta: Distância da extremidade temperada 0,6 cm, 57 R_c, 1,2 cm, 53 R_c, 1,9 cm, 45 R_c; 2,5 cm, 34 R_c; 3,1 cm, 30 R_c.

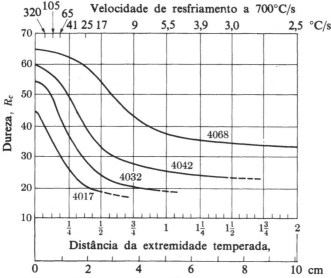

Fig. 11-38. Curvas de temperabilidade para aços 40xx. (A composição, a não ser quanto ao teor de carbono, permanece inalterada).

11-20. Com base na Fig. 11-38, mostre em gráfico o efeito do teor de carbono, na dureza superficial de barras redondas de 2,5 e 7,5 cm de diâmetro, temperadas em óleo.

11-21. Uma engrenagem feita do aço 3140 da Fig. 11-30 possui, no centro, uma dureza de 42 R_c. Que dureza deveríamos esperar se a mesma engrenagem fôsse feita de aço 1040?

Resposta: 24 R_c

11-22. A dureza superficial de uma barra redonda de aço 1040, temperada em óleo agitado, é 40 R_c. Determinar a dureza no centro de uma barra redonda de aço 4068 temperada em água, sabendo-se que o diâmetro dessa barra é o dobro do da barra de aço 1040 (Indicar tôdas as etapas de sua solução).

⊙ 11-23. Um ferro fundido branco é aquecido a 860°C e deixado nesta temperatura o tempo suficiente para que tôda a cementita se decomponha. É, então, resfriado ao ar, até a temperatura ambiente. (a) Dar a composição das fases presentes antes do resfriamento ao ar. (b) Indicar as microestruturas presentes após o resfriamento ao ar.

Resposta: (a) Grafita, 100% de carbono e austenita, 1,2% de carbono; (b) grafita de recozimento e perlita, mais o excesso de cementita.

⊙ 11-24. (a) Dois ferros fundidos cinzentos contêm (1) ferrita e grafita lamelar e (2) perlita e grafita lamelar, respectivamente. Que diferenças entre os modos de preparação de ambos podem ser responsabilizados por estas variações? (b) Dois ferros maleáveis contêm (1) ferrita e grafita de recozimento e (2) perlita e grafita de recozimento, respectivamente. Que diferenças entre os modos de preparação de ambos podem ser responsabilizados por estas variações?

⊙ 11-25. Dois ferros maleáveis possuíam, originalmente, a mesma composição. Após processados, um é composto de ferrita e grafita de recozimento e o outro de perlita e grafita de recozimento. Quais as diferenças entre os processamentos sofridos por ambos?

⊙ 11-26. Uma peça fundida de 50 kg, contendo 1% Si e 2% C, é resfriada muito lentamente após o vazamento. Dar as quantidades e as composições das fases presentes.

11-27. Comparar entre si (a) perlita, (b) bainita (c) martensita de revenido.

11-28. Colocar em um gráfico temperatura (ordenadas) *versus* tempo (abscissas), as linhas correspondentes aos tratamentos térmicos que se seguem. Indique as temperaturas importantes, os tempos relativos e as razões que o levaram a construir as curvas desta forma. (a) Normalização de um aço 1095 em contraste com o recozimento do mesmo. (b) Tratamento de solubilização de uma liga de alumínio com 5% de cobre, em contraste com o tratamento de precipitação da mesma. (c) Austêmpera de um aço 1045 em contraste com a martêmpera do mesmo. (d) Coalescimento de um aço 1085 em contraste com o de um aço 10105.

CAPÍTULO 12

ESTABILIDADE DOS MATERIAIS NAS CONDIÇÕES DE SERVIÇO

12-1 ESTABILIDADE EM SERVIÇO. A estabilidade de um material no meio em que vai ser utilizado é da maior importância em muitas aplicações práticas. Calcula-se que apenas a corrosão cause prejuízos entre oito e dez milhões de dólares por ano nos Estados Unidos. A deterioração de um automóvel é um exemplo dêste tipo de perda; entretanto, a corrosão ocorre em todos os tipos de equipamento. O engenheiro também deve especificar materiais para produtos a serem utilizados em temperaturas elevadas e que devem resistir aos efeitos de radiações de alta energia.

Um material estável é aquêle que pode subsistir em vários ambientes sem sofrer alterações químicas ou estruturais. Portanto, quando avaliamos a estabilidade de um material, devemos antes considerar possíveis variações em composição e na estrutura interna durante o serviço.

CORROSÃO

12-2 INTRODUÇÃO. Corrosão é a deterioração e a perda de um material devido a um ataque químico. As condições que favorecem a corrosão envolvem tanto alterações químicas como eletrônicas e estão constantemente conosco. Òbviamente, o engenheiro deve entender os mecanismos de corrosão, a fim de minimizar os seus efeitos. Desta forma, saberá melhor como (1) evitar condições de corrosão severa ou (2) proteger adequadamente contra a corrosão.

12-3 CORROSÃO POR DISSOLUÇÃO. A corrosão mais simples é através de uma *dissolução* química, ilustrada pelos exemplos familiares do açúcar e do sal na água (Seção 9-3). O açúcar se dissolve na forma de moléculas, enquanto que o sal origina íons sódio e cloreto. Òbviamente, materiais tão solúveis quanto o açúcar e o sal não são utilizados ordinàriamente na fabricação de peças, mas há ocasiões em que os materiais entram em contato com solventes poderosos. Por exemplo, uma mangueira de borracha, através da qual corre gasolina, está em contato com hidrocarbonetos solventes e tijolos refratários de sílica entram em contato com escórias de óxido de ferro que dissolvem a sílica. Podem ser feitas as seguintes generalizações acêrca da dissolução química:

(1) *Molécula e íons pequenos se dissolvem mais fàcilmente.* Os componentes do asfalto, por exemplo, se dissolvem mais fàcilmente que os de um plástico altamente polimerizado. Aparentemente, polímeros que se despolimerizam fàcilmente são exceções; entretanto, neste caso, o material entra em solução na forma de moléculas pequenas. Anàlogamente, os íons alcalinos e haletos têm solubilidade maior que a de íons silicatos mais complexos. A fácil solubilização dos sais mais simples proíbe a sua aplicação como materiais estruturais na engenharia.

(2) *A solubilização ocorre mais fàcilmente quando o soluto e o solvente têm estruturas semelhantes.* Materiais orgânicos são mais fàcilmente solúveis em solventes orgânicos, metais em outros metais líquidos e materiais cerâmicos em fundidos cerâmicos. Mesmo dentro dessas categorias gerais, a semelhança de estruturas entre o solvente e o soluto produz solubilidades maiores. Por exemplo, o polietileno é mais solúvel em hidrocarbonetos líquidos que em fenol líquido e o cobre é mais solúvel em zinco líquido que em chumbo líquido.

(3) *A presença de dois solutos pode produzir maiores solubilidades que a presença de um só.* Como exemplo, o carbonato de cálcio ($CaCO_3$) do calcáreo é pràticamente insolúvel em água. Entretanto, a presença de gás carbônico, para formar ácido carbônico em contato com a água, aumenta marcadamente a solubilidade de $CaCO_3$. As cavernas de origem calcárea resultam da dissolução de $CaCO_3$ por águas contendo gás carbônico proveniente de materias orgânicas. Nesse caso, òbviamente, o tempo necessário para a dissolução é muito longo; entretanto, o mesmo efeito ocorre quando se usam areias ligadas, por calcáreo como materiais de construção para ambientes cuja atmosfera contém gases como o SO_3. A dissolução de SO_3 na umidade atmosférica produz uma solução diluída de ácido sulfúrico que reage diretamente com o $CaCO_3$.

(4) *A velocidade de dissolução aumenta com a temperatura.* A dissolução envolve difusão e, como essa aumenta ràpidamente com a temperatura, a corrosão por dissolução também ocorre mais ràpidamente.

Exemplo 12-1

100 kg de escória contendo 90% de FeO e 10 % SiO_2, são colocados em um cadinho de sílica 1595°C. Qual a quantidade de sílica que a escória pode dissolver?

Resposta: A escória líquida, saturada com sílica a 1595°C, contém 52% de FeO e 48% de SiO_2 (Fig. 9-48).

$$90 \ kg \ FeO = (0,52)(M)$$
$$M = 173 \ kg$$
$$Quilos \ de \ SiO_2 \ que \ se \ dissolvem = (0,48)(M) - 10$$
$$= 73 \ kg \ SiO_2 \ dissolvidos \ em \ 100 \ kg$$
$$de \ escória \ original.$$

12-4 OXIDAÇÃO ELETROQUÍMICA. O tipo mais comum de corrosão involve um processo de oxidação eletroquímica de um metal. Rigorosamente falando, *oxidação* é a remoção de elétrons de um átomo. Por exemplo, a Eq. (12-1) é a expressão para a oxidação do ferro para íons ferrosos e a Eq. (12-2) expressa a oxidação de íons ferrosos a férricos:

$$Fe \rightarrow Fe^{2+} + 2e^-, \tag{12-1}$$

e

$$Fe^{2+} \rightarrow Fe^{3+} + e^-. \tag{12-2}$$

ESTABILIDADE DOS MATERIAIS NAS CONDIÇÕES DE SERVIÇO

Essa combinação de reação química e perda de elétrons leva a outras reações, como por exemplo a formação de ferrugem. A ferrugem é hidróxido férrico e se forma de acôrdo com a seguinte reação global:

$$4Fe + 3O_2 + 6H_2O \rightarrow 4Fe(OH)_3 \qquad (12\text{-}3)$$

Para haver formação a partir do ferro, as reações (12-1) e (12-2) devem ocorrer e tanto oxigênio como a umidade devem estar presentes. O ferro não enferrujará em uma atmosfera sêca de oxigênio. Entretanto, na prática, a quantidade de umidade necessária para produzir a reação acima pode ser surpreendentemente pequena. Por exemplo, o teor de umidade do ar atmosférico pode ràpidamente enferrujar as ferramentas no porão.

Os vários metais possuem diferentes *potenciais de oxidação*, mesmo porque a energia necessária para remover elétrons varia de metal para metal. Além disso, os elétrons podem ser mais fàcilmente removidos em certas circunstâncias que em outras. Por exemplo, pode-se remover fàcilmente elétrons do ferro na presença de água e oxigênio (Eq. 12-3); no caso do alumínio, os íons cloreto facilitam a retirada de elétrons.

12-5 POTENCIAL DE ELETRODO. A maior parte da corrosão ocorre através da interação dêstes dois processos: *dissolução* e *oxidação*. O mecanismo da corrosão é bastante complicado, mas uma compreensão dêles é importante para o engenheiro. Com algumas modificações simples, o mecanismo da corrosão do ferro pode ser aplicado a todos os metais e mesmo a não-metais. As Eqs. (12-1) e (12-2) podem ser reescritas como se segue:

$$Fe \rightleftarrows Fe^{2+} + 2e^-, \qquad (12\text{-}4)$$

e

$$Fe \rightleftarrows Fe^{3+} + 3e^-. \qquad (12\text{-}5)$$

Conforme o ferro entra em solução, produz-se um excesso de elétrons (Fig. 12-1). Em geral, o equilíbrio é atingido ràpidamente pois os íons e elétrons em pouco tempo se recombinam com a mesma velocidade que se formam.

A produção de íons e elétrons origina um potencial elétrico, denominado *potencial de eletrodo*, o qual depende (1) da natureza do metal e (2) da natureza da solução. Nem todos os átomos metálicos se oxidam a íons e elétrons com a mesma facilidade. Por exemplo, os

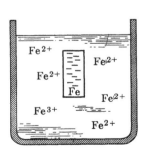

Fig. 12-1. Dissociação do ferro em solução. A reação (12-4) prevalece sôbre a (12-5). Formam-se íons de ferro. Os elétrons produzem um potencial elétrico.

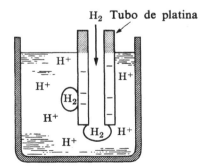

Fig. 12-2. Dissociação do hidrogênio em solução. O potencial elétrico desta reação (12-6) não é tão elevado como o da (12-4).

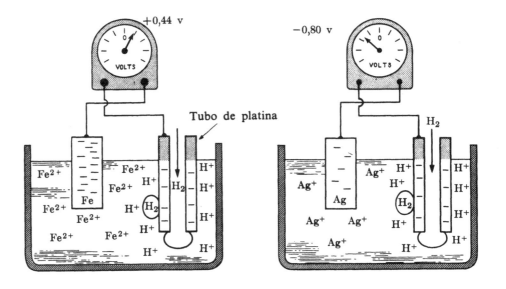

Fig. 12-3. Diferença de potencial, Fe versus H_2. O ferro produz um potencial elétrico maior que o H_2. Portanto, o ferro é o anodo e o hidrogênio o catodo.

Fig. 12-4. Diferença de potencial, H_2 versus Ag. O H_2 produz um potencial elétrico superior ao da prata e portanto é o anodo. A prata é o catodo.

átomos, ao longo dos contornos de grão, são menos estáveis que os localizados no interior do reticulado cristalino (Seção 4-a) e portanto, se oxidam mais fàcilmente. Além disso, a reação da Eq. (12-4) atingirá o equilíbrio com um potencial de eletrodo mais elevado se os íons metálicos entrarem em uma solução na qual são relativamente estáveis (os cátions são mais estáveis em uma solução concentrada de íons Cl^- que numa solução diluída dos mesmos íons).

Para medir o potencial de eletrodo de qualquer material (ou seja, sua tendência à corrosão) devemos, em primeiro lugar, determinar a diferença de potencial entre o metal e um eletrodo padrão de hidrogênio. No caso do hidrogênio (Fig. 12-2) o equilíbrio é atingido através da seguinte reação:

$$H_2 \rightleftarrows 2H^+ + 2e^-. \tag{12-6}$$

A diferença de potencial (medida através de um potenciômetro) entre os eletrodos de ferro e de hidrogênio é + 0,44 V. (Fig. 12-3).

Medidas semelhantes para outros metais levaram aos dados constantes da Tabela 12-1. Os metais alcalinos e alcalino-terrosos, cujos elétrons da camada de valência são mais fracamente ligados, apresentam um potencial superior ao do ferro. Por outro lado, os metais nobres, tais como prata, platina e ouro, produzem menos elétrons que o hidrogênio, razão pela qual seus potenciais são os mais baixos (Fig. 12-4 e Tabela 12-1).

ESTABILIDADE DOS MATERIAIS NAS CONDIÇÕES DE SERVIÇO

Tabela 12-1

Potenciais de Eletrodo de Metais
(25°C, solução 1M dos íons metálicos

Íon metálico		Potencial*	
Li^+	(básico)	+ 2,96	(anódico)
K^+		+ 2,92	
Ca^{2+}		+ 2,90	
Na^+		+ 2,71	
Mg^{2+}		+ 2,40	
Al^{3+}		+ 1,70	
Zn^{2+}		+ 0,76	
Cr^{2+}		+ 0,56	
Fe^{2+}		+ 0,44	
Ni^{2+}		+ 0,23	
Sn^{2+}		+ 0,14	
Pb^{2+}		+ 0,12	
Fe^{3+}		+ 0,045	
H^+		0,000	(referência)
Cu^{2+}		− 0,34	
Cu^+		− 0,47	
Ag^+		− 0,80	
Pt^{++}		− 0,86	
Au^+	(nobre)	− 1,50	(catódico)

* Êsses sinais são consistentes com a termodinâmica e usados pelos fisicoquímicos. Os sinais opostos são ainda usados por muitos eletroquímicos e especialistas em corrosão.

12-6 CÉLULAS GALVÂNICAS. Os pares de eletrodos, mostrados nas Figs. 12-3 e 12-4, envolvem ferro e prata, respectivamente. O eletrodo que fornece os elétrons para o circuito externo é denominado *anodo**, enquanto que o eletrodo que recebe elétrons do circuito externo é chamado *catodo*.

Ao se fazer o contato elétrico entre os dois eletrodos, o maior potencial do anodo faz com que os elétrons se dirijam do anodo para o catodo (Fig. 12-5).

A introdução do excesso de elétrons no catodo faz com que o equilíbrio descrito pela Eq. (12-6) se desloque para a direita. Dessa forma, é libertado H_2 no catodo, formado a partir dos íons hidrogênio da água. Essa reação remove parte dos elétrons do eletrodo de ferro, fazendo com que o equilíbrio descrito pelas Eqs. (12-4) e (12-5) se desloque para a direita. Conseqüentemente, essas reações continuam a ocorrer espontâneamente, dissolvendo o metal do anodo e produzindo hidrogênio no catodo.

Êsse exemplo demonstra o mecanismo da *corrosão galvânica*. A corrosão ocorre apenas

* Na terminologia primitiva, o anodo era o pólo positivo. Esta terminologia foi estabelecida antes de se saber que os elétrons (que são cargas negativas) são fornecidos pelo anodo. As definições dadas aqui são adequadas para a discussão de corrosão, baterias, circuitos e válvulas; isto é, o anodo fornece elétrons para o circuito *externo* e o catodo recebe elétrons do circuito *externo*.

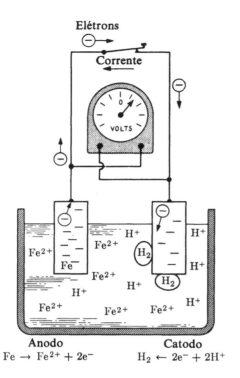

Fig. 12-5. Corrosão galvânica. A reação representada na Fig. 12-1 pára ràpidamente, pois se atinge um equilíbrio. Aqui a mesma reação prossegue, já que a remoção dos elétrons do ferro evita o equilíbrio. A corrosão galvânica necessita de dois eletrodos. Um produz elétrons (anodo) e o outro consome elétrons (catodo) através do circuito externo.

no anodo, pois aí o potencial é mais elevado que no catodo. O equilíbrio de dissolução é deslocado na direção de maior dissolução (isto é, de corrosão), ao se fazer o contato elétrico e os elétrons serem removidos.

O hidrogênio se desprende no catodo porque está abaixo do ferro na série das tensões eletrolíticas. O H_2 é proveniente dos íons hidrogênio presentes na água em virtude da reação:

$$H_2O \rightleftarrows H^+ + OH^-. \qquad (12\text{-}7)$$

Geralmente, esta reação produz apenas uns poucos íons hidrogênio*. Conseqüentemente, a reação da Fig. 12-5 não se processa ràpidamente. Por outro lado, a remoção de íons H^+ da solução reduz a concentração dos íons hidrogênio nas vizinhanças do catodo, estabelecendo-se um equilíbrio temporário até que mais íons hidrogênio possam (1) se difundir para a superfície do catodo ou (2) se formar de acôrdo com a Eq. (12-7). Soluções ácidas, com concentrações mais elevadas de íons hidrogênio, aceleram a corrosão do anodo, em virtude do maior número de íons H^+ presentes que removam os elétrons fornecidos pelo anodo, através do catodo (Fig. 12-6).

Reações catódicas. Quando a reação expressa pela Eq. (12-6) se desloca para a esquerda, tem-se uma reação importante no catodo perceptível pois se tem desprendimento gasoso. Entretanto, outras alterações importantes também ocorrem no catodo, embora menos óbvias.

---

* A concentração de íons hidrogênio na água pura é 10^{-7} M (ou seja, pH = 7).

ESTABILIDADE DOS MATERIAIS NAS CONDIÇÕES DE SERVIÇO

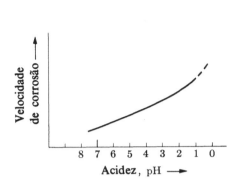

Fig. 12-6. Velocidade de corrosão *versus* acidez (esquemático). Aumentando-se a acidez, acelera-se a corrosão dos metais anódicos em relação ao hidrogênio (admitindo eletrólitos homogêneos e condições não-oxidantes).

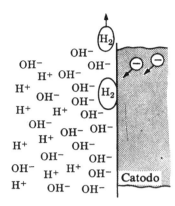

Fig. 12-7. Concentração de íons OH^- no catodo. Quando o eletrodo de hidrogênio atua como catodo, os íons H^+ são consumidos, de forma que aumenta a concentração dos íons OH^-

A primeira é o aumento na concentração de íons OH^- que acompanham a remoção de íons H^+ (Fig. 12-7). A remoção de H^+ da solução faz com que a reação expressa pela Eq. (12-7) se desloque à direita* e produza mais íons OH^- na superfície do catodo, o qual permite a formação de *ferrugem* (Fig. 12-8) na presença de íons Fe^{3+}:

$$Fe^{3+} + 3OH^- \rightarrow Fe(OH)_3 \qquad (12\text{-}8)$$

Em virtude da sua insolubilidade quase total na maior parte das soluções aquosas, o $Fe(OH)_3$ se precipita fàcilmente e permite que a reação acima prossiga, conforme os íons Fe^{3+} e OH^- entrem em contato. Êsses dois reagentes se originam no catodo e no anodo respectivamente; entretanto a combinação de ambos ocorre comumente no anodo, pois os íons Fe^{3+} (raio = 0,67 Å) sendo menores que os OH^- (raio = 1,32 Å se difundem mais ràpidamente. Além disso, apenas um íon Fe^{3+} deve se difundir para o anodo para cada três íons OH^-. Isso significa que, *embora a corrosão ocorra no catodo, a ferrugem se deposita no anodo*.

---

* A *lei da ação das massas*, na sua forma mais simples, afirma que a razão entre a concentração do produto e a do reagente é constante. Ou seja,

$$AB \rightleftarrows A + B$$

$$K = \frac{(conc_A)(conc_B)}{(conc_{AB})}$$

ou

$$K = \frac{(conc_{H^+})(conc_{OH^-})}{(conc_{H_2O})}.$$

Portanto, se a concentração de H^+ é diminuída, a concentração de OH^- deve aumentar, a fim de manter uma relação constante K. (A concentração de H_2O varia não significativamente, pois é o constituinte principal).

Outra reação importante no catodo é a mostrada na Fig. 12-9; esta reação também produz íons OH⁻:

$$2H_2O + O_2 + 4e^- \rightarrow 4(OH)^-. \quad (12\text{-}9)$$

Um aumento no teor de oxigênio tem dois efeitos (1) fôrça a reação (12-9) para a direita, produzindo mais íons OH⁻ e (2) remove mais elétrons, acelerando assim a corrosão no anodo. Êstes dois efeitos aumentam o fornecimento de reagentes para a reação de formação de ferrugem (Eq. 12-8). Conseqüentemente, a presença de oxigênio acelera grandemente tanto a corrosão como a formação de ferrugem.

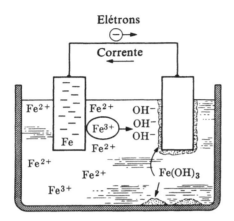

Fig. 12-8. Formação de ferrugem. Embora a corrosão ocorra no anodo, a ferrugem é mais comumente no catodo, pois os pequenos íons Fe^{3+} atingem o catodo mais fàcilmente que os grandes íons OH⁻, o anodo.

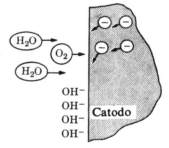

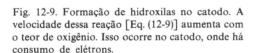

Fig. 12-9. Formação de hidroxilas no catodo. A velocidade dessa reação [Eq. (12-9)] aumenta com o teor de oxigênio. Isso ocorre no catodo, onde há consumo de elétrons.

Se houver outros íons presentes no eletrólito além de H⁺ e OH⁻, êles também podem estar envolvidos nas reações nos eletrodos. Um exemplo muito simples é a reação quando se tem íons Cu^{2+} (Fig. 12-10):

$$Cu^{2+} + 2e^- \rightleftarrows Cu \quad (12\text{-}10)$$

Esta reação depende de um fornecimento externo de elétrons (por exemplo, Eq. 12-4).

Galvanoplastia. A eletrodeposição de cobre e de outros metais ocorre através da reação correspondente à Eq. (12-10). A peça na qual vai haver a deposição é usada como catodo de uma célula eletrolítica; uma fonte externa introduz elétrons (Fig. 12-11). Em princípio, a eletrodeposição é o inverso da corrosão, ou seja, na primeira o metal se deposita a partir da solução enquanto que, na corrosão, o metal se dissolve. A corrosão sempre ocorre no anodo enquanto que a eletrodeposição sempre se dá no catodo.

ESTABILIDADE DOS MATERIAIS NAS CONDIÇÕES DE SERVIÇO

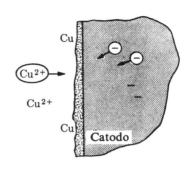

Fig. 12-10. Deposição de metal no catodo. Um suprimento forçado de elétrons ao catodo força a inversão da reação de corrosão. (*Corrosão e deposição* são opostos).

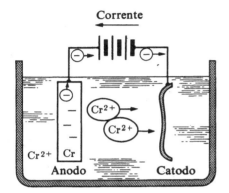

Fig. 12-11. Eletrodeposição. Uma fonte externa (por exemplo, uma bateria) força os elétrons a "entrarem" no catodo.

12-7 TIPOS DE CÉLULAS GALVÂNICAS. Baseando-se nos princípios da corrosão citados acima, pode-se deduzir algumas conclusões gerais. Em primeiro lugar, discutiremos os vários tipos de células que produzem corrosão e, então, os meios de proteção.

As *células galvânicas* podem ser classificadas em três tipos: (1) células de *composição*, (2) células de *tensão* e (3) células de *concentração*. Todos os tipos produzem corrosão, já que, em todos, uma metade da célula age como anodo e a outra, com menor potencial de eletrodo, como catodo. Só ocorre corrosão quando se tem contato elétrico entre o catodo e o anodo; só o anodo se corrói. Quando apenas êle está presente, o anodo entra ràpidamente em equilíbrio com as vizinhanças [ver a Eq. (12-4) ou (12-5), quando apenas se tem ferro].

Células de composição. Uma célula de composição é aquela formada a partir de materiais diferentes. Em todos os casos, o metal com maior potencial de eletrodo atua como anodo.

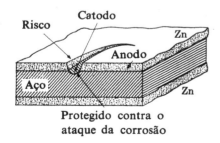

Fig. 12-12. Aço galvanizado (seção transversal). O zinco atua como anodo e o ferro como catodo. Portanto, o ferro está protegido, mesmo que a camada de zinco seja perfurada.

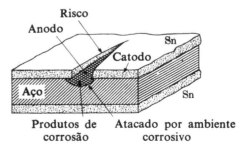

Fig. 12-13. Aço estanhado (seção transversal). O estanho protege o ferro, enquanto a camada fôr contínua. Quando a camada é perfurada, o ferro do aço funciona como anodo e o estanho como catodo, o que acelera a corrosão.

Por exemplo, em uma chapa de aço galvanizado (Fig. 12-12), a camada de zinco atua como anodo e protege o ferro, mesmo se a superfície não estiver completamente coberta, pois como o ferro atua como catodo, não é corroído. Enquanto houver zinco, o ferro exposto adjacente está protegido.

Por outro lado, uma camada de *estanho* em uma chapa de aço ou ferro só protege enquanto a superfície do metal está completamente coberta. Como o estanho tem um potencial de oxidação apenas ligeiramente superior ao do hidrogênio, a velocidade de corrosão é limitada. Entretanto, se a camada superficial fôr perfurada, o estanho passa a atuar como catodo. O ferro exposto, que tem um potencial de eletrodo superior ao do estanho, fica como anodo (Fig. 12-13). O par galvânico resultante produz a corrosão do ferro. Como uma pequena área de anodo deve fornecer elétrons para uma grande superfície de catodo, tem-se uma corrosão localizada muito rápida.

Outros exemplos de pares galvânicos freqüentemente encontrados são (1) parafusos de aço em ferragens de latão para navios, (2) solda Pb-Sn ao redor de um fio de cobre, (3) eixos de aço sôbre mancais de bronze e (4) cano de ferro fundido conectado a um sifão de chumbo. Cada um dêstes forma uma possível célula galvânica, a não ser que estejam adequadamente protegidos contra a corrosão. Muitos engenheiros não percebem que o contato entre dois metais diferentes é uma fonte em potencial de corrosão galvânica. Ainda recentemente, usou-se mancais de latão em um mecanismo hidráulico de aço. Apesar do óleo presente, o aço funcionou como anodo e corroeu o suficiente para permitir o vazamento de óleo.

Não há limitação de tamanho para células galvânicas. Além disso, cada fase inclui, entre suas propriedades características, um potencial de eletrodo peculiar, de forma que muitas das ligas bifásicas originam células galvânicas quando em contato com um eletrólito.

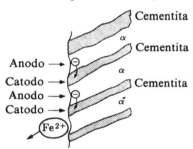

Fig. 12-14. Microcélulas galvânicas (perlita). As duas fases diferem em composição e em estrutura. Portanto têm diferentes potenciais de eletrodo e formam uma pequena célula galvânica.

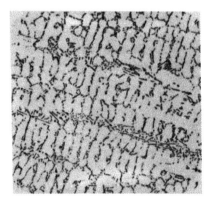

Fig. 12-15. Microcélulas galvânicas (liga Al-Si). Tôda liga bifásica é mais sucetível à corrosão que uma monofásica. Em uma liga bifásica, tem-se anodos e catodos. (Aluminum Research Laboratories).

ESTABILIDADE DOS MATERIAIS NAS CONDIÇÕES DE SERVIÇO

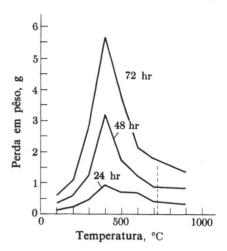

Fig. 12-16. Microcélulas e corrosão. Após têmpera, apenas se tem martensita. Após revenido em temperaturas intermediárias, formam-se muitas pequenas células galvânicas, como conseqüência da estrutura fina (α + cementita). Após revenido em temperaturas elevadas, tem-se poucas células em virtude da aglomeração da cementita. (Adaptado de F. N. Speller, *Corrosion: Causes and Prevention*. New York: McGraw-Hill, 1935).

A Fig. 12-14 ilustra uma célula em *escala microscópica* para a perlita; a Fig. 12-15 mostra células galvânicas em uma liga Al-Si.

Muitas ligas são suscetíveis à corrosão galvânica mesmo quando usadas isoladamente; felizmente, a diferença de potencial entre duas fases semelhantes é usualmente muito pequena. A ferrita e a cementita tem potenciais de eletrodo suficientemente próximas para que a velocidade de corrosão dos aços carbono comuns seja, ordinàriamente, menor que a de um par galvânico aço-latão.

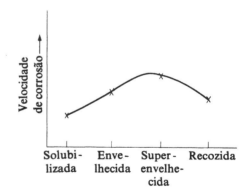

Fig. 12-17. Envelhecimento e corrosão (esquemático). A liga solubilizada tem velocidade de corrosão menor que tôdas as outras modificações bifásicas.

Os *tratamentos térmicos* podem afetar a velocidade de corrosão através de uma alteração na microestrutura do metal. A Fig. 12-16 mostra o efeito do revenido na corrosão de aço prèviamente temperado. Para temperaturas de revenido muito baixas, o aço contém uma única fase martensita. Com o aumento na temperatura de revenido, produz-se muitas células galvânicas de ferrita e cementita, de forma que a velocidade de corrosão aumenta. Em temperaturas muito altas, uma aglomeração dos carbetos reduz o número de células galvânicas, havendo uma diminuição sensível na velocidade de corrosão.

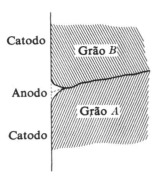

Fig. 12-18. Corrosão ao longo de contôrno de grão. Os contornos de grão servem como anodo, em virtude dos átomos aí presentes possuírem maior energia.

A corrosão de uma liga de alumínio envelhecível solubilizada é pequena (Fig. 12-17); entretanto, a velocidade de corrosão aumenta bastante com a precipitação da segunda fase. Uma aglomeração do precipitado torna a diminuir a velocidade de corrosão, embora esta não volte mais a ficar tão baixa quanto na liga solubilizada. O máximo da velocidade de corrosão coincide com a dureza máxima.

Células de tensão. A Fig. 4-17, na qual os contornos de grãos foram atacados (ou seja, corroídos), mostra que os átomos nos contornos têm um potencial de eletrodo diferente dos átomos no interior do grão; portanto, forma-se um anodo e um catodo (Fig. 12-18). Daí infere-se fàcilmente que um metal de grãos finos se corrói mais fàcilmente que um de grãos grosseiros. A zona de contornos dos grãos pode ser considerada tensionada, já que os átomos não estão nas posições de menor energia.

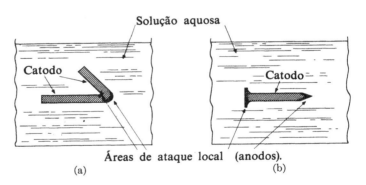

Fig. 12-19. Células de tensão. Nestes dois exemplos de encruamento, as partes deformadas a frio funcionam como anodo. O potencial de eletrodo de um metal deformado é maior que o do mesmo recozido.

O efeito de tensões internas na corrosão se torna evidente depois de um metal ser *trabalhado a frio*. Um exemplo muito simples está mostrado na Fig. 12-19(a); a parte dobrada do fio, inicialmente recozido, está encruada. A parte deformada a frio atua como anodo enquanto que a não deformada funciona como catodo. A publicação *Corrosion in Action*, da "International Nickel Company" (1955), demonstra com exemplos ilustrativos o efeito do trabalho a frio na corrosão galvânica.

A importância prática dos efeitos da tensão na corrosão é óbvia. Quando se tem componentes a serem usados em ambientes corrosivos, a presença de tensões pode aumentar significativamente a velocidade de corrosão.

ESTABILIDADE DOS MATERIAIS NAS CONDIÇÕES DE SERVIÇO 337

Células de concentração. Na Seção 12-5 observamos que o potencial de eletrodo depende, entre outros fatôres, da concentração do eletrólito. A reação expressa pela Eq. (12-4), por exemplo, se move mais para a direita em uma solução concentrada de cloreto de sódio que em uma solução diluída. Entretanto, isto não se dá quando o eletrólito contém íons do metal que está sendo corroído. Por exemplo, a Eq. (12-11) representa as reações da Fig. 12-20:

$$Cu \rightleftarrows Cu^{2+} + 2e^-. \qquad (12\text{-}11)$$

O metal no lado (D) está em contato com uma solução mais diluída de íons Cu^{2+}. Portanto, sua reação de eletrodo tende mais para a direita que a do lado (c), no qual se tem um teor mais elevado de Cu^{2+}. De fato, quando êstes dois eletrodos são ligados, formando uma célula galvânica, os elétrons do lado (D), através da conecção, se dirigem a (c), a fim de forçar a reação (12-11) para a esquerda. O eletrodo mergulhado no eletrólito mais concentrado fica protegido e passa a atuar como catodo; o outro eletrodo começa a sofrer corrosão e passa a funcionar como anodo.

A célula de concentração acentua a corrosão onde a concentração do eletrólito é menor.

Células de concentração, do tipo acima descrito, são freqüentemente encontradas em indústrias químicas e também em certas condições de corrosão sob escoamento. Entretanto, em geral, são menos difundidas que as *células de concentração do tipo oxidação* (Fig. 12-21).

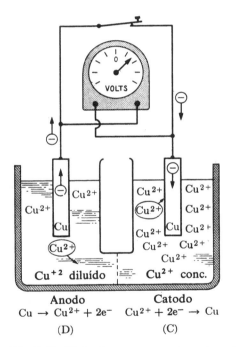

Fig. 12-20. Células de concentração. Quando o eletrólito *não é homogêneo*, a parte mais diluída atúa como anodo.

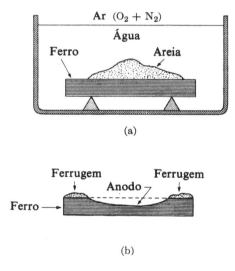

Fig. 12-21. Célula de oxidação. Essa célula de concentração origina um anodo sob a areia em (a), já que se tem aí menos oxigênio. O catodo aparece nas partes onde existe oxigênio disponível. (b) Após a remoção da areia. *O oxigênio acelera a corrosão, mas nas áreas onde sua concentração é baixa.* (Adaptado de *Corrosion in Action.* New York: International Nickel Company, 1955).

Quando o oxigênio do ar tem acesso à superfície úmida do metal a corrosão aumenta. Entretanto, a corrosão mais intensa ocorre na parte da célula com deficiência de oxigênio.

Essa aparente nomalia pode ser explicada com base nas reações da superfície do catodo, nas quais consomem-se elétrons. A Eq. (12-9) está reescrita em seguida, pois ela mostra como o O_2 aumenta a corrosão nas áreas sem oxigênio.

$$2H_2O + O_2 + 4e^- \rightarrow 4(OH)^- \qquad (12\text{-}12)$$

Como essa reação catódica, que necessita da presença de oxigênio, remove elétrons do metal, devem ser fornecidos mais elétrons pelas áreas adjacentes que não possuem tanto oxigênio. As áreas com menos oxigênio passam a atuar como anodos.

A *célula de oxidação acentua a corrosão nas regiões de baixa concentração de oxigênio.* Esta generalização é importante. A corrosão pode ser acelerada em lugares aparentemente inacessíveis em virtude de regiões deficientes em oxigênio atuarem como anodos; desta forma, trincas e fissuras servem como focos de corrosão (Fig. 12-22).

A corrosão também é acelerada pela acumulação de sujeiras e outros contaminantes de superfície (Fig. 12-22b). Isto, freqüentemente, se torna uma situação auto-agravante, pois a acumulação de ferrugem ou crostas de óxidos dificulta o acesso de oxigênio, formando um anodo e, portanto, facilitando acumulação ainda maior. Isto leva a uma corrosão localizada (Fig. 12-22d) e a vida útil do produto fica reduzida em maior escala que a indicada simplesmente pela perda de pêso.

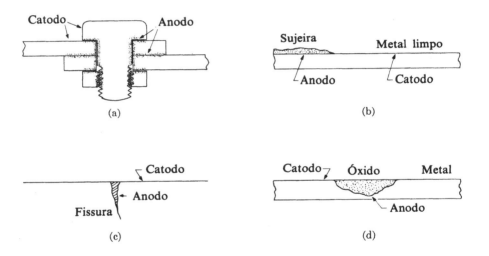

Fig. 12-22. Células de oxidação. Locais inacessíveis, com concentrações baixas de oxigênio, se tornam anódicos. Isto ocorre porque a mobilidade dos elétrons e dos íons metálicos é maior que a do oxigênio ou dos íons oxigênio.

12-8 SUMÁRIO DO MECANISMO DE CORROSÃO GALVÂNICA. A maior parte da corrosão resulta da formação de células galvânicas e das correntes elétricas que as acompanham. Necessita-se de dois eletrodos com potenciais diferentes, o que pode ser conseguido através de (1) diferenças em *composição,* (2) diferenças nos *níveis de energia* (áreas com desordens ou tensionadas) ou (3) diferenças no *eletrólito* circunvizinho. A Tabela 12-2 apresenta alguns exemplos. O eletrodo com potencial mais elevado é o anodo. O *anodo sofre corrosão, o catodo é protegido.*

ESTABILIDADE DOS MATERIAIS NAS CONDIÇÕES DE SERVIÇO

Tabela 12-2

Sumário de Celulas Galvânicas

Exemplos	Anodo	Catodo
	Fase menos nobre	*Fase mais nobre*
Zn *versus* Fe	Zn	Fe
Fe *versus* H_2	Fe	H_2
H_2 *versus* Cu	H_2	Cu
Perlita	α	cementita
	Maior energia	*Menor energia*
Contornos	Contornos	Grão
Tamanho de grão	Grãos finos	Grãos grosseiros
Tensões	Encruado	Recozido
Corrosão sob tensão	Áreas tensionadas	Áreas não tensionadas
	Conc. mais baixa	*Conc. mais alta*
Eletrólito	Solução diluída	Solução concentrada
Oxidação	O_2 baixo	O_2 alto
Sujeiras ou crostas	Áreas cobertas	Áreas limpas

12-9 **PREVENÇÃO DA CORROSÃO.** Apenas em condições ideais a corrosão pode ser completamente evitada. Os materiais deveriam ser completamente uniformes sem heterogeneidades, quer em composição, quer em estrutura e as vizinhanças deveriam também ser inteiramente uniformes. Embora seja impossível atingir essas condições, é possível minimizar a corrosão consideràvelmente, o que implica num aumento da vida do produto, tentando-se trabalhar o mais próximo possível dêsse estado ideal.

Existem três métodos principais de evitar corrosão: (1) isoladamente dos eletrólitos e eletrodos através de *camadas de proteção*, (2) *ausência de formação de pares galvânicos* e (3) uso de *proteção galvânica*. Cada um dêsses métodos será considerado em detalhe.

12-10 **CAMADAS PROTETORAS.** A proteção da superfície de um objeto é, provàvelmente, o mais antigo dos métodos comuns de se evitar corrosão. Uma superfície pintada, por exemplo, isola o metal do eletrólito corrosivo. A única limitação dêsse método é o comportamento em serviço da camada protetora. Por exemplo, as camadas orgânicas causam problemas, se usadas em temperaturas elevadas ou em condições de abrasão severa; além disso, necessita-se de um recobrimento periódico da superfície em virtude da oxidação da camada com o tempo.

Entretanto, as camadas protetoras não precisam ser necessàriamente orgânicas. Por exemplo, pode-se usar estanho como uma protetora "inerte" para o aço. Superfícies prateadas, niqueladas ou cobreadas também são resistentes à corrosão. Êstes metais podem ser depositados por imersão a quente em banhos metálicos líquidos. Também se podem usar como camadas protetoras materiais cerâmicos inertes. Por exemplo, os esmaltes vítreos formam camadas à base de óxidos e são aplicados na forma de um pó, o qual é posteriormente fundido a fim de originar uma camada vítrea. Uma comparação das vantagens e desvantagens dos vários tipos de camadas protetoras está feita na Tabela 12-3.

Proteção por passivação. Em uma célula de concentração de oxigênio (Seção 12-7) vimos que o oxigênio acentua a corrosão nas regiões onde sua concentração é baixa. Na ausência

Tabela 12-3
Comparação entre Camadas Inertes de Proteção

Tipo	Exemplo	Vantagens	Desvantagens
Orgânica	Tintas	Flexibilidade	Oxida
		Facilidade de aplicação	Camada mole (relativamente)
		Baixo custo	Limitações de temperaturas
Metálica	Metais nobres eletrodepositados	Deformável Insolúvel em soluções orgânicas Condutividade térmica	Formam células galvânicas, ao serem perfuradas
Cerâmica	Esmaltes vítreos	Resistência à temperatura Dureza Não formam células com o metal base	Fragilidade Isolantes térmicos

de diferenças de concentração de oxigênio, outros efeitos podem ser observados. Especificamente, o oxigênio pode reagir com íons e elétrons do anodo formando uma camada protetora. Essa reação é particularmente importante nos aços inoxidáveis (contendo crômio) onde:

$$Cr + 2O_2 + 2e^- \rightarrow (CrO_4)^{2-} \tag{12-13}$$

Os íons $(CrO_4)^{2-}$ são adsorvidos pela superfície anódica e, desta forma, isolam esta superfície evitando as reações de corrosão; o metal fica apassivado (Fig. 12-23). Um aço contendo cromo é muito resistente à corrosão em condições oxidantes; entretanto, na ausência de oxigênio, a reação

$$Cr \rightarrow Cr^{2+} + 2e^- \tag{12-14}$$

pode se dar. Assim sendo, verificamos que aquêles aços que são *passivos* na presença de oxigênio ou ácidos oxidantes como HNO_3 e H_2SO_4, se tornam *ativos* na presença de HCl, HF ou outros ácidos que não contêm oxigênio. Portanto, um aço é colocado na série galvânica das ligas em uma posição ou noutra, dependendo do poder oxidante do eletrólito (Tabela 12-4).

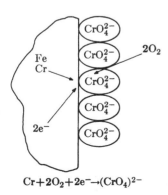

Fig. 12-23. Passivação de aço com 18% Cr. O anodo fica isolado do eletrólito, através de uma camada adsorvida de CrO_4^{2-}.

Tabela 12-4

Série Galvânica de Ligas Comuns*

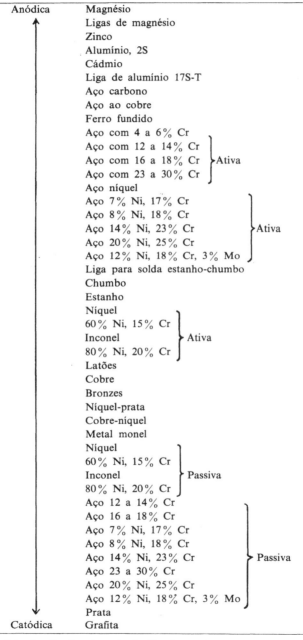

Anódica	Magnésio
↑	Ligas de magnésio
	Zinco
	Alumínio, 2S
	Cádmio
	Liga de alumínio 17S-T
	Aço carbono
	Aço ao cobre
	Ferro fundido
	Aço com 4 a 6% Cr
	Aço com 12 a 14% Cr ⎫
	Aço com 16 a 18% Cr ⎬ Ativa
	Aço com 23 a 30% Cr ⎭
	Aço níquel
	Aço 7% Ni, 17% Cr ⎫
	Aço 8% Ni, 18% Cr ⎪
	Aço 14% Ni, 23% Cr ⎬ Ativa
	Aço 20% Ni, 25% Cr ⎪
	Aço 12% Ni, 18% Cr, 3% Mo ⎭
	Liga para solda estanho-chumbo
	Chumbo
	Estanho
	Níquel
	60% Ni, 15% Cr ⎫
	Inconel ⎬ Ativa
	80% Ni, 20% Cr ⎭
	Latões
	Cobre
	Bronzes
	Níquel-prata
	Cobre-níquel
	Metal monel
	Níquel ⎫
	60% Ni, 15% Cr ⎪
	Inconel ⎬ Passiva
	80% Ni, 20% Cr ⎭
	Aço 12 a 14% Cr ⎫
	Aço 16 a 18% Cr ⎪
	Aço 7% Ni, 17% Cr ⎪
	Aço 8% Ni, 18% Cr ⎪
	Aço 14% Ni, 23% Cr ⎬ Passiva
	Aço 23 a 30% Cr ⎪
	Aço 20% Ni, 25% Cr ⎪
↓	Aço 12% Ni, 18% Cr, 3% Mo ⎭
	Prata
Catódica	Grafita

* C.A. Zapffe, *Stainless Steel*, Cleveland: American Society for Metals.

Um outro exemplo de passivação, provàvelmente mais familiar, é encontrado com o cobre, o qual reage mais lentamente com ácido nítrico que com ácido clorídrico e é corroído mais depressa por ácido nítrico diluído que por concentrado. Nesse caso, o cobre fica mais protegido em condições mais oxidantes, pois forma-se uma película protetora de íons NO_3^- sôbre o anodo.

Inibidores. A fim de tirar proveito da diminuição da velocidade de corrosão causada pela adsorção de ânions grandes na superfície do anodo, os tecnologistas adicionam *inibidores de corrosão* em radiadores, caldeiras e outros recipientes. Êstes inibidores são geralmente cromatos, tungstatos, fosfatos ou outros íons de elementos de transição, com alto teor de oxigênio, que são adsorvidos na superfície do metal. O máximo de proteção que se consegue é através do elemento artificial tecnécio (número atômico 43). O íon TcO_4^- inibe a corrosão de uma superfície metálica, mesmo quando não está presente em quantidade suficiente para formar uma camada contínua.

12-11 MEIOS DE EVITAR A FORMAÇÃO DE PARES GALVÂNICOS. O método mais simples de se evitar a formação de pares galvânicos é limitar os projetos a um único metal, mas isto nem sempre é possível. Em circunstâncias especiais, as células podem ser evitadas através de um isolante elétrico entre os metais de composições diferentes.

Outros métodos, menos simples, são freqüentemente utilizados: o *aço inoxidável* é um bom exemplo específico. Existem muitos tipos de aço inoxidável com teores de cromo variando entre 13 e 27%. A função do cromo é originar uma composição que seja capaz de formar uma superfície passiva (Eq. 12-13). Muitos aços inoxidáveis contêm também 8 a 10% de níquel, o qual é mais nobre que o ferro (Tabela 12-1).

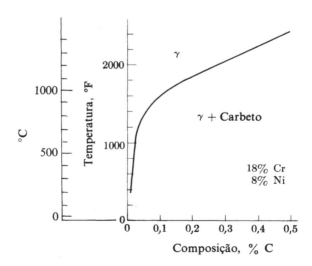

Fig. 12-24. Solubilidade do carbono em aços inoxidáveis austeníticos. A solubilidade do carbono em um aço inoxidável, tipo 18-8, diminui marcadamente com a temperatura. Conseqüentemente, se o resfriamento não fôr rápido, o carbono precipitará. O carbeto que precipita é rico em crômio. (Adaptado de E. E. Thum, *Book of Stainless Steels.* Cleveland: American Society for Metals, 1955).

Fig. 12-25. Precipitação de carbetos nos contornos de grão, 1500 ×. O pequeno átomo de carbono se difunde fàcilmente para o contôrno de grão. Precipitará carbeto de crômio, desde que o tempo seja suficiente (alguns segundos a 650°C). Formam-se, então, células galvânicas. [P. Payson. *Trans, AIME*, 100, 306-382, (1932).]

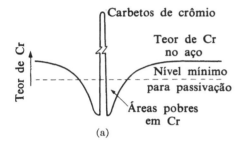

Fig. 12-26. Diminuição do teor de crômio nas áreas adjacentes ao contôrno de grão. A precipitação do carbeto consome cêrca de 10 vêzes mais crômio que carbono. Como os átomos de crômio se difundem lentamente, em virtude de serem grandes, o teor de Cr nas áreas adjacentes cai abaixo do nível de proteção.

O elevado teor de elementos de liga de um aço inoxidável como o 18-8 (êste aço é assim chamado, em virtude de conter 18% Cr-8% Ni), causa a formação de austenita estável à temperatura ambiente (Fig. 9-33). Um aço dêsses não é ordinàriamente usado em aplicações que exigem alta dureza, mas sim resistência à corrosão. Portanto, o carbono, que é mais solúvel na austenita em temperaturas elevadas que na ambiente, é mantido num teor mínimo possível. Se um aço contendo 0,1% de carbono é resfriado ràpidamente a partir de 1000°C, não ocorre a precipitação de carbetos e portanto não se formam células galvânicas. Por outro lado, se o mesmo aço é resfriado lentamente ou deixado a 650°C por um curto período de tempo, o carbono precipita como carbeto de crômio na forma de um precipitado fino em contôrno de grão (Fig. 12-25). Neste último caso, dois efeitos são possíveis: (1) formação de células galvânicas microscópicas ou (2) a formação de carbeto de crômio (que é mais estável que o Fe_3C) provoca uma diminuição na concentração de cromio nas áreas adjacentes ao contôrno de grão podendo o teor de cromo ficar abaixo do nível mínimo para passivação, ou seja, as áreas adjacentes ao contôrno ficam desprotegidas (Fig. 12-26). Êstes dois efeitos acentuam a corrosão nos contornos de grão e, portanto, devem ser evitados (Fig. 12-27).

Fig. 12-27. Corrosão intergranular. Êsse tipo de corrosão se torna severa se o aço fôr tratado na faixa de temperaturas de precipitação de carbetos. (W. O. Binder, "Corrosion Resistance of Stainless Steels". *Corrosion of Metals*. Cleveland: American Society for Metals, 1946).

Existem vários métodos para se inibir a corrosão intergranular; a escolha depende, evidentemente, das condições de serviço:

(1) *Têmpera para evitar a precipitação de carbono*. Êsse método é comumente empregado, a menos que (a) as condições de serviço envolvam temperaturas na faixa de precipitação ou (b) que forjamento, soldas ou dimensões impeçam a operação de têmpera.

(2) *Recozimento extremamente longo na faixa de temperaturas de separação de carbetos*. Essa técnica oferece algumas vantagens, em virtude (a) da aglomeração dos carbetos e (b) a homogenização do teor do crômio, de forma a não haver deficiência ao longo dos contornos. Entretanto, êsse método não é comum, pois o aumento na resistência à corrosão é relativamente pequeno.

(3) *Seleção de um aço com menos de 0,03 % de carbono*. A Fig. 12-24 mostra que isso pràticamente elimina a precipitação de carbetos. Entretanto, um aço com êste teor de carbono é bastante caro, em virtude das dificuldades de obtenção.

(4) *Seleção de um aço com alto teor de crômio*. Um aço com 18 % de crômio sofre corrosão menos fàcilmente que um aço carbono comum. A adição de teores mais elevados de crômio (e níquel) aumenta ainda mais a resistência à corrosão. Isto também é caro, devido aos custos dos elementos de liga.

(5) *Seleção de um aço com fortes formadores de carbetos*. Entre êstes elementos tem-se titânio, nióbio e tântalo. Nestes aços, o carbono não precipita nos contornos de grão, pois já precipitou antes como carbeto de titânio, de tantalo ou de colúmbio em temperaturas mais elevadas. Êstes carbetos são inócuos, já que não baixam o teor de cromo do aço e nem originam ações galvânicas nos contornos de grão. Esta técnica é usada com freqüência, particularmente com aços inoxidáveis que devem ser soldados.

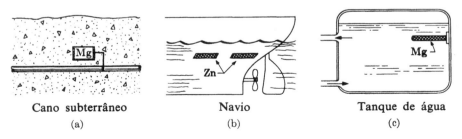

Fig. 12-28. Anodos de sacrifício. (a) Placas de magnésio enterradas ao longo de um oleoduto. (b) Placas de zinco em casco de navio (b) Barra de magnésio em um tanque industrial de água quente. Todos êsses anodos de sacrifício podem ser fàcilmente substituídos.

Embora os exemplos acima sejam bastantes específicos, indicam métodos que podem ser usados para reduzir a corrosão nos metais. A escolha do método melhor depende da liga e das condições de serviço.

12-12 PROTEÇÃO GALVÂNICA. É possível restringir a corrosão, usando-se algum dos mecanismos de corrosão para fins de proteção. Um bom exemplo é o aço galvanizado, discutido na Seção 12-7. A camada de zinco serve como um anodo de sacrifício que se corrói no lugar do aço. O mesmo método pode ser usado em outras aplicações. A Fig. 12-28 mostra três exemplos. Uma vantagem dêsse método é que o anodo pode ser substituído fàcilmente. Por exemplo, as placas de magnésio da Fig. 12-28(a) podem ser substituídas por uma fração do custo de troca das tubulações subterrâneas.

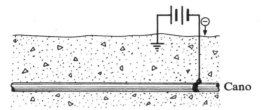

Fig. 12-29. Voltagem aplicada. Uma pequena tensão contínua fornece elétrons suficientes para que o metal fique catódico.

Um segundo método de proteção galvânica é o uso de uma *voltagem aplicada* no metal. A Fig. 12-29 ilustra êsse procedimento. Tanto o método do anodo de sacrifício como o da voltagem aplicada involvem o mesmo princípio de proteção; ou seja, fornecem-se elétrons ao metal, de forma que o mesmo se torna catódico e as reações de corrosão deixam de ocorrer.

OXIDAÇÃO

12-13 INTRODUÇÃO. Na Seção 10-9, afirmamos que muitos materiais libertam energia e se tornam mais estáveis através da oxidação. Entre os vários exemplos de oxidação, temos o do ferro e outros metais para os óxidos correspondentes e a oxidação de plásticos e elastômeros. Apenas os materiais cerâmicos são pouco suscetíveis à oxidação (principalmente porque já são combinações de elementos metálicos e não-metálicos). Felizmente, a oxidação da maior parte dos metais e materiais orgânicos, usados comumente, ocorre de forma lenta; entretanto, como essa reação pode eventualmente ocorrer, não se pode ignorá-la.

12-14 ENVELHECIMENTO DA BORRACHA. A Fig. 7-19 mostra a formação de ligações cruzadas através de oxidação. Essa e outras reações relacionadas produzem envelhecimento. Essas reações ocorrem fàcilmente na maior parte das borrachas naturais ou artificiais, já que contêm um grande número de posições insaturadas ao longo da cadeia do elastômero. As conseqüências iniciais do envelhecimento incluem um endurecimento da borracha. Conforme a oxidação progride, começa haver degradação e eventualmente uma decomposição em moléculas pequenas, perdendo a borracha completamente a resistência mecânica.

O envelhecimento é controlado por muitos fatôres incluindo calor, luz, tensões e teor de azona na atmosfera. Cada um dêstes fatôres funciona como uma fonte de energia para a ruptura de ligações; portanto, o envelhecimento aumenta quando êstes fatôres estão presentes.

Antioxidantes são compostos químicos que são incorporados à borracha, para torná-la mais resistentes ao envelhecimento. Na maior parte, os antioxidantes são compostos monofuncionais que dificultam a formação de ligações cruzadas entre cadeias moleculares adjacentes. Além disso, êles se combinam com as extremidades livres das cadeias rompidas, dificultando a degradação.

12-15 OXIDAÇÃO DE METAIS. A oxidação pode ocorrer em qualquer temperatura, mas é particularmente importante em temperaturas elevadas, já que a reação entre o metal e o ar ocorre mais ràpidamente:

$$\text{Metal} + O_2 \rightarrow \text{óxido do metal} \qquad (12\text{-}15)*$$

A oxidação começa na superfície do metal e a crosta de óxido resultante tende a formar uma barreira que restringe a oxidação. Para que a oxidação possa continuar, ou o metal ou o oxigênio deve se difundir através desta crosta. Ambos os processos ocorrem (Fig. 12-30); entretanto, a difusão do metal para fora é, geralmente, mais rápida que a do oxigênio em sentido contrário, em virtude do íon metálico ser apreciàvelmente menor que o íon de oxigênio (Fe^{2+} = 0,83 Å, O^{2-} = 1,32 Å), e, conseqüentemente, ter maior mobilidade.**

$$Fe \rightarrow Fe^{2+} + 2e^- \qquad 2e^- + \tfrac{1}{2}O_2 \rightarrow O^{2-}$$

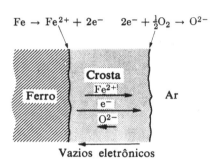

Fig. 12-30. Mecanismo de formação de crostas de óxido. Os elétrons e os íons Fe^{2+} se difundem mais fàcilmente através do óxido que os íons O^{2-}. Conseqüentemente, a reação Fe^{2+} + + $O^{2-} \rightarrow$ FeO se dá predominantemente na inter, face ar-óxido.

Como o aparecimento da crosta restringe o processo de oxidação, a velocidade de crescimento dx/dt de uma crosta não-porosa é uma função do inverso da espessura x.

$$\frac{dx}{dt} = f\left(\frac{1}{x}\right), \qquad (12\text{-}16)$$

ou

$$x^2 = kt \qquad (12\text{-}17)$$

A constante k depende da temperatura e dos coeficientes de difusão.

A velocidade de oxidação de muitos metais segue bastante bem a relação parabólica dada acima. Entretanto, metais, tais como magnésio, lítio, potássio e sódio, que formam um volume de óxido menor que o do metal original, são exceções. Êsses elementos possuem raios metálicos grandes e raios iônicos pequenos. Portanto, a oxidação implica numa contração que origina uma crosta porosa, tendo, pois, o oxigênio acesso livre para a superfície do metal; portanto, a velocidade de oxidação não diminui com a acumulação de óxido. Também se tem desvios da relação parabólica normal, quando a crosta de óxido não é aderente ao metal e, portanto, não oferece proteção contra a oxidação posterior.

---

* De uma maneira geral, a oxidação envolve um aumento positivo na valência do metal. Portanto, os metais podem ser oxidados na ausência de ar, desde que as vizinhanças possam remover elétrons. (Ver Seção 12-4).

** O ferro e o oxigênio se difundem através da crosta principalmente como íons e não como átomos neutros (Fig. 4-9). A reação global, expressa pela Eq. (12-15), envolve duas reações separadas e uma transferência de elétrons através da crosta do metal para o oxigênio: $Fe \rightarrow Fe^{2+} + 2e^-$; $1/2\, O_2 + 2e^- \rightarrow O^{2-}$.

Exemplo 12-2

Um centímetro cúbico de magnésio (densidade = 1,74 g/cm³) é oxidado a MgO (densidade = 3,65 g/cm³). Qual o volume do óxido resultante?

Resposta:

$$1 \text{ cm}^3 = 1,74 \text{ g Mg}$$

$$1,74 \text{ g Mg} = 1,74 \left(\frac{40,31}{24,31}\right)$$

$$= 2,9 \text{ g MgO}$$

$$\text{Volume de MgO} = \frac{2,9 \text{ g}}{3,65 \text{ g/cm}^3}$$

$$= 0,79 \text{ cm}^3 \text{MgO}$$

O efeito retardante de uma camada de óxido fortemente aderente pode ser ilustrado através da velocidade de oxidação do alumínio. A tendência de alumínio à oxidação é ainda maior que a do ferro; entretanto, como a barreira de óxido que se forma no alumínio é extremamente aderente e muito impermeável à difusão, a velocidade de oxidação cai ràpidamente. Dois fatôres contribuem para êste efeito: (1) ao contrário dos outros óxidos, o alumínio e o oxigênio são fortemente ligados entre si e (2) as estruturas cristalinas do óxido de alumínio podem ser orientadas de forma a se ter uma combinação quase perfeita e uma continuidade considerável de uma fase para outra (Fig. 12-31). Daí resulta uma forte *coerência* entre o filme de óxido de alumínio e o metal.

A presença desta fina camada de óxido é fàcilmente demonstrada através de duas experiências simples. (1) Ao se colocar alumínio em pó, como o usado para tintas, entre dois eletrodos, pode-se observar que a resistência elétrica é elevada, embora o metal alumínio seja

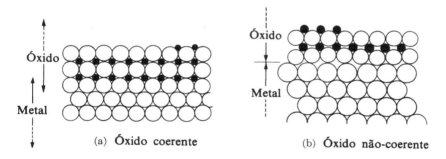

Fig. 12-31. Coerência metal-óxido (esquemático). A estrutura do óxido coerente coincide com a do metal. Na verdade, alguns átomos pertencem às duas estruturas.

um bom condutor de eletricidade, cada partícula está isolada das demais por um filme de óxido. (2) Quando se coloca alumínio em uma solução que dissolve óxido de alumínio, por exemplo, contendo sais de sódio, o metal se oxida ràpidamente.

Efeito da temperatura na oxidação. Como a maior parte dos metais se oxida cada vez mais lentamente com o tempo, os materiais usuais contam com alguma proteção em baixas temperaturas, em virtude do filme de óxido. Entretanto, as velocidades de difusão aumentam em temperaturas elevadas, de forma que o valor de k, na Eq. (12-17), aumenta de acôrdo com a seguinte relação:

$$k = Ae^{-E/RT} \qquad (12\text{-}18)^*$$

ou

$$\ln k = \ln A - \frac{E}{RT}, \qquad (12\text{-}19)$$

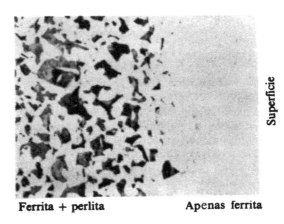

Fig. 12-32. Descarbonetação (100 ×). O aço 1040 vai se amolecendo na superfície conforme o carbono vai sendo preferencialmente oxidado.

onde os valôres de A e E dependem da fase considerada. Portanto, para um certo tempo de serviço, um aumento na temperatura aumenta marcadamente a corrosão.

Descarbonetação. Quando, em uma liga, tem-se mais de um elemento, êstes elementos não se oxidam com a mesma velocidade. No aço, o carbono pode se oxidar muito mais ràpidamente que o ferro e como o produto de oxidação é perdido na forma de gás (CO), a descarbonetação ocorre em serviço (Fig. 12-32), alterando as propriedades do aço. Nesse material em particular, a descarbonetação é indesejável, já que produz um amolecimento superficial.

ESTABILIDADE TÉRMICA

12-16 INTRODUÇÃO. As condições térmicas nas vizinhanças de um material afetam-no de varias formas. Os efeitos mais importantes são as reações que produzem alterações de fase ou microestrutura. Êstes já foram discutidos em conecção com os diagramas de fase (Cap. 9) e com os tratamentos térmicos (Cap. 11), de forma que aqui serão ignorados. Entretanto, discutiremos a estabilidade dos materiais em relação às tensões térmicas e alterações dimensionais resultantes.

12-17 DILATAÇÃO TÉRMICA E TENSÕES INTERNAS. A variação de temperatura é a mais comum das causas de variações de volume em um material não poroso**. As variações

---

* Compare com a Eq. 10-5. Ambas envolvem difusão; portanto têm a mesma forma.
** Pode-se também produzir variações de volume por esforços mecânicos, campos elétricos e magnéticos e por irradiação.

ESTABILIDADE DOS MATERIAIS NAS CONDIÇÕES DE SERVIÇO

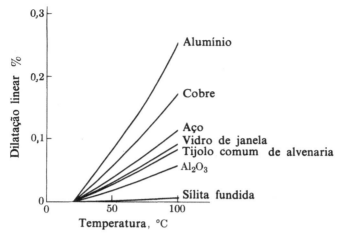

Fig. 12-33. Dilatação térmica de sólidos. Em geral, as variações de volume para os metais são maiores que as de materiais cerâmicos.

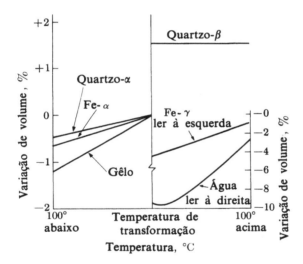

Fig. 12-34. Variações de volume causadas por mudanças de fase (H$_2$O sólido-líquido; Fe, rearranjo; quartzo, endireitamento de ligações) Observe que (1) o volume de referência é o imediatamente abaixo da temperatura de transformação, e (2) a escala para a água está à direita.

volumétricas podem ter duas origens, se a temperatura se alterar: (1) *dilatação térmica* (e contração) e (2) *transformações de fase*. A dilatação térmica que está associada com o aumento das vibrações térmicas dos átomos com a temperatura, é, em geral, maior nos metais que nos não-metais (Fig. 12-33). As alterações de volume que acompanham as transformações de fase estão ilustradas na Fig. 12-34; essas podem ocorrer em uma faixa estreita de temperaturas, se o tempo fôr suficiente.

Essas possíveis alterações no volume são usualmente pequenas, no máximo de alguns porcentos, e podem ser esquecidas se as alterações são uniformes. Entretanto, em condições normais de serviço, diferenças na composição e gradientes de temperatura produzem variações dimensionais não-uniformes. Por exemplo, variações de volume diferentes são essenciais na operação de tiras bimetálicas como contatos sensíveis à temperatura, para termostatos. Essa variação diferencial produz uma distorção que abre ou fecha um circuito elétrico. Ao se forçar o endireitamento da tira, aparecem tensões de tração no componente com menor volume de compressão no de maior volume e tensões de cisalhamento entre os dois componentes. Essas *tensões térmicas* são iguais às necessárias para produzir a mesma variação dimensional, elàsticamente (Fig. 12-35).

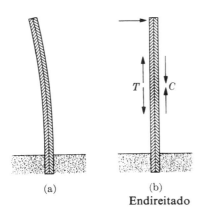

(a)   (b)
Endireitado

Fig. 12-35. Tensões térmicas. O endireitamento produz tensões. As tensões são iguais às necessárias para produzir deformações mecânicas iguais.

Exemplo 12-3

Uma tira bimetálica de ferro e liga de cobre é recozida a 410°C, a fim de remover tôdas as tensões residuais. Após êsse tratamento, é resfriada ràpidamente até a temperatura ambiente. (a) Em que direção a tira entortará? (b) Os dois elementos têm a mesma espessura. Calcular as tensões em cada um quando a tira é endireitada na temperatura ambiente. (Os coeficientes médios de dilatação térmica nesta faixa de temperatura para os dois metais são 14×10^{-6} e 18×10^{-6} cm/cm/°C para o ferro e cobre respectivamente. Os modulos médios de elasticidade são: 21.000 kgf/mm² e 11.200 kgf/mm²).

Resposta: (a) A tira se entortará na direção do cobre, pois o ferro se contrai menos.

(b) Contração diferencial = $(410-20)(18-14)(10^{-6}) = 1,56 \times 10^{-3}$ cm/cm

Como os dois elementos têm as mesmas dimensões.

$$\text{Tensão}_{Cu} = \text{Tensão}_{Fe} = \sigma$$

$$\text{Def.}_{Cu} = \sigma/11200$$

$$\text{Def.}_{Fe} = \sigma/21000$$

$$\text{Def.}_{Cu} + \text{def.}_{Fe} = 1,56 \times 10^{-3} \text{ cm/cm} = 1,56 \cdot 10^{-3} \text{ mm/mm}$$

$$\sigma \left[\frac{1}{21000} + \frac{1}{11200} \right] = \frac{1,54}{10^{-3}}$$

$$\sigma = 11,2 \text{ kgf/mm}^2$$

Anàlogamente, aparecem tensões devidas a *mudanças de fase* nos materiais sólidos. Essas tensões podem aparecer em escala microscópica, como a indicada na Fig. 12-36, ou em escala macroscópica, entre as camadas superficiais que se transformam primeiro e o centro que se transforma por último.

ESTABILIDADE DOS MATERIAIS NAS CONDIÇÕES DE SERVIÇO

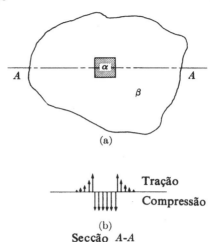

Fig. 12-36. Tensões de transformação. A reação $\beta \to \alpha$ é acompanhada por uma expansão de volume. A fase α fica comprimida e a β tracionada.

Alívio de tensões. As tensões descritas acima são internas (isto é, não são causadas pela aplicação de solicitações externas) e assim, permanecem até que possam se aliviar. No caso simples do resfriamento de um material monofásico, o *alívio de tensões* vem quando a temperatura da superfície e do centro se igualam. Anàlogamente, as tensões internas que se desenvolvem nas etapas intermediárias de uma mudança de fase desaparecem quando a mudança se completa.

As tensões internas podem também ser aliviadas por movimentos atômicos. Se, por exemplo, o componente da esquerda da tira da Fig. 12-35 fôsse chumbo, êste seria gradualmente deformado pelas tensões, havendo o alívio de tensões tanto do chumbo como do metal adjacente. Isto ocorre ràpidamente acima da temperatura de recristalização, no caso de metais; e acima da temperatura de recozimento, para materiais cerâmicos, pois os átomos passam a ter atividade térmica suficiente para permitir o ajustamento.

⊙ 12-18 RUPTURA TÉRMICA. Embora as tensões internas possam ser aliviadas por movimentos atômicos, isto nem sempre ocorre, particularmente em materiais frágeis. Desta forma, é possível a formação de fissuras quando variações térmicas produzem alterações dimencionais. Já se notou anteriormente que estas variações de volume podem ser causadas quer por reações no estado sólido quer por expansão e/ou contração térmica.

Ruptura por choque térmico. As tensões residuais, mostradas na Fig. 12-37, freqüentemente aparecem durante a têmpera de um aço, para obter martensita. Como a martensita é levemente menos densa que a austenita original, a transformação envolve uma ligeira expansão. A superfície atinge a faixa de temperaturas da transformação martensítica antes da região central. A austenita adjacente, que ainda não se transformou, se deforma a fim de se ajustar à ligeira expansão superficial; e quando esta austenita se transforma, a expansão correspondente provoca o aparecimento de tensões de tração na superfície martensítica. Estas tensões podem se tornar importantes em materiais não dúcteis, que não se ajustam a variações de volume. De fato, as trincas de têmpera nos aços de alto carbono são originadas por estas tensões de tração na superfície martensítica.

Termoclase. A ruptura térmica que ocorre sem um resfriamento brusco, é denominada de termoclase. Êste tipo de ruptura ocorre mais comumente em materiais frágeis em conseqüência de contrações térmicas; entretanto, em certos casos, uma transformação de fase ou a expansão térmica podem ser importantes fatôres causadores. O comportamento em relação à termoclase de um material, está relacionado com muitas outras propriedades além do coeficiente de expansão térmica; estas propriedades incluem a resistência, o módulo de

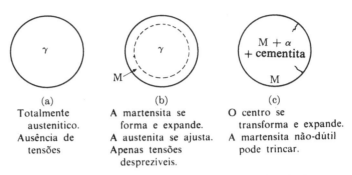

Fig. 12-37. Tensões residuais de transformação. A austenita é mais densa que a martensita, ou (α + carbeto) Logo, sua formação produz tensões de tração na superfície mais fina e mais rígida de martensita.

elasticidade e a difusividade térmica. Portanto, é impossível considerar-se a termoclase como uma propriedade básica. É conveniente, entretanto, ter-se um índice que avalie a resistência à termoclasse de um material.

$$\text{Índice de resistência à termoclase} = hS/\alpha E, \qquad (12\text{-}20)$$

onde S = limite de resistência. Um material mais resistente rompe com menos facilidade. h = difusividade térmica. A difusividade térmica, por sua vez, é igual a $k/c_p\rho$ (Eq. 1-5). Uma condutividade térmica k elevada reduz os gradientes térmicos e portanto as deformações térmicas. A capacidade térmica por grama c_p e a densidade juntas definem a quantidade de calor que pode ser absorvida pelo material. Quando o produto $c_p\rho$ é elevado e/ou a condutividade k é baixa, tem-se gradientes térmicos elevados que podem originar tensões severas. α = coeficiente de expansão térmica. Um coeficiente de expansão baixo aumenta a resistência ao termoclase pelas razões citadas anteriormente. E = módulo de elasticidade. Módulos de elasticidade mais altos originam tensões mais elevadas, para a mesma deformação. Conseqüentemente o limite de resistência pode ser ultrapassado mais fàcilmente.

Comparações entre as tendências a termoclase de vários tipos de materiais são instrutivas. A maior parte dos materiais cerâmicos possui resistência ao termoclase maior que os metais, em virtude dos limites de resistência baixos (Seção 8-11) e da pequena condutividade térmica. Os plásticos, por outro lado, também têm valores baixos para S e k, mas têm módulos de elasticidade extremamente baixos. Portanto, a termoclase não é comum nos materiais orgânicos, já que as tensões geradas são baixas.

É particularmente importante para a resistência à termoclase evitar-se *concentrações de tensões* (Fig. 8-33) que permitem que o limite de resistência do material seja ultrapassado localmente. No projeto de peças que deverão sofrer variações repentinas de temperatura, devem ser evitados cantos agudos.

Correntemente, o estudo dos efeitos e do contrôle da termoclase precede os novos desenvolvimentos das turbinas propulsoras a gás. Infelizmente, muitos materiais, que podem ser obtidos fàcilmente e que satisfazem as exigências quanto às temperaturas elevadas, também são frágeis e, portanto, têm pequena resistência à termoclase provocado por variações bruscas de temperatura.

A termoclase em geral produz fissuras normais à superfície, quando as tensões são originadas por contração térmica. Na Fig. 12-3(a) por exemplo, o resfriamento rápido da superfície produz tensões na mesma em tôrno de um centro rígido e ainda quente. Em contraste, quando a superfície de um tijolo é aquecida ràpidamente, são geradas tensões de compressão. Como o material não pode romper por compressão pura, as fissuras em geral aparecem em planos que formam 450 com a superfície [Fig. 12-38(b)].

Fig. 12-38. Trincas de estilhaçamento em um tijolo. (a) Trincas de tração causadas por resfriamento rápido. (b) Trincas de cisalhamento causadas por aquecimento rápido.

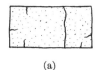

(a)   (b)

ALTERAÇÕES PELAS RADIAÇÕES ("RADIATION DAMAGE")

12-19 INTRODUÇÃO. No campo da engenharia, recentemente, tem-se preocupado muito sôbre os efeitos de radiações nos materiais. Em particular, os efeitos danosos de radiação devem ser levados em conta no projeto de reatores nucleares, embora não seja sòmente nesse caso que se tem irradiação de materiais. Sabe-se, há muito tempo, que os materiais podem ser modificados por radiações. O botânico observa os efeitos da foto-síntese. O fotógrafo usa êsse fato na exposição de seus filmes. O físico utiliza essas interações para aplicações de fluorescência. O médico aplica radiações em terapia. Os efeitos das radiações visíveis (luz) nos materiais é medido através de ensaios padronizados (ASTM).

As radiações podem ser convenientemente classificadas em duas categorias: (1) As *radiações eletromagnéticas*, que incluem ondas de *rádio, infravermelho, luz, raios X e raios γ*, são adequadamente consideradas como constituidas por "pacotes" de energia ou *fótons*. (2) Radiações, que são consideradas de natureza particulada, incluem *prótons* (H^+), *elétrons* (raios *β*), *núcleos de hélio* (raios *α*) e *nêutrons*. Nossa atenção se prenderá, principalmente, aos nêutrons e raios γ, já que são da maior importância em aplicações da energia nuclear.

12-20 ALTERAÇÃO ESTRUTURAL. O principal efeito das radiações nos materiais é originado pela energia extra que ela fornece, que facilita a ruptura de ligações existentes e o rearranjo dos átomos em novas estruturas. O efeito da radiação na ramificação e na formação de ligações cruzadas do polietileno é um exemplo dêste fenômeno. Na Tabela 3-1, está mostrado que se necessita de $99.000/(6,02 \times 10^{23})$ ou $1,65 \times 10^{-19}$ calorias para romper cada ligação C-H. Como cada fóton do ultravioleta próximo contém cêrca de 2×10^{-19} cal de energia, a absorção de um dêsses fótons por um dos átomos de hidrogênio do polietileno pode libertá-lo e abrir um lugar para uma possível ramificação (Fig. 12-39). Êsse efeito tem sido usado comercialmente para provocar ramificações no polietileno (Fig. 12-40) a fim de produzir um plástico estável à temperatura de ebulição da água.

Colisões de nêutrons com átomos. Como os nêutrons não são partículas carregadas, fornecendo energia suficiente, êles podem se mover diretamente através do material sem serem, preferencialmente, atraídos pelos íons presentes, como acontece com os raios *β*, prótons e partículas α. Os nêutrons sòmente interagem com os átomos de um material quando "colidem" com um núcleo; essas colisões ocorrem depois de vários átomos terem sido ultrapassados. Quando a colisão ocorre em um cristal, o nêutron é desviado e o átomo (ou íon) é deslocado de sua posição no reticulado, originando um vazio e indo ocupar uma posição intersticial (Fig. 12-41). Um polímero pode sofrer degradação ou *cisão* quando é exposto a um feixe de nêutrons (Fig. 12-42). Como cada colisão diminui a velocidade de nêutron, estas se tornam cada vez mais frequentes, até que finalmente o nêutron é capturado* por um átomo.

O deslocamento de um átomo produz um defeito na estrutura do sólido. Muitos efeitos podem se originar, dependendo da estrutura do material:

---

* A captura implica numa alteração isotópica do átomo. Por exemplo, quando um núcleo de manganês com 30 nêutrons e 25 prótons captura um nêutron, êle passa a conter 31 nêutrons. Entretanto, êste isótopo, em particular, é instável e mais cedo ou mais tarde (meia vida = 2,59 h) perde um elétron (raio *β*) de um nêutron no núcleo e forma ferro que contém 30 nêutrons e 26 prótons: $n \rightarrow p^+ + e^-$.

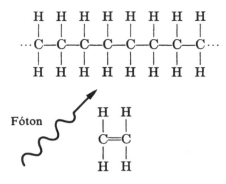
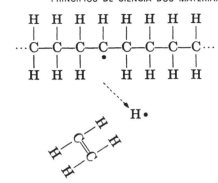

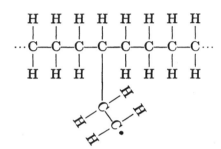

Fig. 12-39. Aparecimento de ramificações por irradiação. Um fóton pode fornecer a energia de ativação necessária para causar o aparecimento de uma ramificação. Um nêutron pode produzir o mesmo efeito.

(1) O material pode ser *ativado* para uma reação posterior. Êsse efeito tem sido aplicado comercialmente na formação de ramificações no polietileno (Fig. 12-40).

(2) A estrutura pode se *degradar*. Isso está ilustrado na Fig. 12-42 e, na verdade, representa o efeito último, mesmo para o polietileno. Isso é mais fàcilmente perceptível em outros plásticos lineares. Como a Fig. 12-43 mostra, essa despolimerização, afeta as propriedades mecânicas e também as elétricas e químicas.

(3) A estrutura pode se *distorcer* em virtude da formação de vazios (Fig. 12-41). As alterações nas propriedades são bastantes semelhantes às provocadas pelo trabalho a frio.

Exemplo 12-4

Admita que tôda a energia necessária para a cisão de uma molécula de polietileno seja proveniente de um fóton (e que não haja participação de energia térmica). (a) Qual o valor máximo do comprimento de onda que pode ser usado? (b) Qual a energia do fóton, em eV?

Resposta: (a) Da Tabela 3-1

$$C-C = \frac{83{,}000 \text{ cal}}{0{,}6 \times 10^{24} \text{ ligações}} = 1{,}38 \times 10^{-19} \text{ cal/ligação}$$

$$= (1{,}38 \times 10^{-19} \text{ cal/liga})(4{,}185 \times 10^7 \text{ erg/cal})$$

$$= 5{,}8 \times 10^{-12} \text{ erg/lig.}$$

Da Eq. (2-3),

$$\text{Energia} = h\nu = \frac{hc}{\lambda};$$

$$\lambda = \frac{(6{,}62 \times 10^{-27} \text{ erg·seg})(3 \times 10^{10} \text{ cm/seg})}{(5{,}8 \times 10^{-12} \text{ erg})}$$

$$= 3{,}4 \times 10^{-5} \text{ cm} = 3400 \text{ A}.$$

(b) $\text{eV} = (5{,}8 \times 10^{-12} \text{ erg})\left(6{,}24 \times 10^{11} \dfrac{\text{eV}}{\text{erg}}\right) = 3{,}6 \text{ eV}.$

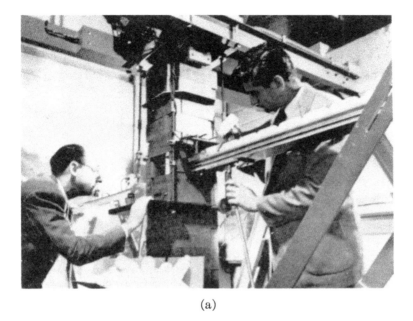

(a)

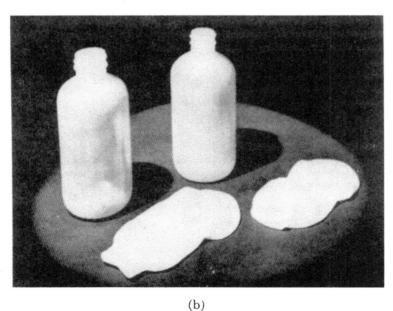

(b)

Fig. 12-40. Irradiação do polietileno. (a) Equipamento de irradiação. (b) Amostras de polietileno irradiado e não-irradiado aquecidas a 110°C por 20 min. Uma irradiação limitada produz suficientes ramificações nas cadeias de polietileno para aumentar a temperatura de amolecimento acima da de ebulição da água. Radiação em excesso pode inverter o efeito através da ruptura das cadeias de polietileno (Fig. 12-42). (General Electric Co.).

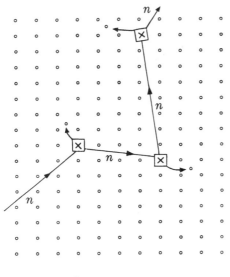

○ Átomo

☒ Vazio deixado por um átomo deslocado.

Fig. 12-41. Deslocamentos atômicos provocados por nêutrons. Quando um nêutron colide com um átomo, parte da sua energia pode ser usada para remover o átomo de sua posição reticular para um interstício.

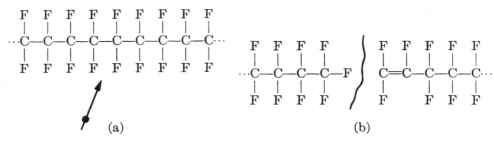

Fig. 12-42. Degradação por irradiação (politetrafluoroetileno). A maior parte dos polímeros se comporta desta maneira ao invés da mostrada na Fig. 12-39. Conseqüentemente, a maior parte dos polímeros perde resistência mecânica ao ser irradiada.

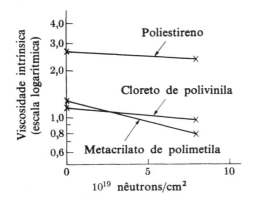

Fig. 12-43. Degradação por exposição a nêutrons. A viscosidade intrínseca diminui em virtude dos polímeros serem rompidos em moléculas menores. [Adaptado de L. A. Wall e M. Magot, "Effects of Atomic Radiation on Polymers", *Modern Plastics*, 30, 111, (1953)].

ESTABILIDADE DOS MATERIAIS NAS CONDIÇÕES DE SERVIÇO

Tabela 12-5

Efeitos de Radiação Sôbre Vários Materiais*

Fluxo integrado de nêutrons rápidos, n/cm^2	Material	Propriedade alterada
10^{14}	Transistor de germânio	Perda de amplificação
	Vidro	Fica colorido
10^{15}	Politetrafluoroetileno	Perda de resistência
	Polimetila de metacrilato e celulose	Perda de resistência
	Água e -líquidos orgânicos menos estáveis	Vaporização
10^{16}	Borracha natural e butílica	Perda de elasticidade
	Líquidos orgânicos	Vaporização dos mais estáveis
10^{17}	Borracha butílica	Grandes alterações, amolece
	Polietileno	Perda de resistência
	Polímero fenólico reforçado com produtos minerais	Perda de resistência
10^{18}	Borracha natural	Grandes alterações, endurece
	Óleos de hidrocarbonetos	Aumento na viscosidade
	Metais	A maior parte mostra um aumento apreciável no limite de escoamento
	Aço carbono	Diminuição da resistência ao impacto
10^{19}	Poliestireno	Perda de resistência
	Materiais cerâmicos	Redução na condutividade térmica, densidade e cristalinidade
	Todos os plásticos	Não podem ser usados como materiais estruturais
10^{20}	Aços carbono	Grande perda na ductilidade, dobra o limite de escoamento
	Aços carbono	Aumenta a temperatura de transição
	Aços inoxidáveis	Triplica o limite de escoamento
	Ligas de alumínio	Reduz, mas não muito, a ductilidade
10^{21}	Aços inoxidáveis	Reduz, mas não muito, a ductilidade

* C.O. Smith, ORSORT, Oak Ridge, Tennessee.

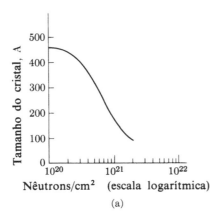
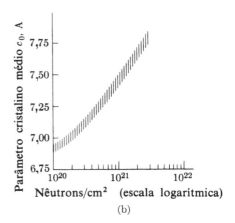

Fig. 12-44. Efeitos da radiação na grafita. (a) Tamanho dos cristais de grafita *versus* exposição. (b) Parâmetro cristalino médio *versus* exposição. O bombardeamento por nêutrons distorce o reticulado e quebra os cristais em grãos menores. [Adaptado de J. F. Fletcher e W. A. Snyder, "Use of Graphite in the Atomic Energy Program", *Bulletin Amer. Cer. Soc.* **36**, 101, (1957)].

12-21 ALTERAÇÕES DE PROPRIEDADES. Como a maior parte das conseqüências da irradiação por nêutrons deteriora as propriedades dos materiais de interêsse para o engenheiro, essas conseqüências são denominadas de *danos por irradiação*.* A Tabela 12-5 resume a quantidade de radiação necessária para produzir uma alteração sensível (maior que 10%) nas propriedades físicas de alguns materiais. Essa quantidade de radiação é medida, considerando-se o número total de nêutrons que atravessa um centímetro quadrado da seção transversal da substância em consideração.

Os efeitos de irradiação na grafita servem para ilustrar as alterações estruturais que provocam variações nas propriedades dos materiais. A ação destrutiva do bombardeamento de nêutrons na grafita reduz, quatro a cinco vêzes, o tamanho médio dos grãos (Fig. 12-44). O espaçamento médio entre os planos reticulares também aumenta devido à existência de deformações localizadas, causadas por deslocamentos atômicos.

A Fig. 12-45 mostra o efeito da exposição a um feixe de nêutrons nas propriedades mecânicas de um aço silício. As alterações nas propriedades são conseqüências da dificuldade cada vez maior de escorregamento na estrutura distorcida.

À primeira vista, a irradiação pode parecer interessante como um método de aumentar a resistência dos metais e endurecê-los. Entretanto, tem-se muitas desvantagens inerentes. Primeiramente, o efeito da irradiação varia de forma logarítmica com a exposição, conforme a Fig. 12-46 mostra para o aço inoxidável tipo 347. A exposição necessária para cada incremento sucessivo de dureza é progressivamente maior. Em segundo lugar, a captura de nêutrons e a ativação de raios, que acompanham a irradiação, podem produzir um material radiològicamente "quente".

A resistividade elétrica e a térmica aumentam com a irradiação. A Fig. 12-47 ilustra o efeito na resistividade térmica. O aumento em ambas as resistividades pode ser previsto a partir do conhecimento da alteração na mobilidade eletrônica em sólidos distorcidos (Seção 6-7).

---

* Além dessas conseqüências de interêsse imediato para o engenheiro, tem-se outras conseqüências importantes da irradiação. Por exemplo, os tecidos vivos são fortemente afetados em virtude das alterações induzidas nas estruturas moleculares fisiológicas.

ESTABILIDADE DOS MATERIAIS NAS CONDIÇÕES DE SERVIÇO

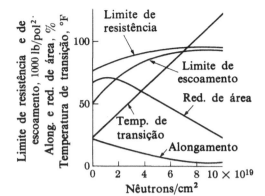

Fig. 12-45. Efeitos da radiação no aço (Aço carbono-silício (ASTM A-212-B). (Adaptado de C. O. Smith, ORSORT, Oak Ridge, Tenn.).

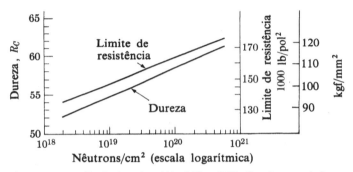

Fig. 12-46. Endurecimento por radiação (aço inoxidável Tipo 347). Os nêutrons deslocam os átomos e portanto restringem o escorregamento em metais. Como o fluxo de nêutrons está colocado em escala logarítmica, cada ciclo necessita exposição cada vez mais longa (Adaptado de C. O. Smith, ORSORT, Oak Ridge, Tenn.).

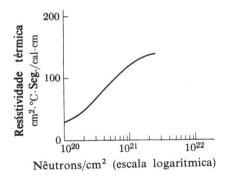

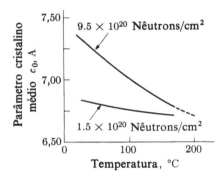

Fig. 12-47. Resistividade *versus* radiação de nêutrons (grafita paralela à direção da orientação preferencial dos cristais). [Adaptado de J. F. Fletcher e W. A. Snyder, "Use of Graphite in the Atomic Energy Program", *Bulletin Amer. Cer. Soc.*, 36 101, (1957)].

Fig. 12-48. Recuperação dos efeitos da radiação. Em temperaturas mais elevadas de irradiação, o reticulado cristalino (Fig. 12-44b) se "recoze" tão ràpidamente conforme se deforme. Portanto, não se tem variações de volume. [Adaptado de J. F. Fletcher e W. A. Snyder, "Use of Graphite in the Atomic Energy Program", *Bulletin Amer. Cer. Soc.*, **36**, 101, (1957)].

Recuperação de materiais irradiados. Os efeitos nocivos da irradiação podem ser anulados através de um recozimento apropriado em temperaturas elevadas. O mecanismo de recuperação é análogo ao de recristalização (Seção 6-8). Entretanto, a temperatura necessária é usualmente mais baixa do que seria de esperar, aparentemente porque a distorção da estrutura é maior que no material trabalhado a frio. A Fig. 12-48 mostra o efeito da temperatura de irradiação, modificando os dados da Fig. 12-44(b). Em temperaturas da ordem de 200°C, os efeitos da irradiação são anulados conforme são produzidos.

REFERÊNCIAS PARA LEITURA ADICIONAL

Corrosão

12-1. Cartledge, G.H., "Studies in Corrosion", *Scientific American*, 195, 35, 1956. Para o estudante que deseja leitura suplementar.

12-2. *Corrosion of Metals.* Cleveland: American Society for Metals, 1946. Essa referência contém cinco artigos intitulados: (1) Princípios básicos de corrosão metálica, (2) Efeito da composição e das vizinhanças na corrosão do ferro e do aço, (3) Resistência à corrosão de aços inoxidáveis e de ligas com alto teor de níquel, (4) Cobre e ligas de cobre em ambientes corrosivos, (5) Corrosão de metais leves (alumínio e magnésio). Com exceção do primeiro, todos são escritos para o estudante de metalurgia.

12-3. *Corrosion in Action.* New York: International Nickel, 1955. A melhor referência sôbre corrosão para o estudante que está começando. Escrito com simplicidade, excelentemente ilustrado, inclui referências e experiências simples. Êste é o livro correspondente ao filme que a International Nickel Co. fornece para fins educacionais.

12-4. Guy, A.G., *Physical Metallurgy for Engineers.* Reading, Mass.: Addison Wesley, 1962. O Cap. 11 discute a corrosão e a oxidação em um nível introdutório.

12-5. Jastrzebski, Z.D., *Engineering Materials.* New York: John Wiley & Sons. O Cap. 9 trata da corrosão. Nível introdutório.

12-6. Keyser, C.A., *Materials of Engineering.* Englewood Clifs, N.J.: Prentice Hall, 1956. O Cap. 6 trata da corrosão e dos ensaios de corrosão. O assunto é tratado aproximadamente no mesmo nível dêste livro.

12-7. Speller, F.N., *Corrosion: Causes and Prevention.* New York: McGraw-Hill, 1951. É dado ênfase à prevenção da corrosão.

12-8. Uhlig, H.H., *Corrosion Handbook.* New York: John Wiley & Sons, 1948. Êsse é o livro de referência padrão sôbre corrosão. Para o engenheiro.

12-9. Wulff, J., *et al., Structure and Properties of Materials.* Cambridge, Mass.: M.I.T. Press, 1962. Os Caps. 8 e 9 discutem oxidação e corrosão, respectivamente. Nível introdutório.

Comportamento térmico

12-10. Baldwin, W.M., Jr. *Residual Stresses.* Philadelphia: American Society for Testing Materials, 1949. Uma introdução ao estudo das tensões residuais. Recomendado porque possui esquemas ilustrativos que mostram a distribuição das tensões residuais.

12-11. Dorn, J.E., *Mechanical Behavior of Materials at Elevated Temperatures.* New York: John Wiley & Sons, 1961. Uma série de artigos que discutem a resposta dos materiais a tensões em temperaturas de serviço elevadas. Para o estudante adiantado.

12-12. Norton, F.H., *Refractories.* New York: McGraw-Hill, 1949. O Cap. 15 discute a termoclase e a resistência à termoclase. Para o estudante adiantado.

12-13. Parker, E.R., *Materials for Missiles and Spacecraft.* New York: McGraw-Hill, 1963. Uma série de artigos sôbre a aplicação de materiais no espaço.

ESTABILIDADE DOS MATERIAIS NAS CONDIÇÕES DE SERVIÇO

Efeitos nocivos da radiação

12-14. A.S.T.M., *Radiation Effects on Materials.* Philadelphia: American Society for Testing Materials, Vol. I, 1957; Vol. II, 1958; Vol. III, 1958. Êstes três pequenos volumes contêm uma série de artigos sôbre efeitos específicos de radiações. Para o estudante adiantado.

12-15. Billington, D.S., *et al., How Radiation Affects Materials; Nucleonics,* **14**, [9], 1956, pág. 55. Uma série de cinco artigos sôbre como a radiação afeta os materiais. Para o engenheiro não especializado.

12-16. Frye, J.H. e J.L. Gregg, "Economic Atomic Power Depends on Materials of Construction", *Metals Progress,* **70**, 92, (1956). Um artigo geral assinalando um nôvo campo de interêsse para o engenheiro.

12-17. Harwood, J.J. *et al., Effects of Radiation on Materials.* New York: Reinhold, 1958. Simpósio sôbre as modificações de propriedades físicas, químicas, eletrônicas, ópticas e de superfície. Nível de estudante adiantado.

12-18. Lesser, D.O., "Engineering Materials in Nuclear — Fueled Power Plants", *Materials and Methods,* **41**, 98, (1955). Discute a absorção de nêutrons e os efeitos da radiação.

12-19. Sun, K.H., "Effects of Atomic Radiation on High Polymers", *Modern Plastics,* **32**, 141, (1954). Um bom resumo dos efeitos da radiação em plásticos.

PROBLEMAS

12-1. Dois pedaços de metal, um de cobre e o outro de zinco, são imersos em água do mar e ligados por um fio de cobre. Indicar a célula galvânica que se forma, escrevendo a reação de meia célula (a) para o anodo e (b) para o catodo; mostre também (c) a direção do fluxo de elétrons no fio e (d) a direção da "corrente" no eletrólito. (e) Que metal deve ser usado no lugar do cobre para que o zinco mude de polaridade?

12-2. Um prego zincado é cortado ao meio e colocado em um eletrólito. (a) Que pares devem ser considerados para se determinar o anodo? (b) Citar o ponto no qual começará a corrosão.

12-3. Um pedaço de um velho cano de ferro em um porão foi substituído por um tubo de cobre (a) A união feita pelo encanador contém um isolante plástico. Comente. (b) A fim de se usar o sistema de canos como terra uma ligação metálica foi colocado na junção. Comentar.

12-4. Uma chapa de aço é colocada em água proveniente de um lago. Faz-se as seguintes operações (individualmente). Qual será o efeito de cada uma nas reações de corrosão; (a) Adiciona-se $FeSO_4$ à água. (b) Adicione-se $CuSO_4$ à água. (c) Adiciona-se HCl à água. (d) Adiciona-se HCl à água e borbulhe-se O_2. (e) Adiciona-se HCl à água e borbulha-se N_2. (f) O ferro é ligado ao eletrodo central de uma pilha sêca. (g) O ferro é ligado ao eletrodo lateral de uma pilha sêca. (h) Item (f), mais um fio de cobre ligando o eletrodo lateral ao eletrólito.

12-5. Zinco e cobre são ligados em água. (a) Adiciona-se $ZnSO_4$. A corrosão aumentará ou diminuirá? (b) Adiciona-se $CuSO_4$. A corrosão aumentará ou diminuirá?

12-6. Comparar a natureza da proteção dada ao aço por camadas dos seguintes metais. (a) Cádmio, (b) zinco e (c) Estanho.

12-7 Citar três exemplos de corrosão que você conheça. Descreva a natureza de deterioração e explique a corrosão.

12-8. Considerando as figuras do Cap. 9 e dêste. Que fases estão presentes nos seguintes aços inoxidáveis em temperatura ambiente: (a) Fe com 12,5 Cr, (b) Fe com 18 Cr, (c) Fe com 18 Cr e 0,6 C, (d) Fe com 13 Cr e 0,5 C, (e) Fe com 18Cr, 8 Ni e 0,1 C, (f) Fe com 18 Cr, 8 Ni e 0,5 C?

PRINCÍPIOS DE CIÊNCIA DOS MATERIAIS

12-9. Para cada um dos casos do problema·anterior, indicar as fases a 1.100°C.

Resposta: (a) $\gamma + \alpha$, (b) α, (c) $\gamma +$ carbeto, (d) γ, (e) γ e (f) $\gamma +$ carbeto.

12-10. Uma fôlha de aço inoxidável é soldada na forma de um duto circular. Após um certo período de tempo aparece ferrugem em uma faixa que se estende cêrca de 1 cm de cada lado do cordão de solda. Por que isto ocorre e como poderia ser evitado?

12-11. Os aços inoxidáveis freqüentemente são classificados em três tipos: austeníticos, ferríticos e martensíticos. Citar as diferenças na composição que determinam a inclusão de um aço dentro de um certo tipo.

12-12. Um aço inoxidável 18% Cr-8% Ni é austenítico em temperatura ambiente (a) Por quê? (b) Citar as propriedades térmicas elétricas e magnéticas que são conseqüências específicas desta composição e estrutura.

12-13. Em cutelaria, usam-se aços inoxidáveis martensíticos por razões óbvias. Comparar a resistência à corrosão dêstes aços com a dos austeníticos.

12-14. Barcos de alumínio resistem mais à corrosão em água doce do que em água salgada. Explicar.

12-15. A coerência do Al_2O_3 com o alumínio envolve uma semelhança muito grande (a) das distâncias Al-Al nos planos (111) do metal com as (b) do plano (0001) do Al_2O_3. Quanto valem essas distâncias?

Resposta: (a) 2,86 A (b) 2,67 A.

12-16. Que variação de volume ocorre quando o ferro se oxida a Fe_3O_4? (Densidade do $Fe_3O_4 = 5,18$ g/cm^3).

12-17. Que variação de volume ocorre quando o cálcio é oxidado a CaO? (Densidade do CaO $= 3,48$ g/cm^3).

Resposta: 36% de contração:

12-18. Mostrar porque a oxidação do potássio ocorre ràpidamente. (Densidade de $K_2O = 2,32$ g/cm^3).

12-19. Uma barra de aço 1080 é aquecida de 20°C até 110°C e comprimida para voltar ao comprimento inicial. Determinar o valor da tensão de compressão necessária.

Resposta: 10 kgf/mm^2

12-20. Não se permite que o fio de ferro se contraia quando se transforma de α para γ. Admitindo que não haja deformação plástica, qual o valor da tensão que aparecerá no fio? [*Nota:* O módulo de elasticidade a 910°C *não* é 3×10^7 psi. (Ver Fig. 6-8)].

12-21. Um fio de cobre recozido com um limite de escoamento de 5,6 kg/mm^2, é esfriado impedido de contrair. Qual a máxima variação de temperatura que não produz deformação plástica?

Resposta: 31°C.

12-22. Uma tira bimetálica é composta de cobre e ferro tendo as seguintes áreas de seção transversal: 0,033 cm^2 e 0,013 cm^2, respectivamente. Qual o valor das tensões que aparecerão nestes metais, quando a tira sofre o mesmo tratamento do Exemplo 12-3?

12-23. Qual será a deformação em cada uma das partes da tira do Probl. 12-22?

Resposta: cobre, 0,066%; ferro, 0,088%

12-24. Duas barras, uma de latão 70-30 e outra de aço, são rìgidamente ligadas a duas paredes que distam entre si de 90 cm. As barras têm 5 cm de diâmetro e a 40°C não estão

ESTABILIDADE DOS MATERIAIS NAS CONDIÇÕES DE SERVIÇO

tensionadas. Qual o valor da tensão que aparece em cada barra, se as mesmas resfriadas até $10°C$? Qual seria a variação de comprimento das barras, se estas não estivessem rìgidamente ligadas às paredes?

12-25. (a) Qual a freqüência e o comprimento de onda do fóton capaz de fornecer a energia média necessária para romper uma ligação C-H no polietileno? (b) Por que algumas ligações se rompem com comprimentos de ondas maiores?

Resposta: (a) $1,04 \times 10^{15}$ seg^{-1}, 2900 A; (b) devido à energia térmica.

12-26. Qual a energia (em eV) de um nêutron capaz de romper uma ligação C-C no poliestireno?

12-27. Compare os comprimentos de onda dos fótons eletromagnéticos capazes de fornecer tôda a energia necessária para a ramificação no (a) polietileno (b) cloreto de polivinila e (c) álcool polivinílico.

Resposta: C-H, 2900 Å; C-Cl, 3550 Å; C-OH, 3300 Å.

12-28. Um fóton rompe uma ligação C-C no poliestireno. Qual a energia mínima que êsse fóton deve ter e qual o comprimento de onda da radiação que produz fótons com esta energia? (Admitir que tôda a energia venha do fóton).

12-29. Mantendo-se os demais fatôres constantes, em que caso teríamos *termoclase com maior facilidade:* (a) material com um módulo de elasticidade elevado e condutividade térmica baixa, (b) material com baixo módulo de elasticidade e elevada condutividade termica, (c) material com módulo de elasticidade baixo e condutividade térmica reduzida, (d) material com módulo de elasticidade e condutividade térmica, ambos elevados. Por quê?

CAPÍTULO 13

MATERIAIS COMPOSTOS

13-1 MACROESTRUTURAS. As heterogeneidades internas dos materiais, consideradas até êste ponto, foram aquelas resultantes de solidificação ou de reações no estado sólido e são de dimensões microscópicas. Entretanto, o engenheiro não está limitado sòmente aos materiais com as variações acima citadas, pois êle pode intencionalmente utilizar um material resultante da combinação de dois outros. Portanto, êle deve ser capaz de projetar materiais que incorporam uma combinação de propriedades que não é encontrada em único material. Por exemplo, tem-se os plásticos reforçados com fibras de vidro e os aços esmaltados. Nos primeiros, o vidro dá resistência mecânica e estabilidade dimensional enquanto que o plástico responde pela coerência e ausência de porosidade. Os aços esmaltados contêm um metal que é fàcilmente moldável e com um módulo de resistência elevado, qualidade altamente desejáveis em certas aplicações. Entretanto, os metais têm a desvantagem de serem suscetíveis à oxidação e corrosão; portanto, um metal com uma camada vítrea protetora constitui uma combinação muito útil.

Classificaremos os materiais compostos em três grupos, de acôrdo, mais ou menos, com o processo de fabricação: materiais aglomerados, revestimento superficiais e materiais reforçados. Se considerarmos as estruturas internas dos materiais compostos, como fizemos com os vários materiais nos capítulos precedentes, é possível fazer-se comparações entre êles. Como as heterogeneidades estruturais e de composição são mais grosseiras que as consideradas até agora e que, de fato, muitas vêzes podem ser observadas com a vista desarmada, fala-se em *macroestrutura*. Entretanto, não tentaremos fazer uma distinção nítida entre microestruturas e macroestruturas.

MATERIAIS AGLOMERADOS

13-2 INTRODUÇÃO. Muitos materiais são formados pela aglomeração de partículas pequenas na forma de um produto utilizável. Provàvelmente, o exemplo mais óbvio é o concreto,

MATERIAIS COMPOSTOS

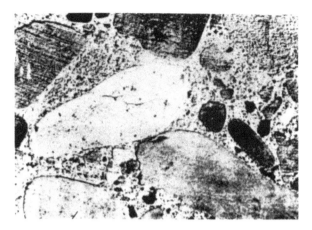

Fig. 13-1. Corte transversal do concreto (1,5 ×). Os poros formados pelos pedregulhos são preenchidos com areia. Os poros deixados pela areia são preenchidos pela pasta de cimento "portland" hidratado (Portland Cement Association).

Fig. 13-2. Corte transversal de um pavimento asfáltico. Anàlogamente ao concreto é um aglomerado, só que o ligante é o asfalto viscoso ao invés de um silicato hidratado. (The Asphalt Institute).

o qual é obtido através da mistura de agregado (pedregulho ou pedra britada), areia, cimento e água, formando um material monolítico. Os métodos atuais de construção de auto-estradas seriam inaplicáveis, se os tijolos e blocos de pedra não tivessem sido substituídos pelo concreto (Fig. 13-1). Também se usa no recobrimento de auto-estradas um aglomerado de asfalto e agregado (Fig. 13-2) e, neste caso, o solo ou outros aglomerados, sôbre os quais o recobrimento deve ser feito, devem ser levados em consideração.

Muitos outros materiais aglomerados são igualmente importantes na indústria moderna. Ao contrário do concreto, no qual a ligação é feita por um cimento hidráulico, os grãos abrasivos dos rebolos são unidos por uma fase vítrea ou por uma resina; os tijolos dependem

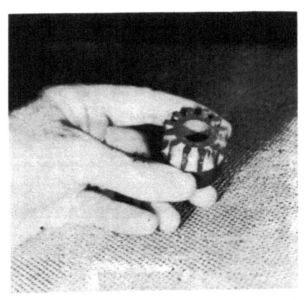

Fig. 13-3. Engrenagem de metal em pó. As partículas de metal são sinterizadas, formando assim uma estrutura coerente.

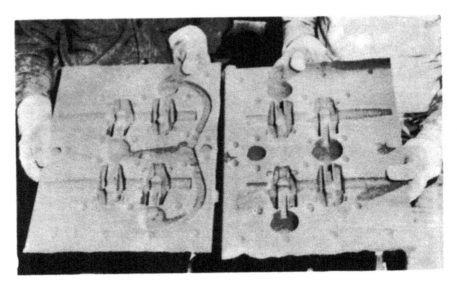

Fig. 13-4. Molde em casca. Êsse molde para a fundição de metais é composto por areia ligada com uma resina fenol-formaldeído. (Link Belt Co.).

da formação de uma fase vítrea e os metais pulverizados (Fig. 13-3) da sinterização em altas temperaturas, para haver aglomeração. Uma das aplicações industriais mais recentes de materiais aglomerados é na obtenção de moldes para a fundição em casca (Fig. 13-4). Neste caso, moldes de areia ou material refratário finamente dividido de paredes finas são aglomerados por uma resina termofixa.

MATERIAIS COMPOSTOS

Tabela 13-1

Peneiras Tyler

"Mesh"	Abertura, pol	"Mesh"	Abertura, pol
–	1,050	20	0,0328
–	0,742	28	0,0232
–	0,525	35	0,0164
–	0,371	48	0,0116
3	0,263	65	0,0082
4	0,185	100	0,0058
6	0,131	150	0,0041
8	0,093	200	0,0029
10	0,065	270	0,0021
14	0,046	400	0,0015

13-3 TAMANHO DE PARTÍCULA. Se tôdas as partículas usadas em materiais aglomerados fôssem esferas perfeitas, a determinação do tamanho das partículas seria uma simples medida de diâmetro. Na prática, entretanto, a maior parte das partículas tem formas que diferem mais ou menos da esfera perfeita, mas, mesmo assim, é desejável medir o tamanho das mesmas. Com êsse propósito, areia e pedregulho, por exemplo são passados através de peneiras com aberturas padronizadas[1]. As aberturas maiores são medidas diretamente em polegadas, mas as menores que $\frac{1}{4}$ pol são expressas através de *índices* ("*mesh*") que indicam o número de aberturas por polegada linear. A Tabela 13-1 mostra a série de peneiras mais usada. As aberturas de duas peneiras sucessivas variam pelo fator $\sqrt{2}$.

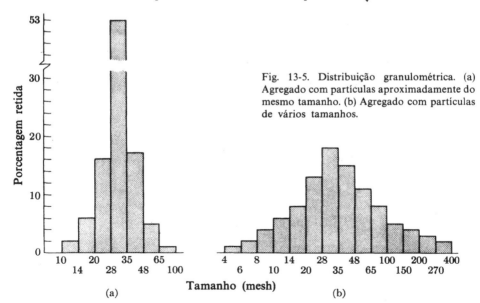

Fig. 13-5. Distribuição granulométrica. (a) Agregado com partículas aproximadamente do mesmo tamanho. (b) Agregado com partículas de vários tamanhos.

[1] N. do T. — No Brasil, a padronização das aberturas de peneiras para análise granulométrica se encontra na EB-22 — "Peneiras de malhas quadradas" da Associação Brasileira de Normas Técnicas (A.B.N.T.).

PRINCÍPIOS DE CIÊNCIA DOS MATERIAIS

Todo agregado é composto de partículas com diferentes tamanhos e, usualmente, é insuficiente conhecer-se o tamanho médio dessas partículas. A Fig. 13-5 mostra a porcentagem de agregado retida por peneiras sucessivamente finas. No primeiro caso, o tamanho das partículas varia numa faixa relativamente estreita, tendo, pois, tôdas aproximadamente o mesmo tamanho. Ao contrário, no segundo caso, tem-se uma grande variação no tamanho. Como a mediana e a média dos tamanhos são aproximadamente as mesmas em ambos os casos, o engenheiro usualmente deve especificar não só o valor médio como também a distribuição dos tamanhos, através da porcentagem retida em várias peneiras.

13-4 PROPRIEDADES RELACIONADAS COM O VOLUME APARENTE. Um material formado por partículas de tamanho uniforme não é capaz de preencher todo o espaço disponível em um recipiente; sempre se tem uma porosidade apreciável. O maior *fator de empacotamento* para esferas é de apenas 74%, ou seja, apenas 74% do volume disponível é efetivamente ocupado pelas esferas (Fig. 13-6):

$$\text{Fator de empacotamento} = \frac{\text{volume das partículas}}{\text{volume total}} \qquad (13\text{-}1)$$

$$= 1 - \text{porosidade}$$

Para um material formado por partículas de mesmo tamanho e forma, colocado em um recipiente de grande dimensão, o fator de empacotamento independe do tamanho das partículas. O cálculo que se segue esclarece o que foi dito.

Exemplo 13-1

Determine o fator de empacotamento para esferas iguais (a) com 1 cm de diâmetro e (b) com 0,01 cm de diâmetro, na condição de empacotamento máximo. [*Nota:* O arranjo de esferas para o qual se tem o máximo empacotamento, é o cfc ou hc. Usaremos nos cálculos o arranjo cfc. Veja a Fig. 3-16.]

$$\textit{Resposta:} \text{ (a) Volume do cubo (cfc)} = \left(\frac{(4)(0,5)}{\sqrt{2}}\right)^3 = (1,414 \text{ cm})^3 = 2,828 \text{ cm}^3$$

$$\text{Volume das esferas no cubo} = (4)(\tfrac{4}{3}\pi r^3) = \tfrac{16}{3}\pi (0,5)^3 = 2,094 \text{ cm}^3$$

$$\text{Fator de empacotamento} = \frac{\text{volume verdadeiro}}{\text{volume total}} = \frac{2,094}{2,828} = 74\%$$

$$\text{(b) Volume do cubo} = \left(\frac{(4)(0,005)}{\sqrt{2}}\right)^3 = (0,01414)^3 = 2,828 \times 10^{-6} \text{ cm}^3$$

$$\text{Volume das esferas no cubo} = \tfrac{16}{3}\pi (0,005)^3 = 2,094 \times 10^{-6} \text{ cm}^3$$

$$\text{Fator de empacotamento} = \frac{2,094 \times 10^{-6}}{2,828 \times 10^{-6}} = 74\%$$

Em um recipiente pequeno, onde uma porcentagem significativa das partículas está em contato com as paredes, êste cálculo não se aplica. Nestas posições periféricas, as paredes interferem com o arranjo, de forma que não se tem um empacotamento tão denso.

Pode-se aumentar o empacotamento através de dois métodos: (1) usando partículas não-esféricas. O fator de empacotamento de uma pilha de tijolos, por exemplo, pode chegar bem próximo de 100% se o empilhamento fôr cuidadoso. (a) Através da mistura de partículas

MATERIAIS COMPOSTOS

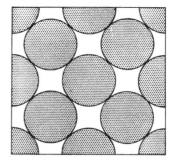

Fig. 13-6. Empacotamento mais denso possível de esferas de tamanho uniforme. Apenas 74% do cubo é ocupado por esferas. Tomando como base os dados da Fig. 3-16, êste fator pode ser calculado.

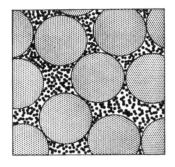

Fig. 13-7. Empacotamento de partículas com tamanhos diferentes. Pode-se aumentar o fator de empacotamento introduzindo-se pequenas partículas nos poros formados pelas partículas maiores.

com diferentes tamanhos (Fig. 13-7). Por exemplo, uma mistura de areia e pedregulho tem um fator de empacotamento maior que a areia ou o pedregulho isoladamente, pois a areia ocupa os espaços vazios entre os pedaços de pedregulho. A Fig. 13-8 mostra a variação do fator de empacotamento com a composição da mistura de areia e pedregulho; esta relação permite determinar a relação ótima areia/pedregulho, para a qual se preenche um certo volume com um mínimo de porosidade. Se, por exemplo, fôr usada uma proporção de 25% de areia e 75% de pedregulho na composição de um concreto, apenas 15 a 20% do volume deveria ser preenchido pela pasta cimento-água. Por outro lado, uma mistura 50-50 deixaria cêrca de 25 a 30% de porosidade e necessitaria de 50% a mais de cimento para se obter um concreto com a mesma resistência mecânica.

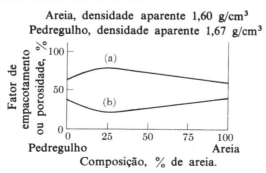

Fig. 13-8. (a) Fator de empacotamento *versus* composição de misturas de agregados. (b) Porosidade *versus* composição de misturas de agregados. O empacotamento mais denso e a menor porosidade ocorrem quando existe areia em quantidade apenas suficiente para preencher os poros formados pelo pedregulho.

370   PRINCÍPIOS DE CIÊNCIA DOS MATERIAIS

Densidade e porosidade. Os vazios interligados da Fig. 13-7 formam os *poros abertos*. Um material aglomerado pode também possuir *poros internos ou fechados* que não contribuem para a permeabilidade do material.

A escolha do método para o cálculo da densidade de uma mistura depende dos poros serem abertos ou fechados, conforme indicam as relações que se seguem:

$$\text{Densidade real} = \frac{\text{massa}}{\text{volume real}} = \frac{\text{massa}}{\text{volume aparente} - \text{volume total dos poros}} \quad (13\text{-}2)$$

$$\text{Densidade aparente} = \frac{\text{massa}}{\text{volume total}} \quad (13\text{-}3)$$

$$\text{Densidade aparente da parte sólida} = \frac{\text{massa}}{\text{volume total} - \text{volume poros abertos}} \quad (13\text{-}4)$$

$$\text{Porosidade verdadeira} = \frac{\text{volume total de poros}}{\text{volume total}} = 1 - \text{fator de empacotamento verdadeiro} \quad (13\text{-}5)$$

$$\text{Porosidade aparente} = \frac{\text{volume de poros abertos}}{\text{volume total}} = 1 - \text{fator de empacotamento aparente} \quad (13\text{-}6)$$

As relações entre os valôres acima determinam o comportamento de um material aglomerado. As características de absorção de uma esponja ou de um concreto dependem da porosidade aparente. A densidade aparente da parte sólida de um material determina o seu pêso de construção, além de influenciar marcadamente sua condutividade térmica. O número de poros abertos, assim como suas formas e tamanhos, contribui para as características de permeabilidade e resistência mecânica.

Exemplo 13-2

A densidade real de um concreto é 2,80 g/cm^3. Entretanto, um cilindro sêco (15 cm × 10 cm de diâmetro) dêste concreto pesa 2,93 kg. O mesmo cilindro pesa 3,03 kg quando saturado com água. Qual o volume dos poros abertos e fechados?

Resposta: Base: 1 cm^3 de concreto

$$\text{Volume total} = \pi (5^2)(15) = 1180 \text{ cm}^3$$

$$\text{Densidade aparente} = 2930/1180 = 2,48 \text{ g/cm}^3$$

$$\text{Porosidade total} = \frac{2,80 - 2,48}{2,80} = 11,5\%$$

$$\text{Volume de poros abertos} = (3030 - 2930)/1 = 100 \text{ cm}^3$$

$$\text{Porosidade aparente} = \frac{100}{1180} = 8,5\%$$

13-5 CONCRETO. De uma forma simples, podemos dizer que o concreto é uma mistura de agregado com areia para preencher os poros. O espaço, que ainda resta na areia, é então preenchido com uma "pasta" de cimento e água. O cimento se hidrata (êle não seca) e atua como um ligante no concreto. A experiência mostrou que é vantajosa a inclusão de alguns porcentos (em volume) de pequenas bôlhas de ar no concreto. Êste ar melhora a trabalhabilidade do concreto úmido e, o que é mais importante, aumenta a resistência do concreto à deterioração resultante do congelamento e descongelamento. As razões que justificam êste comportamento não estão ainda totalmente esclarecidas.

MATERIAIS COMPOSTOS

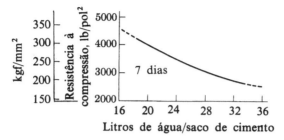

Fig. 13-9. Resistência do concreto *versus* teor de água. Resistência após sete dias para um lote de cimento portland (Compare com a curva análoga da Fig. 1-12 após 28 dias).

Admitindo que o agregado é mais resistente que o cimento, são as propriedades mecânicas dêste último que governam as do concreto. Conseqüentemente, um concreto com uma relação *água-cimento baixa* é mais resistente que aquêles com mais água. Com essa relação baixa, tem-se mais cimento hidratado e menos água em excesso nos espaços entre as partículas de areia e pedregulho. Essa relação indireta entre a resistência de um concreto e a sua relação água-cimento não é considerada com a devida importância, mesmo por muitos engenheiros. A Fig. 13-9 mostra esta variação para um lote de cimento portland.

Exemplo 13-3

Uma mistura para concreto contém 0,0778 m³ de pedregulho, 0,0565 m³ de areia e 24 l de água por saco de cimento (50 kg) mais 5% em volume de ar. Quantos sacos de cimento são necessários para se construir um muro de arimo de 9,3 m³?

Dados	Densidade real (g/cm³)	Densidade aparente (g/cm³)
Pedregulho	2,60	1,76
Areia	2,65	1,68
Cimento	3,25	1,51

Resposta: Base 1 saco de cimento.

$$\text{Volume verdadeiro do pedregulho} = \frac{0,0778 \times 1,76}{2,60} = 0,0527 \text{ m}^3$$

$$\text{Volume verdadeiro da areia} = \frac{0,0565 \times 1,68}{2,65} = 0,0358 \text{ m}^3$$

$$\text{Volume verdadeiro de cimento} = \frac{0,050}{3,25} = 0,0154 \text{ m}^3$$

$$\text{Volume verdadeiro de água} = 24 \text{ l} = 0,024 \text{ m}^3$$

$$\text{Volume total} = 0,0527 + 0,0358 + 0,0154 + 0,024 =$$
$$= 0,128 \text{ m}^3/\text{saco}$$

$$\text{Sacos de cimento} = \frac{9,3}{0,128} = 73 \text{ sacos}$$

Cimento Portland. Nos exemplos precedentes, referiu-se a uma pasta de cimento que serve como agente de ligação para o agregado. Esta ligação se forma em virtude do cimento portland, que inicialmente é uma mistura de aluminato de cálcio e silicato de cálcio, sofrer hidratação:

$$Ca_3Al_2O_6 + 6H_2O \rightarrow Ca_3Al_2(OH)_{12}, \tag{13-7}$$

$$Ca_2SiO_4 + xH_2O \rightarrow Ca_2SiO_4 \cdot xH_2O \tag{13-8}*$$

Nessas reações, os produtos hidratados são menos solúveis que o cimento original. Portanto, na presença de água, as reações acima são realmente de dissolução e precipitação.

Outros cimentos. Existe uma ampla gama de cimentos, tanto orgânicos como inorgânicos. Em geral, êles podem ser classificados em três categorias: (1) hidráulicos, (2) poliméricos e (3) de reação. Os cimentos *hidráulicos* são aquêles que sofrem reações de hidratação semelhantes às do cimento portland. Um exemplo inorgânico de um cimento *polimérico* é o ácido silícico:

$$xSi(OH)_4 \rightarrow \left(\begin{array}{c} OH \\ | \\ -Si-O \\ | \\ OH \end{array} \right)_x + xH_2O. \tag{13-9}$$

Embora se tenha indicado uma cadeia linear, é possível um número considerável de ligações cruzadas. Como exemplos típicos de cimentos *de reação*, temos os cimentos à base de fosfatos:

$$Al_2O_3 + 2H_3PO_4 \rightarrow 2AlPO_4 + 3H_2O. \tag{13-10}$$

O agente de ligação é o $AlPO_4$, o qual pode ser diretamente comparado com o SiO_2, no qual Al e P substituíram os dois átomos de Si, isto é, $AlPO_4$ *versus* $SiSiO_4$.

13-6 PRODUTOS SINTERIZADOS. *Sinterização* é um processo de aquecimento visando a aglomeração de pequenas partículas. A fim de que a sinterização ocorra, deve-se formar uma ligação (1) através da formação de uma fase líquida ou (2) através de difusão no estado sólido.

Embora se possa conseguir a ligação pela formação de uma fase líquida, é imprescindível que êsse líquido perca a fluidez antes do material entrar em serviço. Ferramentas feitas de carbetos sinterizados são ligadas com ligas contendo cobalto ou níquel. No processo de sinterização, a liga metálica funde e forma uma matriz contínua entre as partículas de carbeto (Fig. 13-10); entretanto essa liga se cristaliza após a sinterização formando uma ferramenta rígida e resistente. Anàlogamente quando se usa resinas para ligar pequenas partículas (Fig. 13-4), essas devem ser capazes de fluir ao longo da superfície das partículas. Entretanto, ao invés de se cristalizar, a resina se polimeriza e se torna menos fluida formando uma ligação forte.

O processo de sinterização mais amplamente empregado é a *queima* de materiais contendo silicatos, algumas vêzes denominado de *sinterização vítrea*. O tijolo, a porcelana, vela

---

* Esta reação pode ser escrita mais corretamente como se segue:

$$2Ca_2SiO_4 + (5 - y + x)H_2O \rightarrow$$
$$\rightarrow Ca_2[SiO_2(OH)_2]_2 \cdot (CaO)_{y-1} \cdot xH_2O + (3 - y)Ca(OH)_2,$$

onde x varia com a pressão parcial da água e y é aproximadamente 2,3. (Ver Referência 13-3).

MATERIAIS COMPOSTOS

Fig. 13-10. Carbetos sinterizados, 1500×. Partículas de carbeto e de metal pulverizados foram compactadas e aquecidas. O metal (cobalto) fundiu durante a sinterização e formou uma matriz contínua entre as partículas duras de carbeto de tungstênio. (Metallurgical Products Department, General Electric Co.).

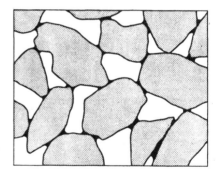

Fig. 13-11. Sinterização vítrea (esquemática). Um silicato vítreo (negro) começa a se formar quando o material é aquecido acima da linha de "solidus". O vidro não se cristaliza durante o resfriamento mas forma uma forte ligação entre as partículas remanescentes.

de ignição ou outro objeto similar à base de silicatos é aquecido a uma temperatura acima da linha de "solidus", do diagrama de equilíbrio tendo-se pois a formação de algum líquido. O líquido em um matèrial à base de silicatos, é um vidro que pode ser esfriado até a temperatura ambiente sem se cristalizar. Entretanto, mesmo não sendo cristalizado, é extremamente viscoso e forma uma ligação vítrea muito resistente. A Fig. 13-11 mostra esquemàticamente a microestrutura destas ligações entre partículas adjacentes. A aderência do vidro às partículas pode ser muito forte em virtude da possibilidade de haver continuidade (coerência) entre as estruturas atômicas, (Fig. 13-12).

As propriedades de um material contendo ligações vítreas dependem, entre outras coisas, da quantidade de vidro presente. Em virtude de sofrer abrazão, um ladrilho para pisos deve conter uma porcentagem relativamente elevada de fase vítrea, ao contrário de uma telha

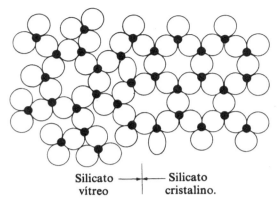

Silicato vítreo | Silicato cristalino.

Fig. 13-12. Coerência entre o vidro e os cristais (esquemática). A estrutura vítrea é contígua à estrutura repetitiva dos cristais. Esta continuidade produz um material muito resistente.

à qual permanece simplesmente apoiada. Na "hard firing"[1] tem-se algumas dificuldades de processamento. Embora torne um material mais duro, um teor elevado de vidro produz uma fase semifluida no forno, aumentando a possibilidade de distorsão. É, portanto, necessário um contrôle rigorosa da queima.

Sinterização sólida. A sinterização sem formação de uma fase líquida necessita de difusão e, portanto, ocorre mais ràpidamente em temperaturas logo abaixo da linha de "solidus". Muitas peças de metais sinterizados e vários materiais cerâmicos de elétricos e magnéticos são produzidos por *sinterização sólida*. Êsses materiais cerâmicos não podem ser preparados por fusão ou por sinterização vítrea pois suas propriedades sofreriam alterações. Em virtude da dificuldade de se dispor de cadinhos e moldes adequados, resistentes às temperaturas de vazamento elevadas que seriam necessárias, também metais refratários, tais como tungstênio e nióbio são normalmente conformados por sinterização sólida.

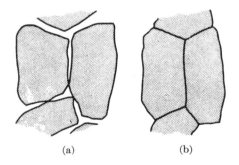

(a)   (b)

Fig. 13-13. Sinterização sólida. (a) As partículas antes da sinterização possuem duas superfícies adjacentes. (b) Os grãos após a sinterização possuem um contôrno. A fôrça motora da sinterização é a redução da área superficial e portanto da energia superficial).

O princípio envolvido na sinterização sólida está mostrado na Fig. 13-13. Como a parte (a) mostra, tem-se duas superfícies entre duas partículas quaisquer. Estas regiões são de alta energia, pois os átomos nas superfícies das partículas possuem vizinhos em apenas um lado*. Desde que o tempo seja suficiente, em temperaturas elevadas, os átomos podem se mover por difusão e as regiões de real contato entre as partículas podem aumentar, formando apenas uma interface no lugar das duas superfícies anteriores (Fig. 13-13b). Além disso, essa interface (agora um contôrno de grão) possui menor energia que qualquer das duas super-

---

[1]N. do T. — Não se conseguiu encontrar uma tradução adequada. Trata-se de um processo de queima realizado em temperatura mais elevada e que leva a um material mais duro e com um teor mais elevado de fase vítrea.

*Embora duas partículas possam estar muito juntas, o espaço entre elas é ainda de muitas distâncias atômicas, de forma que as atrações interatômicas são extremamente fracas.

fícies que lhe deram origem, pois os átomos no contôrno de grão têm vizinhos próximos (embora não perfeitamente alinhados).

Durante a sinterização sólida, os movimentos atômicos podem ocorrer por (1) vaporização de uma superfície e subseqüente condensação em outra, (2) uma difusão ao longo da superfície dos grãos ou (3) uma contradifusão de vazios e átomos ao longo dos grãos pròpriamente ditos. Êsse último mecanismo, esquematizado na Fig. 13-13, é o mais comum pois pode envolver diretamente muito mais átomos. Essa contradifusão aproxima os centros dos grãos e induz uma contração durante a sinterização.

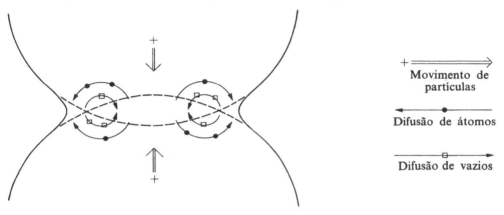

Fig. 13-14. Sinterização sólida. Tem-se um movimento em sentidos opostos de átomos e vazios. Desta sinterização resulta uma contração.

Fig. 13-15. Aço endurecido por indução. Correntes de alta freqüência são induzidas na superfície do aço, havendo pois um aquecimento localizado nos pontos desejados (H. B. Osborn, Jr., The Ohio Crankshaft Co.)

MODIFICAÇÕES DA SUPERFÍCIE

13-7 ENDURECIMENTO SUPERFICIAL. Freqüentemente, um engenheiro deseja um material com uma superfície muito dura e resistente à abrasão. Dois procedimentos simples para se conseguir uma superfície como esta são: ou soldar, sôbre o metal que se dispõe, um outro duro; ou se aplicar um revestimento resistente à abrasão ao metal ou material cerâmico. Outros métodos implicam em alterações na superfície.

Alterações superficiais. Comercialmente, as alterações superficiais são feitas, em geral, através de tratamentos térmicos da superfície. Isso pode ser feito de duas formas: (1) a região superficial pode receber um tratamento térmico diferente daquele dado ao material abaixo da superfície ou (2) a composição da região superficial pode ser alterada. A primeira é ilustrada pelo endurecimento *por indução* ou por *chama direta* (Figs. 13-15 e 13-16), onde a superfície é aquecida tão ràpidamente que o centro não é afetado apreciàvelmente. A têmpera subseqüente ocorre muito ràpidamente, já que não há necessidade de se retirar calor do centro através da superfície. Na verdade, o centro, estando frio, ajuda a têmpera da superfície. Conseqüentemente, desenvolve-se na zona superficial uma alta porcentagem de martensita, em tôrno de um núcleo tenaz.

O segundo método de alteração superficial envolve a difusão de elementos para a superfície. A nitretação é um exemplo. Nesse processo, um aço contendo alumínio é colocado em uma atmosfera de amônia dissociada, a cêrca de 500°C. O nitrogênio se difunde através do reticulado cristalino e precipita na zona superficial como nitreto de alumínio. Como esta fase é mais dura que a martensita, obtém-se uma superfície resistente à abrasão.

Fig. 13-16. Endurecimento do aço por chama direta. Aplica-se calor apenas nos pontos onde se deseja dureza. O resto da peça permanece tenaz.

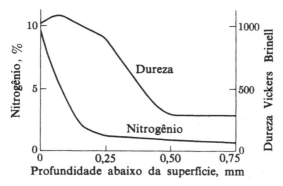

Fig. 13-17. Aço nitretado. A composição da superfície foi alterada pela introdução de nitrogênio, o qual reage com o alumínio do aço. O AlN (75 R_c) é mais duro que a martensita. [Adaptado de B. Jones e H. E. Morgan, "Investigations into the Nitrogen Hardening of Steels", *Iron and Steel Institute, Carnegie Schol. Mem.*, **31**, 39-86, (1932)].

A *cementação* difere da nitretação na natureza da alteração superficial. Se um aço de baixo carbono é exposto a uma atmosfera contendo carbono em temperaturas elevadas, os pequenos átomos de carbono podem se difundir através da superfície do metal, formando uma *camada* com alto teor de carbono (Fig. 13-18). Uma têmpera subseqüente produzirá uma superfície martensítica dura e resistente à abrasão e um núcleo ferrítico. Essa combinação é particularmente útil em componentes mecânicos de máquinas.

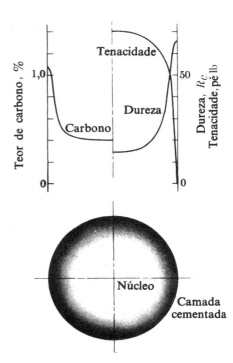

Fig. 13-18. Aço cementado. O carbono se difundiu para a superfície. Uma camada dura pode se formar ao redor de um núcleo tenaz.

PRINCÍPIOS DE CIÊNCIA DOS MATERIAIS

13-8 SUPERFÍCIES COMPRESSIVAS. Como muitas fraturas se iniciam nas superfícies dos materiais, é freqüentemente desejável colocar-se a superfície sob compressão. Nos metais, isto pode ser conseguido através do bombardeio com partículas duras. No Vidro, a compressão é comumente produzida por variações de volume (Fig. 8-36 e 8-37). Pode também ser conseguida por variações da composição no vidro; êsse método exige a aplicação de muitos dos princípios citados anteriormente neste texto. Por exemplo, se um vidro é exposto a uma solução quente Li_2SO_4, os íons lítio se difundem para a região superficial do vidro, despolimerizando a estrutura tridimensional formada pelos tetraedros SiO_4 (Fig. 8-23). A presença dos íons Li^+ permite, pois, uma cristalização rápida na zona superficial durante os subseqüentes tratamentos térmicos; e como a cristalização do silicato de lítio vítreo ocorre com expansão, a superfície fica em um estado de compressão. O diagrama de tensões que se desenvolve é semelhante ao mostrado na Fig. 8-37.

⊙ 13-9 REVESTIMENTOS DE PROTEÇÃO. Uma camada de tinta sôbre um metal, polímero ou material cerâmico, produz o mais simples dos materiais compostos. Embora muitas vêzes se use tinta simplesmente para melhorar a aparência de um produto, o principal objetivo de um revestimento é, em geral, o de proteger o material sôbre o qual é aplicado. A Tabela 13-2 apresenta uma lista de vários tipos de revestimentos.

A fim de que um revestimento seja aderente, deve ser estabelecida uma continuidade entre o material base e a camada de revestimento. No caso em que ambos são semelhantes entre si, as ligações são análogas às existentes entre fases de uma microestrutura. Portanto, a Fig. 13-12 serve para ilustrar a ligação entre um esmalte vitrificado e um isolante elétrico; anàlogamente, uma camada galvanizada se adere à chapa de aço através de ligações metal-metal.

Tabela 13-2
Revestimentos de Proteção

Revestimento	Composição	Substrato
Tinta	Veículo orgânico	Metal ou polímero
Galvanização	Metal anódico	Metal
Eletrodeposição	Metal nobre	Metal
Esmalte vitrificado	Vidro	Metal
Esmalte vitrificado	Vidro	Material cerâmico
Anodização	Al_2O_3	Alumínio
Cola de aparelho	Polímeros orgânicos ou de siliconas	Fibras orgânicas ou de vidro

Quando o revestimento e o substrato não são tão semelhantes entre si, é, muitas vêzes, necessário, utilizar uma camada intermediária para servir de base ("primer"). Por exemplo, uma tinta orgânica adere mais fàcilmente a um vidro, se antes da camada de tinta houver uma à base de siliconas, pois a silicona tem características estruturais semelhantes quer às do vidro quer às da tinta. Da mesma forma, a fim de que um esmalte vítreo tenha boa aderência ao metal substrato, é necessário que o vidro esteja saturado com o óxido do metal. Aparentemente, o óxido serve para formar uma estrutura de transição entre o vidro e o metal.

13-10 SUPERFÍCIES PARA FINS ELÉTRICOS. Usam-se revestimentos superficiais em aplicações elétricas com finalidades específicas. Um revestimento isolante como por exemplo um verniz à base de baquelite, é o mais óbvio sob êste aspecto, já que podemos vê-lo e sentir os seus efeitos. Entretanto, recentemente, revestimentos superficiais têm sido utilizados com finalidades condutoras. Por exemplo, uma fina camada de alumínio, de alguns angstroms de espessura, pode ser depositada a partir da fase de vapor, sôbre um semicondutor do tipo n. Um tratamento térmico subseqüente, que permite a difusão dos átomos de alumínio no interior da estrutura, produz uma superfície tipo p e uma junção p-n logo abaixo dela.

Entre outros exemplos de superfícies condutoras, podemos incluir os circuitos impressos, produzidos por deposição, a partir de vapor, eletrodeposição ou através de uma verdadeira operação de impressão. Também os condutores transparentes para vidros eletroluminescentes necessitam de um revestimento superficial de SnO ou outro composto semicondutor.

MATERIAIS REFORÇADOS

13-11 MATERIAIS REFORÇADOS POR DISPERSÃO. No Cap. 11 encontramos materiais tais como a bainita, a martensita de revenido e ligas de alumínio envelhecidas, os quais eram mais resistentes em virtude da presença de partículas finas de fases mais duras. Por exemplo, o limite de resistência da ferrita mais cementita na bainita, pode ser superior a 140 kgf/mm² enquanto que a ferrita isolada possui um limite de resistência de menos de 28 kgf/mm². Análogamente, o alumínio puro possui um limite de resistência menor que 10 kgf/mm² que pode ser comparado com 42 kgf/mm² para algumas ligas de alumínio envelhecidas. Portanto, é natural que o engenheiro tenha pensado em usar partículas para reforçar materiais, visando a melhoria de suas propriedades mecânicas. Entretanto, quando examinamos cada um dos exemplos acima, encontramos um defeito. Em temperaturas elevadas, a fase reforçadora se dissolve na matriz. É claro que isto não é surpreendente, já que foi usada uma reação de precipitação para produzir a estrutura multifásica. A fim de obter uma liga *reforçada por dispersão*, a qual não reverta a uma única fase em temperaturas elevadas, é necessário misturar mecânicamente, ou precipitar quìmicamente a fase reforçadora.

Ligas SAP*. A alumina (Al_2O_3) é pouco solúvel no alumínio metálico. Uma técnica que utiliza êste fato, desenvolvida nos laboratórios de pesquisa de uma companhia suíça de alumínio (*Aluminium-Industrie-Aktien-Gesellschaft*), tem sido muito bem sucedida no sentido de se conseguir alumínio e outras ligas mais resistentes. A fim de produzir esta liga, alumínio em pó é finamente moído sob uma pressão controlada de oxigênio de maneira se formar um filme de óxido na superfície das partículas. Embora originalmente na superfície, o filme de óxido se rompe durante a moagem e penetra nas partículas de metal deformado. Êste pó é então compactado e então sinterizado pelas técnicas da metalurgia do pó. O pó de alumínio sinterizado da Fig. 13-19, que contém cêrca de 6% de Al_2O_3, possui uma resistência mecânica significativa, mesmo em temperaturas apenas alguns graus abaixo do ponto de fusão. É possível, com teores mais elevados de Al_2O_3 (20%) reter-se alguma resistência acima do ponto de fusão do metal, mesmo com a maior parte do material no estado líquido. Com

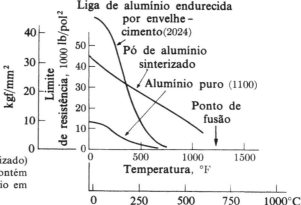

Fig. 13-19. SAP (pó de alumínio sinterizado) e outras ligas de alumínio. O pó contém Al_2O_3 que não se dissolve no alumínio em temperaturas elevadas.

* SAP = "Sintered Aluminum Powder".

êstes teores elevados, o Al_2O_3 presente forma um arranjo tridimensional contínuo de sólido refratário no interior do material.

Níquel-TD. Um outro método de se conseguir uma mistura íntima de um metal dúctil e um óxido refratário desenvolvido pela companhia norte-americana Du Pont, emprega uma mistura coloidal de ThO_2 e NiO. O NiO pode ser reduzido a metal e os pós compactados e sinterizados fornecem um níquel reforçado com ThO_2 que se comporta de maneira semelhante à liga SAP só que com maior resistência em temperaturas mais elevadas.

Oxidação interna. Precipitados insolúveis também podem ser produzidos por um outro método, ainda em princípio, oposto ao de produção do níquel TD. Por exemplo, uma liga contendo prata e uma pequena quantidade de alumínio é aquecida lentamente, de forma que o oxigênio se difunde para o interior do metal. O alumínio é oxidado seletivamente, dando Al_2O_3. O aumento da resistência da prata por êsse processo, ilustrado pela Fig. 13-20, é muito efetivo em temperaturas baixas; entretanto, em temperaturas mais elevadas, o efeito do Al_2O_3 é perdido parcialmente.

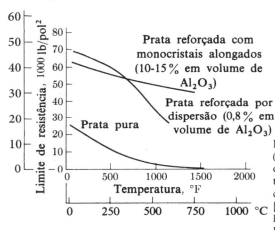

Fig. 13-20. Ligas de prata reforçadas. A alumina (Al_2O_3), quer como partículas dispersas quer como monocristais alongados, aumenta a resistência da prata. Em temperaturas altas, os monocristais são mais efetivos que as partículas. [Adaptado de W. H. Sutton e J. Chorné "Development of High-Strength, Heat-Resistant Alloys by Whisker Reinforcement", *Metals Engineering Quarterly*, **3**, 44-51 (1963)].

13-12 REFORÇAMENTO POR FIBRAS. Os engenheiros têm tentado usar a idéia do reforçamento por fibras em numerosos materiais. Embora as fibras de vidro possam reforçar plásticos, quando usados em temperaturas próximas à ambiente, o vidro perde ràpidamente sua resistência em temperaturas mais elevadas, em virtude do seu comportamento viscoso. Portanto, a idéia de se reforçar metais com fibras só se tornou realidade quando se conseguiu produzir monocristais fibrosos ("Whiskers") de Al_2O_3. Êstes cristais possuem diâmetros de alguns mícrons e comprimentos de muitos milímetros; não só são monocristais como também livres de discordâncias. Desta forma, são extremamente resistentes (acima de 700 kgf/mm² para o Al_2O_3). Por esta razão, quando se incorpora a um metal dúctil, "whiskers" de Al_2O_3, a resistência aumenta consideràvelmente, sem haver, como no caso das fibras de vidro, sensibilidade à temperatura. Entretanto, existem algumas limitações importantes devidas aos métodos de produção e ao fato de que as elevadas resistências, citadas para os monocristais fibrosos, só se mantêm se não houver deformação plástica. Durante a deformação plástica, aparecem discordâncias e a resistência declina.

13-13 CONCLUSÃO. Poderiam também ser mencionados, além dos plásticos reforçados com fibras de vidro, pneus reforçados com "nylon" e concreto armado. Entretanto, nesses casos, tem-se componentes suficientemente grosseiros para que o engenheiro possa analisar as contribuições de cada um separadamente e possa então compô-los para formar materiais com propriedades específicas; êsse, por exemplo, é o caso do concreto protendido (Fig. 13-21). Portanto, vamos terminar aqui as nossas considerações sôbre as estruturas dos materiais e deixar as propriedades em escala mais grosseira para o engenheiro projetista.

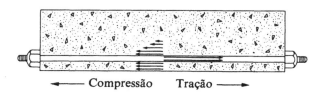

←—— Compressão   Tração ——→

Fig. 13-21. Concreto protendido. As tensões de compressão existentes inicialmente devem ser superadas antes do concreto ser submetido a tensões de tração.

REFERÊNCIAS PARA LEITURA ADICIONAL

13-1. *Surface Treatment of Metals*. Cleveland: American Society for Metals, 1941. Uma coleção de artigos cobrindo tópicos desde revestimentos de difusão até o bombardeio da superfície por partículas duras.

13-2. Bogue, R.H., *Chemistry of Portland Cement*. New York: Reinhold, 1955. O mais completo livro técnico sôbre o cimento portland. Para o estudante adiantado e o professor.

13-3. Brunauer, S., "Tobermorite gel — The Heart of Concrete" *American Scientist*, 50, 210-229, (1962). Focaliza-se, em detalhe, a hidratação do cimento portland. Para o especialista em cimento.

13-4. Fisher, J.C., "Synthetic Microstructures", *Trans. ASM*, 55, 916-933, (1962). Discute os materiais feitos sob medida, como as ligas SAP, níquel TD e magnetos Lodex. De leitura fácil para o aluno.

13-5. Guard, R.W., "Mechanisms of Fine-Particles Strengthening", *Strengthening Mechanisms in Solids*. Metals Park, Ohio: Amer. Soc. for Metals, 1962. Discute-se o aumento da resistência pela dispersão. Especializado mas podendo ser lido pelo estudante não graduado.

13-6. Keyser, C.A., *Materials of Engineering*. Englewood Cliffs, N.J.: Prentice-Hall, 1956. O Cap. 15 discute as misturas para concreto e os métodos de ensaio.

13-7. Kingery, W.D., *Ceramic Fabrication Processes*. New York: John Wiley & Sons, e Cambridge, Mass.: The Technology Press, 1958. O Cap. 15 "Recristalização e Sinterização em Materiais Cerâmicos" e Cap. 16 "Sinterização na Presença de uma Fase Líquida", fazem um resumo dos mecanismos de sinterização. Nível avançado.

13-8. Olcott, J.S., "Chemical Strengthening of Glass", *Science*, 140, 1189-1193 (1963). Descreve métodos para se introduzir tensões compressivas no vidro sem tratamento térmico. Para o leigo.

13-9. Sonneborn, R.H., *Fiberglas-Reinforced Plastics*. New York: Reinhold Publishing Co., 1954. Cobre uma variedade de aplicações nas quais dois materiais diferentes podem ser usados juntos para se obter propriedades melhores.

13-10. Sutton, W.H., e J. Chorné. "Development of High-Strength, Heat-Resistant Alloys by Whisker Reinforcement", *Metals Engineering Quarterly*, 3, 41-51, (1963). Descreve os progressos atuais nesta nova área de reforçamento por fibras.

13-11. Tinklepaugh, J.R., e W.B. Crandall, *Cermets*. New York: Reinhold, 1960. Concentra informações sôbre materiais compostos tipo cermeto.

PRINCÍPIOS DE CIÊNCIA DOS MATERIAIS

13-12. White, A.H., *Engineering Materials*. New York: McGraw-Hill, 1948. O Cap. 20 discute os cimentos à base de silicatos em um nível introdutório. Breves discussões são apresentadas acêrca dos diferentes tipos de cimento portland.

PROBLEMAS

13-1. O volume aparente de um saco de cimento é 0,03 m^3. Usando os dados do Prob. 13-4, calcular a porosidade do cimento sêco.

13-2. A densidade aparente de um calcáreo moído é 1,83 g/cm^3. Calcular a sua porosidade, sabendo-se que sua densidade vale 2,7 g/cm^3.

13-3. Uma caixa de 15 cm × 10 cm × 22,5 cm contém 5,4 kg de areia quando completamente cheia. (a) Qual é o fator de empacotamento? (Densidade real da areia = 2,65 g/cm^3) (b) Qual a quantidade de água necessária para preencher totalmente os poros da areia contida na caixa?

Resposta: (a) 58 %   (b) 1335 cm^3

13-4. Uma unidade misturadora de concreto utiliza um saco de cimento, 0,064 m^3 de areia e 0,081 m^3 de pedregulho. Usando os dados da tabela abaixo, determine o volume de concreto produzido, sabendo que foram utilizados 24 l de água.

	Densidade aparente	Densidade verdadeira
Areia	1,77 g/cm^3	2,65 g/cm^3
Pedregulho	1,73 g/cm^3	2,62 g/cm^3
Cimento	1,51 g/cm^3	3,15 g/cm^3
Água	1,00 g/cm^3	1,00 g/cm^3

13-5. Uma unidade misturadora de concreto utiliza um saco de cimento, 0,071 m^3 de areia, 0,092 m^3 de pedregulho e 22 l de água. Usando os dados do Probl. 13-4, determinar o número de sacos de cimento necessários para se construir um trecho de estrada com 40 m de comprimento, 15 cm de espessura e 2,40 m de largura.

13-6. Em uma certa obra, o construtor usa uma mistura para concreto composto de cimento sêco, areia e pedregulho na proporção (em volume) de 1:2:3, 5 respectivamente mais 24 l de água para cada saco de cimento. As densidades dos constituintes são as seguintes:

	Densidade aparente	Densidade verdadeira
Cimento sêco	1,51 g/cm^3	3,10
Areia	1,68 g/cm^3	2,65
Pedregulho	1,52 g/cm^3	2,60
Água	1,00 g/cm^3	1,00

Adiciona-se agentes retentores de ar para dar 4,5 % em volume de poros, (a) Calcular a densidade aparente da mistura logo após a saída da misturadora. (b) Qual é o quociente entre o volume total da pasta (mistura água-cimento mais os poros fechados) e o espaço entre as partículas do agregado (mistura areia e pedregulho).

13-7. Uma amostra de negro de fumo, obtido através da queima de benzeno, consiste em partículas esféricas com um diâmetro médio de 1000 A. Calcule a área da superfície de 100 g dêste pó. (A densidade verdadeira do negro de fumo é 2 g/cm^3).

MATERIAIS COMPOSTOS 383

13-8. Uma amostra de areia (ρ = 2,65 g/cm³) possui partículas com um diâmetro médio de 0,18 cm. Sua área específica é ——————— cm²/g.

13-9. Um tijolo pesa 3,3 kg quando sêco, 3,45 kg quando saturado com água e 1,9 kg quando suspenso em água (a) Qual a sua porosidade? (b) Qual sua densidade aparente? (c) Qual sua densidade aparente da parte sólida?

13-10. A velocidade de combustão do carvão pulverizado é proporcional à área específica do mesmo (desde que os demais fatôres permaneçam constantes). Qual a velocidade de queima de um carvão − 20 + 28 mesh relativa a um outro − 8 + 10?

Resposta: 2,8 vêzes mais rápida.

13-11. Um tijolo isolante pesa 3,9 kg quando sêco, 4,95 kg quando saturado com água e 2,3 kg quando suspenso em água. (a) Qual a sua porosidade? (b) Qual a sua densidade aparente? (c) Qual a sua densidade aparente da parte sólida?

13-12. Uma espuma de poliestireno, possuindo uma densidade aparente de 0,064 g/cm³, é produzida a partir de um polímero cuja densidade é 1,05 g/cm³. 1 quilograma desta espuma absorve 1 kg de água. Determinar (a) a expansão em porcentagem, do polímero durante a formação da espuma; (b) a porosidade total da espuma; (c) a porcentagem em volume dos poros abertos; (d) A densidade da espuma quando saturada com água.

Resposta: (a) 1530% (b) 94% (c) 6,4% (d) 0,123 g/cm³.

13-13. Um certo tipo de borracha possui uma densidade real de 1,40 g/cm³. Esta borracha é usada na manufatura de uma espuma que pesa 0,415 g/cm³ quando sêca e 0,695 g/cm³ quando saturada com água. (a) Qual a porosidade aparente da espuma de borracha? (b) Qual a porosidade verdadeira?

13-14. Um pedaço de telha com 10 cm × 20 cm × 40 cm absorve 400 g de água. Qual a porosidade da telha?

Resposta: 5%.

13-15. Uma peça de metal pulverizado possui uma porosidade de 23% após a compactação e antes da sinterização. Que contração linear durante a sinterização deve-se conseguir, a fim de que a porosidade final seja de 2%?

Resposta: 8% (sôbre o material sinterizado).

13-16. Uma ferrita magnética para um componente de um osciloscópio deve ter a dimensão final de 0,621 cm. A contração em volume durante a sinterização é de 33,1% (sôbre o material não-queimado). Que dimensão inicial deve ter o pó compactado?

13-17. Uma barra de aço 4017 com 7,2 cm de diâmetro foi cementada de forma que o teor de carbono seja de 0,7% na superfície e de 0,4% a 0,5 cm da mesma. Com base nos dados de temperabilidade da Fig. 11-38, fazer um diagrama da dureza ao longo da seção transversal desta barra após têmpera em óleo.

Resposta: S, 57 R_c; (0,5 cm), 32 R_c; M-R, 17 R_c; C, 16 R_c.

13-18. Uma barra de aço 4032 com 5 cm de diâmetro deve ter uma dureza superficial de, pelo menos, 50 R_c e uma dureza a 1,25 cm da superfície menor que 27 R_c. Prescrever um método para se obter estas especificações.

Apêndice A

CONSTANTES SELECIONADAS

$\sqrt{2}$	$= 1,414\ldots$
$\sqrt{3}$	$= 1,732\ldots$
$\cos 30°$	$= 0,866\ldots$
$\cos 45°$	$= 0,707\ldots$
$\cos 60°$	$= 0,500\ldots$
π	$= 3,1416\ldots$
e	$= 2,718\ldots$
$\log_e 10$	$= 2,303\ldots$
$\log_{10} 2$	$= 0,3010\ldots$
Número de Avogadro	$= (6,02\ldots)(10^{23})$
Temperatura eutetóide Fe-C	$= 723°C \ (1333°F)$
Composição eutetóide Fe-C	$= 0,8\% \ C$
Carga do elétron	$= 1,6 \times 10^{-19} \ coulomb$
	$= 4,803 \times 10^{-10} \ vec$
	$= 4,803 \times 10^{-10} \ (erg{\cdot}cm)^{1/2}$
Constante de Boltzmann	$= (1,38\ldots)(10^{-16}) \ erg/°K$
Constante de Planck	$= (6,62\ldots)(10^{-27}) \ erg{\cdot}s$
Velocidade da luz	$= (3)(10^{10}) \ cm/s$
Volume de gás	$= 22,4 \ 1/mol \ a \ °C \ e \ 760 \ mm \ de \ Hg$
Constante dos gases ideais	$= 1,987 \ cal/mol°K$
	$= 0,082 \ l{\cdot}atm/mol \ °K$
Densidade da água	$= 1g/cm^3 = 62,4 \ lb/pe^3 = 8,34 \ lb/gal$
1 psi	$= 0,703 \ g/mm^2$
1 kcal	$= (4,185\ldots)(10^{10}) \ erg$
1 eV	$= (1,602\ldots)(10^{-12}) \ erg$
	$= (0,386\ldots)(10^{-19}) \ cal$

Apêndice B

GLOSSÁRIO DE TÊRMOS APLICADOS A MATERIAIS

Abrasivo — Material duro e mecânicamente resistente usado em abrasão ou corte; comumente feito de material cerâmico.

Absorção — Assimilação em volume (cf. adsorção).

Acetona — *Ver* Apêndice F

Ácido acético — *Ver* Apêndice F

Ácido adípico — *Ver* Apêndice F.

Ácido Butírico — *Ver* Apêndice F

Ácido ftálico — *Ver* Ácido tereftálico, Apêndice F

Aço carbono — Aço no qual o principal elemento de liga é o carbono

Aços de baixa liga — Aços contendo no máximo 10% de elementos de liga.

Acrilonitrila — *Ver* Apêndice F.

Adsorção — Adesão superficial (cf. absorção).

Aglomerado — Pequenas partículas unidas formando uma massa integrada.

Agregado — Partículas grosseiras usadas em concreto; por exemplo, areia e pedregulho.

Alongamento — A quantidade de deformação permanente antecedente à ruptura.

Alotropia — *Ver* Polimorfismo.

Amianto — Um silicato fibroso de origem mineral.

Amônia — *Ver* Apêndice F.

Amorfo — Não cristalino.

Ânion — Íon negativo.

Anisotrópico — Possui propriedades variáveis com a direção.

Anodizado — Superfície metálica revestida por uma camada de óxido; é conseguida fazendo-se, do componente, o anodo em um banho eletrolítico.

Anodo — O eletrodo que fornece elétrons para o circuito externo.

Antioxidante — Inibidor para prevenir a oxidação da borracha e de outros materiais orgânicos pelo oxigênio molecular.

Argilito — Uma rocha endurecida composta por argilo-minerais com estruturas em camadas.

PRINCÍPIOS DE CIÊNCIA DOS MATERIAIS

Ataque — Corrosão química controlada para revelar estrutura.

Atático — Ausência de repetição em longa distância ao longo de uma cadeia polimérica.

Ativadores — Substâncias adicionadas para começar uma reação.

Atração coulombiana — Atração entre cargas opostas.

"Ausforming" — Tratamento termomecânico de encruar a austenita antes da transformação.

Austêmpera — Processo de transformação isotérmica para formar bainita.

Austenita — Ferro com estrutura cúbica de faces centradas ou liga de ferro baseado nesta estrutura.

Autodifusão — Difusão dos átomos do solvente.

Bainita — Microestrutura de cementita dispersa em ferrita, obtida por transformação isotérmica de baixa temperatura.

Banda de energia — Níveis de energia permitidos aos elétrons de valência.

Baquelite — Ver Apêndice G.

Barbotina — Uma suspensão espêssa de partículas sólidas em um líquido.

Benzeno — Ver Apêndice F.

Borracha — Um material polimérico com um limite de elasticidade elevado.

Brinell — Ensaio de dureza usando uma bilha. A dureza é medida pelo diâmetro da impressão causada pela bilha.

Bronze — Liga de cobre e estanho (a menos que seja especificado; por exemplo, um bronze de alumínio é uma liga de cobre-alumínio).

Buna — Ver Apêndice G.

Butadieno — Ver Apêndice F.

Calcinação — Dissociação de um sólido em um gás e outro sólido, por exemplo, $CaCO_3 \rightarrow CaO + CO_2$.

Calcita — A forma mais comum de $CaCO_3$.

Calor de formação — Energia necessária para um composto ser formado a partir dos elementos. (Valôres negativos indicam libertação de energia).

Calor específico — Relação entre a capacidade térmica de um material e a da água.

Carborundum — Nome registrado do carbeto de silício.

Catalizador — Um agente reutilizável para a ativação de uma reação química.

Cátion — Íon positivo.

Catodo — O eletrodo que recebe elétrons de um circuito externo.

Caulim — Rocha mole composta primordialmente por caulinita ($Al_2O_3 \cdot 2SiO_2 \cdot 2H_2O$).

Caulinita — O argilomineral mais comum.

Célula — Uma combinação de dois eletrodos em um eletrólito (cf. Célula unitária).

Célula de concentração — Célula galvânica estabelecida por diferenças de concentração do eletrólito.

Célula de oxidação — Uma célula galvânica provocada por diferenças no potencial de oxidação.

Célula galvânica — Uma célula contendo dois metais diferentes e um eletrólito.

Célula simples (cristais) — Uma célula unitária com átomos apenas nos vértices.

Célula unitária — O menor volume que, por repetição no espaço, reproduz o reticulado cristalino.

Celulóide — Ver Apêndice G.

Celulose — Ver Apêndice F.

Cementação — Introdução de carbono na superfície do aço, para alterar as propriedades da superfície.

Cementita proeutetóide — Cementita que se separa de autenita hiperentetóide acima da temperatura eutetóide.

Cerâmicas (fases) — Compostos de elementos metálicos e não-metalicos.

Charpy — Um dos dois testes padronizados de impacto usando barras quadradas entalhadas.

Cimento — Material (usualmente cerâmico) para ligar sólidos.

Cimento portland — Um cimento hidráulico com base em silicatos d

Cis — (polímeros) — Um prefixo denotando posições insaturadas do mesmo lado da cadeia polimérica.

Cisão — Degradação de polímeros por irradiação.

Clivagem — Plano de fácil separação.

Cloropreno — Ver Apêndice F.

Coalescimento — Processo de se conseguir carbetos coalescidos; Ver Tabela 11-1.

Coeficiente de difusão — Fluxo de difusão por unidade de gradiente de concentração.

Coeficiente de Poisson — $\dfrac{\text{Deformação elástica transversal}}{\text{Deformação elástica longitudinal}}$.

APÊNDICE B

Coerência (fases) — Fases com estruturas semelhantes, de forma que a passagem de uma fase para outra se dá continuamente.

Componente (fases) — As substâncias químicas básicas para criar uma mistura ou solução química.

Componente (projeto) — As peças individuais de uma máquina ou outro projeto de engenharia semelhante.

Composto — Uma fase composta de dois ou mais elementos e uma dada relação.

Compostos de vinila — *Ver* Apêndice F.

Comprimento de onda — Distância entre duas posições idênticas sucessivas de uma onda (velocidade/freqüência).

Concreto — Aglomerado de um agregado e com cimento hidráulico.

Concreto protendido — Uma viga ou outro componente semelhante de concreto, ao qual se aplica uma tensão inicial de compressão, antes de receber em serviço tensões de tração.

Condutividade — Transferência de energia térmica ou elétrica através de um gradiente de potencial.

Constante dielétrica — A relação na qual o numerador é a quantidade de eletricidade armazenada em presença de um isolante e o denominador a quantidade de eletricidade armazenada na presença de vácuo.

Constituinte (microestrutura) — Uma parte distinguível de uma mistura polifásica.

Contôrno (microestruturas) — Superfície entre dois grãos ou duas fases.

Contôrno de pequeno ângulo — Contôrno formado por discordâncias alinhadas.

Contração de queima — Contração que acompanha a sinterização.

Contração de secagem — Contração volumétrica que acompanha a secagem.

Co-polimerização — Polimerização por adição envolvendo mais de um tipo de mero.

Corpo centrado (cristais) — Uma célula unitária com as posições centrais equivalentes aos vértices.

Corrosão — Deterioração e remoção através de ataque químico.

Corrosão galvânica — Corrosão química que ocorre no anodo de uma célula galvânica.

Corindom — A forma mais comum do Al_2O_3.

Cozedura — *Ver* Queima.

"Creep" — *Ver* Fluência.

Crescimento térmico — Expansão provocada por aquecimentos cíclicos.

Cristal — Um sólido fisicamente uniforme em três dimensões, com uma ordem repetitiva a longa distância.

Cristobalita — Uma forma cristalina de alta temperatura de SiO_2.

Cúbico tipo diamante — A estrutura cristalina cúbica possuída pelo diamante.

Curvas em C — Curvas de transformação isotérmica.

Curva T-T-T — Curva de transformação isotérmica (Tempo — Temperatura — Transformação).

"Dacron" — *Ver* Apêndice G.

Defeito de Frenkel — Deslocamento de átomo ou íon.

Defeito de Schottky — Vazio formado por um par de íons.

Deformação — Alteração do comprimento por unidade do comprimento original.

Deformação a frio — Deformação abaixo da temperatura de recristalização.

Degradação — Redução de polímeros a moléculas menores.

Dendrita — Cristal com forma de esqueleto.

Densidade aparente — Massa dividida pelo volume aparente.

Descamamento — Trincas originárias de tensões que acompanham variações volumétricas.

Descarbonetação — Remoção de carbono da superfície de um aço.

Descontinuidade de energia — Níveis de energia não permitidos aos elétrons de valência.

Despolimerização — Degradação de polímeros em moléculas menores.

Diagrama de constituição — *Ver* Diagrama de fases.

Diagrama de equilíbrio — *Ver* Diagrama de fases.

Diagrama de fases — Apresentação gráfica das relações das fases com a composição e os fatôres ambientes.

Diagrama de Laue — O diagrama de difração de um monocristal.

Diamagnético — Permeabilidade magnética menor que do vácuo.

Difração (raios X) — Desvio de um feixe de raios X por átomos regularmente espaçados.

Difração — O movimento de átomos ou moléculas em um material.

Difusividade térmica — Coeficiente de difusão para a energia térmica; $K/\rho C_p$.

Dimetilsilanediol — *Ver* Apêndice F.

388 PRINCÍPIOS DE CIÊNCIA DOS MATERIAIS

Dipolo — Um par elétrico com as duas extremidades respectivamente, negativa e positiva.

Direções normais — Direções perpendiculares ao corte.

Discordância em cunha — Defeito linear na extremidade de um plano cristalino extra. O vetor de Burgers é perpendicular à linha de discordância.

Discordância mista — Combinação de discordâncias em cunha e helicoidais.

Dolomito — Rocha composta por dolomita, $MgCa(CO_3)_2$.

Domínios (magnéticos) — Pequenas áreas cristalinas com os átomos ferromagnéticos alinhados.

"Durez" — Ver Apêndice G.

Dureza — Resistência à penetração.

Dureza Rockwell — Um ensaio utilizando uma bilha; a profundidade da impressão causada pela bilha é a medida da dureza.

Ductilidade — Deformação permanente antecedendo a ruptura.

Efeitos de dispersão — Dipolos induzidos por deslocamentos atômicos ou eletrônicos.

Eixos (cristais) — Uma das três direções cristalinas principais.

Elasticidade — Tensão máxima que ainda provoca deformação elástica.

Elastômero — Polímero com elevada elasticidade.

Elementos de liga — Elementos adicionados para formar uma liga.

Eletrólito — Soluto iônico.

Empacotamento fechado — Estrutura com o maior fator de empacotamento possível.

Encruamento — Aumento da dureza que acompanha a deformação.

Endurecibilidade — Capacidade de desenvolver dureza máxima.

Endurecimento — Tratamento térmico para aumentar dureza.

Endurecimento por chama direta — Endurecimento através do aquecimento da superfície com chamas adequadas.

Endurecimento por envelhecimento — Endurecimento provocado por uma precipitação incipiente.

Endurecimento por indução — Endurecimento por correntes induzidas de alta freqüência, que aquecem a superfície.

Energia de ativação — Energia necessária para iniciar uma reação química.

Energia livre — Energia disponível para uma reação química.

Ensaio de impacto — Um ensaio que mede a energia absorvida durante a ruptura.

Ensaio Jominy — Ensaio de determinação de temperabilidade.

Envelhecimento — Processo de endurecimento por envelhecimento.

Equação de Bragg (em difração de raios X) — $n\lambda = 2d\ sen\ \theta$.

Equiaxial — Forma com, aproximadamente, as mesmas dimensões nas várias direções.

Equilíbrio (químico) — Condição de balanceamento dinâmico. Composições com energia livre mínima.

Erosão — Abrasão mecânica por sólidos suspensos em um fluido.

Escorregamento (deformação) — Um deslocamento relativo ao longo de uma direção estrutural.

Esferoidite — Microestrutura de partículas grosseiras e esféricas de carbetos em uma matriz ferrítica.

Esmalte (cerâmica) — Revestimento protetor de vidro sôbre um metal.

Esmalte (tintas) — Uma tinta com brilho semelhante ao vidro.

Espinélio — Compostos cúbicos AB_2O_4 nos quais A é bivalente e B é trivalente. Êstes compostos são comumente usados para materiais cerâmicos magnéticos e para refratários.

Estirado a frio — Trabalho a frio até a máxima dureza por trefilação.

Estireno — Ver Apêndice F.

Estricção — Ver Redução em área.

Estruturas em fibras — Materiais anisotrópicos e heterogêneos.

Estruturas tridimensionais — Estrutura de fase com ligações primárias nas três direções do espaço.

Estuque — Material de cobertura o qual pode ser aplicado antes de endurecer.

Etano — Ver Apêndice F.

Etanol — Ver Apêndice F.

Etileno — Ver Apêndice F.

Eutético (binário) — Uma reação tèrmicamente reversível:

$$\text{líquido} \underset{aquec.}{\overset{resf.}{\rightleftharpoons}} \text{sólido}_1 + \text{sólido}_2$$

APÊNDICE B   389

Eutetóide (binário) — Uma reação tèrmicamente reversível:

$$\text{sólido}_1 \underset{aquec.}{\overset{resf.}{\rightleftharpoons}} \text{sólido}_2 + \text{sólido}_3$$

Extrusão — Operação de conformação feita, forçando-se um material plástico através de uma matriz.

Faces centradas — Uma célula unitária com as posições dos centros das faces equivalentes aos vértices.
Fadiga — Tendência a romper sob ação de tensões cíclicas.
Fase (materiais) — Parte fisicamente homogênea de um sistema material.
Fator de empacotamento — Volume verdadeiro por unidade de volume aparente.
FEM — *Ver* Fôrça eletromotriz.
Fenol — *Ver* Apêndice F.
Ferrimagnetismo — Magnetismo com alinhamento magnético antiparalelo não-balanceado.
Ferrita (cerâmica) — Compostos contendo ferro trivalente; usualmente magnéticos.
Ferrita (metais) — Ferro cúbico de corpo centrado ou liga de ferro baseada nesta estrutura.
Ferrita proeutetóide — Ferrita que se separa de austenita hipoeutetóide acima da temperatura eutetóide.
Ferro α — Ferro de estrutura cúbica de corpo centrado, estável em temperatura ambiente.
Ferro δ — Ferro ccc, o qual é estável acima da faixa de temperatura da austenita.
Ferro fundido — Ligas fundidas de ferro e carbono.
Ferro fundido cinzento — Ferro fundido com grafita lamelar que foi formada durante a solidificação.
Ferro fundido nodular — Um ferro fundido com grafita esférica na microestrutura.
Ferro γ — *Ver* Austenita.
Ferro maleável — Ferro fundido na qual a grafita foi formada por grafitização sólida.
Ferromagnético — Materiais com alinhamento magnético espontâneo.
Fluência — Deformação lenta causada por tensões inferiores ao limite de escoamento normal.
Fluidez — Recíproco da viscosidade.
Fluido ideal — Um fluido com uma velocidade de escoamento proporcional à tensão aplicada.
Fluorescência — Luminescência que ocorre imediatamente após a excitação.
Fôrça coercitiva — A fôrça magnética necessária para remover a magnetização prévia.
Fôrça magnética — Um campo magnético que induz magnetização.
Fôrça motora — ΔF, ou diferença em energia livre entre os reagentes e os produtos.
Fôrças de van der Waals — Ligações secundárias e que resultam da polorização estrutural.
Formaldeído — *Ver* Apêndice F.
Fosforescência — Luminescência atrasada, um certo período de tempo após a excitação.
Fotocondutor — Semicondutor ativado por fóton.
Fóton — Um quantum de luz.
Freqüência — Ciclos por unidade de tempo; usualmente ciclos por segundo.
Funcionalidade — Número de pontos disponíveis para polimerizações.

Geminados — Cristais que são imagens especulares um do outro.
"Geon" — *Ver* Apêndice G.
Gêsso — estuque — Um estuque composto por gipsita parcialmente desidratada.
Gipsita — A forma natural mais comum do sulfato de cálcio hidratado.
Glicerol — *Ver* Apêndice F.
"Gliptol" — *Ver* Apêndice G.
Grafita — A forma mais comum do carbono (estrutura lamelar).
Grafita nodular — No ferro fundido, o carbono que é produto da grafitização.
Grafitização — Formação de grafita a partir da dissociação da cementita.
Grãos — Cristais individuais.
Grau de polimerização — Meros por massa molecular média.
Gutapercha — *Ver* Apêndice G.

Hexametilenodiamina — *Ver* Apêndice F.
Hidratação — Reação química consumindo água:

$$\text{sólido}_1 + H_2O \rightarrow \text{sólido}_2.$$

PRINCÍPIOS DE CIÊNCIA DOS MATERIAIS

Hipereutetóide – Um aço com um teor de carbono mais elevado que o correspondente à composição eutetóide.
Hipoeutetóide – Um aço com teor de carbono menos elevado que o correspondente à composição eutetóide.
Histerese – Uma alteração com atraso e não completamente reversível.
Homogenização – Tratamento térmico para produzir uniformidade por difusão.
Homopolar – *Ver* Covalente.

Inclusões – Partículas de impurezas contidas em um material.
Índices de Miller – *Ver* Secção 3-15.
Inibidor (corrosão) – Um aditivo para eletrólito que provoca passividade.
Inoculação – Adição de agentes nucleadores a líquidos para induzir a solidificação.
Interstícios – Espaços abertos entre partículas.
Ion – Um átomo possuindo uma carga em virtude da perda ou ganho de eletrons.
Iso – Prefixo indicando "o mesmo".
Isômero – Moléculas com a mesma composição mas com diferentes estruturas.
Isopreno – *Ver* Apêndice F.
Isotático (polímeros) – Repetição de longo alcance ao longo de uma cadeia polimérica.
Isótopo – O mesmo elemento com um número diferente de neutrons.
Isotrópico – Possuindo as mesmas propriedades em todas as direções.
Izod – Um dos dois ensaios padronizados de impacto, usando barras redondas entalhadas.

Junção *p-n* – Junção retificadora de semicondutores tipo *p* e tipo *n*.

"Kel-F" – *Ver* Apêndice G.

Lamelas (grafita) – Folhas bidimensionais de grafita no ferro fundido.
"Leser" – Amplificação de luz pela emissão estimulada de radiação (*ver* texto).
Latão – Uma liga de cobre e zinco.
Ledeburita – Microestrutura eutética de austenita e cementita.
Liga – Metal contendo dois ou mais elementos.
Ligação covalente – Ligação atômica pelo compartilhamento de eletrons.
Ligação iônica – Ligação atômica pela atração coulombiana de ions com cargas opostas.
Ligação metálica – Ligação atômica nos metais. (Ver Secção 2-9).
Ligações cruzadas – Ligações entre duas cadeias poliméricas adjacentes.
Limite de escoamento – Resistência máxima à deformação elástica.
Limite de fadiga – A máxima tensão cíclica que pode ser aplicada em material de forma que êste resista a um número infinito de ciclos.
Limite proporcional – Limite da proporcionalidade entre a tensão e a deformação.
Lingote – Uma grande peça fundida, a qual é subseqüentemente laminada ou forjada.
Liquidus – Lugar geométrico das temperaturas acima das quais só existe líquido.
Lubrificante – Um material mole e fàcilmente deformável com ligações secundárias fracas.
"Lucite" – *Ver* Apêndice G.
Luminescência – Emissão de luz pela reirradiação de fótons após uma ativação inicial.
Lustron – *Ver* Apêndice G.
Macroestrutura – Estrutura com heterogeneidades macroscópicas (cf. Microestrutura).
Macroscópio – Visível com a vista desarmada (ou com um aumento de 10 X).
Magneto mole – Magneto que necessita de uma energia pequena para a reorientação ao acaso dos domínios.
Magneto permanente – Magneto com um produto ($-BH$) elevado, de forma que o alinhamento dos domínios é retido.
Magnetoestriação – Variações volumétricas que acompanham a magnetização.
Maleabilidade – A propriedade que permite a conformação por deformação.
Maleabilização – *Ver* Grafitização.
Martêmpera – *Ver* têmpera interrompida.
Martensita – Fase metastável de corpo centrado formada por ferro supersaturado com carbono; a martensita é formada por uma transformação sem difusão através da têmpera da autenita.

APÊNDICE B

Martensita revenida — Uma microestrutura de ferrita e cementita obtida pelo aquecimento da martensita.

Massa molecular média em número — Massa molecular média baseada no número de moléculas.

Massa molecular média em pêso — Massa molecular média calculada com base nas porcentagens em pêso.

Materiais orgânicos — Materiais poliméricos constituídos por compostos de carbono.

Matriz (Processos de moldagem) — Que dá forma.

Matriz (nicroestrutura) — A fase contínua na qual outra fase está dispersa.

Melamina — *Ver* Apêndice F.

"Melamac" — *Ver* Apêndice G.

Mero — A menor unidade repetitiva de um polímero.

Metacrilato de metila — *Ver* Apêndice F.

Metastável — Equilíbrio temporário.

Metais — Materiais contendo elementos que perdem fàcilmente elétrons.

Metalurgia do pó — A técnica de aglomerar pós metálicos na forma de peças utilizáveis.

Metano — *Ver* Apêndice F.

Metanol — *Ver* Apêndice F.

Método do centro de gravidade — Método para se calcular as quantidades presentes de fases em equilíbrio. A composição global é o centro de gravidade das massas dos componentes.

Mho — Unidade de condutância; recíproco do ohm.

Mica — Família de minerais com estruturas em camadas.

Microestrutura — A estrutura com heterogeneidades perceptíveis apenas no microscópio (cf. Macroestrutura).

Microhm — 10^{-6} ohm.

Micron — 10^{-4} cm; 10^4 A.

Mil — 10^{-3} pol.

Mineral — Uma fase cerâmica ou de uma rocha.

Mistura — Combinação de duas fases.

Mobilidade (carga) — Velocidade efetiva por unidade de diferença de potencial.

Módulo de cisalhamento — Tensão elástica de cisalhamento por unidade de deformação elástica de cisalhamento.

Módulo de elasticidade — Tensão elástica por unidade de deformação elástica.

Módulo de ruptura — Resistência à ruptura de um sólido não dúctil medida por flexão.

Módulo de Young — *Ver* Módulo de elasticidade.

Mol — Massa igual à massa molecular do material.

Molde — Fôrma para fundição.

Moléculas — Grupos de átomos com atrações fortes mútuas.

Monel — Uma liga de cobre e níquel.

Monoclínico (Cristais) — Três parâmetros diferentes, dois dos quais formando ângulo reto.

Monolítico — Massa formada por unidades cimentadas entre si.

Monômero — Uma molécula com um único mero.

Monotético (binário) — Uma reação tèrmicamente reversível:

$$\text{líquido}_1 \underset{aquec.}{\overset{resf.}{\rightleftharpoons}} \text{líquido}_2 + \text{sólido}.$$

Mulita — Uma fase contendo $Al_6Si_2O_{13}$.

"Mylar" — *Ver* Apêndice G.

Neopreno — *Ver* Cloropreno, Apêndice F.

Níveis aceptores — Níveis de energia de semicondutores de tipo p.

Níveis doadores — Níveis de energia de semicondutores tipo n.

Normalização — Tratamento térmico para homogenização; ver Tabela 11-1.

Número de Avogadro — Número de moléculas por mol.

Número de coordenação — Número dos átomos vizinhos mais próximos.

Nucleação — O comêço do crescimento de uma nova fase.

"Nylon" — *Ver* Apêndice G.

Octaedro — Sólido com 8 lados.

PRINCÍPIOS DE CIÊNCIA DOS MATERIAIS

Orientação — Relações angulares entre o alinhamento cristalino ou molecular e direções externas de referência.

Orientação preferencial — Um alinhamento não ao acaso de cristais e moléculas.

Ortorrômbico — Um cristal com os três eixos diferentes mas perpendiculares entre si.

Oxidação (geral) — Aumento da valência através da remoção de elétrons.

Par — Dois eletrodos diferentes em contato elétrico.

Paramagnético — Permeabilidade magnética levemente superior à do vácuo.

Parâmetro — Constantes arbitràriamente fixadas.

Passividade — A condição na qual a corrosão normal é impedida por um filme adsorvido no eletrodo.

Peritético (binário) — Uma reação tèrmicamente reversível:

$$\text{sólido}_1 + \text{líquido} \underset{aquec.}{\overset{resf.}{\rightleftharpoons}} \text{sólido}_2 .$$

Peritetóide (binário) — Uma reação tèrmicamente reversível:

$$\text{sólido}_1 + \text{sólido}_2 \underset{aquec.}{\overset{resf.}{\rightleftharpoons}} \text{sólido}_3 .$$

Perlita — Uma microestrutura de ferrita e cementita lamelares de composição eutetóide.

Permeabilidade (magnética) — Relação entre a indução magnética e a intensidade do campo magnetizante.

Permeabilidade (sólidos porosos) — Coeficiente de transferência através de interstícios.

Piezelétrico — Desenvolvimento de cargas elétricas por pressão.

Planos de escorregamento — Planos ao longo dos quais pode ocorrer escorregamento.

Plasticidade — Capacidade de ser deformado plàsticamente sem romper.

Plásticos — Resinas orgânicas moldáveis.

Plastificante — Um aditivo para resinas comerciais para induzir plasticidade.

"Plexene" — Ver Apêndice G.

"Plexiglas" — Ver Apêndice G.

Polarização (moléculas) — Deslocamento dos centros das cargas positivas e negativas.

Polieletrólito — Polímeros que podem sofrer uma ionização (limitada).

Polietileno — Polímero $(C_2H_4)_n$.

Polimerização — Processo de crescimento de moléculas grandes a partir de moléculas pequenas.

Polimerização por adição — Polimerização pela adição sucessiva de monômeros.

Polimerização por condensação — Polimerização através de uma reação química, a qual também produz um subproduto.

Polímero — Moléculas com muitas unidades ou meros.

Polimorfismo — Existência de uma composição com mais de uma estrutura cristalina.

Ponte de hidrogênio — Ligação de van der Waals na qual o átomo de hidrogênio (proton) é atraído por elétrons dos átomos vizinhos.

"Polythene" — Ver Apêndice G.

Ponto crítico — Ver Temperatura de transformação.

Ponto de escoamento — O ponto na curva tensão-deformação no qual se inicia repentinamente a deformação plástica (comum apenas nos aços de baixo carbono).

Porcelana (cerâmica) — Caracterizada pelo alto teor de fase vítrea.

Poros abertos — Interstícios ligados à superfície.

Poros fechados — Os poros internos sem acesso do exterior.

Porosidade aparente — Porosidade incluindo apenas os poros abertos.

Porosidade verdadeira — Porosidade incluindo os poros fechados e abertos.

Potencial de eletrodo — Potencial desenvolvido em um eletrodo (em relação ao eletrodo padrão).

Prata de lei — Uma liga de 92,5 Ag e 7,5 Cu (Isto corresponde aproximadamente ao máximo de solubilidade do cobre na prata).

Propano — Ver Apêndice F.

Propanol — Ver Apêndice F.

Propileno — Ver Isopropileno, Apêndice F.

Propriedades mecânicas — Aquelas propriedades associadas com tensões e deformação.

Proteção galvânica — Proteção dada a um material tornando-o catódico em relação a um anodo de sacrifício.

APÊNDICE B

Quantum — Uma unidade discreta de energia.
Quartzo — A forma mais comum do SiO_2.
Quartzo fundido — *Ver* Sílica fundida que é um têrmo mais correto.
Queima (cerâmica) — Tratamento de aglomeração em temperatura elevada.

Raios X — Radiações eletromagnéticas com comprimentos de onda da ordem de 1 A.
Ramificação — Bifurcação na polimerização por adição.
Recalcamento — Forjamento por impacto através de compressão axial.
Recozimento — Aquecimento e resfriamento para amolecer; ver Tabela 11-1.
Refratário (cerâmica) — Material resistente ao calor.
Recristalização — Formação de novos grãos recozidos a partir de grãos prèviamente encruados.
Redução em área — Diminuição de área em têrmos da área inicial.
Regra das alavancas — Método de cálculo para calcular quantidades de fases. A composição global
    coincide com o ponto de apoio da alavanca.
Regra das fases — $P + V = C + E$ (*Ver* Seção 9-15).
Relação axial (cristais) — Parâmetro C dividido pelo parâmetro a.
Relaxação (mecânica) — Alívio de tensões por fluência.
Resiliência — A capacidade do material absorver e devolver energia sem deformação permanente.
Resina termofixa — Material polimérico que não amolece mas sim polimeriza mais por aumento na
    temperatura.
Resina termoplástica — Material polimérico que amolece com o aumento de temperatura.
Resinas — Materiais poliméricos.
Resistência à tração — Máxima resistência à deformação (baseada na área inicial).
Resistividade — Recíproco da condutividade (usualmente expressa em ohm·cm).
Reticulado (cristal) — O arranjo no espaço dos núcleos atômicos em um cristal.
Reticulados de Bravais — Os 14 reticulados cristalinos básicos.
Revenido — Processo para aumentar a tenacidade através do aquecimento da martensita para produzir
    martensita revenida.
Rigidez — Propriedade de resistir à deformação elástica.
Rigidez dielétrica — Máxima diferença de potencial suportada por um isolante, por unidade de com-
    primento.
Romboédrico — Cristais com os três parâmetros iguais mas não em ângulos retos.
Rutilo — A forma mais comum do TiO_2.

"Saran" — *Ver* Apêndice C.
Saturação magnética — A magnetização máxima que pode ocorrer em um material.
Segregação — Heterogeneidades em composição.
Semicondução extrínsica — Semicondução provocada por impurezas. Os elétrons são excitados para
    níveis aceptores (tipo p) ou provêm de níveis doadores (tipo n).
Semicondução intrínseca — Semicondução do material puro. Os elétrons são excitados através da des-
    continuidade de energia.
Semicondutor — Um material com condutividade controlada entre a dos condutores e a dos isolantes.
Semicondutor tipo n — Um semicondutor com excesso de elétrons para as duas primeiras bandas de
    valência.
Semicondutor tipo p — Semicondutor com uma deficiência de elétrons nas duas primeiras bandas de
    valência.
Sensibilidade ao entalhe — Redução nas propriedades na presença de concentrações de tensões.
Série de fôrças eletromotrizes — A lista, em seqüência, dos potenciais de eletrodo.
Sílica fundida — Vidro de SiO_2.
Siliconas — *Ver* Apêndice G.
Simétrico — Duplicação, tal como a imagem de um espelho.
Sindiotático — Intermediário entre atático e isotático.
Sinterização — Aglomeração por meios térmicos.
Sistema (diagrama de fases) — Composições dos componentes em equilíbrio.
Solda fraca — Junção de metais abaixo de 420°C. Os metais a serem unidos não fundem.
Soldagem — Operação de junção envolvendo a fusão das partes a serem unidas.
Sólido ideal — Um sólido com deformação elástica proporcional à tensão.

PRINCÍPIOS DE CIÊNCIA DOS MATERIAIS

"Solidus" — O lugar geométrico das temperaturas abaixo das quais tem-se sòmente sólido.

Solução sólida — *Ver* Seções 4-3 e 4-4.

Soluto — Todos componentes de uma solução, com exceção do solvente.

Solvente — O componente predominante de uma solução.

"Solvus" — Curvas de solubilidade sólida em uma diagrama de fases.

"Spin" (Magnetismo) — O movimento rotacional de um elétron em sua órbita.

"Styron" — *Ver* Apêndice G.

Supercondutividade — Resistividade elétrica e permeabilidade magnética desprezíveis nas vizinhanças do zero absoluto.

Superenvelhecimento — Continuação do envelhecimento até ocorrer amolecimento.

Superfície — Limite entre uma fase condensada e um gás.

Superfície específica — Superfície por unidade de massa.

Super-esfriamento — Resfriamento abaixo do limite de solubilidade sem precipitação.

Supersônico — Mais rápido que o som (cf. Ultra-som).

Talco — Alumínio-silicato de magnésio com estrutura cristalina em camadas.

Tamanho de grão — Diâmetro estatístico de grão ao longo de um corte ao acaso.

"Teflon" — *Ver* Apêndice G.

Têmpera e revenido — Tratamentos térmicos para endurecer e tornar o aço mais tenaz.

Têmpera interrompida — Têmpera do aço em duas etapas, que envolve o aquecimento para formar austenita e uma têmpera inicial até uma temperatura superior à de formação de martensita, seguida por um segundo resfriamento até a temperatura ambiente.

Temperabilidade — *Ver* Endurecibilidade.

Temperatura de Curie (magnética) — Temperatura de transição entre o ferromagnetismo e o paramagnetismo.

Temperatura de recristalização — Temperatura acima da qual a recristalização é espontânea. Usualmente, cêrca de $\frac{1}{3}$ a $\frac{1}{2}$ da temperatura absoluta de fusão.

Temperatura de transformação — Temperatura em que um equilíbrio de fases se altera.

Temperatura de transição (aços) — Temperatura (faixa) na qual a fratura deixa de ser dúctil e passa a frágil.

Temperatura equicoesiva — A temperatura de igual resistência para os grãos e os contornos de grão.

Temperatura fictícia — Temperatura de transição entre líquidos super-resfriados e sólidos vítreos.

Tempo de relaxação — Tempo necessário para tornar a tensão $1/e$ do valor inicial.

Tenacidade — A propriedade de absorver energia antes de romper.

"Tenite" — *Ver* Apêndice G.

Tensão — Fôrça por unidade de área.

Tensão convencional — Fôrça por unidade da área inicial (cf. tensão verdadeira).

Tensão crítica de cisalhamento — Tensão de escoamento em uma direção paralela a um plano cristalino.

Tensão de ruptura — Tensão verdadeira no momento da ruptura.

Tensão verdadeira — A fôrça por unidade de área atual.

Tensões internas — *Ver* Tensões residuais.

Tensões normais — Tensões perpendiculares ao corte.

Tensões residuais — Tensões internas que são retidas depois de deformação térmica ou mecânica.

Termistor — Resistor sensível à temperatura.

Termopar — Dispositivo de medida de temperatura utilizando o efeito termelétrico de fios diferentes.

Tetraedro — Sólido de quatro lados.

Tetragonal (cristal) — Dois dos três parâmetros iguais, todos os três em ângulos retos.

"Texalite" — *Ver* Apêndice G.

Textura — Estruturas macroscópicas.

Titanatos (eletricidade) — Materiais ferrelétricos fabricados com compostos de titânio.

Tolueno — *Ver* Apêndice F.

Trabalho a quente — Deformação acima da temperatura de recristalização.

Trabalho mecânico — Conformação através do uso de esfôrço mecânico.

Trans — Prefixo indicando "através" (cf. *Cis*).

Transdutor — Dispositivo para transformar vibrações mecânicas em energia elétrica ou magnética (ou vice-versa).

Transformação isotérmica — Transformação com o tempo, em uma temperatura específica.

APÊNDICE B

Transformação com resfriamento contínuo — Transformação durante resfriamento (cf. Transformação isotérmica).

Transistor — Dispositivo elétrico utilizando semicondutores e executando algumas das funções das válvulas eletrônicas.

Transversal — Perpendicular à direção mais alongada de um material anisotrópico (Contrário de longitudinal).

Tratamento de solubilização — Um tratamento térmico para produzir solução sólida.

Triclínicos (cristais) — Três eixos desiguais, nenhum dêles formando ângulos retos com os demais.

Tridimita — Uma fase estável em temperatura intermediárias do SiO_2.

"Tygon" — Ver Apêndice G.

Ultra-som — Sons com freqüências mais elevadas que as audíveis (cf. Supersônico).

Uréia — Ver Apêndice F.

Vacância — Ponto reticular não-preenchido.

Variança (estatística) — O quadrado do desvio padrão.

Variança (regra das fases) — Variáveis não fixadas. (Ver Seção 9-15).

Vazio eletrônico — Nível de energia não ocupado. Funciona como um transportador de cargas positivas.

Velocidade de fluência — Deformação por fluência por unidade de tempo.

Vetor de Burgers — Vetor de deslocamento em tôrno de uma discordância. É paralelo à discordância em cunha e perpendicular à discordância helicoidal.

Vidro — Um material amorfo com estrutura tridimensional.

Vidro temperado — Vidro com tensões residuais de compressão na superfície.

"Vinilite" — Ver Apêndice G.

Viscosidade — Coeficiente de resistência ao escoamento (inverso da fluidez).

Viscosidade específica — Relação entre a viscosidade de um material e a da água.

Volume aparente — Volume total incluindo os poros abertos e fechados.

Volume específico — Volume por unidade de massa.

Volume verdadeiro — Volume total menos volume de poros abertos e fechados.

Vulcanização — Tratamento da borracha com enxôfre para formar ligações cruzadas entre as cadeias dos elastômeros.

Zeólito — Um silicato com íons trocáveis.

Apêndice C

COMPARAÇÃO ENTRE AS ESCALAS DE DUREZA

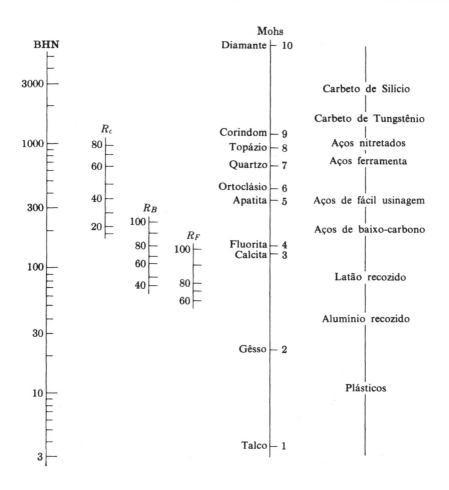

Apêndice D

TABELA DE ELEMENTOS

Elemento	Símbolo	N.° atômico	Distribuição dos elétrons				Massa atômica (C¹²=12.000)	Ponto de fusão °C	Ponto de ebulição °C	Densidade (g) g/l (l) g/cm³ (s) g/cm³	Estrutura cristalina do sólido	Raio atômico aprox.,* Å	Valência (mais comum)	Raio atômico aprox., Å N.° de coord=6
			K	L	M	N								
Hidrogênio	H	1	1				1.008	−259,18	−252,8	(g) 0,0899 (l) 0,070	Hex	0,46	+	Muito pequeno
Hélio	He	2	2				4,003	−272,2 (26 atm)	−268,9	(g) 0,1785 (l) 0,147	Hc (?)	1,76	inerte	—
Lítio	Li	3	2	1			6,94	186	1609	(s) 0,534	Ccc	1,519	+	0,78
Berílio	Be	4	2	2			9,01	1350	1530	(s) 1,85	Hc	1,12	2+	0,34
Boro	B	5	2	3			10,81	2300	2550	(s) 2,3	Orto (?)	0,46	3+	~0,25
Carbono	C	6	2	4			12,01	~3500	4200 (?)	(s) 2,+ 2,25(gr) 3,51(d)	Amorfo / Hex / Cúbico	0,71 0,77	4+	~0,2
Nitrogênio	N	7	2	5			14,007	−209,86	−195,8	(g) 1,2506 (l) 0,808 (s) 1,026		0,71	3−	
Oxigênio	O	8	2	6			15,994	−218,4	−183,0	(g) 1,429 (l) 1,14 (s) 1,426	Hex	0,60	2−	1,32
Flúor	F	9	2	7			19,00	−223	−188,2	(g) 1,69 (l) 1,108	Rômbico (?)	0,5	−	1,33
Néonio	Ne	10	2	8			20,18	−248,67	−245,9	(g) 0,9002 (l) 1,204	Cfc	1,60	Inerte	—

*Raios atômicos baseados nos dados do *Metals Handbook* Cleveland: American Society for Metals, 1961

Elemento	Símbolo	Z							Massa	P.F.	P.E.	Densidade	Estrutura	Raio	Íon	Raio iônico
Sódio	Na	11	2	8	1				22,99	97,5	880	(s) 0,97	Ccc	1,857	+	0,98
Magnésio	Mg	12	2	8	2				24,31	650	1110	(s) 1,74	Hex	1,594	2+	0,78
Alumínio	Al	13	2	8	3				26,98	660,2	2060	(s) 2,699	Cfc	1,431	3+	0,57
Silício	Si	14	2	8	4				28,09	1430	2300	(s) 2,4	Cúbico (diamante)	1,176	4+	0,41
Fósforo	P	15	2	8	5				30,97	44,1	280	(s) 1,82	Cúbico	–	5+	0,2-0,4
Enxôfre	S	16	2	8	6				32,06	119,0	246,2	(s) 2,07 (l) 1,803	Orto fc	1,06	2– 6+	1,74 0,34
Cloro	Cl	17	2	8	7				35,45	–101	–34,7	(g) 3,214 (l) 1,557 (s) 1,9	Tetra	0,905	–	1,81
Argônio	Ar	18	2	8	8				39,95	–189,4	–185,8	(g) 1,784 (l) 1,40 (s) 1,65	Cfc	1,920	Inerte	
Potássio	K	19	2	8	8	1			39,10	63	770	(s) 0,86	Ccc	2,312	+	1,33
Cálcio	Ca	20	2	8	8	2			40,08	850	1440	(s) 1,55	Cfc	1,969	2+	1,06
Escândio	Sc	21	2	8	9	2			44,96	1200		(s) 2,5	Cfc	1,605	3+	0,83
Titânio	Ti	22	2	8	10	2			47,90	1820		(s) 4,54	Hc	1,458	4+	0,64
Vanádio	V	23	2	8	11	2			50,94	1735	3400	(s) 6,0	Ccc	1,316	3+ 5+	0,65 ~0,4
Crômio	Cr	24	2	8	13	1			52,00	1890	2500	(s) 7,19	Ccc	1,249	3+	0,64
Manganês	Mn	25	2	8	13	2			54,94	1245	2150	(s) 7,43	Cúbico comp.	1,12	2+	0,91
Ferro	Fe	26	2	8	14	2			55,85	1539	2740	(s) 7,87	Ccc	1,241	2+ 3+	0,83 0,67
Cobalto	Co	27	2	8	15	2			58,93	1495	2900	(s) 8,9	Hc	1,248	2+	0,82

(*continua*)

TABELA DE ELEMENTOS (continuação)

Elemento	Símbolo	N.º atômico	Distribuição dos elétrons						Massa atômica (C^{12} = 12,000)	Ponto de fusão, °C	Ponto de ebulição, °C	Densidade (g) g/l (l) g/cm³ (s) g/cm³	Estrutura cristalina do sólido	Raio atômico aprox,* Å	Valência (mais comum)	Raio atômico aprox., Å N.º de coord = 6
			K	L	M	N	O	P								
Níquel	Ni	28	2	8	16	2			58,71	1455	2730	(s) 8,90	Cfc	1,245	2+	0,78
Cobre	Cu	29	2	8	18	1			63,54	1083	2600	(s) 8,96	Cfc	1,278	+	0,96
Zinco	Zn	30	2	8	18	2			65,37	419,46	906	(s) 7,133	Hc	1,332	2+	0,83
Gálio	Ga	31	2	8	18	3			69,72	29,78	2070	(s) 5,91	Orto fc	1,218	3+	0,62
Germânio	Ge	32	2	8	18	4			72,59	958		(s) 5,36	Cúbico (diamante)	1,224	4+	0,44
Arsênico	As	33	2	8	18	5			74,92	814 (36 atm.)	610	(s) 5,73	Rômbico	1,25	3+ 5+	0,69 ~0,4
Selênio	Se	34	2	8	18	6			78,96	220	680	(s) 4,81	Hex	1,16	2-	1,91
Bromo	Br	35	2	8	18	7			79,91	-7,2	19,0	(s) 3,12	Orto	1,13	–	1,96
Criptônio	Kr	36	2	8	18	8			83,80	-157	-152	(g) 3,708 (l) 2,155 (s)	Cfc	2,01	Inerte	
Rubídio	Rb	37	2	8	18	8	1		85,47	39	680	(s) 1,53	Ccc	2,44	+	1,49
Estrôncio	Sr	38	2	8	18	8	2		87,62	770	1380	(s) 2,6	Cfc	2,15	2+	1,27
Ítrio	Y	39	2	8	18	9	2		88,91	1490		(s) 5,51	Hc	1,79	3+	1,06
Zircônio	Zr	40	2	8	18	10	2		91,22	1750		(s) 6,5	Hc	1,58	4+	0,87

APÊNDICE D

Nióbio (Colúmbio)	Nb Cb	41	2	8	18	12	1		92,91	2415		(s) 8,57	Ccc	1,429	5+	0,69
Molibdênio	Mo	42	2	8	18	13	1		95,94	2625	4800	(s) 10,2	Ccc	1,36	4+	0,68
Tecnécio	Tc	43	2	8	18	14	1		99	2700		(Elemento artificial)				
Rutênio	Ru	44	2	8	18	15	1		101,07	2500	4900	(s) 12,2	Hc	1,352	4+	0,65
Ródio	Rh	45	2	8	18	16	1		102,91	1966	4500	(s) 12,44	Cfc	1,344	3+	0,68
Paládio	Pd	46	2	8	18	18			106,4	1554	4000	(s) 12,0	Fcc	1,375	+	
Prata	Ag	47	2	8	18	18	1		107,87	960,5	2210	(s) 10,49	Cfc	1,444	+	1,13
Cádmio	Cd	48	2	8	18	18	2		112,40	320,9	765	(s) 8,65	Hc	1,489	2+	1,03
Índio	In	49	2	8	18	18	3		114,82	156,4		(s) 7,31	Tetra fc	1,625	3+	0,92
Estanho	Sn	50	2	8	18	18	4		118,69	231,9	2270	(s) 7,298	Tetra cc	1,509	4+	0,74
Antimônio	Sb	51	2	8	18	18	5		121,75	630,5	1440	(s) 6,62	Rômbico	1,452	5+	0,90
Telúrio	Te	52	2	8	18	18	6		127,6	450	1390	(s) 6,24	Hex	1,43	2-	2,11
Iôdo	I	53	2	8	18	18	7		126,9	114	183	(s) 4,93	Orto	1,35	-	2,20
Xenônio	Xe	54	2	8	18	18	8		131,3	-112	-108	(g) 5,851 (l) 3,52 (s) 2,7			Inerte	
Césio	Cs	55	2	8	18	18	8	1	132,9	28	690	(s) 1,9	Cfc	2,21	+	1,65
Bário	Ba	56	2	8	18	18	8	2	137,3	704	1640	(s) 3,5	Ccc	2,62	2+	1,43
Terras raras	La→Lu	57→71	2	8	18	18→32	8→9	2	138,9→175,0					2,17	3+	1,22→0,99
Háfnio	Hf	72	2	8	18	32	10	2	178,5	1700		(s) 11,4	Hc	1,59	4+	0,84

(continua)

Elemento	Símbolo	N.º atômico	Distribuição dos elétrons							Massa atômica (C¹² = 12.000)	Ponto de fusão, °C	Ponto de ebulição, °C	Densidade (g) g/l (l) g/cm³ (s) g/cm³	Estrutura cristalina do sólido	Raio atômico aprox.,* Å	Valência (mais comum)	Raio atômico aprox., Å N.º de coord = 6
			K	L	M	N	O	P	Q								
Tântalo	Ta	73	2	8	18	32	11	2		180,95	2996		(s) 16,6	Ccc	1,429	5+	0,68
Tungstênio	W	74	2	8	18	32	12	2		183,9	3410	5930	(s) 19,3	Ccc	1,369	4+	0,68
Rênio	Re	75	2	8	18	32	13	2		186,2	3170	–	(s) 20	Hc	1.370		
Ósmio	Os	76	2	8	18	32	14	2		190,2	2700	5500	(s) 22,5	Hc	1,367	4+	0,67
Irídio	Ir	77	2	8	18	32	17			192,2	2454	5300	(s) 22,5	Cfc	1,357	4+	0,66
Platina	Pt	78	2	8	18	32	17	1		195,1	1773	4410	(s) 21,45	Cfc	1,387		
Ouro	Au	79	2	8	18	32	18	1		197,0	1063	2970	(s) 19,32	Cfc	1,441	+	1,37
Mercúrio	Hg	80	2	8	18	32	18	2		200,6	–38,87	357	(s) 13,55	Rômbico	1,552	2+	1,12
Tálio	Tl	81	2	8	18	32	18	3		204,4	300	1460	(s) 11,85	Hc	1,704	3+	1,05
Chumbo	Pb	82	2	8	18	32	18	4		207,2	327,4	1740	(s) 11,34	Cfc	1,750	2+	1,32
																4+	0,84
Bismuto	Bi	83	2	8	18	32	18	5		209,0	271,3	1420	(s) 9,80	Rômbico	1,556		
Polônio	Po	84	2	8	18	32	18	6		210	600			Monoclínico	1,7		
Astatínio	At	85	2	8	18	32	18	7		210							
Radon	Rn	86	2	8	18	32	18	8		222	–71	–61,8				Inerte	

Frâncio	Fa	87	2	8	18	32	18	8	1	223					+	
Rádio	Ra	88	2	8	18	32	18	8	2	226	700	(s) 5,0				
Actínio	Ac	89	2	8	18	32	18	9	2	227	1600					
Tório	Th	90	2	8	18	32	18	10	2	232	1800	(s) 11,5	Cfc	1,800	4+	1,10
Protoactínio	Pa	91	2	8	18	32	20	9	2	231	3000					
Urânio	U	92	2	8	18	32	21	9	2	238	1130	(s) 18,7	Orto	1,38	4+	1,05
Netúnio	Np	93	2	8	18	32	22	9	2	237						
Plutônio	Pu	94	2	8	18	32	23	9	2	239						
Amerício	Am	95	2	8	18	32	24	9	2	241						
Cúrio	Cm	96	2	8	18	32	25	9	2	242						
Berquélio	Bk	97	2	8	18	32	26	9	2	249						
Califórnio	Cf	98	2	8	18	32	27	9	2	252						
Einstênio	E	99	2	8	18	32	28	9	2	254						
Férmio	Fm	100	2	8	18	32	29	9	2	253						
Mendelévio	Md	101	2	8	18	32	30	9	2	256						

Apêndice E

PROPRIEDADES DE ALGUNS MATERIAIS USADOS EM ENGENHARIA

Parte 1 – Metais (de numerosas fontes)

Material	Densidade g/cm^3	Condutividade térmica $\dfrac{cal \cdot cm}{°C \cdot cm^2 \cdot s}$ a 20°C	Expansão térmica $cm/cm/°C$ a 20°C	Resistividade elétrica $ohm \cdot cm$ a 20°C	Módulo de elasticidade médio kg/mm^2 a 20°C
Aço (1020)	7,86	0,12	$11,7 \times 10^{-6}$	$16,9 \times 10^{-6}$	$21 \times 10^{+3}$
Aço (1040)	7,85	0,115	$11,3 \times 10^{-6}$	$17,1 \times 10^{-6}$	$21 \times 10^{+3}$
Aço (1080)	7,84	0,11	$10,8 \times 10^{-6}$	$18,0 \times 10^{-6}$	$21 \times 10^{+3}$
Aço (18Cr-8Ni inoxidável)	7,93	0,035	9×10^{-6}	70×10^{-6}	$21 \times 10^{+3}$
Alumínio (99,4+)	2,7	0,53	$22,5 \times 10^{-6}$	$2,9 \times 10^{-6}$	$7 \times 10^{+3}$
Bronze (95 Cu – 55n)	8,8	0,2	$18,0 \times 10^{-6}$	$9,6 \times 10^{-6}$	$11 \times 10^{+3}$
Chumbo (99+)	11,34	0,08	$28,8 \times 10^{-6}$	$20,65 \times 10^{-6}$	$1,4 \times 10^{+3}$
Cobre	8,9	0,95	$16,2 \times 10^{-6}$	$1,7 \times 10^{-6}$	$11 \times 10^{+3}$
Ferro (99,9+)	7,87	0,18	$11,75 \times 10^{-6}$	$9,7 \times 10^{-6}$	$20 \times 10^{+3}$
Ferro fundido (branco)	7,7	—	$9,0 \times 10^{-6}$	—	$21 \times 10^{+3}$
Ferro fundido (cinzento)	7,15	—	$10,4 \times 10^{-6}$	—	$21 \times 10^{+3}$
Latão	8,5	0,3	$19,8 \times 10^{-6}$	$6,2 \times 10^{-6}$	$11 \times 10^{+3}$
Ligas de alumínio	2,7(+)	0,4(±)	$21,6 \times 10^{-6}$	$3,5 \times 10^{-6}(+)$	$7 \times 10^{+3}$
Magnésio (99+)	1,74	0,38	$25,2 \times 10^{-6}$	$4,5 \times 10^{-6}$	$4,5 \times 10^{+3}$
Monel (70Ni – 30Cu)	8,8	0,06	$14,4 \times 10^{-6}$	$48,2 \times 10^{-6}$	$18 \times 10^{+3}$
Prata (de lei)	10,4	1,0	$18,0 \times 10^{-6}$	$1,8 \times 10^{-6}$	$7,7 \times 10^{+3}$

Parte 2 – Materiais Cerâmicos (de numerosas fontes)

Material	Densidade g/cm³	Condutividade térmica cal·cm / °C·cm²·s. a 20°C	Expansão térmica cm/cm/°C a 20°C	Resistividade elétrica ohm·cm a 20°C	Módulo de elasticidade médio kg/mm² a 20°C
Al_2O_3	3,8	0,07	9×10^{-6}	–	35×10^3
Concreto	2,4($\pm$)	0,0025	$12,6 \times 10^{-6}$	–	$1,4 \times 10^3$
Grafite	1,9	–	$5,4 \times 10^{-6}$	10^{-3}	$0,7 \times 10^3$
MgO	3,6	–	9×10^{-6}	$10^5(1100°C)$	21×10^3
Quartzo (SiO_2)	2,65	0,03	$12,6 \times 10^{-6}$	–	31×10^3
SiC	3,17	0,029	$4,5 \times 10^{-6}$	$2,5 (1100°C)$	–
TiC	4,5	0,07	$7,2 \times 10^{-6}$	50×10^{-6}	$35 \times 10^{+3}$
Tijolos					
Construção	2,3($\pm$)	0,0015	9×10^{-6}	–	–
Grafite	1,5	–	$5,4 \times 10^{-6}$	–	–
Mezanelo	2,5	–	$3,6 \times 10^{-6}$	–	–
Sílico-aluminoso	2,1	0,002	$4,5 \times 10^{-6}$	$1,4 \times 10^8$	–
Sílica	1,75	0,002	–	$1,2 \times 10^8$	–
Vidro					
Borossilicato	2,4	0,0025	$2,7 \times 10^{-6}$	–	$7 \times 10^{+3}$
Cristal	2,5	0,0018	9×10^{-6}	10^{14}	–
Lã	0,05	0,0006	–	–	–
Sílica	2,2	0,003	$0,5 \times 10^{-6}$	10^{20}	$7 \times 10^{+3}$
"Uycor"	2,2	0,003	$0,6 \times 10^{-6}$	–	–

PROPRIEDADES DE ALGUNS MATERIAIS USADOS EM ENGENHARIA

Parte 3 — Materiais Orgânicos

Material	Densidade g/cm^3	Condutividade térmica cal·cm / °C·cm^2·s. a 20°C	Expansão térmica cm/cm/°C a 20°C	Resistividade elétrica ohm·cm a 20°C	Módulo de elasticidade médio kg/mm^2 a 20°C
Borracha (sintética)	1,5	0,0003	—	—	0,35 · 7
Borracha (vulcanizada)	1,2	0,0003	81×10^{-6}	10^{14}	$0,35 \times 10^3$
Fenol — formaldeído	1,3	0,0004	72×10^{-6}	10^{12}	$0,35 \times 10^3$
Melamina — formaldeído	1,5	0,0007	27×10^{-6}	10^{13}	$0,9 \times 10^3$
"Nylon"	1,15	0,0006	99×10^{-6}	10^{14}	$0,28 \times 10^3$
Policloreto de vinilideno	1,7	0,0003	189×10^{-6}	10^{13}	$0,35 \times 10^3$
Poliestireno	1,05	0,0002	63×10^{-6}	10^{18}	$0,28 \times 10^3$
Polietileno	0,9	0,0008	180×10^{-6}	10^{13}	—
Polimetacrilato de metila	1,2	0,0005	90×10^{-6}	10^{16}	$0,35 \times 10^3$
Politetrafluoro etileno	2,2	0,0005	99×10^{-6}	10^{16}	—
Uréia — formaldeído	1,5	0,0007	27×10^{-6}	10^{12}	$1,0 \times 10^3$

Apêndice F

ESTRURAS ORGÂNICAS DE INTERÊSSE EM ENGENHARIA

Acetato de celulose:

Ácido acético:

Ácido adípico:

Acetato de vinila:

Ácido butírico:

Acetileno:

$$H—C≡C—H$$

Ácido esteárico:

Acetona:

Ácido ftálico: *ver* ácido tereftálico

Ácido linolêico:

$$\text{H}-\overset{\overset{\displaystyle H}{|}}{\underset{\underset{\displaystyle H}{|}}{C}}-\left(\overset{\overset{\displaystyle H}{|}}{\underset{\underset{\displaystyle H}{|}}{C}}\right)_4-\overset{\overset{\displaystyle H}{|}}{C}=\overset{\overset{\displaystyle H}{|}}{C}-\overset{\overset{\displaystyle H}{|}}{\underset{\underset{\displaystyle H}{|}}{C}}-\overset{\overset{\displaystyle H}{|}}{C}=\overset{\overset{\displaystyle H}{|}}{C}-\left(\overset{\overset{\displaystyle H}{|}}{\underset{\underset{\displaystyle H}{|}}{C}}\right)_7-\overset{\overset{\displaystyle O}{\|}}{C}-\text{OH}$$

Ácido linolênico:

Ácido oléico:

Álcool vinílico:

Amônia:

Ácido tereftálico:

Anidrido ftálico:

Acrilonitrila:

Álcool isopropílico:

Anidrido maleico

APÉNDICE F

Benzeno:

Dicloreto de etileno:
ver cloreto de vinilideno

Butadieno:

Butadieno (iso): *ver* isobutileno

Cloreto de metila:

Cloreto de vinila:

Cloreto de vinilideno:

Cloropreno:

Dimetilsilanediol:

Divinil benzeno:

Estireno:

Etano:

Etanol:

$$\begin{array}{c} H\;\;H \\ |\;\;\;| \\ H-C-C-OH \\ |\;\;\;| \\ H\;\;H \end{array}$$

Etileno:

$$\begin{array}{c} H\;\;H \\ \;\backslash\;\;/ \\ C=C \\ /\;\;\backslash \\ H\;\;H \end{array}$$

Etilenoglicol:

$$\begin{array}{c} H\;\;H \\ |\;\;\;| \\ HO-C-C-OH \\ |\;\;\;| \\ H\;\;H \end{array}$$

Fenol:

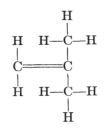

Formaldeído:

$$\begin{array}{c} H \\ \backslash \\ C=O \\ / \\ H \end{array}$$

Glicerol:

$$\begin{array}{c} H \\ | \\ H-C-OH \\ | \\ H-C-OH \\ | \\ H-C-OH \\ | \\ H \end{array}$$

Hexametilenodiamina:

$$\begin{array}{c} \;\;H\;\;\;H\;H\;H\;H\;H\;H \\ \;\;\;|\;\;\;\;|\;\;|\;\;|\;\;|\;\;|\;\;| \\ H-N-C-C-C-C-C-C-N-H \\ \;\;\;|\;\;\;\;|\;\;|\;\;|\;\;|\;\;|\;\;| \\ \;\;H\;\;\;H\;H\;H\;H\;H\;H \end{array}$$

Isobutileno:

$$\begin{array}{c} \;\;\;\;\;\;\;\;\;\;\;H \\ \;\;\;\;\;\;\;\;H-C-H \\ H\;\;\;\;\;\;\;| \\ \;\backslash\;\;\;\;\;\;\;\; \\ C=C \\ /\;\;\;\;\;\;\backslash \\ H\;\;\;\;H-C-H \\ \;\;\;\;\;\;\;\;\;\;\;| \\ \;\;\;\;\;\;\;\;\;\;\;H \end{array}$$

Isopreno:

$$\begin{array}{c} \;\;\;\;\;\;\;\;H \\ \;\;\;\;\;\;H-C-H \\ H\;\;\;\;\;|\;\;\;\;\;H \\ \;\backslash\;\;\;\;\;\;\;\;/ \\ C=C-C=C \\ /\;\;\;\;\;\;\;\;\;\backslash \\ H\;\;H\;\;\;\;\;H \end{array}$$

Melamina:

Metacrilato de metila:

Propano:

Metano:

Propanol:

Metanol:

Propileno:

Metil etil cetona:

Tetrafluoroetileno:

Neopreno: *ver* cloropreno

Nitrato de celulose

Tolueno:

Trifluorocloroetileno:

$$
\begin{array}{cc}
F & F \\
| & | \\
C & = C \\
| & | \\
F & Cl
\end{array}
$$

Uréia:

$$
\begin{array}{ccc}
H & O & H \\
\diagdown & \| & \diagup \\
N & -C- & N \\
\diagup & & \diagdown \\
H & & H
\end{array}
$$

Trinitroglicerina:

$$
\begin{array}{c}
H \\
| \\
H-C-NO_3 \\
| \\
H-C-NO_3 \\
| \\
H-C-NO_3 \\
| \\
H
\end{array}
$$

Vinilbenzeno: *ver* estireno

Apêndice G

LISTA DE PLÁSTICOS* DE INTERÉSSE EM ENGENHARIA

  Nome   *Composição geral***

1. Baquelite − Comumente um polímero de condensação fenol-formaldeído.
2. Borracha natural − Polímero do *cis*-isopreno.
3. Buna-N − Borracha copolimérica de butadieno e acrilonitrila.
4. Buna-S − Borracha copolimérica de butadieno e estireno.
5. Celoluóide − Nitrato de celulose.
6. "Dracon" − Fibra formada por polímeros de condensação de ácido ftático e.etileno glicol, ou compostos relacionados.
7. "Durez" − Usualmente um polímero de condensação fenol-formaldeído.
8. "Geon" − Comumente, um cloreto de polivinila ou copolímero de cloreto de polivinila.
9. "Gliptol" − Polímero de condensação de ácido ftálico e etileno glicol ou compostos relacionados.
10. "GR-I" − Borracha copolimérica de isobutileno e isopreno.
11. "GR-M" − Borracha de policloropreno.
12. "GR-S" − Borracha copolimérica de butadieno e estireno.
13. Gutapercha − Polímero de *trans*-isoporeno.
14. "Kel-F" − Politrifluoro cloroetileno.
15. "Lucite" − polimetacrilato de metila.
16. "Lustron" − Poliestireno.
17. "Melmac" − Polímero de condensação da melamina e de formaldeído.
18. "Mylar" − Filme constituído por polímero de condensação de ácido ftálico e etileno-glicol, ou compostos relacionados.
19. Neopreno − Borracha de policloropreno.
20. "Nylon" − Polímero de condensação da hexametilamina e ácido adípico, ou compostos relacionados.
21. "Plexene" − Copolímero de estireno e acrilonitrila.
22. "Plexiglas" − Polimetacrilato de metila.
23. "Plioflex" − Copolímero de cloreto de vinila e cloreto de vinilideno.
24. Polietileno − Polímero do etileno.
25. "Saran" − Policloreto de vinilideno.
26. Siliconas − Polímeros contendo silício substituindo total ou parcialmente o carbono.
27. "Styron" − Poliestireno.
28. "Teflon" − Politetrafluoroetileno.
29. "Tenite" − Usualmente, acetato de celulose.
30. "Texalite" − Polímero de condensação fenol-formaldeído.
31. "Tygon" − Polímero ou copolímero incluindo cloreto e acetato de vinila.
32. "Vinylite" — Polímero ou copolímero incluindo cloreto e acetato de vinila.

 * Muitos dêstes nomes são marcas registradas.

 ** Os plásticos comerciais usualmente contém cargas inativas, plastificantes e outros aditivos para modificar ou controlar as propriedades.

Índice Alfabético

Abrasivo, B*
Absorção, B
Abertos, poros, 370, B
Ação das massas, lei da, 331
Acetileno, F
Acético, ácido, F
Aço, produção de, 241
Aço carbono, B
Aços perlíticos, microestruturas de, 292
Aços, 241
   AISI, 251
   com grãos orientados, 123
   galvanizados, 334, 345
   inoxidáveis, 343
   nomenclatura dos, 251
   SAE, 251
Acrilonitrila, F
Addison, W. E, 42, 75, 102
Adípico, ácido, F
Adsorção, 224, B
Aglomerado, B
Agregado, B
Alavanca, regra da, 238, B
Alongamento, 4, B
Alotropia, 69, B
Amônia, F
Amorfo, B
Análise por raios X, 66
Ângulo de ligação, 48
Ânion, B
Anisotrópico, B
Amianto, B

Anel, difusão em, 94
Anodìzado, B
Ânodo, 329
Antiferromagnético, 221
Antioxidante, 345, B
Aparente, densidade, B
Aramaki, S, 233
Argila, 210, 224
Argilito, B
Armado, concreto, 223
Asfalto, 187
Atático, 177
Ativadores, B
Atração
   coulombiana, 26
   interatômica, 25
"Ausforming", 311, B
Austêmpera, 302, 307, B
Austenita, 243, B
Autodifusão, 97, B
Azároff, L. V., 75, 102, 127

Bain, E. C., 297, 305
Bainita, 307, B
   formação de, 308
Baixa liga, aço de, B
Baldwin, W. M., 360
Bandas de energia, 114
Baquelite, G
Barbotina, B
Barret, C. S., 75

As letras se referem aos apêndices.

Barron, H, 195
Ba Ti O$_3$, 205, 217.
Battista, O. A., 195
Benzeno, F
BHN, 6
Bifuncional, 168
Billington, D. S., 361
Billmeyer, F. W. Jr., 47, 195
Bimetal, tira de, 350
Birchenall, C. E., 102, 160, 288, 321
Blenda, 204
Boas, W., 138
Bogue, R. H., 381
Bôlhas de Sabão, modêlo das, 142
Bornemann, A., 14
Borracha, B
  cristalização da, 184
  envelhecimento da, 245
  natural, 180
Bowen, N. L., 262
Bozorth, R. H., 127
Brady, G. S., 13
Bragg, equação de, B
Bragg, W. L., 142
Branco, ferro fundido, 319, B
Bravais, reticulados de, 60, B
Bronze, 82, 131, B
Brophy, J. J., 127
Brunauer, S., 381
Buna — N, G
Buna — S, G
Burgers, vetor de, 61, 88, 142, B
Burk, J. E., 129, 225
Butadieno, 168, F
Butileno, F
Butírico, ácido, F

C, curva em, 279, B
Cadeia, estrutura em, 207
Calcinação, B
Calcita, B
Calor, trocador de, 200
Calor de combustão, 192
Calor de formação, B
Calor de fusão, 7
Calor de vaporização, 7
Calor específico, 7
Camadas, estruturas em, 207
Capacidade, 10
Capacidade de amortecimento, 318
Capacitor, 10, 190
Carbeto de ferro, 244
  coalescido, 300
Carbetos sintetizados, 372
Carbono, polubilidade do, 243
Carborundum, B
Carga, 105
Cartledge, G. H., 360
Catalisador, B
Cátion, B
Catódica, reação, 330
Cátodo, B 329

Caulim, B
Células, B
  de composição, 333
  de concentração, 337
  de oxidação, 337
  de tensão, 336
Célula galvânica, 329, 333, 339, B
Célula unitária, 52
Celulóide, G
Celulose,
  acetato de, F
  nitrato de, F
Cementação, 337, B
Cementita, 244, B
Centro de gravidade, método do, 238, B
Cerâmica, B
Cerâmicas, soluções sólidas, 206
Cerâmicos, semicondutores, 219
Chalmers, 102, 288
Charpy, ensaio de, 7, B
Chorné, J., 380, 381
Ciclo, trabalho a frio — recozimento, 152
Ciclos de recozimento, 152
Cimento, B
  de pega rápida, 281
  de reação, 372
  hidráulico, 372
  polimérico, 372
  portland, 372
Cinzento, ferro fundido, 318, B
Cis, 179, B
Cisalhamento,
  deformação de, 137
  deformação elástica de, 137
  módulo de, 137
  tensão crítica de, 140
Cisalhamento plástico, 139
Cisão, 253, B
Clark, C. L., 155
Clark, D. S., 160, 321
Clivagem, 209, B
Cloropreno, F
Coalescido, carbeto, 300
Coalescimento, 300, 301
Coerência, 305, 347, B
Colligan, G. A., 319
Combustão, 191
  calores de, 192
Combustíveis, 192
Componente, 253, B
Compostos, B
  $A\,B_m\,X_n$, 205
  $A\,X$, 201
  $A_m\,X_n$, 205
  de empacotamento fechado, 201
  não estequiométricos, 87, 112
Composto, B
  cúbico, 58, B
  hexagonal, 58, B
Compostos semicondutores, 112
Comprimento de ligação, 37, 48
Comprimento de onda, B

ÍNDICE ALFABÉTICO

Comum, aço carbono, B
Concentração gradientes de, 98
Concreto, 370, B
  armado, 223
Condensação
  polimerização por, 172, B
  polímeros de, 172
Condução
  extrínseca, 110
  intrínseca, 109
Condutividade, 105, B
  elétrica, 9, 42, 105
  eletrônica, 107
  iônica, 106
  metálica, 108
  térmica, 8, 42
  versus temperatura, 107
Condutor ôhmico, 111
Conformação, B
Constante de Boltzmann, 95, A
Constantes, A
Constituição, diagrama de, B
Constituintes, B
Contornos, 90, B
  de grão, 90, 271
  de pequeno ângulo, 92
Contração, B
Convencional, tensão, 5, B
Coordenação, número de, 37, B
Coordenação atômica, 34, 58
Co-polimerização, 85, 170, B
Co-polímero, 172
Corrente elétrica, 78
Corrosão 11, 42, 325, B
  galvânica, 329, B
  intergranular, 344
  por dissolução, 325
  Sumário, 338
Corrosão, prevenção da, 339
Corrosions in Action, 337, 360
Coulombianas, forças, 35
Couzens, E. G., 195
Covalentes, ligações, 26, B
Cozedura, 303, 372
  contração de, B
Crampton, D. K., 240
Crandall, W. B., 381
Crescimento de grão, 133, 147
Cristais, 52, B
  moleculares, 71
  poliméricos, 71
Cristalina,
  direção, 61
  estrutura, 51
Cristalinas,
  imperfeições, 85
  fases, 74
Cristalinidade, 51
Cristalinos,
  planos, 62
  sistemas, 53
Cristalização por deformação, 184
  de polímero, 179

Cristobalita, 214, B
Crume, G. O., 165
Cúbico
  de corpo centrado, 55
  de empacotamento fechado, 58
  de faces centradas, 57
  simples, 57
Cúbicos, cristais, 54
Cullity, B. D., 67, 68, 75
Cunha, discordância em, 88
Curie, ponto de, B
  ferrelétrico, 219
Curie, temperatura de, B

"Dacron", 172, G
D'Alelio, G. F., 195
Davenport, E. C., 305
Defeito, semicondutor de, 112
Defeitos
  de linha, 88
  de ponto, 86
Deformação, elástica, 137
  plástica, 140
  velocidade de, 187
  verdadeira, 6
  viscosa, 225
Deformação, cristalização por, 184
Deformação à frio, 146
Deformação de cristais metálicos, 138
Deformação de metais, 135
Deformação de polímeros, 182
Deformados, propriedades de metais, 146
Degradação, 174, B
Dekker, A. J., 127
Delta, ferrita, 243
Delta, ferro, 243, B
Dendrita, B
Densidade, 41, 60, 370
  aparente, 370
  aparente da parte sólida, 370
  linear, 61
  planar, 63
  verdadeira, 370
Descarbonetação, 348, B
Descontinuidade de energia, 116
Deslocamento atômico, 93
Despolimerização, 174, B
Diagramas
  de equilíbrio, 232
Diagramas de fases, 232, B
  Ag-Cu, 235
  Al-Cu, 257
  Al-Cu — Ni, 261
  Al-Mg, 257
  Al-Si, 258
  $Al_2 O_3$ — SiO_2, 233
  Be-Cu, 258
  Bi-Pb, 258
  C-Cr-Fe, 254
  C-Fe, 158, 246

Ca-Ce$_2$-H$_2$O, 231
Cr-Fe, 163, 259
Cr-Fe-Ni, 253
Cu-Fe, 163, 262
Cu-Ni, 151, 233
Cu-Sn, 163, 260
Cu-Zn, 163, 263
Fe-O, 163, 261
FeO-SiO$_2$, 262

H$_2$O-NaCl, 230
H$_2$O-fenol, 236
H$_2$O-Açúcar, 230

Pb-Sb, 263
Pb-Sn, 233

Diamagnético, B
Diamagnetismo, 119
Diamante cúbico, B
Diamante, estrutura do, 28
Diatômicas, moléculas, 28
Dicloreto de etileno, F
Dielétrica, constante, 10, 139, B

relativa, 9, 216
versus freqüência, 190

Dielétrica, rigidez, 10, B
Dielétricos cerâmicos, 216
Dieter, G. E., 160
Difração, B
Difusão, 241

atômica, 97
em anel, 94

Difusão, coeficiente de, 98, B
Difusibilidade térmica, 9
Dijkstra, L. S., 120
Dimensionais, alterações, 269
Dimetil silanediol, F
Dipolo elétrico, 32
Direção cristalina, 61
Discordâncias, 88

em cunha, 88
empilhamento de, 145
geração de, 143
helicoidal, 88

Discordâncias, movimentos de, 143
Dispersão, efeitos de, 33, B
Dispersão, liga reforçada por, 379
Dissolução, 11, 325
velocidade de, 326

Distâncias interatômicas, 34
Distribuição de fases, efeitos da, 300
Divinil benzeno, F
Doadores, níveis, 118, B
Dolan, T. J., 160
Dolomita, B
Domínios, B

ferrelétricos, 218
magnéticos, 121

Domínios, alinhamento de, 121
Dorn, J. E., 360

Douglas, S. D., 165
"Durez", G
Dureza, 6, 311, B
Brinell, C
Mohs, C
Rockwell, C
escalas de, C

Duro, magneto, 122
Dúctil, fratura, 155
Ductilidade, B

East, W. H., 212
Eitel, W., 226
Eixo, B
Elam, C., 139
Elástica, deformação, 135
Elasticidade, B
limite de, 5, B
módulo de, 3, 41, 136
Elástico, limite, B, 5
Elastômero, 184, B
Elementos de liga, B
Eletrodeposição, 333
Eletrodo, potèncial de, 327, B
Eletrólito, B
Eletro luminescência, 379
Elétron, carga do, A
Elétrons, 18
Empacotamento, fator de, 368, B
Empacotamento atômico, fator de, 55

Empacotamento fechado
cúbico, 58, B
hexagonal, 58

Empilhamento de discordâncias, 145
Encruamento, 146, B
Endurecibilidade, 311, B
curvas de, 313

Endurecimento, B
combinado, 307
por chama direta, 376
por envelhecimento, 301
por indução, 376
superficial, 376

Energia
de ativação, 97, 273, 282, B
de ligação, 47
do elétron, 113
de interface, 275
livre, 275
térmica, 95

Energia, banda de, 114, B
Energia, descontinuidade de, 116, B
Energia distribuição de, 95
Energia níveis de, 114
Energia de ativação, 97, 273, 282, B
Energia de ligação, 47
Energia livre, 172, 275
Energias do elétron, 113
Entropia, 185

ÍNDICE ALFABÉTICO

Envelhecimento, 303, 304, B
 e corrosão, 335
Equixiais, B
Equicoesiva, temperatura, 155, B
Equilíbrio, 234, B
 diagrama de 232
 relações de, 229
Equilíbrio de fases, variança no, 255
Erickson, M. A., 158, 159
Ernst, H., 152
Escoamento,
 módulo de, 5, 145, B
 ponto de, 5, B
Escoamento viscoso, B
Escória, 326
Escorregamento, 139, B
 mecanismo do, 142
 planos de, B
Esfalerita, 203
Esferas rígidas, modêlo de, 28
Esferoidita, B
Esmalte, B
Espaçamento interplanares, 65
Específica,
 superfície, B
 viscosidade, B
Específico,
 calor, 7, B
 volume, B
Espinélio, 205, 220, B
Esteárico, ácido, F
Estereoisomeria, 177
Estimulada, emissão, 126
Estireno, F
Estruturais, imperfeições, 79
Estruturas, B
 amorfas, 71
 cristalinas, 51
 de silicatos, 206
 em cadeia, 207
 em camadas, 210
 moleculares, 15
 não cristalinas, 71
 orgânicas, F
 poliméricas, 175
 $SiO_4{}^{4-}$, 206
 tridimensionais, 213
 vítrea, 215
Estrutura em bandas, B
Estuque, B
Etano, F, 46
Etanol, F
Etileno, 46, 50, F
 moléculas tipo, 169
Etileno glicol, F
Eutética,
 temperatura, 232
 reação, 245
Eutético,
 composição de, 232
 ternário, 251
Eutetóide
 composição do, 245, 247

temperatura, 245
ternário, 251
reação, 245, 270
Exclusão, princípio da, 20
Expansão térmica, 8, 42, 349
Explosivo, 193
Extrínsica, condução, 110
Extrínsicos, semicondutores, 117
Extrusão, B

Faixa de solidificação, 234
Faces centradas, cúbico de, 57, B
Fadiga, 157,B
 mecanismo da, 157
 limite de, B
Fases, 74, 252, B
 amorfas, 74
 cerâmicas, 199
 composição química das, 237
 cristalinas, 74
 de transição, 282
 impuras, 79
 metálicas, 90, 130
 metastáveis, 272, 282
 quantidades relativas de, 237
 transformação de, 271
Fases, regra das, 252, B
Fases sólidas, reação em, 269
Fator de empacotamento atômico, 55
Fatôres ambientais, 253
Fe-C, diagrama, 242
Feldspato, 214
Fem, B
Fenol, 235,B, F
Ferrimagnetismo, 220, B
Ferrita, 205, 242, B
 delta, 243
 eutetóide, 291
 preutetóide, 291, B
Ferrita, 243
Ferro α, 242
Ferro carbeto de, 244
Ferro carbono ligado, 241
Ferro γ, 243
Ferro fundido
 branco, 319
 cinzento, 318
 maleável, 319
 nodular, 318
Ferro γ, 243
Ferrilétrica, histerese, 218
Ferriletricidade, 218
Ferroelétrico, B
 ponto de Curie, 219
Ferrilétricos
 domínios, 218
 materiais cerâmicos, 217
Ferroespinélio, 205
Ferromagnetismo, 119, B
Ferrugem, 327, 331
Fibra
 estrutura em, B
 reforçamento por, 380

Fick, leis de, 98
Fisher, H. F., 195
Fisher, J. C., 381
Fictícia, temperatura, 73, B
Fletcher, J. F., 358, 359
Flinn, R. A., 317
Flory, P. J., 195
Fluência, 153, B
  mecanismo da, 153
  velocidade de, 153, B
Fluidez, B
Fluorescência, 125, B
Fluorita, 205
Fôrça
  coercitiva, 122
  coulombiana, 35
  de repulsão, 36
  motriz, 275, B
  Van der Waals, 32
Forma das fases, efeito da, 300
Formaldeído, F
Fosforescência, 125, B
Fotocondução, 118, 126
Fotocondutor, B
Fóton, 22, 118, 125, 353
Fratura, 155
  de clivagem, 155
  dútil, 155, 156
  frágil, 221
  não dútil, 221
Frederiksen, H. P. R., 127
Frenkel, defeito de, 86, B
Freqüência, B
Frije, J. N., 316
Ftálico,
  ácido, F
  anidrido, F
Funcionalidade, 168, B
Fusão,
  calor de, 7
  ponto de, 7
  temperatura de, 41, 42

Galvânica, célula, 329, 333, 339
Galvânica, corrosão, 329
  sumário de, 339
Galvânica, série de ligas, 341
Galvânica, proteção, 345
Galvanizado, aço, 334, 345
Gama, ferro, 243, B
Gardner, R. E., 91
Garwood, M. F., 158, 159
Gases, 72
Gases, constante dos, 272, A
  nobres, 25, 32
Gehman, S. D., 184
Geminados, B
"Geon", G
Gêsso, B
Gêsso-estreque,B
Glicerol, F
Glossário, B

Goldman, J. E., 43
Gómez — Ibanez, J., 43
Goodyear, 180
Grafita, B
  lamelas de, 318
Grafitização, B
  processos de, 317
Grant, N. J., 154, 160
Grão,
  crescimento de, 133, 147
  forma de, 135
  orientação de, 135
Grão, contôrno de, 90, 271
  nucleação em, 271, 280
Grão, tamanho de, 134, B
  índice ASTM, 134
  medida do, 134
Grãos, 90, B
Grau de liberdade, 256
Grau de polimerização, 165, B
Gregg, J. L., 361
Grim, R. E., 226
Grossman, M. A., 321
Grupos especiais, 59
Guard, R. W., 381
Gutapercha, 179
Guy, A. G., 80, 87, 102, 123, 127, 137,
  160, 264, 305, 312, 321, 360

Haayman, ·P. W., 220
Harwood, J. J., 361
Hauth, W. F., 226
Helicoida, discordância, 88
Hexagonal compacto, 58
Hexametilenodiamina, B
Hiatt, G. D., 195
Hidratação, B
Hidrocarbonetos
  saturados, 49
  insaturados, 50
Hidrogênio, ponte de, 33, B
Hipereutetóide, B
Hipoeutetóide, B
Histerese, 122, B
Histerese, ciclo de, 219
Histerese ferrelétrica, 218
Homogenização, B
Homopolar, B
Hume-Rothery, W., 43, 75, 127

Ideal, fluido, B
Ideal, sólido, B
Iler, R. V., 226
Imbembo, E. A., 157
Impacto,
  resistência ao, 156
  teste de, B
Imperfeições
  cristalinas, 85
  estruturais, 79
Impuras, fases, 79
Inclusões, B

ÍNDICE ALFABÉTICO

Índice de refração, 11, 124
Indução, endurecimento por indução, 376, B
Inibidor, 342, B
Iniciadores, 170
Inoculação, B
Inoxidável, aço, 342
Insaturados, hidrocarbonetos, 50
Interativas, propriedades, 296
Interatômicas,
   atrações, 25
   distâncias, 34
Interfacial, energia, 276
Intergranular, corrosão, 344
Intermolecular, 45
Intermoleculares, ligações, 49
Interna, oxidação, 380
Internas, tensões, 348, B
Interplanar, espaçamento, 65
Interrompida, têmpera, 303, 310, B
Intersticiais,
   defeitos, 86, B
   soluções sólidas, 84
Interstícios,B
Intramoleculares,
   atrações, 45
   ligações, 49
Intrínsica, condução, 109
Intrínsecos, semicondutores, 117
Íon, 26, B
Iônica, condutividade, 106
   versus temperatura, 107
Iônicas ligações, 25, B
Iônicas, raios, 36, 39
Iso, B
Isobutileno, B
Isolantes, 109
   elétricos, 216
Isômero, 48, 176, B
Isopreno, B
Isopropílico, álcool, F
Isotático, 177
Isotérmica, transformação, 279, B
   diagrama de, 279
   processos de, 307
Isotrópico, B
Isótopo, B
Izod, ensáio, 7, B

Jastrzbski, Z., 102, 360
Jominy, ensáio, 313, B
Jones, B., 377
Junções, *p - n,* 111, 379

Kahn N. A., 157
Katz, H. W., 127
"Kel-F", G
Keyser, C. A., 160, 264, 321, 360, 381
Kingery, W. D., 226, 288, 295, 321, 381
Kinney, G. F., 14, 195
Klingsberg, G., 226

"Laser" 126
Latão, 79, 131
Latex, 180
Latões, propriedades de, 139
Laue, diagrama de, B
Ledeburita, B
Lesser, D. O., 361
Lei, prata de, 234, B
Lessels, J. M., 160
Levin, E. M., 253, 264
Liberdade, grau de, 256
Liga, 130, B
Ligações
   covalentes, 26
   intermoleculares, 49
   intramoleculares, 49
   iônica, 25
   metálica, 30
   número de, 46
   secundárias, 25
Ligações cruzadas, 179, B
Ligas, propriedades das, 131
Ligas cobre-níquel, propriedade das, 131
Ligas monofásicas, propriedade das, 131
Limite de solubilidade, 82
Limite de resistência à fadiga, 157, B
Linear, polímero, 175
Lingote, B
Linha, defeitos de, 88
Linear, densidade, 61
Linoleico, ácido, F
Linolênico, ácido, F
Líquidos, 72
"Liquidus", 234
Livre percurso médio, 108
Logan, A. V., 195
Lubrificante, B
"Lucite", G
Luminescência, 125, B
"Lustron", G

Macroestrutura, 364,B
Macroscópico, B
Madeira, 164
Maleável, ferro fundido, 319, B
Marvell, E. V., 195
Magnética,
   fôrça, 121, B
   saturação, 121, B
Magnéticos,
   domínios, 121
   materiais cerâmicos, 220
Magnetismo residual, 122
Magnetita, 219
Magnetização, 121
Magneto
   duro, 122
   de ciclo retangular, 221
   mole, 121,B
   permanente, 122, B
Magnetoestricção, B

Magot, M., 356
Majumdar, A. J., 233
Maleabilidade, B
Maleabilização, 303, B
Maleico, anidrido, F
Marin, J., 9
Marices, V. M., 120
Marlies, C. A., 43, 171, 181, 195, 288
Martêmpera, 303, 310
Martensita, 282, B
  formação de, 285
  revenida, 286, 292
Mason, C. W., 178, 75, 81, 91,. 160, 288
Massa atómica, 20
Massa molecular
  média, 166
  média em número, 167
  média em pêso, 166
Material, balanço de, 238
Materiais
  aglomerados, 364
  cerâmicos, 199
  compostos, 364
  orgânicos, 164
  polifásicos, 229
  reforçados, 379
Materiais, aglomerados, 364
Materiais cerâmicos, 42, 199
  dielétricos 216
  exemplos de, 199
  ferrilétricos, 217
  magnéticos, 220
Materiais compostos, 364
Materiais ferríticos, dutilidade de, 318
Matriz, B
McMurdie, H. F., 264
Mecânicas, propriedades, 1, B
Melamina, F
"Melmac", G
Mero, 51, B
"Mesh", 367
Metastáveis, fases, 272, 282
Metastável, B
Metais, 42, 108, B
  condutividade dos, 108
  deformação dos, 135
  monofásicos, 130
  nobres, 328
  oxidação dos, 346
  potencial de eletrodo de, 327
  propriedades de, E
Metálica, ligação, 30, B
Metálicas, fases, 130
Metano, F
Metanol, F
Metil-etil-cetona, F
Metila,
  cloreto de, F
  metacrilato de, F
Mho, 9, B
Mica, 210, B
Microestruturas, 131, 291, B
  contrôle das, 300

polifásicas, 291
propriedades versus, 293
Microhm, B
Micron, B
Miller, índices de, 63
Mineral, B
Mistura, 229, B
Mobilidade, 105, B
Moldagem em casca, 366
Módulo
  de compressibilidade cúbica, 137
  de cisalhamento, 137
  de ruptura, B
  de Young, 3, 136
Módulo de elasticidade, 3, 41, 137
  versus temperatura, 137
Mohs, dureza, C
Mol, B
Molde, B
Mole, magneto, 122
Molecular,
  estrutura, 45
  massa, 164
  orientação, 186
  polarização, 32
Moleculares, cristais, 71
Moléculas, 29, 45
  tipo etileno, 169
Monel, 80, B
Monoclínico, B
Monofásicas, ligas, 130
Monofásicos, metais, 130
Monolítico, B
Monômero, 50, B
Monotético, B
Morgan, H. E., 377
Movimento atômicos, 79, 92, 94
Mulita, B
"Mylar", G

n, semicondutor tipo, 118,B
Não cristalinas, estruturas, 71
Não estequeométricos, compostos, 87, 112
Não lineares, semicondutores, 111
Natural, borracha, G
Neopreno, F. G.
Nêutrons, 18
Nitretação, 376, B
Níveis aceptores, 118
Nobres, metais, 328, B
Nobres, gases, 25, 32
Nodular, ferro fundido, 318, B
Nomenclatura dos aços, 251
Normais,
  direções, B
  tensões, B
Normalização, 301, 302, B
Norton, F. H., 212, 226, 288, 360
Notação eletrônica, 22
Nucleação, 276, B
  em contôrno de grão, 271, 280

ÍNDICE ALFABÉTICO

Nucleação de reações, 271
Número atômico, 20
Número de Avogadro, 20, A, B
Números quânticos, 20, 23
Nye, J. F., 142
"Nylon", G.

Octaédricas, posições, 203
Octaedro, B
Ôhmico, condutor, 111
Olcott, J. S., 381
Oleico, ácido, F
Opacidade, 124
Óptico, comportamento, 124
Ordem
  a curta distância, 74, 215
  a longa distância, 74, 215
Ordenação, 83
Ordenadas, soluções sólidas, 83
Ordenado, B
Orgânicas, estruturas, F
Orgânicos, materiais, 164, B
  propriedade dos, E
Orientação, B
  de grão, 135
  molecular, 186
  preferencial, 135
Ortorrômbico, B
Osborn, H. B., 375
Oxidação, 11, 345
  células de, 337, B
  eletroquímica, 326
  interna, 380
  potenciais de, 327
  versus temperatura, 347

p, semicondutores tipo, 118, B
p, semicondução tipo, 110
Par, 329, B
Parafinas, 49
Paramagnético, B
Paramagnetismo, 119
Parâmetro, B
Parker, E. R., 360
Partícula, tamanho de, 367
Passivação, 339
Passividade, B
Pauli, princípio da exclusão de, 20
Pauling, L., 43
Pavimentação asfáltica, 365
Payson, P., 343
Peneiras Tyler, 367
Pequeno ângulo, contôrno de, 92
Periódica, tabela, 19
Peritético, B
Peritetóide, B
Perlita, 245
  formação de, 271
Perlita coalescida, B
Permeabilidade, B
Pêso, porcentagem em, 232
pH, 330

Phillips, C. J., 226
Piezolétrico, B
Piezolétricos
  materiais cerâmicos, 219
  efeitos, 219
Planar, densidade, 63
Planck, constante de, A
Plane, R. A., 43
Planos cristalinos, 62
Plástica, deformação, 138
Plasticidade, B
Plástico, 27, 107, B, G, 42, 164, B, G
Plástico, cisalhamento, 139
Plastificante, B
"Plexene",G
"Plexiglas", G
"Plioflex", G
p - n, junção, 111, 379
Pó, metalurgia do, B
Poisson, coeficiente de, 136
Polarização, 218, B
  molécular, 32
Polieletrólito, 193, B
Polietileno, 50, B
Polifásicas, microestruturas, 291
  calor específico das, 294
  condutividade térmica das, 294
  densidade das, 294
Polifásicos, materiais, 229
Polimerização, B
  grau de, 165
  mecanismo de, 167
Polimerização por adição, 50, 168, B
Polimerização por condensação, 172, B
Polímero, 50, B
  fundido, 186
Polímeros,
  condução de, 190
  cristais de, 71
  cristalização de, 179
  de adição, 174
  de condensação, 174
  deformação de, 182
  deformação elástica de 182
  deformação plástica de, 185
  estruturas de, 175
  formas de, 175
  lineares, 175
  propriedades de,
  E tridimensionais, 175
Polimórficas,
  reações, 269
  transformações, 269
Polimorfismo, 69, B
"Polythene", G
Ponto, defeitos de, 86
Ponto crítico, B
Ponto de ebulição, 7
Porcelana, B
Porcentagem atômica, 232
Poros, 292
Poros fechados, 370, B
Porosidade aparente, 370

Porosidade verdadeira, 370
Portland, cimento, 371
Posições intersticiais, 203
  octaédricas, 205
  tetraédricas, 205
Potencial, diferença de, 328
Potencial de eletrodo, 327
Potencial de oxidação, 327
Prata de lei, 234
Precipitação, endurecimento por, 301, 303, B
Precipitação, 301
Proeutetóide,
  cementita, B
  ferrita, 291, B
Preferencial, orientação, 135, B
Propano, F
Propanol, 49, F
Propileno, F
Proporcionalidade, limite de, 5, B
Propriedades,
  aditivas, 293
  de ligas, 131
  de materiais cerâmicos, E
  de materiais orgânicos, E
  de metais, E
  interativas, 296
  mecânicas, 1
  versus microestruturas, 293
Protendido, concreto, B, 381, B
Prótons, 18
Pseudobinários, 252
Pulverizado, metal, 366

Quânticos, números, 20, 23
Quantum, 114, B
Quartzo, 214, B
Quartzo fundido, B
Queima, 303, 374, B
  contração de, B

Radiação, efeitos de, 357
Radiações, endurecimento por exposição a, 359
Raio atômico, 36, 39
Raio crítico de núcleo, 277
Raios
  atômicos, 36, 39
  iônicos, 36, 39
Raios β, 353
Raios X, B
  análise por, 66
Ramificação, 181, B
Razão axial, B
Reação,
  energia livre, 275
  velocidade, 272
Reações,
  em fase sólida, 269

eutetóides, 270
  instantâneas, 272
  polimórficas, 269
Rebolos, 365
Recozimento, 147, 151, 302, 301, B
  ciclos de, 152
  processos de, 301, 302
Recozimento, grafita de, 320, B
Recristalização, 147, B
  temperatura de, 150, B
Redução em área, 5
Reforçados, materiais, 379
Refração, índice de, 11, 124
Refratário, B
Rehder, J.E., 317
Relações de fase
  qualitativas, 229
  quantitativas, 235
Relaxação, B
  de tensão, 187
  tempo de, 188, B
Repulsão, fôrças de, 36
Resfriamento, velocidade de, 314
  crítica, 311
Resfriamento contínuo, transformação com, 309, B
Residuais, tensões, B
Resiliência, B
Resinas, B
  artificiais, 165
  termofixas, 185
  termoplásticas, 185
Resistência, 9
  à ruptura, 5
  à tração, 5
  ao impacto, 156
Resistência à tração, limite de, 5, B
Resistividade, espetro de, 106
Resistividade elétrica, 9
Resistividade eletrônica versus temperatura, 113
Retardador, 281
Retardamento,
  de difusão, 281
  de transformação, 281
Reticulado, B
Reticulados de Bravais, 60
Retificador diodo, 111
Revenida, martensita, 286, 292, B
Revenido, 302, B
Revestimentos protetores, 339, 378
Rhines, F. V., 264
Richards, C. W., 14
Riegger, O. K., 91
Rigidez, 3, B
Rigidez dielétrica, 10
Robbins, C. R., 264
Robinson, G. W., 91
Rochow, E. G., 195
Rockwell, dureza, 6, B, C
Rogers, B. A., 55, 56, 75, 92, 160, 264, 288,

ÍNDICE ALFABÉTICO

Romboedro, B
Romeijn, F. C., 220
Rosbaud, V. P., 188
Roy, R., 233
Rubi, 127
Ruptura, 153
  tensão de, B
  térmica, 351
Rutilo, B
Russel, R., 216
Ryshkewitch, E., 226

SAE, aços, 251
SAP, ligas, 379
Saturados, hidrocarbonetos, 49
Scarlett, A. J., 43
Schawlow, A. L., 127
Schmid, E., 138, 188
Schmidt, A. X., 43, 171, 178, 181, 195, 288
Schockley W., 127
Schottky, defeito de, 86
Schumacher, E. E., 127
Secagem, contração de, B
Secundárias, ligações, 25
Segregação, B
  de solidificação, 240
Semicondução
  tipo p, 110
Semicondutor 109,, B
  cerâmico, 219
  composto, 112
  extrínsico, 117, B
  intrínsico, 117, B
  não linear, 111
  tipo n, 118
  tipo p, 118
Sensibilidade ao entalhe, B
Série de fôrças eletromotrizes, B
Serviço, estabilidade em, 325
Shairer, J. F., 262
Shewmon, P. G., 102
Sílica, vidro de, 215
Sílica fundida, B
Silicatos, estrutura dos, 206
Silicatos vítreos, 215
Siliconas, G
Simétrico, B
Simples, célula, B
Sindiotático, 177
Sienko, M. J., 43
Sinott, M. J., 75, 160
Sinterização, 303, 372, B
  sólida, 374
  vítrea, 372
Sistema, B
Smith, C. O., 357, 359
Smith, C. S., 321
Smith, G. V., 160
Smithells, C. J., 14
Smoluchowski, R., 160, 288
Solda, 232, B
  60-40, 232
Solda fraca, B

Soldagem, B
Sólida,
  precipitação, 271
  sinterização, 374
  solubilidade, 82, 232
Solidificação, 73, B
  segregação de, 240
"Solidus", 234
Solubilidade, 230
  curva de, 230
  do carbono, 243
  limite de, 82
  sólida, 82, 232
Solubilização, tratamento de, 170, 188, 189, 272, 303, 304, B
Soluções, 79, 229
Soluções sólidas, 80
  ao acaso, 80
  intersticiais, 84
  ordenadas, 83
  substitucional, 83
Soluto, 326, B
Solvus, B
Sonneborn, R. H., 381
Sorum, C. H., 43
Speller F. N., 335, 360
"Spin", 21, 114, B
Stanley, J. K., 121
Stanworth, J. E., 226
"Styron", G
Substitucionais, soluções sólidas, 80
Substituição ao acaso, 80
Sun, K. H., 361
Supercondutividade, 123, B
Superficial,
  acabamento, 159
  endurecimento, 376
Superfícies, 90, B
  alteração de, 376
  nucleação em, 279
Super-resfriamento, 276, B
Supersônico, B
Sutton, W. H., 380, 381

Talco, 210
Tamanho das fases, efeito do, 300
TD, níquel, 280
TEC, 155
"Teflon", 193, B
Têmpera, 302, 311
  trinca de, 351
Têmpera interrompida, 303, 311
Temperabilidade, 311
  curvas de, 313
Temperado, vidro, B
Temperar e revenir, B
Temperatura, 7
  de ebulição, 41
  de fusão, 41
  de recristalização, 150
  de transformação, 13
  de transição, 156
  equicoesiva, 155

eutética, 232
fictícia, 73
Tempo de relaxação, 188
"Tenite", G
Tensão, 2, B
  convencional, 5
  física, 5
  relaxação de, 187
  verdadeira, 5
Tensão crítica de cisalhamento, 140
Tensão de ruptura, 5, B
Tensão - deformação, diagramas, 5
Tensões,
  alívio de, 351
  células de, 336
  concentração de, 221, 352
Tensões internas, 348
  de transformação, 351
Tereftálico, ácido, F
Térmica,
  capacidade, 9
  condutividade, 8, 42
  difusividade, 8, 9, B
  energia, 95
  estabilidade, 348
  expansão, 8, 42, 348
  ruptura, 351
Térmico, crescimento, B
Termistores, 220, B
Termelétrico, par, B
Termofixa, resina, 185, B
Termoplástica, resina, 185, B
Ternário,
  diagrama, 265
  eutético, 251
  eutetóide, 251
Terras-raras, elementos, 25
Tetraédricas, unidades, 206
Tetraedro, B
Tetrafluoroetileno, F
Tetragonal, B
"Texalite", G
Textura, B
Thum E. E., 342
Tinklepaugh, J. R., 381
Titanatos, B
Tolueno, F
Trabalho a frio, 146
Trans, 179, B
Transdutor, 219, B
Transformação,
  com resfriamento contínuo, 92, 309
  de fase, 272,
  isotérmica, 279
  polimórfica, 269
  retardamento de, 281
  temperatura de, B
  tensões de, 351
Transformação do vidro, 73
Transição, fases de, 282
Transição, temperatura de, 156
Transistor, B
Transparência, 124

Transversal, B
Tratamentos térmicos, 302
Triclínico, B
Tridimensionais, polímeros, 174
Tridimensional estrutura, 213, B
Tridimita, 214, B
Trifluorocloroetileno, F
Trinitroglicerina, F
Trocadoras de íons, resinas, 194
Trojan P. K., 317
T-T-T, curva, 279, B
"Tygon",G
Tyler, peneiras, 367

Uhlig, H. H., 359
Ultrasom, B
Unitária, célula, 52, B
Uréia, F
Usinagem, 152

Van der Waals, fôrças de, 32, B
Van Vlack, L. H., 125, 204, 226, 264, 322
Vaporização, calor de, 7
Variança, 13,256, B
Varney, W. R., 160, 321
Vazios, 59, 86, B
Vazios eletrônicos, 111, B
Velocidade de reação, 272
  contrôle da, 281
  efeito da temperatura na, 272
Velocidade efetiva, 108
Verdadeira,
  deformação, 6
  porosidade, B
  tensão, 5
Verdadeiro, volume, B
Verwey, E. J., 220
Vidrado, B
Vidro, 73, 273, B
  de sílica, 215
  de soda, 215
  deformação do, 225
  fibras de, 222
  temperado, 223
  transição do, 74
Vilella, Jr., 247, 284, 292, 299
Vinila,
  acetato de, F
  cloreto de, F
Vinilbenzeno, F
Vinílico, álcool, F
Vinilideno, cloreto de, F
"Vinilite", G.
Viscosa, deformação, 225
Viscosidade, B
Viscoso, escoamento, 225
Vítrea, sinterização, 303, 372
Vítreas, estruturas, 215
Vítreo, B
  esmalte, 378
  silicato, 215

ÍNDICE ALFABÉTICO

Vogel, F. L., Jr., 93
Volume aparente, B
Von Hippel, A. R., 127
Vulcanização, 181, B

Wall, L. A., 256
Welch, J. H., 233
"Whisker", 380
White, A. E., 155
White, A. H., 382
Williams, R. S., 14
Winding, C. C., 195

Woldman, N. F., 14
Wulff, J., 43, 75, 102, 264, 288, 360
Wuitzita, 203
Wycoff, R. W. G., 244

Yarsley, V. E., 195
Young, módulo de, 3, 136

Zapffe, C. A., 341
Zeólito, B
Zurburg, H. H., 159